中国农垦农场志丛

四川

苏稽蚕种场志

中国农垦农场志丛编纂委员会 组编
四川苏稽蚕种场志编纂委员会 主编

中国农业出版社
北 京

图书在版编目（CIP）数据

四川苏稽蚕种场志 / 中国农垦农场志丛编纂委员会组编；四川苏稽蚕种场志编纂委员会主编. —北京：中国农业出版社，2022.12

（中国农垦农场志丛）

ISBN 978-7-109-30640-0

Ⅰ.①四… Ⅱ.①中… ②四… Ⅲ.①蚕场—概况—乐山 Ⅳ.①S887.1

中国国家版本馆CIP数据核字（2023）第070570号

出 版 人：刘天金
出版策划：苑 荣 刘爱芳
丛书统筹：王庆宁 赵世元
审 稿 组：柯文武 干锦春 薛 波
编 辑 组：杨金妹 王庆宁 周 珊 刘昊阳 黄 曦 李 梅 吕 睿 赵世元 黎 岳 刘佳玫 王玉水 李兴旺 蔡雪青 刘金华 陈思羽 张潇逸 喻瀚章 赵星华
工 艺 组：毛志强 王 宏 吴丽婷
设 计 组：姜 欣 关晓迪 王 晨 杨 婧
发行宣传：王贺春 蔡 鸣 李 晶 雷云钊 曹建丽
技术支持：王芳芳 赵晓红 张 瑶

四川苏稽蚕种场志
Sichuan Suji Canzhongchang Zhi

中国农业出版社出版
地址：北京市朝阳区麦子店街18号楼
邮编：100125
责任编辑：黄 曦 文字编辑：黎 岳
责任校对：周丽芳 责任印制：王 宏
印刷：北京通州皇家印刷厂
版次：2022年12月第1版
印次：2022年12月北京第1次印刷
发行：新华书店北京发行所
开本：889mm×1194mm 1/16
印张：24 插页：10
字数：500千字
定价：198.00元

大众分社投稿邮箱：zgnywwsz@163.com

一、农场区划

区位

场址位于苏稽新区中南部，距乐山主城不到10公里，距峨眉山70余公里。

周边

毗邻苏稽古镇、天王寺、峨眉河湿地；处于奥体中心–大学城15分钟生活圈。

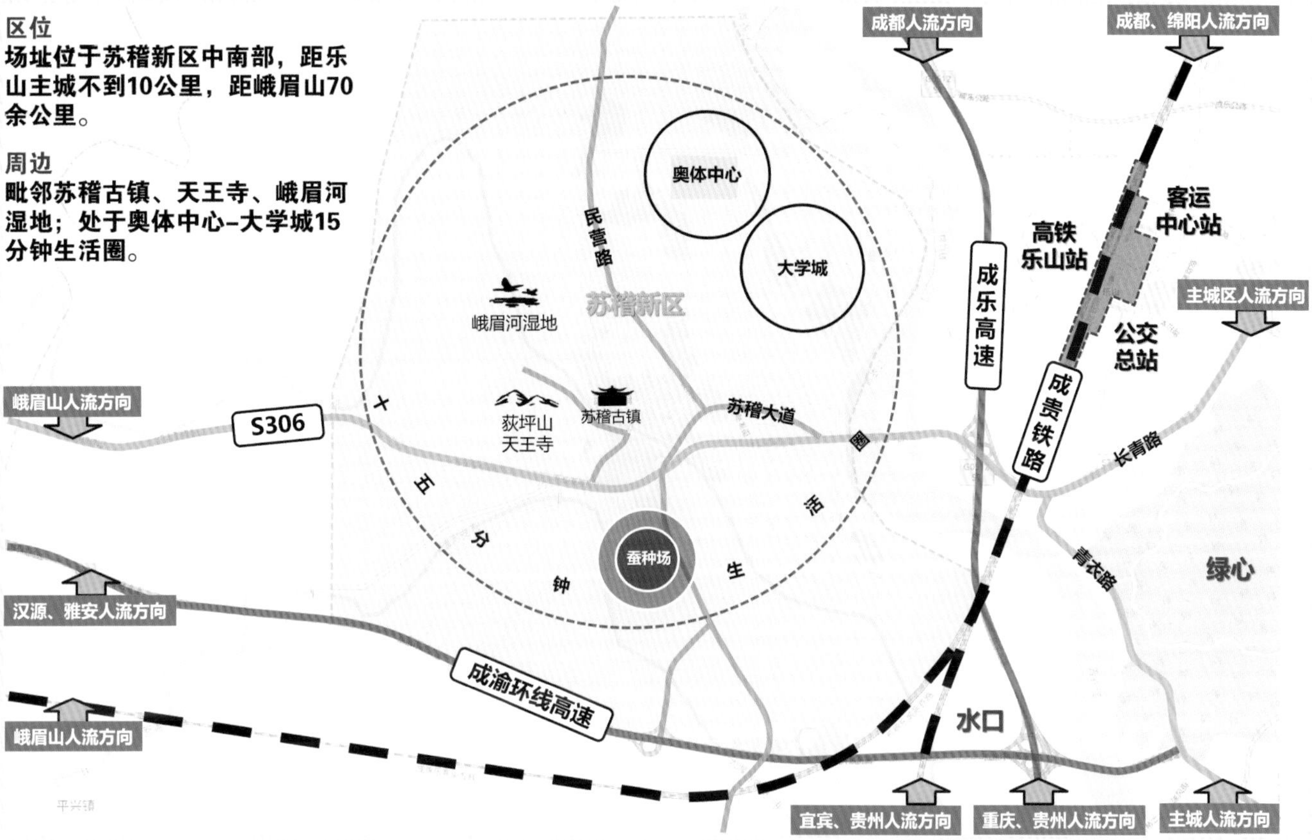

区位示意图

场部卫星定位图（红线以内）

桑园卫星定位图（红线以内）

二、农场概貌

场大门

成林桑园

现代化蚕房

职工住宅小区一角

三、领导视察及外国友人访问

2020年8月8日，四川省省委农办主任、省农业农村厅党组书记、厅长杨秀彬（中）率厅农场管理局局长吴运杰（左二）、省委农办秘书处副处长陈亮（右二）赴四川省苏稽蚕种场开展工作调研

2011年，中国工程院院士、西南大学教授向仲怀（中）莅临本场视察、指导工作

2018年4月26日，国家蚕桑产业技术体系首席科学家、西南大学教授鲁成（左一）莅临本场视察、指导工作

2021年，农业农村部农垦局中国农垦经济发展中心副主任陈忠毅（左一）来场调研

巴西友人访问本场

土耳其友人访问本场

日本友人访问本场

四、党建及文化体育生活

党员干部上党课

丰富多彩的职工文化生活

蚕博园一角

蚕桑文化墙一角

小朋友养蚕体验

五、产业发展

1995年乐山市中区创建园林式单位验收现场

2020年5月22日，本场与宜宾市农业科学院签订科研合作协议仪式

制种

本场研制生产的彩色蚕茧

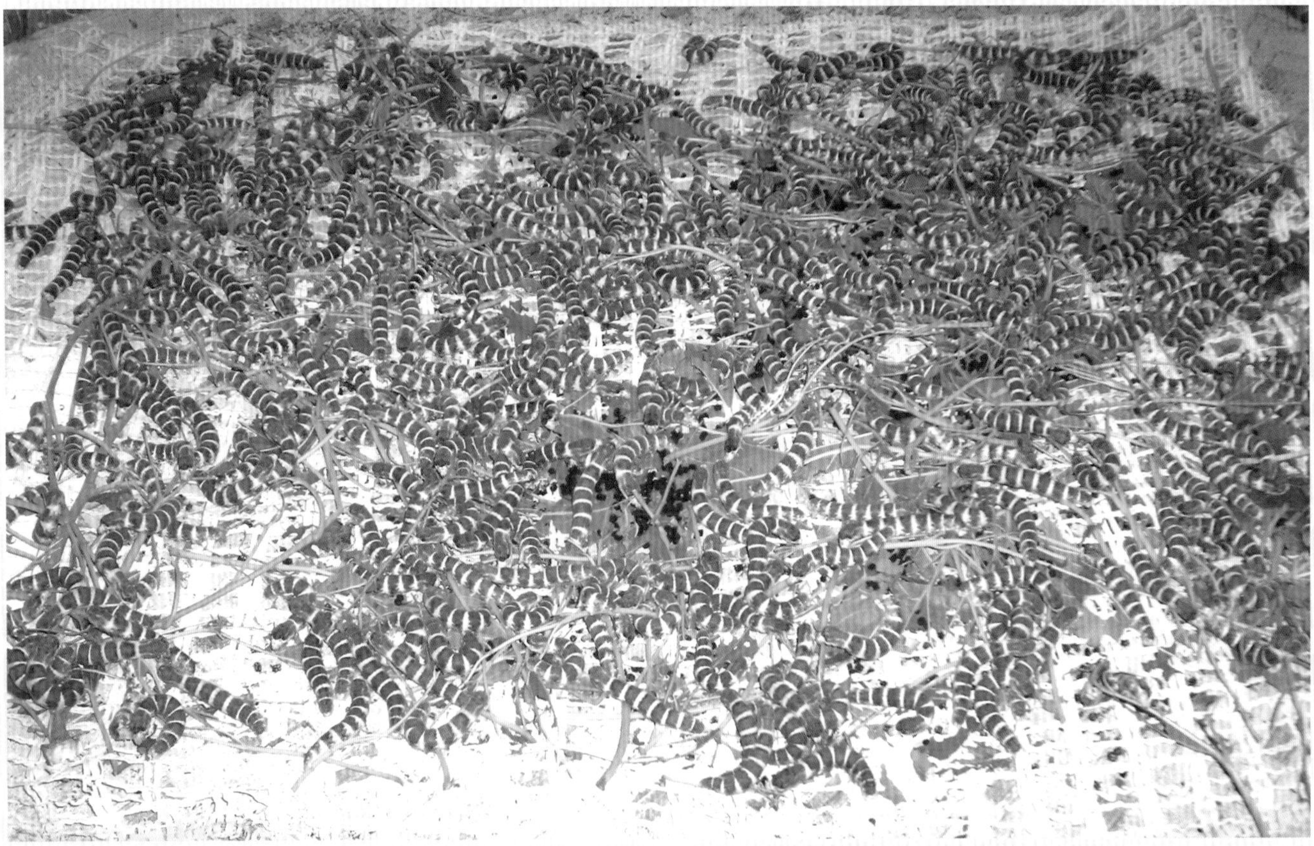

本场品种保护蚕——品保蚕

选种设备——智能活蛹缫丝机

蚕种冷藏设备——氟压冷冻机

现存峨眉山蚕种冷库遗迹（外观）

20世纪90年代场区一角（鸟瞰）

建场初期办公房屋

建场初期互惠厅办公室

早期的养蚕生产用房

六、建场初期场内环境及人物照片

建场初期本场职工在南华宫拍摄的照片

首任场长　费达生女士任职时间：1939年9月至1941年6月筹备建场期间任主；1941年至1942年任场长（摄于1990年3月）

第三任场长 章和生1944年至1945年在任（摄于1991年1月）

第五任场长 周俊我1947年至1950年在任（摄于1991年4月）

中国农垦农场志丛编纂委员会

主　任

张兴旺

副主任

左常升　李尚兰　刘天金　彭剑良　程景民　王润雷

成　员（按垦区排序）

肖辉利　毕国生　苗冰松　茹栋梅　赵永华　杜　鑫　陈　亮
王守聪　许如庆　姜建友　唐冬寿　王良贵　郭宋玉　兰永清
马常春　张金龙　李胜强　马艳青　黄文沐　张安明　王明魁
徐　斌　田李文　张元鑫　余　繁　林　木　王　韬　张懿笃
杨毅青　段志强　武洪斌　熊　斌　冯天华　朱云生　常　芳

中国农垦农场志丛编纂委员会办公室

主　任

王润雷

副主任

王　生　刘爱芳　武新宇　明　星

成　员

胡从九　刘琢琬　干锦春　王庆宁

中国农垦农场志丛

四川苏稽蚕种场志编纂领导小组

组　长

李　俊

副组长

刘守金　王水军

组　员

李成阶　丁小娟　梁雪梅　章文杰　杨忠生

雷秋容　贾晓虎　郑晓丽

四川苏稽蚕种场志编纂顾问

顾　问

王升华　牟成碧

四川苏稽蚕种场志编纂工作人员

主　编

李成阶

副主编

郑晓丽　曹　雪　潘海军　罗暕煜　吴佩霜

杨忠生　梁雪梅　雷秋容　贾晓虎

校　审

曹　雪　潘海军　青志勇　吴佩霜　赵植洪

罗暕煜　陈惠蓉　雷　芳　朱　霞　童应鳌

总序

中国农垦农场志丛自2017年开始酝酿，历经几度春秋寒暑，终于在建党100周年之际，陆续面世。在此，谨向所有为修此志作出贡献、付出心血的同志表示诚挚的敬意和由衷的感谢！

中国共产党领导开创的农垦事业，为中华人民共和国的诞生和发展立下汗马功劳。八十余年来，农垦事业的发展与共和国的命运紧密相连，在使命履行中，农场成长为国有农业经济的骨干和代表，成为国家在关键时刻抓得住、用得上的重要力量。

如果将农垦比作大厦，那么农场就是砖瓦，是基本单位。在全国31个省（自治区、直辖市，港澳台除外），分布着1800多个农垦农场。这些星罗棋布的农场如一颗颗玉珠，明暗随农垦的历史进程而起伏；当其融汇在一起，则又映射出农垦事业波澜壮阔的历史画卷，绽放着“艰苦奋斗、勇于开拓”的精神光芒。

（一）

“农垦”概念源于历史悠久的“屯田”。早在秦汉时期就有了移民垦荒，至汉武帝时创立军屯，用于保障军粮供应。之后，历代沿袭屯田这一做法，充实国库，供养军队。

中国共产党借鉴历代屯田经验，发动群众垦荒造田。1933年2月，中华苏维埃共和国临时中央政府颁布《开垦荒地荒田办法》，规定“县区土地部、乡政府要马上调查统计本地所有荒田荒地，切实计划、发动群众去开荒”。到抗日战争时期，中国共产党大规模地发动军人进行农垦实践，肩负起支援抗战的特殊使命，农垦事业正式登上了历史舞台。

20世纪30年代末至40年代初，抗日战争进入相持阶段，在日军扫荡和国民党军事包围、经济封锁等多重压力下，陕甘宁边区生活日益困难。“我们曾经弄到几乎没有衣穿，没有油吃，没有纸、没有菜，战士没有鞋袜，工作人员在冬天没有被盖。”毛泽东同志曾这样讲道。

面对艰难处境，中共中央决定开展“自己动手，丰衣足食”的生产自救。1939年2月2日，毛泽东同志在延安生产动员大会上发出“自己动手”的号召。1940年2月10日，中共中央、中央军委发出《关于开展生产运动的指示》，要求各部队“一面战斗、一面生产、一面学习”。于是，陕甘宁边区掀起了一场轰轰烈烈的大生产运动。

这个时期，抗日根据地的第一个农场——光华农场诞生了。1939年冬，根据中共中央的决定，光华农场在延安筹办，生产牛奶、蔬菜等食物。同时，进行农业科学实验、技术推广，示范带动周边群众。这不同于古代屯田，开创了农垦示范带动的历史先河。

在大生产运动中，还有一面“旗帜”高高飘扬，让人肃然起敬，它就是举世闻名的南泥湾大生产运动。

1940年6—7月，为了解陕甘宁边区自然状况、促进边区建设事业发展，在中共中央财政经济部的支持下，边区政府建设厅的农林科学家乐天宇等一行6人，历时47天，全面考察了边区的森林自然状况，并完成了《陕甘宁边区森林考察团报告书》，报告建议垦殖南泥洼（即南泥湾）。之后，朱德总司令亲自前往南泥洼考察，谋划南泥洼的开发建设。

1941年春天，受中共中央的委托，王震将军率领三五九旅进驻南泥湾。那时，南泥湾俗称“烂泥湾”，“方圆百里山连山”，战士们“只见梢林不见天”，身边做伴的是满山窜的狼豹黄羊。在这种艰苦处境中，战士们攻坚克难，一手拿枪，一手拿镐，练兵开荒两不误，把“烂泥湾”变成了陕北的“好江南”。从1941年到1944年，仅仅几年时间，三五九旅的粮食产量由0.12万石猛增到3.7万石，上缴公粮1万石，达到了耕一余一。与此同时，工业、商业、运输业、畜牧业和建筑业也得到了迅速发展。

南泥湾大生产运动，作为中国共产党第一次大规模的军垦，被视为农垦事业的开端，南泥湾也成为农垦事业和农垦精神的发祥地。

进入解放战争时期，建立巩固的东北根据地成为中共中央全方位战略的重要组成部分。毛泽东同志在1945年12月28日为中共中央起草的《建立巩固的东北根据地》中，明确指出“我党现时在东北的任务，是建立根据地，是在东满、北满、西满建立巩固的军事政治的根据地”，要求“除集中行动负有重大作战任务的野战兵团外，一切部队和机关，必须在战斗和工作之暇从事生产”。

紧接着，1947年，公营农场兴起的大幕拉开了。

这一年春天，中共中央东北局财经委员会召开会议，主持财经工作的陈云、李富春同志在分析时势后指出：东北行政委员会和各省都要“试办公营农场，进行机械化农业实验，以迎接解放后的农村建设”。

这一年夏天，在松江省政府的指导下，松江省省营第一农场（今宁安农场）创建。省政府主任秘书李在人为场长，他带领着一支18人的队伍，在今尚志市一面坡太平沟开犁生产，一身泥、一身汗地拉开了“北大荒第一犁”。

这一年冬天，原辽北军区司令部作训科科长周亚光带领人马，冒着严寒风雪，到通北县赵光区实地踏查，以日伪开拓团训练学校旧址为基础，建成了我国第一个公营机械化农场——通北机械农场。

之后，花园、永安、平阳等一批公营农场纷纷在战火的硝烟中诞生。与此同时，一部分身残志坚的荣誉军人和被解放的国民党军人，向东北荒原宣战，艰苦拓荒、艰辛创业，创建了一批荣军农场和解放团农场。

再将视线转向华北。这一时期，在河北省衡水湖的前身“千顷洼”所在地，华北人民政府农业部利用一批来自联合国善后救济总署的农业机械，建成了华北解放区第一个机械化公营农场——冀衡农场。

除了机械化农场，在那个主要靠人力耕种的年代，一些拖拉机站和机务人员培训班诞生在东北、华北大地上，推广农业机械化技术，成为新中国农机事业人才培养的“摇篮”。新中国的第一位女拖拉机手梁军正是优秀代表之一。

（二）

中华人民共和国成立后农垦事业步入了发展的“快车道”。

1949年10月1日，新中国成立了，百废待兴。新的历史阶段提出了新课题、新任务：恢复和发展生产，医治战争创伤，安置转业官兵，巩固国防，稳定新生的人民政权。

这没有硝烟的“新战场”，更需要垦荒生产的支持。

1949年12月5日，中央人民政府人民革命军事委员会发布《关于1950年军队参加生产建设工作的指示》，号召全军“除继续作战和服勤务者而外，应当负担一部分生产任务，使我人民解放军不仅是一支国防军，而且是一支生产军”。

1952年2月1日，毛泽东主席发布《人民革命军事委员会命令》：“你们现在可以把战斗的武器保存起来，拿起生产建设的武器。”批准中国人民解放军31个师转为建设师，其中有15个师参加农业生产建设。

垦荒战鼓已擂响，刚跨进和平年代的解放军官兵们，又背起行囊，扑向荒原，将“作战地图变成生产地图”，把“炮兵的瞄准仪变成建设者的水平仪”，让“战马变成耕马”，在戈壁荒漠、三江平原、南国边疆安营扎寨，攻坚克难，辛苦耕耘，创造了农垦事业的一个又一个奇迹。

1. 将戈壁荒漠变成绿洲

1950年1月，王震将军向驻疆部队发布开展大生产运动的命令，动员11万余名官兵就地屯垦，创建军垦农场。

垦荒之战有多难，这些有着南泥湾精神的农垦战士就有多拼。

没有房子住，就搭草棚子、住地窝子；粮食不够吃，就用盐水煮麦粒；没有拖拉机和畜力，就多人拉犁开荒种地……

然而，戈壁滩缺水，缺“农业的命根子”，这是痛中之痛！

没有水，战士们就自己修渠，自伐木料，自制筐担，自搓绳索，自开块石。修渠中涌现了很多动人故事，据原新疆兵团农二师师长王德昌回忆，1951 年冬天，一名来自湖南的女战士，面对磨断的绳子，情急之下，割下心爱的辫子，接上绳子背起了石头。

在战士们全力以赴的努力下，十八团渠、红星渠、和平渠、八一胜利渠等一条条大地的“新动脉”，奔涌在戈壁滩上。

1954 年 10 月，经中共中央批准，新疆生产建设兵团成立，陶峙岳被任命为司令员，新疆维吾尔自治区党委书记王恩茂兼任第一政委，张仲瀚任第二政委。努力开荒生产的驻疆屯垦官兵终于有了正式的新身份，工作中心由武装斗争转为经济建设，新疆地区的屯垦进入了新的阶段。

之后，新疆生产建设兵团重点开发了北疆的准噶尔盆地、南疆的塔里木河流域及伊犁、博乐、塔城等边远地区。战士们鼓足干劲，兴修水利、垦荒造田、种粮种棉、修路架桥，一座座城市拔地而起，荒漠变绿洲。

2. 将荒原沼泽变成粮仓

在新疆屯垦热火朝天之时，北大荒也进入了波澜壮阔的开发阶段，三江平原成为“主战场”。

1954 年 8 月，中共中央农村工作部同意并批转了农业部党组《关于开发东北荒地的农建二师移垦东北问题的报告》，同时上报中央军委批准。9 月，第一批集体转业的“移民大军”——农建二师由山东开赴北大荒。这支 8000 多人的齐鲁官兵队伍以荒原为家，创建了二九〇、二九一和十一农场。

同年，王震将军视察黑龙江汤原后，萌发了开发北大荒的设想。领命的是第五师副师长余友清，他打头阵，率一支先遣队到密山、虎林一带踏查荒原，于 1955 年元旦，在虎林县（今虎林市）西岗创建了铁道兵第一个农场，以部队番号命名为“八五〇部农场”。

1955 年，经中共中央同意，铁道兵 9 个师近两万人挺进北大荒，在密山、虎林、饶河一带开荒建场，拉开了向三江平原发起总攻的序幕，在八五〇部农场周围建起了一批八字头的农场。

1958 年 1 月，中央军委发出《关于动员十万干部转业复员参加生产建设的指示》，要求全军复员转业官兵去开发北大荒。命令一下，十万转业官兵及家属，浩浩荡荡进军三江平原，支边青年、知识青年也前赴后继地进攻这片古老的荒原。

垦荒大军不惧苦、不畏难，鏖战多年，荒原变良田。1964 年盛夏，国家副主席董必武来到北大荒视察，面对麦香千里即兴赋诗：“斩棘披荆忆老兵，大荒已变大粮屯。”

3. 将荒郊野岭变成胶园

如果说农垦大军在戈壁滩、北大荒打赢了漂亮的要粮要棉战役，那么，在南国边疆，则打赢了一场在世界看来不可能胜利的翻身仗。

1950 年，朝鲜战争爆发后，帝国主义对我国实行经济封锁，重要战略物资天然橡胶被禁运，我国国防和经济建设面临严重威胁。

当时世界公认天然橡胶的种植地域不能超过北纬 17°，我国被国际上许多专家划为“植胶禁区”。

但命运应该掌握在自己手中，中共中央作出“一定要建立自己的橡胶基地”的战略决策。1951 年 8 月，政务院通过《关于扩大培植橡胶树的决定》，由副总理兼财政经济委员会主任陈云亲自主持这项工作。同年 11 月，华南垦殖局成立，中共中央华南分局第一书记叶剑英兼任局长，开始探索橡胶种植。

1952 年 3 月，两万名中国人民解放军临危受命，组建成林业工程第一师、第二师和一个独立团，开赴海南、湛江、合浦等地，住茅棚、战台风、斗猛兽，白手起家垦殖橡胶。

大规模垦殖橡胶，急需胶籽。“一粒胶籽，一两黄金”成为战斗口号，战士们不惜一切代价收集胶籽。有一位叫陈金照的小战士，运送胶籽时遇到山洪，被战友们找到时已没有了呼吸，而背上箩筐里的胶籽却一粒没丢……

正是有了千千万万个把橡胶看得重于生命的陈金照们，1957 年春天，华南垦殖局种植的第一批橡胶树，流出了第一滴胶乳。

1960 年以后，大批转业官兵加入海南岛植胶队伍，建成第一个橡胶生产基地，还大面积种植了剑麻、香茅、咖啡等多种热带作物。同时，又有数万名转业官兵和湖南移民汇聚云南边疆，用血汗浇灌出了我国第二个橡胶生产基地。

在新疆、东北和华南三大军垦战役打响之时，其他省份也开始试办农场。1952 年，在政务院关于“各县在可能范围内尽量地办起和办好一两个国营农场”的要求下，全国各地农场如雨后春笋般发展起来。1956 年，农垦部成立，王震将军被任命为部长，统一管理全国的军垦农场和地方农场。

随着农垦管理走向规范化，农垦事业也蓬勃发展起来。江西建成多个综合垦殖场，发展茶、果、桑、林等多种生产；北京市郊、天津市郊、上海崇明岛等地建起了主要为城市提供副食品的国营农场；陕西、安徽、河南、西藏等省区建立发展了农牧场群……

到 1966 年，全国建成国营农场 1958 个，拥有职工 292.77 万人，拥有耕地面积 345457 公顷，农垦成为我国农业战线一支引人瞩目的生力军。

（三）

前进的道路并不总是平坦的。“文化大革命”持续十年，使党、国家和各族人民遭到新中国成立以来时间最长、范围最广、损失最大的挫折，农垦系统也不能幸免。农场平均主义盛行，从 1967 年至 1978 年，农垦系统连续亏损 12 年。

“没有一个冬天不可逾越，没有一个春天不会来临。”1978 年，党的十一届三中全会召开，如同一声春雷，唤醒了沉睡的中华大地。手握改革开放这一法宝，全党全社会朝着社会主义现代化建设方向大步前进。

在这种大形势下，农垦人深知，国营农场作为社会主义全民所有制企业，应当而且有条件走在农业现代化的前列，继续发挥带头和示范作用。

于是，农垦人自觉承担起推进实现农业现代化的重大使命，乘着改革开放的春风，开始进行一系列的上下求索。

1978年9月，国务院召开了人民公社、国营农场试办农工商联合企业座谈会，决定在我国试办农工商联合企业，农垦系统积极响应。作为现代化大农业的尝试，机械化水平较高且具有一定工商业经验的农垦企业，在农工商综合经营改革中如鱼得水，打破了单一种粮的局面，开启了农垦一二三产业全面发展的大门。

农工商综合经营只是农垦改革的一部分，农垦改革的关键在于打破平均主义，调动生产积极性。

为调动企业积极性，1979年2月，国务院批转了财政部、国家农垦总局《关于农垦企业实行财务包干的暂行规定》。自此，农垦开始实行财务大包干，突破了“千家花钱，一家（中央）平衡”的统收统支方式，解决了农垦企业吃国家“大锅饭”的问题。

为调动企业职工的积极性，从1979年根据财务包干的要求恢复“包、定、奖”生产责任制，到1980年后一些农场实行以“大包干”到户为主要形式的家庭联产承包责任制，再到1983年借鉴农村改革经验，全面兴办家庭农场，逐渐建立大农场套小农场的双层经营体制，形成“家家有场长，户户搞核算”的蓬勃发展气象。

为调动企业经营者的积极性，1984年下半年，农垦系统在全国选择100多个企业试点推行场（厂）长、经理负责制，1988年全国农垦有60%以上的企业实行了这项改革，继而又借鉴城市国有企业改革经验，全面推行多种形式承包经营责任制，进一步明确主管部门与企业的权责利关系。

以上这些改革主要是在企业层面，以单项改革为主，虽然触及了国家、企业和职工的最直接、最根本的利益关系，但还没有完全解决传统体制下影响农垦经济发展的深层次矛盾和困难。

“历史总是在不断解决问题中前进的。”1992 年，继邓小平南方谈话之后，党的十四大明确提出，要建立社会主义市场经济体制。市场经济为农垦改革进一步指明了方向，但农垦如何改革才能步入这个轨道，真正成为现代化农业的引领者？

关于国营大中型企业如何走向市场，早在 1991 年 9 月中共中央就召开工作会议，强调要转换企业经营机制。1992 年 7 月，国务院发布《全民所有制工业企业转换经营机制条例》，明确提出企业转换经营机制的目标是：“使企业适应市场的要求，成为依法自主经营、自负盈亏、自我发展、自我约束的商品生产和经营单位，成为独立享有民事权利和承担民事义务的企业法人。”

为转换农垦企业的经营机制，针对在干部制度上的“铁交椅”、用工制度上的“铁饭碗”和分配制度上的“大锅饭”问题，农垦实施了干部聘任制、全员劳动合同制以及劳动报酬与工效挂钩的三项制度改革，为农垦企业建立在用人、用工和收入分配上的竞争机制起到了重要促进作用。

1993 年，十四届三中全会再次擂响战鼓，指出要进一步转换国有企业经营机制，建立适应市场经济要求，产权清晰、权责明确、政企分开、管理科学的现代企业制度。

农业部积极响应，1994 年决定实施“三百工程”，即在全国农垦选择百家国有农场进行现代企业制度试点、组建发展百家企业集团、建设和做强百家良种企业，标志着农垦企业的改革开始深入到企业制度本身。

同年，针对有些农场仍为职工家庭农场，承包户垫付生产、生活费用这一问题，根据当年 1 月召开的全国农业工作会议要求，全国农垦系统开始实行“四到户”和“两自理”，即土地、核算、盈亏、风险到户，生产费、生活费由职工自理。这一举措彻底打破了“大锅饭”，开启了国有农场农业双层经营体制改革的新发展阶段。

然而，在推进市场经济进程中，以行政管理手段为主的垦区传统管理体制，逐渐成为束缚企业改革的桎梏。

垦区管理体制改革迫在眉睫。1995 年，农业部在湖北省武汉市召开全国农垦经济体制改革工作会议，在总结各垦区实践的基础上，确立了农垦管理体制的改革思路：逐步弱化行政职能，加快实体化进程，积极向集团化、公司化过渡。以此会议为标志，垦区管理体制改革全面启动。北京、天津、黑龙江等17个垦区按照集团化方向推进。此时，出于实际需要，大部分垦区在推进集团化改革中仍保留了农垦管理部门牌子和部分行政管理职能。

“前途是光明的，道路是曲折的。”由于农垦自身存在的政企不分、产权不清、社会负担过重等深层次矛盾逐渐暴露，加之农产品价格低迷、激烈的市场竞争等外部因素叠加，从1997年开始，农垦企业开始步入长达5年的亏损徘徊期。

然而，农垦人不放弃、不妥协，终于在2002年“守得云开见月明”。这一年，中共十六大召开，农垦也在不断调整和改革中，告别“五连亏”，盈利13亿。

2002年后，集团化垦区按照“产业化、集团化、股份化”的要求，加快了对集团母公司、产业化专业公司的公司制改造和资源整合，逐步将国有优质资产集中到主导产业，进一步建立健全现代企业制度，形成了一批大公司、大集团，提升了农垦企业的核心竞争力。

与此同时，国有农场也在企业化、公司化改造方面进行了积极探索，综合考虑是否具备企业经营条件、能否剥离办社会职能等因素，因地制宜、分类指导。一是办社会职能可以移交的农场，按公司制等企业组织形式进行改革；办社会职能剥离需要过渡期的农场，逐步向公司制企业过渡。如广东、云南、上海、宁夏等集团化垦区，结合农场体制改革，打破传统农场界限，组建产业化专业公司，并以此为纽带，进一步将垦区内产业关联农场由子公司改为产业公司的生产基地（或基地分公司），建立了集团与加工企业、农场生产基地间新的运行体制。二是不具备企业经营条件的农场，改为乡、镇或行政区，向政权组织过渡。如2003年前后，一些垦区的部分农场连年严重亏损，有的甚至濒临破产。湖南、湖北、河北等垦区经省委、省政府批准，对农场管理体制进行革新，把农场管理权下放到市县，实行属地管理，一些农场建立农场管理区，赋予必要的政府职能，给予财税优惠政策。

这些改革离不开农垦职工的默默支持，农垦的改革也不会忽视职工的生活保障。1986年，根据《中共中央、国务院批转农牧渔业部〈关于农垦经济体制改革问题的报告〉的通知》要求，农垦系统突破职工住房由国家分配的制度，实行住房商品化，调动职工自己动手、改善住房的积极性。1992年，农垦系统根据国务院关于企业职工养老保险制度改革的精神，开始改变职工养老保险金由企业独自承担的局面，此后逐步建立并完善国家、企业、职工三方共同承担的社会保障制度，减轻农场养老负担的同时，也减少了农场职工的后顾之忧，保障了农场改革的顺利推进。

从1986年至十八大前夕，从努力打破传统高度集中封闭管理的计划经济体制，到坚定社会主义市场经济体制方向；从在企业层面改革，以单项改革和放权让利为主，到深入管理体制，以制度建设为核心、多项改革综合配套协调推进为主：农垦企业一步一个脚印，走上符合自身实际的改革道路，管理体制更加适应市场经济，企业经营机制更加灵活高效。

这一阶段，农垦系统一手抓改革，一手抓开放，积极跳出“封闭”死胡同，走向开放的康庄大道。从利用外资在经营等领域涉足并深入合作，大力发展“三资”企业和“三来一补”项目；到注重“引进来”，引进资金、技术设备和管理理念等；再到积极实施“走出去”战略，与中东、东盟、日本等地区和国家进行经贸合作出口商品，甚至扎根境外建基地、办企业、搞加工、拓市场：农垦改革开放风生水起逐浪高，逐步形成“两个市场、两种资源”的对外开放格局。

（四）

党的十八大以来，以习近平同志为核心的党中央迎难而上，作出全面深化改革的决定，农垦改革也进入全面深化和进一步完善阶段。

2015年11月，中共中央、国务院印发《关于进一步推进农垦改革发展的意见》（简称《意见》），吹响了新一轮农垦改革发展的号角。《意见》明确要求，新时期农垦改革发展要以推进垦区集团化、农场企业化改革为主线，努力把农垦建设成为保障国家粮食安全和重要农产品有效供给的国家队、中国特色新型农业现代化的示范区、农业对外合作的排头兵、安边固疆的稳定器。

2016年5月25日，习近平总书记在黑龙江省考察时指出，要深化国有农垦体制改革，以垦区集团化、农场企业化为主线，推动资源资产整合、产业优化升级，建设现代农业大基地、大企业、大产业，努力形成农业领域的航母。

2018 年 9 月 25 日，习近平总书记再次来到黑龙江省进行考察，他强调，要深化农垦体制改革，全面增强农垦内生动力、发展活力、整体实力，更好发挥农垦在现代农业建设中的骨干作用。

农垦从来没有像今天这样更接近中华民族伟大复兴的梦想！农垦人更加振奋了，以壮士断腕的勇气、背水一战的决心继续农垦改革发展攻坚战。

1. 取得了累累硕果

——坚持集团化改革主导方向，形成和壮大了一批具有较强竞争力的现代农业企业集团。黑龙江北大荒去行政化改革、江苏农垦农业板块上市、北京首农食品资源整合……农垦深化体制机制改革多点开花、逐步深入。以资本为纽带的母子公司管理体制不断完善，现代公司治理体系进一步健全。市县管理农场的省份区域集团化改革稳步推进，已组建区域集团和产业公司超过 300 家，一大批农场注册成为公司制企业，成为真正的市场主体。

——创新和完善农垦农业双层经营体制，强化大农场的统一经营服务能力，提高适度规模经营水平。截至 2020 年，据不完全统计，全国农垦规模化经营土地面积 5500 多万亩，约占农垦耕地面积的 70.5%，现代农业之路越走越宽。

——改革国有农场办社会职能，让农垦企业政企分开、社企分开，彻底甩掉历史包袱。截至 2020 年，全国农垦有改革任务的 1500 多个农场完成办社会职能改革，松绑后的步伐更加矫健有力。

——推动农垦国有土地使用权确权登记发证，唤醒沉睡已久的农垦土地资源。截至 2020 年，土地确权登记发证率达到 96.3%，使土地也能变成金子注入农垦企业，为推进农垦土地资源资产化、资本化打下坚实基础。

——积极推进对外开放，农垦农业对外合作先行者和排头兵的地位更加突出。合作领域从粮食、天然橡胶行业扩展到油料、糖业、果菜等多种产业，从单个环节向全产业链延伸，对外合作范围不断拓展。截至2020年，全国共有15个垦区在45个国家和地区投资设立了84家农业企业，累计投资超过370亿元。

2. 在发展中改革，在改革中发展

农垦企业不仅有改革的硕果，更以改革创新为动力，在扶贫开发、产业发展、打造农业领域航母方面交出了漂亮的成绩单。

——聚力农垦扶贫开发，打赢农垦脱贫攻坚战。从20世纪90年代起，农垦系统开始扶贫开发。“十三五”时期，农垦系统针对304个重点贫困农场，绘制扶贫作战图，逐个建立扶贫档案，坚持“一场一卡一评价”。坚持产业扶贫，组织开展技术培训、现场观摩、产销对接，增强贫困农场自我“造血”能力。甘肃农垦永昌农场建成高原夏莱示范园区，江西宜丰黄冈山垦殖场大力发展旅游产业，广东农垦新华农场打造绿色生态茶园……贫困农场产业发展蒸蒸日上，全部如期脱贫摘帽，相对落后农场、边境农场和生态脆弱区农场等农垦“三场”踏上全面振兴之路。

——推动产业高质量发展，现代农业产业体系、生产体系、经营体系不断完善。初步建成一批稳定可靠的大型生产基地，保障粮食、天然橡胶、牛奶、肉类等重要农产品的供给；推广一批环境友好型种养新技术、种养循环新模式，提升产品质量的同时促进节本增效；制定发布一系列生鲜乳、稻米等农产品的团体标准，守护“舌尖上的安全”；相继成立种业、乳业、节水农业等产业技术联盟，形成共商共建共享的合力；逐渐形成“以中国农垦公共品牌为核心、农垦系统品牌联合舰队为依托”的品牌矩阵，品牌美誉度、影响力进一步扩大。

——打造形成农业领域航母，向培育具有国际竞争力的现代农业企业集团迈出坚实步伐。黑龙江北大荒、北京首农、上海光明三个集团资产和营收双超千亿元，在发展中乘风破浪：黑龙江北大荒农垦集团实现机械化全覆盖，连续多年粮食产量稳定在400亿斤以上，推动产业高端化、智能化、绿色化，全力打造“北大荒绿色智慧厨房”；北京首农集团坚持科技和品牌双轮驱动，不断提升完善“从田间到餐桌”的全产业链条；上海光明食品集团坚持品牌化经营、国际化发展道路，加快农业

“走出去”步伐，进行国际化供应链、产业链建设，海外营收占集团总营收20%左右，极大地增强了对全世界优质资源的获取能力和配置能力。

千淘万漉虽辛苦，吹尽狂沙始到金。迈入“十四五”，农垦改革目标基本完成，正式开启了高质量发展的新篇章，正在加快建设现代农业的大基地、大企业、大产业，全力打造农业领域航母。

（五）

八十多年来，从人畜拉犁到无人机械作业，从一产独大到三产融合，从单项经营到全产业链，从垦区“小社会”到农业“集团军”，农垦发生了翻天覆地的变化。然而，无论农垦怎样变，变中都有不变。

——不变的是一路始终听党话、跟党走的绝对忠诚。从抗战和解放战争时期垦荒供应军粮，到新中国成立初期发展生产、巩固国防，再到改革开放后逐步成为现代农业建设的“排头兵”，农垦始终坚持全面贯彻党的领导。而农垦从孕育诞生到发展壮大，更离不开党的坚强领导。毫不动摇地坚持贯彻党对农垦的领导，是农垦人奋力前行的坚强保障。

——不变的是服务国家核心利益的初心和使命。肩负历史赋予的保障供给、屯垦戍边、示范引领的使命，农垦系统始终站在讲政治的高度，把完成国家战略任务放在首位。在三年困难时期、“非典”肆虐、汶川大地震、新冠疫情突发等关键时刻，农垦系统都能“调得动、顶得上、应得急”，为国家大局稳定作出突出贡献。

——不变的是“艰苦奋斗、勇于开拓”的农垦精神。从抗日战争时一手拿枪、一手拿镐的南泥湾大生产，到新中国成立后新疆、东北和华南的三大军垦战役，再到改革开放后艰难但从未退缩的改革创新、坚定且铿锵有力的发展步伐，“艰苦奋斗、勇于开拓”始终是农垦人不变的本色，始终是农垦人攻坚克难的“传家宝”。

农垦精神和文化生于农垦沃土，在红色文化、军旅文化、知青文化等文化中孕育，也在一代代人的传承下，不断被注入新的时代内涵，成为农垦事业发展的不竭动力。

"大力弘扬'艰苦奋斗、勇于开拓'的农垦精神，推进农垦文化建设，汇聚起推动农垦改革发展的强大精神力量。"中央农垦改革发展文件这样要求。在新时代、新征程中，记录、传承农垦精神，弘扬农垦文化是农垦人的职责所在。

(六)

随着垦区集团化、农场企业化改革的深入，农垦的企业属性越来越突出，加之有些农场的历史资料、文献文物不同程度遗失和损坏，不少老一辈农垦人也已年至期颐，农垦历史、人文、社会、文化等方面的保护传承需求也越来越迫切。

传承农垦历史文化，志书是十分重要的载体。然而，目前只有少数农场编写出版过农场史志类书籍。因此，为弘扬农垦精神和文化，完整记录展示农场发展改革历程，保存农垦系统重要历史资料，在农业农村部党组的坚强领导下，农垦局主动作为，牵头组织开展中国农垦农场志丛编纂工作。

工欲善其事，必先利其器。2019 年，借全国第二轮修志工作结束、第三轮修志工作启动的契机，农业农村部启动中国农垦农场志丛编纂工作，广泛收集地方志相关文献资料，实地走访调研、拜访专家、咨询座谈、征求意见等。在充足的前期准备工作基础上，制定了中国农垦农场志丛编纂工作方案，拟按照前期探索、总结经验、逐步推进的整体安排，统筹推进中国农垦农场志丛编纂工作，这一方案得到了农业农村部领导的高度认可和充分肯定。

编纂工作启动后，层层落实责任。农业农村部专门成立了中国农垦农场志丛编纂委员会，研究解决农场志编纂、出版工作中的重大事项；编纂委员会下设办公室，负责志书编纂的具体组织协调工作；各省级农垦管理部门成立农场志编纂工作机构，负责协调本区域农场志的组织编纂、质量审查等工作；参与编纂的农场成立了农场志编纂工作小组，明确专职人员，落实工作经费，建立配套机制，保证了编纂工作的顺利进行。

质量是志书的生命和价值所在。为保证志书质量，我们组织专家编写了《农场志编纂技术手册》，举办农场志编纂工作培训班，召开农场志编纂工作推进会和研讨会，到农场实地调研督导，尽全力把好志书编纂的史实关、政治关、体例关、文字关和出版关。我们本着“时间服从质量”的原则，将精品意识贯穿编纂工作始终。坚持分步实施、稳步推进，成熟一本出版一本，成熟一批出版一批。

中国农垦农场志丛是我国第一次较为系统地记录展示农场形成发展脉络、改革发展历程的志书。它是一扇窗口，让读者了解农场，理解农垦；它是一条纽带，让农垦人牢记历史，让农垦精神代代传承；它是一本教科书，为今后农垦继续深化改革开放、引领现代农业建设、服务乡村振兴战略指引道路。

修志为用。希望此志能够“尽其用”，对读者有所裨益。希望广大农垦人能够从此志汲取营养，不忘初心、牢记使命，一茬接着一茬干、一棒接着一棒跑，在新时代继续发挥农垦精神，续写农垦改革发展新辉煌，为实现中华民族伟大复兴的中国梦不懈努力！

中国农垦农场志丛编纂委员会

2021年7月

苏

序言

修志问道，执笔著史；鉴昔知今，承前启后，拾遗补阙；垂鉴未来，泽惠千秋。怀着对历史、对现实、对未来负责的高度责任感，按照“正确方向、依法治志、存真求实、修志为用”的总要求，深入挖掘四川省苏稽蚕种场蕴涵的思想观念、人文精神，秉承的科学精神，以及一直坚守的道德规范，系统梳理、科学记录四川省苏稽蚕种场发展历程，本着“时间服从质量”的原则，树立精品意识，全体编纂人员一年多来呕心沥血、辛勤劳动，《四川苏稽蚕种场志》终于问世了，这是苏稽蚕种场文化建设的一项壮举，可喜可贺！

四川苏稽蚕种场自 1938 年筹建成立至今，已经过去 84 个春秋。四川苏稽蚕种场各项事业的发展与改革，波澜壮阔，历久弥新。1938 年，郑辟疆、费达生率领沦陷区江苏女子蚕业学校师生辗转到乐山复校，同时，在“新生活运动妇女指导委员会”支持下，建立了“乐山蚕丝实验区”，设立指导所、开办蚕种场。在苏稽购置土地、房产，建简易蚕室，种植、推广桑苗，定名为苏稽蚕桑场，此为四川苏稽蚕种场之前身。苏稽蚕桑场成立后，大力推广现代蚕桑技术，开启川南蚕桑改良事业，为抗战做出了贡献。抗战胜利后，女蚕校师生回迁。之后，蒋介石发动内战，解放战争爆发，导致物价飞涨，货币大量贬值，蚕种场职工在艰难困境中坚守。新中国成立后，乐山专署接管乐山蚕丝实验区，将牛耳桥（嘉阳蚕种场）、互惠种场归入本场，规模不断扩大，蚕种生产得到恢复与发展，至1956年完成社会主义初级改造。从1962年到1965年，国家在本场连续四年投资修建了三幢蚕房与附属室，安装了电灯，结束了蚕种场无电历史；1976年，新迁建的蚕种冷藏库和浸酸场竣工投产，改善了生产条件，蚕种产量逐渐增长，职工队伍不断壮大、生活条件不断改善。党的十一届三中全会后，国家进入一个新的发展时期，中共四川省委、省政府把蚕桑丝绸业列为发展四川国民经济的优势行业，进一步加强扶持，适逢国际丝绸市场转畅，国家提高蚕茧收购价格，激发了农民栽桑养蚕积极性，农村出现了1950年代以来少有的“蚕桑热”，为本场发展创造了良好的外部环境。上级主管部门对蚕种场实行扩大经营自主权政策，实行定额补贴、财务包干、盈利留场、亏损不补的财务政策，并建立了“三定一奖”责任制，增强了蚕种场的活力，各项事业得到长足发展。一代杂交蚕种繁育1992年达到历史最高26.3万张，蚕房改造、职工住宅等基建工程相继进行，粉房、猪房等工副业生产规模不断扩大，各型汽车已代替拖拉机，耕耘机、伐条机、空调、微机等设施大量应用于生产生活。职工的文化水平和技术素质不断提高，场容场貌逐年改观。职工收入大幅度增长，生活水平进一步提高，物质文化生活进一步丰富，普遍住上套房，使用上电视、冰箱等家用电器。这种势头在1996年发生了变化。自1996年起，由于这个行业竞争激烈，全省“蚕茧大战”愈演愈烈，原蚕区家蚕微粒子病病原污染严重，致使生产不稳定；再加上茧丝绸国际市场疲软，出口受阻，全省蚕种供过于求，不正当竞争进一步加剧，本场老职工较多，生产负担重，生产成本居高不下，缺乏竞争力，蚕种生产和销售量大幅减少，至2008年世界金融危机爆发时，本场财务状况急速恶化，进入极端困难时期。面对这种情况本场一方面强化内部管理，坚持生产承包责任制和工资总额承包的方式，实行减员增效、聘任上岗、优化组合、降低成本、削减支出、深挖潜力和发挥调动职工积极性，以提高经济效益；另一方面积极寻求新的发展方向，盘活土地等资源，开辟新的发展道路。2013年以来，在党的十八大、十九大精神指引下，本场贯彻新发展理念，走高质量全面发展之路：恢复并扩大了选原种繁育的规模，原蚕基地建设更加稳定，成为省内少数三级蚕种繁育单位，原种繁育与销售量呈逐年增长之势头；家蚕微粒子病危害得到有效控制，各级蚕种质量显著提升；开展桑、蚕种质资源搜集，保存与开发利用取得新进展；

开展蚕桑科学试验研究，科技进步明显；成功开办了乐山美龄蚕桑科技博览园，传承蚕桑文化；积极申报实施建设项目，争取政策、资金支持，完成了棚户区改造项目的一期工程；职工收入显著提升，住进了现代化的小区电梯楼房，生活质量明显提高，精神面貌焕然一新。

四川省苏稽蚕种场在长期的建设发展过程中，历经曲折、排除万难、适应各时期社会发展进步需要，累计繁育推广优质一代杂交蚕种500余万张、原蚕种3万余张，安全冷藏、浸酸等加工处理各级蚕种2000余万张，搜集、保存、开发利用了规模较大的蚕桑种质资源，研究、探索蚕桑新技术、新方法，积极践行蚕桑科技转化，开办蚕桑科技博览园，传承、弘扬蚕桑文化，逐步发展形成了以蚕种繁育与推广为基础，产、学、研相结合，一三产业协调发展的新发展格局，为四川蚕业的发展做出了应有贡献。几代种场人扎根种场事业，长期奋斗在蚕种事业一线，不怕苦、不畏难，在党和政府的坚强领导下，艰苦奋斗，百折不挠，锤炼形成了“艰苦奋斗、勇于开拓”的种场精神。

这部场志，经过全体编纂人员的不懈努力，以时为经、以事为纬，资料翔实，内容丰富，记述准确，特色鲜明，忠实、系统地记录了四川省苏稽蚕种场艰苦的发展历程，具有鲜明的专业特点、时代特点、地方特点，体现了思想性、科学性、资料性和时代性的完整统一，客观地呈现了四川省苏稽蚕种场发展的方方面面，便于社会了解、认识，相信定能起到存史、资政、教化和交流的作用。这部场志，也是一部较好的以史鉴今、以史育人的“教科书”，便于全场职工了解过去、认识现在，发扬光荣传统，树立战胜一切困难的信心和决心，再创新的辉煌！

希望通过这部场志的出版发行，我们能察往思来，从中获取智慧和力量，弘扬老一辈苏场人艰苦奋斗、忠诚干事的优良传统，新一代苏场人能增强归属感、自豪感和“艰苦奋斗、勇于开拓”的精神，在习近平新时代中国特色社会主义思想的指引下，全面贯彻落实新发展理念，构建新发展格局，把各项事业继续推向前进，立足本职工作，为实现中华民族伟大复兴的中国梦做出新的贡献！

李　俊

2022年11月

中国农垦农场志丛

四川苏稽蚕种场志

SICHUAN SUJI CANZHONGCHANG ZHI

凡例

一、本志以马列主义、毛泽东思想、邓小平理论、“三个代表”重要思想、科学发展观、习近平新时代中国特色社会主义思想为指导，坚持辩证唯物主义和历史唯物主义原则，坚持思想性、科学性、资料性和时代性的统一，遵从“存史、资治、教化”的宗旨，求实存真，存史致用。力求全面、客观、准确地记录苏稽蚕种场的发展历史，突出专业特点、时代特点、地方特点。

二、本志资料有以下几个来源：对2009年出版的《苏稽蚕种场志》已有记录的，一般以原志为准，只作个别修订；未记录的和2009年以后的历史事实则以本场档案材料为主，兼有专著、报刊、文献、史籍、采访调查材料、口碑、实物图片为辅。统计数字一般以业务部门的报表为准。

三、本志由概述、大事记、专志、附录组成。专志设编、章、节、目四个层次（部分专志层次有增加），正文共分建置地理、事业发展、管理、党建、职工和人物六编，下设章、节、目。横排门类，纵写史实，以时为经，以事为纬，力求横不缺项，纵不断线。以蚕种繁育推广活动为中心，反映蚕种繁育推广事业发展过程为主线，记述蚕种繁育推广相关的人和事，据实展现本场蚕种繁育推广兴衰沉浮的发展历程。

全志采用述、记、图、表、录等体裁，以语体文记述为主，注重记述资料，一般记而不议、述而不作。

四、本志断限上及1938年、下至2021年末。在建置沿革章中，增设建场背景一节，根据资料追溯历史，其他章节根据可读性需要简略上溯。

五、本志断句用规范的标点符号，并使用通行的规范简化字体。

六、本志历史纪年，中华民国时期用民国纪年，注以公元纪年。中华人民共和国成立后用公元纪年。凡朝代、职官不加政治定语，人物直书其名。

七、本志中的计量单位一般以现行法定计量单位表示，特殊情况使用历史和专业特色计量单位。新中国成立前使用的度量衡和货币等单位，照实际使用情况记载，必要时按1984年国务院颁发的法定单位换算作注。

八、对人物坚持生不立传原则，仅对本场发展做出较大贡献的已故人物予以立传，场级领导、部门负责人、高级农艺师职称以上人员作人物简介，先进人物简略记录，2021年末在职职工则列表记录，以彰往昭来。

中国农垦农场志丛

目 录

第三编　管　　理

第四编　党　　建

第五编 职 工

第六编 人 物

中国农垦农场志丛

概　述

四川省苏稽蚕种场是宋美龄领导的“新生活运动妇女指导委员会”与民国四川省政府洽商成立“乐山蚕丝实验区”时，由费达生女士于1938年创办的。现直属于四川省农业农村厅，属公益二类、省财政差额拨款的事业单位。是集家蚕原原母种、原原种、原种和一代杂交种三级良种繁育、家蚕种质资源保育及新品种培育、桑树新品种培育、蚕种冷藏、蚕桑新技术研发与推广、蚕桑资源综合开发利用于一体的综合性蚕种场。目前是四川省蚕桑种质资源保护单位、建有四川最大规模的家蚕种质资源库。

四川省苏稽蚕种场坐落于世界双文化遗产旅游历史文化名城——乐山市之苏稽古镇。距乐山市区12公里、距峨眉山市19公里、距郭沫若旧居沙湾区25公里，地理位置优越，交通便利，风景优美，宜居宜业。占地100余亩[①]，拥有各类专业生产用房2万余平方米，各类先进生产、科研设施设备几十台/套，固定资产456.21万元。至2021年末有职工177人，其中退休职工118人、在职职工59人。在职职工中，高级专业技术人员10人，初、中级专业技术人员12人，行政人员9人，工勤技能人员33人（其中，技师3人、高级工15人），技术力量雄厚。

80余年来，苏稽蚕种场人历经风雨，艰苦创业、与时俱进，练成了自成体系的蚕桑产业事业结构。现保存有四川最多、全国第三多的580余份家蚕种质资源、近百份桑品种资源，2009年被四川省农业厅批准为“四川省桑、蚕品种遗传资源保护单位”；2012年与家蚕基因组生物学国家重点实验室合作成立“家蚕基因组生物学国家重点实验室家蚕种质资源保育中心（四川）”，蚕业基础材料丰富。家蚕良种繁育为我场传统的优势生产事业，拥有年生产原原种1万蛾、原种1万余张、一代杂交种15万余张的能力；蚕种专业冷库年冷藏蚕种可达100万余张，冷藏量位居四川省第二；蚕种销售市场网络遍及省内外数十个县（市、区）。在川南、川北、川东、川西市场及云南享有极佳声誉，为四川蚕业的发展做出了特殊贡献。

四川苏稽蚕种场是省农业厅直属的副县处级事业单位，是省属的五个骨干示范蚕种场之一，现内设机构有办公室、政工科、计划财务科、生产技术科、后勤科和桑蚕种质资源研发中心共四科一室一中心。

---

① 亩为非法定计量单位，1亩≈666.67平方米。——编者注

自 1938 年 9 月建场至今，四川苏稽蚕种场已走过了 85 年的曲折发展道路，在中国共产党及上级部门的坚强领导和全场干部职工坚韧不懈的奋斗努力下，成为具有一定事业规模、基础设施完备、技术力量雄厚、各方面综合发展的现代化蚕种场，完成了各个历史时期蚕种生产繁育、冷藏浸酸和科研任务，为四川蚕业的发展做出了重要贡献。

纵观本场历史，可以明晰地看出其经历的几个不同发展阶段。

一、民国时期，在抗战中诞生，战乱中求存，艰难发展

本场是在特定的历史环境下兴办建立的。民国 27 年（公元 1938 年）5 月，抗日战争爆发后，以宋美龄为会长、指导长的“新生活运动妇女指导委员会”改组扩大其组织，“动员妇女，服务社会”，设立了生产事业组，派处于沦陷区的江苏省女子蚕业学校（以下简称为“女蚕校”）蚕丝专家郑辟疆、费达生到四川乐山建立“乐山蚕丝实验区”，辖区包括乐山、青神、眉山、井研、峨眉、犍为、夹江七个县；建蚕种制造场两所，苏稽蚕种场为其中一所。次年费达生在苏稽购置南华宫、雨王宫房产为基地，建立简易蚕室；购置土地 130 余亩为苗圃种植、推广桑苗，定名为苏稽蚕桑场，设立原种部、普种部生产推广改良杂交蚕种。“乐山蚕丝实验区”主任费达生兼首任场长，当年春开始养蚕，制改良种几百张，同时保育女子蚕校的改良蚕品种。由于改良种孵化整齐，蚕体健壮，茧色白净匀称，茧丝质量明显优于土种，因而大受欢迎，次年生产量猛增到 1 万多张，1945 年达到 2 万多张，带动了当地土种向改良种的转变。为了让四川同江苏一样能够饲养秋蚕，充分利用夏秋期生长的桑叶，提高蚕茧产量，民国 30 年（1941 年），费达生听取蚕农建议，到气温较低的峨眉山勘查，确认可行后，由女蚕校在峨眉山半山腰初殿修建了简易冷库和浸酸池，每年冬季收集冰雪，堆放在库房内起冷冻作用降温冷藏蚕种，并通过浸酸处理，变蚕种自然孵化为人工孵化，推广了秋季养蚕，改变了历来只养春蚕的历史。

民国 35 年（1946 年）年，抗日战争已取得胜利，本场主要技术人员随女蚕校回迁而离任，技术力量显著削弱；与此同时，蒋介石发动内战，解放战争爆发，物价飞涨，货币大量贬值，蚕种场职工生活得不到保障，业务萎缩，职工裁员；再加上受不良自然气候的影响，蚕微粒子病持续严重发生（1940 年蚕种毒率达 70%）。导致蚕种生产事业日趋衰落，生产量徘徊下行，到 1949 年，仅产桑叶 4.8 万公斤，蚕种数千张，本场处于艰难维持的局面。

二、1949 年到 1978 年， 走向曲折发展历程

中华人民共和国的建立，结束了旧中国上百年半殖民地半封建社会的状况，极大地解

放了生产力。1950 年 1 月，人民政府乐山专署接管乐山蚕丝实验区（包括苏稽蚕桑场），将牛耳桥嘉阳蚕种场、互惠种场归入本场，本场规模不断扩大。至 1956 年完成社会主义初级改造，所有制性质由官办资本到公私合营再改造成为全民所有（国营）。

1950 年代，人民政府确定了“积极恢复发展蚕桑生产”的方针，采取发展蚕农互助合作组织，奖励蚕农生产，开展技术培训和推广先进技术，实行蚕种监管，统一制定普通种繁殖技术操作规程等措施，本场蚕种生产得到恢复发展，桑叶产量达到 15 万公斤，年生产蚕种恢复到 2.5 万张左右，同时除生产改良蚕种外，还担负了土种和柞蚕种的选育与生产，工副业生产（养猪、制粉）也蓬勃开展起来。到 1958 年，本场桑柘园面积达到 400.37 亩。但是，由于生产设施老化陈旧，抵御恶劣自然环境能力较差，致使生产极不稳定，尤其是长期受蚕微粒子病的困扰，个别年份（例如 1957 年）曾一度停产。

从 1962 年到 1965 年，国家在本场连续三年投资数十万元资金修建三幢蚕房与附属室，安装了电灯，改善了生产条件，蚕种产量逐渐增长，1966 年在连续多年亏损后扭亏为盈，但次年又因“文化大革命”的干扰重陷亏损。由于从 1970 年代初起，逐步生产省内新选育和重新组配的多丝量三元杂交品种，受到欢迎，生产量逐步扩大。1971 年桑叶产量达到 27 万余公斤，生产合格蚕种突破 5 万张，达到了 5.1 万余张。从 1974 年起一直到 1978 年，本场还担负了全省部分原种生产。从 1975 年起，本场停止柘蚕种生产，将原柘园改为桑园，桑园面积达到 400 多亩，当年本场再次实现扭亏为盈，从此走上较长时间的盈利之路。1976 年，由国家投资 30 余万元新迁建的蚕种冷藏库和浸酸场竣工投产，年冷藏量 100 万张蚕种。当年本场生产合格蚕种达到近 10 万张，桑叶产量达到近 30 万公斤。1977 年，国家再次投资 21 万元改建一幢蚕室。这一时期其他基础设施还不断得到完善，机动喷雾器、拖拉机、汽车等先进生产工具的使用，大大增强了本场实力，为以后的迅猛发展打下坚实基础。

这一时期，在生产长足发展的同时，职工队伍不断壮大，职工的生活条件不断改善，生活水平不断提高。全场正式职工增长到 150 人左右，住房条件明显改善（新中国成立前无住房），实行了医疗、劳动防护等劳保福利，劳动强度大为减弱（新中国成立前蚕期需全天上班），老有所养（新中国成立前无退休制度，丧失劳动能力即解雇回家），职工精神振奋，物质生活有保障而稳定，文化生活丰富多样。

三、1979 年到 1994 年， 在改革开放中迅猛发展

中国共产党的十一届三中全会后，国家进入一个新的发展时期。中共四川省委、省政

府把蚕桑丝绸业列为发展四川国民经济的优势行业，进一步加强扶持。同时适逢国际丝绸市场转畅，国家提高蚕茧收购价格，激发了农民栽桑养蚕积极性，农村出现了1950年代以来少有的“蚕桑热”，为本场发展创造了良好的外部环境。上级主管部门对蚕种场实行扩大经营自主权政策，实行定额补贴、财务包干、盈利留场、亏损不补的财务政策，并建立了“三定一奖”（定生产任务、定补贴费、定经营利润，奖金按工资总额计提）责任制，增强了蚕种场的活力。本场抓住历史机遇，加强内部管理，健全各项管理制度，调动职工积极性，努力抓好蚕种主业生产，使本场得到快速发展，1979年即生产合格蚕种15万多张，比1978年增长近一倍。以后桑园产叶量在25万至33万公斤波动，蚕种生产量时有起伏，但总体呈增长趋势，1991年接近20万张，1992年达到历史最高26.3万张，1993年有所回落，1994年仍为22.5万张，桑园产叶达到32万公斤。全场经营盈利不断增长，1989年盈利达到20万多元，1990年增长到41万多元。1991年盈利近50万元，以后几年有所下降，在40万元左右。

在蚕种主业生产迅猛发展同时，本场其他各项事业也得到全方位大力开展。蚕房改造、职工住宅等基建工程接连相继进行，粉房、猪房等工副业生产不断扩大，各型汽车已代替拖拉机，耕耘机、伐条机、空调、微机等先进设施大量应用于生产生活，职工的文化和技术素质不断提高，场容场貌逐年改观。尤其是职工收入大幅度增长，生活水平进一步提高，物质文化生活进一步丰富，普遍住上套房，使用上电视、冰箱等家用电器。

但是，在生产快速发展的同时，也存在着基础薄弱，尤其是原蚕区千家万户养蚕制种，原蚕区家蚕微粒子病病原污染严重，消毒防病困难，成为生产不稳定的重大隐患。

四、1996年至2012年，在阵痛中转型

从1996年起，由于全省“蚕茧大战”愈演愈烈的影响，原蚕区家蚕微粒子病病原污染严重，因微粒子病烧种，连续几年亏损达数百万元，一直到2000年起再次扭亏为盈，但由于环境恶化没有明显改善，生产仍不稳定，再加上茧丝绸国际市场疲软出口受阻，全省蚕种供过于求，不正当竞争加剧，本场老职工较多、负担重，生产成本居高不下，缺乏竞争力，蚕种生产和销售量大幅减少，盈利能力十分有限。2008年世界金融危机爆发，本场财务状况急速恶化，仅2008年至2012年5年时间里净亏损近2000万元。

在极端困难的处境下，本场一方面强化内部管理，坚持生产承包责任制和工资总额承包的方式，实行减员增效、聘任上岗、优化组合、降低成本、削减支出、深挖潜力和发挥

调动职工积极性，以提高经济效益。自有桑园实行大包干，确定后5年不变，以桑园职工工资、津贴分解到每公斤桑叶成本内，以定额直接费用收购桑叶，且将桑园管理定为包干责任；蚕种生产实行“六定”，即定任务、定人员、定直接费用、定质量、定奖惩、定出勤，将各作业组工资、补贴、福利以及各节假日加班工资计入蚕种成本，并实行分季、分组、综合性考核制度，实现“定岗、定员、定责任”的“三定”目标。医务室和冷库同样实行经济包干责任。同时放宽个人停薪留职政策，减少相关个人缴纳费用。实现降低成本、减员增效的目的。另一方面积极寻求新的发展方向，盘活土地等资源，开辟新的发展道路。2002年场与乐山市再生资源回收利用公司共同开发桑园87.52亩地，合作投资组建废旧品回收市场，成立“乐山聚能再生资源回收利用有限公司”，开办“乐山再生资源、生产资料市场”。2005年，经四川省农业厅批准，将互惠桑园218.53亩有偿转让于国家作征地用，借此偿清了所有债务。2010年本场抓住历史机遇，参加了乐山市中心城区棚户区改造项目，使处于极其困难状态的职工看到了住房改善的希望。2005年夏季又承接了华神集团（崇州）资源昆虫生物技术中心的保存，继代保护、保存欧系、日系、华系蚕品种631份，承担起桑拿蚕种质资源保存利用职责。2006年，四川省蚕业管理总站以“川蚕业〔2006〕37号”文正式批准本场设立“四川省家蚕种质资源库（苏稽）”，并委托保存生产用蚕品种98对。2006年开始培育试验一对蚕种新品种“嘉·州×山·水”，于2007年通过省级鉴定和审定。随着第三产业和科研工作的发展、桑园面积减少和蚕种供求关系的变化，本场蚕种生产量和销售量呈振荡下行趋势，1995年的15万余张，2000年下降至10万张左右，2007年下降到3万余张，至2012年更是下降到几千张。

这一时期，部分职工被迫待岗分流，由于场多数年份只组织春季蚕种生产不组织秋季生产，多数职工处于半待岗状态，职工收入显著下降。单位实行人员只出不进政策，在职职工人数逐年减少，而退休职工人数呈增加趋势。艰难困苦，玉汝于成！这一时期，全场干部职工在十分困难的境地下，不灰心气馁，团结奋斗，艰苦努力，共谋发展，苦练内功，盘活资源，终于走出了转型发展之路。

五、2013年至今，走向高质量全面发展之路

在党的十八大、十九大精神指引下，贯彻新发展理念，走高质量发展之路。

事业发展更加全面，恢复、扩大了选原种繁育，原蚕基地建设得更加稳定，成为省内少有的三级蚕种繁育单位，原种繁育与销售量呈逐年增长之势，一代杂交种繁育和销售量保持在3万张左右，家蚕微粒子病害得到有效控制，各级蚕种质量显著提升；开展桑、蚕

种质资源搜集、保存与开发利用工作取得新进展，联合设立“家蚕基因组生物学国家重点实验室家蚕种质资源保育中心（四川）”“国家蚕桑产业技术研发中心蚕品种育繁推综合试验点”“国家蚕桑产业技术研发中心蚕病综合防控试验示范点”，被四川乐山国家农业科技园区管委会授予“四川乐山国家农业科技园区研发机构”称号；开展蚕桑科学试验研究，科技进步明显，自主选育的新蚕品种“峨·眉×风·光”通过省级鉴定并获乐山市科技进步三等奖，合作项目“家蚕特异种质挖掘、创新与利用”获四川省科技进步三等奖；成功开办了乐山美龄蚕桑科技博览园，传承蚕桑文化，成为四川省教育厅“四川省中小学生研学实践基地”，被乐山市市中区关心下一代工作委员会授牌为市中区青少年科普教育实践基地。

积极申报实施建设项目，争取政策、资金支持。先后申报、实施了棚户区改造项目、贫困农场建设项目、家蚕良种繁育项目、中央外经贸发展专项资金项目、农业综合发展项目、现代农业种业发展项目、救灾项目等等，累计获得国家项目资金投入1000多万元，保障了生产、科研投入，极大地改善了生产、科研设施设备条件，使产品质量和服务质量得到很大提高，且成本显著下降，综合竞争力显著提升，社会影响力不断增强。

这一时期，国家实行普惠政策，多次大幅度调升职工工资，职工收入显著提升，生活质量明显提高，精神面貌焕然一新，改革开放的红利普惠到了每位职工。

这一时期，场还完成了棚户区改造项目的一期工程，职工住进了现代化的小区电梯楼房，住房条件显著改善。

这一时期，一批有文化知识的青年进入职工队伍，职工队伍结构更加合理、文化程度显著提高。

为深入贯彻落实《中共中央　国务院关于分类推进事业单位改革的指导意见》《关于进一步推进农垦改革发展的意见》文件精神，推进事业单位、农垦改革发展，2022年1月18日，中共四川省委机构编制委员印发了《关于农业农村厅下属事业单位优化整合的通知》（川编发〔2022〕1号），其中提到“将四川省苏稽蚕种场整合到四川省三台蚕种场，为正处级公益一类事业单位，核定事业编制200名、领导职数一正四副。”

展望未来，前程似锦。尽管前进的道路仍然充满艰难险阻，但有党的坚强领导，积累了丰富经验的全场干部职工，继续贯彻落实习近平新时代中国特色社会主义思想和新发展观，解放思想与时俱进，把握机遇锐意进取，团结一心艰苦奋斗，必将开创本场更加灿烂辉煌的明天。

表1为自1979年至2021年的历年财务状况。

表 1 四川省苏稽蚕种场历年财务状况（万元）

年份	收入	支出	结余	净资产	固定资产净值
1979 年	—	—	10.47	—	—
1980 年	—	—	11.75	—	—
1981 年	—	—	14.43	—	—
1982 年	—	—	14.29	—	—
1983 年	—	—	14.93	—	—
1984 年	—	—	10.95	—	—
1985 年	—	—	11.79	—	172.47
1986 年	—	—	9.27	—	171.08
1987 年	—	—	31.88	—	193.46
1988 年	—	—	12.23	—	217.07
1989 年	—	—	20.47	—	226.92
1990 年	—	—	41.84	—	—
1991 年	—	—	49.65	—	316.48
1992 年	—	—	51.72	—	366.28
1993 年	—	—	41.03	121.85	429.10
1994 年	—	—	35.02	—	450.12
1995 年	—	—	−265.90	296.21	660.97
1996 年	—	—	−103.80	174.45	542.40
1997 年	—	—	−110.80	663.63	503.56
1998 年	294.70	379.70	−85.05	−153.49	477.27
1999 年	249.70	303.80	−54.15	−75.57	255.41
2000 年	328.60	319.30	5.30	−280.87	245.95
2001 年	368.20	352.67	15.53	−265.34	238.81
2002 年	436.05	426.88	9.17	27.94	223.08
2003 年	378.25	371.24	7.00	34.94	287.50
2004 年	400.94	392.35	8.59	43.52	200.79
2005 年	433.38	489.97	−56.59	−14.51	216.96
2006 年	416.60	416.60	−52.30	−36.8	292.30
2007 年	515.86	546.34	−30.48	766.12	378.72
2008 年	436.15	639.11	−202.96	550.33	424.84
2009 年	424.57	961.05	−536.48	446.68	367.16
2010 年	487.09	990.74	−503.65	345.49	368.38
2011 年	1190.23	1837.07	−646.84	249.02	386.83
2012 年	1545.05	1644.24	−99.19	325.83	188.94
2013 年	1699.48	1532.44	167.04	396.66	92.73
2014 年	1331.82	1341.51	−9.69	379.32	85.08
2015 年	2010.81	1631.59	379.22	768.66	95.20
2016 年	1270.43	1167.95	102.48	871.58	95.64
2017 年	1364.83	1476.93	−112.10	877.30	213.46
2018 年	1348.16	1550.06	−201.90	693.90	215.30
2019 年	1534.75	1614.54	−79.79	798.03	243.30
2020 年	1315.13	1489.20	−174.07	634.94	266.97
2021 年	1527.54	1526.58	0.96	738.51	456.21

大 事 记

1938 年 9 月 14 日，以宋美龄为会长、指导长的“新生活运动妇女指导委员会”会商四川省政府，在乐山成立“乐山蚕丝实验区”，辖区包括乐山、青神、眉山、犍为、井研、峨眉、夹江七个县。下设蚕业指导所若干，推广蚕桑养殖及制丝新法；并设“乐山蚕丝实验区苏稽蚕桑场”和“乐山蚕丝实验区嘉阳蚕种场”两所蚕种制造场，主要承担乐山蚕丝实验区的蚕种改良与推广任务。“乐山蚕丝实验区苏稽蚕桑场”为今四川省苏稽蚕种场之前身，位于苏稽以南，乐山蚕丝实验区主任费达生兼任场主任，孙君有任副主任（兼养蚕股长），程瑜任指导长，中层机构设置有养蚕股和桑苗股，主管机关为新妇会生产事业组。“乐山蚕丝实验区嘉阳蚕种场”位于乐山城郊的柏杨坝，主要为内迁“江苏省立蚕丝专科学校”的教学和实习服务，新中国成立后并入本场。

1939 年 费达生、孙君有在苏稽以南购置南华宫、雨王宫房产，改建成简易蚕室，饲养改良蚕种；同时购置土地 130 余亩种植桑苗作苗圃、推广优良桑苗，桑叶用以养蚕制种。此为四川省苏稽蚕种场的雏形，定名为乐山蚕丝实验区苏稽蚕桑场。当年春开始养蚕，保育从女子蚕校带来的改良蚕品种、并制改良蚕种几百张，蚕种质量由四川省农业改进所检验把关。

7 月 19 日，洪灾，部分苗圃受灾。

8 月 19 日，日本飞机轰炸乐山城。

1940 年 3 月，四川省农业改进所在本场设立川南研究室，开展柘叶育蚕试验。当年制改良种猛增到 1 万多张，并在农村大量推广改良蚕种，带动了土种向改良种的转变。

8 月，大暴雨，洪灾，部分桑园受灾。

1941 年 7 月，经登记许可，乐山蚕丝实验区苏稽蚕桑场正式建立，定义属于公立蚕业推广机关新妇会生产事业组乐山蚕丝实验区的产业，有土地 130 余亩，房屋 30 多间，年生产框制种 1 万多张。设立栽桑课（部、股）、制种课（下设原种部、普通部、试验部）、总务课（部、股）等中层机构。

夏天，费达生由农民带路到峨眉山勘察，认为在峨眉山修建蚕种冷库是可行的。后由蚕校出资在峨眉山半山腰初殿修建了蚕种冷库，在清音阁附近修建了蚕种浸酸场，冬天建成，收集冰雪并堆放在库房内降温，进行蚕种冷藏保护，并通过浸酸处理，改蚕种自然孵化为人工秋季孵化，这成为川南地区秋季养蚕的开端。当年，场开始培育原种，制造普种。

1942 年 8 月 13 日，大暴雨，洪灾，部分桑园受灾。

1945 年 2—4 月，春旱。

4 月，四川丝业公司决定从春季起实行蚕种商标并印于蚕连纸上，本场商标为“蚕蛾”牌。

9 月 2 日，大暴雨，洪灾，部分桑园受灾。

1946 年 春旱。本场主要技术力量随江苏女蚕校回迁。

1947 年 7 月 19—26 日，洪灾，部分桑园受灾。

1948 年 8 月 18—31 日，大暴雨，洪灾，部分桑园受灾。

1949 年 3 月接收互惠农场土地 84.17 亩。

5 月，虫灾。

7 月 3 日，大暴雨导致洪灾，部分桑园受灾。

12 月 16 日，人民解放军解放乐山城。

1950 年 1 月，乐山专署接管乐山蚕丝实验区（包括本场在内），改名乐山专区蚕丝实验所，张恩鸿主管所务工作，将牛耳桥种场（嘉阳蚕种场）、互惠农场并入本场，接收互惠农场老洼滩桑园土地 60 余亩。

本场所有制性质被定为公私合营。

1951 年 2 月 24 日，经川南行政公署农林厅批准，乐山蚕丝实验区与华新丝厂合并改组为乐山蚕丝公司。

3 月 16 日，四川丝业公司向中央私营企业局申请注册商标，经审查合格，发给注册证，本场使用的蚕种商标为“蛾”牌。

3 月 21 日，合资经营的互惠农场正式并入本场。

6 月 25 日，山洪暴发，部分桑园受灾。

9 月 1 日，本场随乐山蚕丝公司并入四川丝业公司，本场场名变更为“四川丝业公司苏稽蚕种制造场”。

12月22日，西南军政委员会决定成立西南蚕丝事业管理局，统管全区蚕丝事业，原属西南农林部及西南各省区农林厅领导的蚕种（包括柞蚕）监管、养蚕推广及实验研究等机构，一并移交该局领导。

蚕室开始实行两班四轮制的“专业流水作业法”。

1952年 4月25日，四川丝业公司改名为西南蚕丝公司，由西南蚕丝事业管理局领导，本场更名为“西南蚕丝公司苏稽制种场”，使用方形印章。

6月30日，山洪暴发，部分桑园受灾。

7月，大风，风速达17米/秒，部分桑园受灾。

10月，西南蚕丝公司与西南蚕丝事业管理局合并，仍称西南蚕丝公司。

年内接收苏稽教养院土地30市亩用于修建蚕房，后改为栽植桑树。

1953年 5月21—22日，两次大风、冰雹导致部分桑园受灾。

6月11日，洪灾导致部分桑园受灾。

8月，实行企业等级工资制，对职工工资做普遍调整。

9月，对峨眉山初殿蚕种冷库进行大修改建，改原木架夹壁为石墙木架，10月结束。

本年，进行全面清产核资，并开始独立核算，盈利上缴，亏损由主管部门弥补。

1954年 3月26日，本场派技术员敖学松、许振寰前往夹江县接收夹江蚕种场进行土种选育工作。

8月，夹江土种选育组搬回本场。

本年，创办了全国第一个柘蚕土选试育组，进行食柘叶土种选种试验研究，从农村只搜集到30多个品种，后来选育达到160多个品种。

1955年 4月，进行工资改革，统一执行国家机关、事业单位级别工资。

7月12—14日，大暴雨、洪灾，部分桑园受灾。

计划于次年建立开办粉房，为本地商业和粮食部门加工淀粉和生产豆粉条，以扩大养猪，增加有机肥来源。

1956年 4月1日起，本场划归四川省农业厅蚕桑管理局主管，其所有制性质变为全民所有国有农场，场名变更为“四川省乐山苏稽蚕种繁殖场”。

7月29日，大风8～9级，桑园受灾。

本年，工资改革，干部执行全国统一的行政、技术人员标准级别。工人以技术高低、劳动强度大小、贡献大小为依据，经民主评定后报上级批准实行。

1957 年 4 月，省农业厅决定恢复过去使用过的各蚕种场商标牌号，并发给本场“蛾牌”商标锌板 1 块。次年因各地新建一批蚕种场，多无商标，本场也立即停用。

本场因蚕种病毒严重，连年亏本，全年停止生产。

年内在铁坪山、老鸦滩征土地 74.3 亩，栽植柘树和挖水塘储水。

1958 年 6 月 3 日起，持续干旱 20 多天，桑园受灾。

8 月 1 日，持续 13 小时暴雨，导致洪灾，部分桑园受灾。

8 月 1 日，本场同省属阆中、南充、三台、西充、北碚下放地方，本场归乐山县管理，场名变更为“乐山县蚕种繁殖场”。

年内购胶轮马车一辆运输桑叶，结束了全靠人力运输的历史。

1959 年 8 月 11—12 日，暴雨、洪灾，部分桑园受灾。

蚕室改两班四轮制为两班三轮制。

1960 年 7 月 9 日、20 日、29 日、31 日，暴雨、洪灾，部分桑园受灾。

8 月，本场收归乐山专区管理，场名变更为“乐山专区蚕种繁殖场”。

本年春因发展柘蚕，场内柘叶不足，发原种到青神汉阳等地饲养，开始原蚕区制种。

1961 年 5—6 月，持续干旱，桑园受灾。

6 月 28 日、7 月 6 日，两次特大洪灾，部分桑园受灾。

当年，贯彻落实乐山地委压缩人员的指示，将 1958 年来场的农村劳力全部下放回农村，接收由专区农业局调来专区农科所附中停办的学生 30 人。

生产管理上实行“三包一奖”办法，建立健全生产责任制，实行定额管理和评工记分相结合的办法。

1962 年 年初接收盐源农场调来军工 20 人。

1—4 月，旱灾，桑园受灾。

4 月 1 日，四川省农业厅为统筹全省蚕桑生产，将原下放的蚕种场收回管理，本场再次收归四川省农业厅管理，场名变更为“四川省农业厅乐山蚕种场”。

5 月，接收由乐山地委调来龙池铜矿技工与普工 24 人。

6 月 22、23 日，暴雨，洪灾，部分桑园受灾。

8 月 5 日，大风、冰雹，桑园受灾。

当年，由四川省农业厅批准并拨款修建一蚕室和二蚕室。

1963 年 4 月，四川省推行种、茧、丝绸一体化管理，本场由省农业厅移交省轻工厅领导，更名为“四川省轻工厅乐山蚕种场”。

4 月 24 日，中共中央朱德副主席在省、地领导的陪同下视察本场，并接见了部分职工。

8 月 5 日，大风、冰雹，桑园受灾。

9 月，四川省轻工业厅抽调本场 22 名工人到川棉一厂工作。

本年，一、二蚕室完工，三蚕室开始兴建，全场实施电灯安装工程，结束用清油、煤油、蜡烛照明的历史。

1964 年 2 月，本场首次实行职工退休制度，工人骆银山年满 71 岁，经乐山县工会联合会批准同意退休，并发给退休证书。

6 月，四川省推行桑、蚕配套管理，省轻工厅将本场交归省农业厅领导，场名变更为“四川省农业厅乐山蚕种场”。

12 月，二楼一底三层、钢筋水泥混合结构的三蚕室竣工。

1965 年 8 月 5 日，大风、冰雹，桑园受灾。

本年内，开展“一反三查”节约运动。一反、三查：查设备、查流动资金、查材料，反浪费。

1966 年 7 月 20 日，暴雨，洪灾，部分桑园受灾。

下半年开始，10 月 1 日，四川省农业厅将本场下放乐山专区农业局管理，场名变更为“四川省乐山专区蚕种场”。

1968 年 4 月，成立场革命委员会，下设栽桑股、制种股、后勤股、副业股等中层机构。

10 月，使用“四川省乐山蚕种场革命委员会”印章。

本年，开始接收大专院校蚕桑、水电等专业毕业生来场工作。

1970 年 8 月 11、19 日，8 级以上大风，桑园受灾。

10 月，改建下场旧蚕室，增修储桑室。

1971 年 5 月，大风、冰雹，桑园受灾。

春季在青神县汉阳公社向阳 1～4 队搞少量桑蚕原蚕饲养，开始桑蚕原蚕区制种。

本年，开展党的基本路线教育。

1972 年 2—3 月，严重春旱，桑园受灾。

4 月 24 日，大风、冰雹，桑园受灾。

7 月，乐山专区更名为乐山地区，本场变更场名为“乐山地区蚕种场”。

1973 年 7 月 1 日，暴雨、洪灾。

7 月，四川省农业局（原四川省农业厅）为加强全省蚕种生产，将本场收归管理，实行省、地双重领导，省管生产、财务，乐山地区管政工、人事，本场更名为“四川省乐山蚕种场”。

8 月 6 日，暴雨、洪灾，8 月 26 日，大风、冰雹，桑园受灾。10 月起，执行夜班补贴政策。

1974 年 6 月，经四川省农业局批准，由省财政拨款，在场内修建蚕种冷库、浸酸场和水塔等三项工程。

年内接收由四川省农业局分配本场拖拉机（工农-12）一台，结束了全靠人畜运输的历史。

1975 年 7 月 5、17、18 日，大风，桑园受灾。

8 月 8、22，大风、暴雨、冰雹、洪灾，桑园受灾。

继续修建蚕种冷库、浸酸场和水塔等三项工程，水塔竣工。

本年，实现将继 1966 年之后连续多年亏损的扭亏为盈，以后多年经营利润逐渐增长，之后的连续二十年实现盈利。

1976 年 5—6 月，严重夏旱，桑园受灾。

5 月中旬，冷库、浸酸场竣工，建场初期修建在峨眉山初殿旁边的蚕种冷库和修建在峨眉山清音阁附近的浸酸场不再使用。

1977 年 5 月，与严龙公社红旗大队调换插花地 7.54 亩，与向阳大队调换插花地 8.62 亩。

7 月 7 日，暴雨、洪灾，桑园受灾。

11 月，四川省农业局批复修建新一蚕室。

1978 年 3 月 10 日，中共乐山地委组织部以乐地组发〔1978〕46 号文明确“苏稽蚕种场不再设革命委员会，实行党委领导下的场长负责制”。场下设办公室、生产技术组、计划财务组、总务组。生产划分桑园一队、桑园二队、试验队、蚕房一队、蚕房二队、蚕房三队、副业队。

5 月 25 日，撤销本场所在地乐山县，建乐山市（县级）。

本年，实行“三定一奖”管理制度，即定出勤天数、定劳动时数、定生产任务，奖励超产。

年内增加不同类型汽车 2 台，逐步取代拖拉机。

1979 年 3 月，四川省农业局、四川省财政局联合下发《关于试行改进农业三场、鱼种站经营管理的几点意见》文件，对事业性质、企业经营的国营良（原）种场、种畜场、蚕种场实行定额补贴制度。

1980 年 4 月，四川省原子核研究所在本场冷库打深井发装强度为 1050 克雷当量的三只钴 60－γ 射线，开展蚕种照射试验，以期提高蚕茧产量和质量。

1981 年 6 月 4 日，经四川省农业厅党组批复同意，本场中层机构设置由一室三组调整为一室三股，即办公室、生产技术股、计财股、总务股。

7 月 13 日，暴雨、洪灾，桑园受灾。

11 月，本场首次按政策进行了专业技术职称评定，后来暂停，于 1988 年恢复。

1982 年 8 月，四川省实行蚕业种、茧、丝绸、外贸一条龙改革，成立四川省蚕丝公司（1984 年 12 月 19 日更名为四川省丝绸公司），本场由四川省农业厅移交四川省蚕丝公司领导，为直属事业单位，名称未变。

开始实行少回育制，减轻劳动量，工人改为白班和夜班，一周换班一次，技术员分别与工人同时轮班。

1983 年 年内经四川省蚕丝公司批准备，修建场招待所，主要接待来场领取蚕种人员住宿。

1984 年 1 月，开展为期一年的企业全面整顿运动，实行定人员、定岗位责任制、加强定额管理、整顿劳动纪律、严格考勤制度、落实经济承包责任制。

4 月，四川省蚕业制种公司批复本场建立“劳动服务公司”，解决本场富余人员。实行独立经营，单独核算。

9 月，四川省蚕丝公司批复本场内部机构设立办公室、生产技术股、计划财务股和总务股三股一室。

12 月，四川省蚕业制种公司重新任命中层科室负责人。

年内按政策整顿“以工代干”，对 40 岁以上，以及没有具备高中或相当于高中文化程度的，不再“以工代干”。

年内，全厂工人开展文化和技术“双补”活动。

年内，本场选派 6 名工人到四川省南充蚕校蚕桑专业职工中专班脱产学习。

1985 年 5 月，本场所在地乐山市（县级）升为省辖地级市，乐山市市中区成立，本场所在地为乐山市市中区。

6月，根据中共中央、国务院下发《关于国家机关和事业单位工作人员工资制度改革问题的通知》，开展工资制度改革，实行以职务工资为主要内容的结构工资制，由基础工资、职务工资、工龄津贴、奖励工资四个组成部分。工人可实行以岗位（技术）工资为主要内容的结构工资制，也可以实行其他工资制度。

8月27日，暴雨、洪灾，桑园受灾。

年内，修订完善“四川省乐山蚕种场岗位责任制”，包括各股室责任范围及岗位设置和行政管理制度、党支部会议制度、财务制度、保管制度、卫生制度、安全生产制度、门卫制度等各项规章制度，企业整顿验收合格。

1986年 4月，乐山市人民政府外事办公室发文，将本场定为对外开放单位（此前已多次接待外宾）。

5月，四川省委组织部、四川省编制委员会以川编发（1986）093文，将本场核定为相当县级事业单位。

6月，四川省丝绸公司川丝绸劳人（86）字第225号文转发四川省编制委员会川编发〔1986〕105号文批复，核定本场事业编制150名，实行企业管理，定额补贴。

年内，本场派技术人员去浙江原种场学习散卵制造，当年冬季开始对冷藏浸酸和浴消设备进行全面散卵化改造，推广一代杂交种散卵制造技术。

1987年 1月，制定联产计酬细则，修订桑园责任制，成本管理试行办法、行政管理制度、公费医疗管理办法、冷库机房制冷技术操作规程及其制度。

7月，四川省实行蚕种生产许可制，四川省丝绸公司首次颁发《蚕种生产许可证》，核定本场年蚕种生产能量15万张。

10月20日，四川省丝绸公司对省属蚕种场中层科室设置做了统一规定，场内部机构设置由“三股一室”改为“四科一室”，即：办公室、生产技术科、计财科、后勤科、政工科（与办公室两块牌子，一套班子）。

年内对浸酸场进行了改建。

1988年 1月12日，四川省蚕业制种公司对场中层科室负责人进行了重新任免。

8月，四川省丝绸公司发文执行厂（场）长负责制，明确本场实行场长负责制，扩大场长权限，副场长由场长提名任命，各科室负责人由场长直接任命。

当年起，执行《四川省国营蚕种场财务会计制度》，采用完全成本法核算产品成本。

1989 年 3 月，对中层科室领导重新任命。

6 月，本场按政策实行退养换工制度，解决家居农村的职工子女就业。

11 月，撤销经营部（原劳动服务公司），其所有财务、资金收回场管理，人员另行安排工作。

年内改造四蚕室。

1990 年 6 月，四蚕室竣工投产。

10 月，场部附属房竣工。

12 月，冷库保管室竣工。

年内，场征用夹在桑园中的农地 10 亩。

1991 年 11 月，四川省丝绸公司同意场拆除危房改建催青、检种附属房和迁建倒锥形水塔一座。

1992 年 2 月，四川省丝绸公司批复本场财务工作达标并升为三级，获《荣誉证书》。

4 月，催青检种综合楼和迁建水塔竣工。

5 月，本场按乐山市市中区人民政府印发的《乐山市市中区城镇住房制度改革实施办法》开始进行房改。

8 月，征用严龙乡新联村一、二社农民夹杂在桑园中的土地 16.8 亩。

10 月，四川省原子核应用研究所将钴源搬移运走。

12 月，乐山市市中区房改办公室批准我场职工集资建房。

1993 年 7 月 22 日，暴雨、洪灾，桑园受灾。12 月，国家再次进行工资制度改革。年内征用严龙乡新联村一组河滩地 8 亩。

1994 年 7 月 23 日，暴雨、洪灾，桑园受灾。

12 月，四川省丝绸公司批复，同意场设立保卫科，与办公室合署办公。

1995 年 1 月，执行新的《国有农牧渔良种场财务会计制度》，采用制造成本法核算产品成本。

7 月 15 日，8 月 23 日至 24 日，暴雨、洪灾，桑园受灾。

12 月，本场由乐山市中区政府命名为“区级园林式单位”，并获《荣誉证书》。

当年，因“蚕茧大战”造成原蚕区严重污染，暴发微粒子病超毒大量烧种，合格种不到50%，致使本场遭受严重经济损失。

1996年 2月，我场出台了《关于职工留职停薪的规定》，职工自愿申请经批准可停留职停薪。

3月，全场职工首次参加由四川省人事厅组织的机关、事业单位技术工人技术等级岗位考核，经培训后考试，全场107人参考合格获证。以后每2—3年进行一次。

4月23日，四川省机构编制委员会发文（川编办〔1996〕26号），四川省乐山蚕种场更名为四川省苏稽蚕种场。

5月，四川省机构编制委员会办公室首次颁发《事业单位法人证书》。

5月，本场开始参加机关事业单位工作人员基本养老保险。

年内根据全省统一部署，开展税收、财务、物价大检查。

1997年 1月起，本场不再招收新职工，停止进人。

10月，国家修建乐（山）峨（眉）公路占场桑园土地，由乐峨公路乐山市市中区工程指挥部与苏稽镇倒拐店村第八经济社签订《征地协议》，置换场桑园土地16.15亩。

1998年 1月，出台减亏增盈实施方案，当年为提高经济效益，自有桑园377亩实行大包干，蚕种生产实行“六定”，即定任务、定人员、定直接费用、定质量、定奖惩、定出勤。撤销伙食团，放宽个人停薪留职政策，条粉生产、日野大货车实行经济承包制。

2000年 4月，本场开始按干部在县城以下（区、乡）从事农业技术推广的政策规定，每满8年晋升一级工资。

7月，四川省机构改革，经四川省人民政府办公厅〔2000〕117号文件决定，将本场从四川省丝绸公司划归四川省农业厅管理。

年内，开始实行有毒有害津贴。

2001年 4月，执行国务院国发〔1983〕74号文件，事业单位地处县级以下的工作人员，全场32人享受第一线的农林科技干部浮动一级工资待遇。

10月，开展工资标准调整。

2002年 1月，本场开始参加乐山市职工医疗保险。

8月21日，公司兴办的“乐山再生资源、生产资料市场”开业，本场派出管理、财务干部数人参与经营。

年内，场将桑园73.54亩与乐山再生资源回收利用公司共同开发，合股组建废旧品回收市场，组建“乐山聚能再生资源回收利用有限公司”。

年内，由四川省农业厅拨款改造三蚕室；自筹资金将冷库液氨制冷蒸发器更新。

2003 年 3 月，场工会制定了组织活动的管理制度，建立了场退休职工俱乐部和工会活动室，俱乐部和活动室添置了棋牌、麻将等娱乐器材，开放了健身房、棋牌娱乐室。

乐山市市中区再生资源回收利用公司退出“乐山聚能再生资源回收利用有限公司”，股份变为 2 家，本场增股份 5%，变为 45%。

开始缴存一度中断的住房公积金，并为职工办住院医疗补充保险。

2004 年 12 月，本场制定《用工优化劳动组合（暂行）办法》及《职工离岗待退（暂行）办法》，将从 2005 年 5 月 1 日执行。

技术干部实行聘用制。

2005 年 1 月起，本场按政策规定，实行特殊行业第一线职工提前 5 年退休的制度。

年内由省上拨款和场内自筹资金，对生产、生活用电、用水系经彻底改造。

经四川省农业厅批准，将互惠桑园 218.53 亩有偿转让经四川省五马坪监狱使用。

从夏季开始，承接华神集团（崇州）资源昆虫生物技术中心的保存，继代保护、保存欧系、日系、华系蚕品种 631 份。

2006 年 3 月，本场首次实行工人技师考聘，有 2 名工人参加考聘，均被批准为技师。

7 月，四川省蚕业管理总站批准本场设立“四川省家蚕种质资源库（苏稽）”，并委托保存生产用蚕品种 98 对。开始培育试验 1 对新蚕品种“嘉州×山水”。

12 月，根据四川省人事厅川人发〔2006〕47 号《四川省事业单位工作人员收入分配制度改革实施意见》和川人发〔2006〕48 号《关于机关事业单位离退休人员计发离退休费等问题的实施意见》，以及川人发〔2006〕360 号《关于公务员工资制度和事业单位工作人员收入分配制度改革若干问题的处理意见》等文件，全场职工重新确定新的工资标准和增加退休（职）费。

因乐山市政府城市发展规划原因，五马坪监狱重新选址，场互惠桑园218.53亩土地由乐山市市中区人民政府收回使用。

2007年 春季利用本场保存的蚕种种质资源品种，恢复生产少量的原种，供本场普种生产使用。

5月，乐山市市中区民政局、苏稽镇人民政府、苏稽街社区居民委员会三方通知，本场新编门牌号为：上场由原来的苏沙路1号改为“鸡毛店路631号”；下场（互惠）则原来的苏沙路3号改为“鸡毛店路274号”。

6月，按乐山市公安局的要求，本场将公章、财务专用章、法人名章更换为入网防伪印章。

年内，经全场职工签字同意，成功转让互惠桑园218.53亩土地，用转让款还清了银行借款。

2008年 1月，本场苏场〔2008〕字第1号关于提高职工学历、技术职务、工考等晋级晋升实行补贴标准的暂行办法，从1月1日起执行。2007年的工考人员不执行此条款。

5月，汶川大地震后，因波及乐山地区，本场于5月19日开展抗震救灾募捐献爱心活动，个人捐款共21872元。

12月，四川省农业厅调整场级领导班子，场长欧显模到龄退休，张茂林继任场长。

2009年 7月，《苏稽蚕种场志》由重庆出版社出版发行，记录了本场自1938年至2008年12月31日之发展历程。

10月20日，四川省农业厅发文同意四川省苏稽蚕种场为“四川省蚕、桑品种遗传资源保护单位”。

12月30日，场办公会决定取消保卫科设置，门卫工作岗位实行社会化管理。

2010年 3月，经考核录用两名蚕桑专业技术干部。

7月，根据国家、省、市、厅文件精神，四川省苏稽蚕种场农垦农场棚户区改造工程启动。

8月16日，乐山市人大常委会副主任、市棚户区改造工作领导小组副组长雷定伯召集市棚改办、乐山市农业局、苏稽镇人民政府和本场有关负责人召开专题会议，研究本场棚户区改造工作，会议确定本场棚改工作由市农业局牵头落实，市棚改办予以指导，本场具体负责组织实施，苏稽镇人民政府予以协调配合的工作基调。

9月底模拟拆迁签订协议率达100%，正式纳入乐山中心城区棚户区改造范畴。

10月14日，再次召开专题会议，达成初步实施意见：1. 由市土地储备中心收储蚕种场鸡毛店路631号上场机关及桑园土地共计101亩（67308.9平方米），土地证号：乐国用〔2002〕字第25609号，地上建筑物及附属物全部撤除。在收储地中划出21亩修建还房小区共计189套住房和单位办公房、培训中心和门面房约9880平方米（其中：门面房3880平方米，保育站6000平方米）。剩余土地由市政府安排使用。2. 由蚕种场提供土地在下场还建约5000平方米生产房。3. 还建资金由市棚改办全额出资，职工安置还房按乐山市中心城区棚户区改造拆迁补偿安置的各项优惠政策执行。公有房屋由市棚改办负责完善配套设施及房屋产权登记，对新建办公房、培训中心使用的土地，按出让方式，办理房屋产权登记。

2012年8月棚改一期工程（棚改职工住房）开工建设，2015年4月竣工，地下一层为防空和停车用房，一层为门面房，2至16层为住宅房共195套，总建筑面积约23560平方米，189户棚改住户陆续收房入住，门面房、防空和停车用房尚不具备交付使用条件。2018年10月，二期工程（生产用房：蚕房、冷库、浸酸场、装种室）在苏沙路274号开工建设，面积为3502.06平方米，2020年3月主体完工，后因政府资金困难停工至今。“办公房和培训中心”（后更名为“蚕、桑品种基因库家蚕种质资源保育站”）9370平方米（含贫困农场项目代建裙楼1200平方米）亦因资金困难至今未破土动工。本项目共需资金约14102.1万元，政府已投入资金8120万元，现资金总缺口约为5982.1万元尚未落实。

年内，养蚕开始实行一班制。

2011年 3月14日，经四川省农业厅人事劳动处批准，刘守金任副场长。

5月20日，西南大学教授、中国工程院院士向仲怀来场视察、指导工作。

6月，本场及职工与乐山城市建设投资有限公司（以下简称城投公司）正式签订房屋拆迁补偿安置协议书。9月，四川省省直机关事务管理局、四川省农业厅分别复函同意棚改国有土地处置方案。2011年10月至2012年2月由城投公司完成危旧房撤除，共拆除单位生产技术科研办公和住房24263.84平方米，拆除职工住房7331.73平方米。

10月，办公、生产全部迁入苏沙路274号（下场）。

12月22日，场长张茂林因病去世。张茂林病重期间至2012年5月新任场长到任前，由支部副书记牟成碧代理场长主持场务工作。

2012年 5月7日，四川省农业厅党组调四川省三台蚕种场场长助理李俊任四川省苏稽蚕种场场长，任职时间从2012年4月28日起。

7月，乐雅高速公路（G93）管理站项目占用本场“月耳地”自有桑园15.4亩，8月，经协商，市政府以苏稽镇新联村4组约18亩土地进行置换，于2015年完成15.4亩土地的置换手续，并退还先期多置换土地1.87亩。

8月16日，本场与西南大学家蚕基因组生物学国家重点实验室、四川省残蚕业管理总站三方共同签订《关于共建家蚕种质资源保育中心的协议》，决定在本场共建“家蚕基因组生物学国家重点实验室家蚕种质资源保育中心”。9月13日，家蚕基因组生物学国家重点实验室《关于成立“家蚕基因组生物学国家重点实验室家蚕种质资源保育中心（四川）”的函》致函本场，“家蚕基因组生物学国家重点实验室家蚕种质资源保育中心（四川）”在本正式挂牌成立。

2013年 1月1日，会计制度改革，本场执行《事业单位会计制度》。

3月4日，制定《四川省苏稽蚕种场收文、发文和归档制度》。

3月5日，制定《四川省苏稽蚕种场关于改进工作作风、厉行节约的规定》，贯彻落实《十八届中央政治局关于改进工作作风，密切联系群众的八项规定》。

4月，经场支部委员会研究、办公会讨论决定，报四川省农业厅人事处备案，牟成碧任副场长，同时调整了各科室负责人。

4月，自行设计、制造桑叶叶面消毒机械化设备一套试运行。

6月，经考核录用三名蚕桑专业技术干部。

6月28日，制定《关于加强公务接待费管理的规定（试行）》。

12月23日，经场支部委员会研究、办公会讨论决定，场增设“桑蚕种质资源研发中心”（以下简称“研发中心”）中层机构，杨忠生任主任、李成阶任副主任。

本年，成功申报家蚕种质资源保存与良种繁育项目，获省级财政资金

100万元支持，资金主要用于设备添置、资源继代保存、桑拿园道路硬化和土壤改良。

本年，争取到国有贫困农场财政扶贫项目资金370万元，其中：投资107.61万元新建桑蚕种质资源开发及加工房一幢866.88平方米，于2015年11月26日开工、2016年8月2日竣工；投资28.37万元整治场区生产生活环境；拟投资250万元在棚改项目“蚕、桑品种基因库家蚕种质资源保育站”裙楼上增建二层约1200平方米，已协议委托市城投公司在棚改项目实施时一并施工，250万元资金已转至乐山市市中区财政局账户，但由于该棚改项目内容至今仍未实施，致该笔资金仍未使用。

2014年 3月12日，本场与市城投公司签订“《苏稽蚕种场房屋拆迁补偿安置协议书》的补充协议”：将原棚改拟还建的“办公房和培训中心”主体楼更名为“蚕、桑品种基因库家蚕种质资源保育站”，本场委托市城投公司将2013年国有贫困农场财政扶贫资金250万用于保育站裙楼扩建两层约1200平方米。

5月13日，乐山和润农业科技发展有限公司注册成立。住所地为乐山市中区苏稽镇鸡毛店路274号，法定代表人为王水军。公司由14名自然人显名股东和1名法人股东共同出资组建，14名显名股东代表159名实际股东实缴现金309万元出资入股，法人股东即四川省苏稽蚕种场承诺以棚改还建“门面房”约3880平方米及“蚕桑品种基因及家蚕蚕种资源保育站”约8844.85平方米按市场评估价出资入股。公司注册资本300万元，主要从事农业技术推广；桑蚕资源综合开发利用；销售百货；房屋租赁；物业服务。

本年，四川省苏稽蚕种场网站开通运行，注册域名为SJCZC.com.cn。

2015年 8月，受本场委托，四川中衡安信会计师事务所有限公司对本场参股企业乐山聚能再生资源回收利用有限公司进行了专项审计。

9月，省农业厅支持20万资金添置蚕种冷库氟制冷机组一台套，弃用原已经使用40年之久的氨制冷机组。

11月26日，本场国有贫困农场财政扶贫项目（桑蚕资源开发及加工房866.88平方米）开工建设，2016年8月2日竣工，投资107.61万元。

12月30日，出台《四川省苏稽蚕种场科研成果奖励办法（试行）》。

本年，成功申请中央外经贸发展专项资金茧丝绸“家蚕微粒子病综合防治技术”推广项目，获50万元资金补助。

2016年 3月，本场自主选育的新蚕品种“峨·眉×风·光”通过四川省家蚕品种审定委员会审定，获得《四川省家蚕品种审定合格证书》（川蚕品审（2016）04号）。于2017年7月获得了乐山市科技成果三等奖。

5月13日，乐山聚能再生资源回收利用有限公司股东会决议：场长李俊兼任公司副董事长，副场长王水军兼任公司总经理，副场长刘守金兼任董事，章文杰、丁小娟兼任公司监事，均兼职不兼薪。

6月，成功申报农业部农业综合开发“四川省乐山市市中区四川省苏稽蚕种场改造项目”，获中央投资200万元、省级财政投资64万元。新建催青保种楼一幢1199平方米，制种棚313.6平方米，改建输变电线路2500米，购置新型塑钢蚕架30间、塑料蚕箔6000个，新型温湿度控制设备30套等。

11月17日，本场被乐山国家农业科技园区管委会认定为“四川乐山国家农业科技园区研发机构”。

12月22日，出台《四川省苏稽蚕种场关于“三重一大”事项集体决策暂行办法》。

12月，建立健全了系列内控制度。

本年，成功申请中央外经贸发展专项资金茧丝绸“家蚕新品种培育推广”项目，获50万元资金补助。

2017年 1月6日，与国家蚕桑产业技术研发中心协议在本场共建“家蚕病虫害综合防控试验示范点”。

3月18日，与西南大学生物技术学院、四川省蚕业管理总站共同签署“限性卵色家蚕新品种选育协议”。

2018年 3月16日，四川省农业农村厅党组成员朱万权赴本场调研农场改革和土地确权工作。

4月，注销乐山和润农业科技发展有限公司。

4月26日，国家蚕桑产业技术体系首席科学家、西南大学教授鲁成莅临本场视察、指导蚕品种选育工作。

8月9日，本场被四川省教育厅批准为首批“四川省中小学生研学实践教育基地”。

12月14日，原中共四川省委农工委和原四川省农业厅改组为四川省农业农村厅。

12月19日，办理了事业单位法人证书举办单位名称变更登记（由省农业厅变更为省农业农村厅）。

12月20日，中共乐山市农业局直属机关委员会批复同意成立共青团四川省苏稽蚕种场支部。

2019年 1月1日，会计制度改革，本场执行《政府会计制度》。

2月23日，本场出台“婚假、产假、丧假、病假、探亲假、事假、公休假实施办法”“严重违反劳动纪律的处理细则”制度。

7月4日，“四川省苏稽蚕种场关心下一代工作委员会”挂牌成立。同日，本场被乐山市市中区关心下一代工作委员会命名为“乐山市市中区青少年科普教育实践基地”。

12月，马河口桑园修建长80米、高3米钢筋混凝土防洪河堤，中央救灾资金补贴20.0万元。

本年，四川省苏稽蚕种场网站域名变更。

2020年 1月，新冠肺炎疫情蔓延，本场即成立防控领导小组，贯彻落实上级各项防控措施。

2月，本场与四川省农科院蚕业研究所等单位合作的“家蚕特异种质挖掘、创新与利用”项目获2019年四川省科技进步三等奖。

4月13日，制定出台《四川省苏稽蚕种场职工考勤、休假管理办法》。

5月22日，与宜宾市农业科学院签订科研合作协议，协议合作开展适应人工饲料育新蚕品种选育与推广应用研究。

7月1日，国家蚕桑产业技术体系首席科学家、西南大学教授鲁成及国家蚕桑产业技术体系蚕病岗位专家、西南大学教授潘敏慧莅临本场视察、指导限性卵色蚕品种选育、防微防病等工作。

8月8日，四川省委农办主任、农业农村厅厅长杨秀彬率省委农办秘书处、厅农场管理局负责同志，莅临本场调研督导工作。

8月17—18日，乐山市遭受特大暴雨袭击，造成本场全部桑园被洪水淹没、冲毁部分防洪河堤和桑树。

11月19日，本场通过桑、蚕省级保护场专家组现场评审。

12月，中央救灾资金补贴50.0万元，修建马河口桑园钢筋混凝土防洪河堤、场区排水沟等。

2021 年 4 月，计财预算一体化系统上线启用。

6 月 9 日，农业农村部农垦局公布第二批中国农垦农场志编纂农场名单，本场位列其中。

6 月 17 日，场志编纂领导小组成立，正式启动修志工作。

8 月 18 日，乐山市遭受特大暴雨袭击，造成本场全部桑园被洪水淹没、冲毁部分防洪河堤和桑树。

9 月 23 日，四川省委编办主任、省委组织部副部长陈忠义带队到四川省苏稽蚕种场调研，农业农村厅党组成员、机关党委书记伍修强参加调研，厅人事处、苏稽蚕种场负责同志陪同调研。

9 月 25 日，国家农垦局中国农垦经济发展中心副主任陈忠毅一行到四川省苏稽蚕种场调研农场志编撰情况，农业农村厅党组成员、总农艺师陈孟坤参加调研，厅农场管理局、省苏稽蚕种场负责同志陪同调研。

12 月，国家蚕桑产业技术研发中心蚕品种育繁推综合试验点正式落户本场，成为川内首个国家蚕桑产业技术研发中心蚕品种育繁推综合试验点。

中国农垦农场志丛

第一编

建置地理

中国农垦农场志丛

第一章　建制沿革

第一节　成立背景

四川省苏稽蚕种场的创建，一与当时蚕桑改良运动有关，二与抗战爆发后，我国先进蚕区江浙沦陷，蚕桑产业被迫西迁有关，三与所处地理环境与产业发展环境相关。

我国是世界上养蚕最早的国家，在漫长的历史中，中原养蚕技术不断发展并向周边传播。它不仅提高了亚、欧各国人民的生活质量，而且通过丝路贸易促进了各国人民之间的经济、文化交流。蚕种之优劣直接关系到蚕茧产量的高低和蚕丝质量的好坏，在某种程度上可以说，蚕种改良的成败，关系到整个蚕桑产业的命运。蚕病是养蚕最大的威胁，是占感染过蚕病也是判断蚕种优劣的主要指标之一。尽管我国古代农民在实践中摸索出用石灰水浴种的“灰水浴”、用盐水浴种的“盐水浴”，以及在腊月把蚕种“笼挂桑中，任霜露雨雪飘冻”的“天浴”等方法，减少了蚕病的发生。但由于古人不知道蚕病的发生乃是由于病毒的感染，或受各种条件的限制，因此预防蚕病的效果并不理想，而且灰水浴、盐水浴和天浴本身对蚕卵胚胎的发育也会产生不利的影响。“不知拣蚕种之法，则蚕种弱；不知饲养之法，则蚕多病。”由于那时被病毒感染的蚕种比例很高，平均高达30％～40％，因此蚕茧的产量和蚕农的收入受到了严重的影响。同一时期西方实验农学的出发点在于人对自然的征服，就蚕种的选育而言，西方近代主要通过毒率检查，去除染病蚕卵，从而使蚕病发生的概率大大减少，进而运用生物遗传变异规律，采取人工杂交育种的办法，依据事先设定的目标进行杂交，育成符合特殊需要的新品种。显然，只有运用科学方法，去除蚕体病毒，制造优质蚕种，才能从根本上摆脱蚕病的困扰。

晚清之时，与农业科学的其他分支一样，我国传统蚕桑技术也走了下坡路。人们哀叹：“19世纪中叶以后的半个世纪中，除栽桑技术略有改进外，其余栽桑养蚕技术都沿用着传统的老方法，没有明显的进步。”

正当中国蚕业科技停滞不前之时，西方蚕桑科技的发展则日新月异，把中国远远抛在身后。在防治蚕病方面，法国、意大利和日本走在世界的前列。1865 年，法国科学家巴斯德受法国农业部门委托，去法国南部蚕区，开始研究蚕病。他解剖、观察，利用显微镜找出了致病微生物。他主张病蚕与病蚕卵必须销毁。他的研究还证实，病蛹化成的蛾必然产带病的卵。病卵孵出的小蚕也带病。为此，他建立了一套识别病蚕病卵和病蛾的方法，除掉带病蚕卵，把健康的蛾卵保存下来留作蚕种，切断这种传染途径。巴斯德在研究蚕的微粒子病和软化病方面取得了突破，开始创立病原微生物学说，1870 年发明了用 600 倍显微镜检验母蛾的方法，有效控制了给蚕业带来最大威胁的微粒子病（俗称蚕瘟）。发明人巴斯德还因此获得了法国政府每年 2500 法郎的重奖。此后蚕白僵病、核型多角体病、蚕质型多角体病等研究接踵而起，病因相继被探明，对应消毒剂不断被推出，蚕桑业取得了明显的进步，法国的蚕桑科技走在了世界的前列。我国蚕业在古代曾经走在世界的前列，成为日本取法的对象，桑、蚕品种屡被日本引进、推广、改良。日本的养蚕技术也是在三世纪中叶从中国经朝鲜半岛传过去的。但是在漫长岁月里，日本养蚕业没有大的发展。而且，因为丝绸由少数上层阶级所独享，庶民是不允许使用的，所以产量不需要很大。自从安政六年（公元 1859 年）横滨开港以后，日本开始有少量土丝出口。进入明治初期（公元 1867—1876 年），蚕丝生产开始受到重视。由于当时日本很少能产出 12 旦尼尔的商品，只有生丝、蚕种、茶叶和海带之类，因而日本政府为了振兴产业，扩大出口，换取外币，把生丝作为最重要的出口商品，提出了发展蚕丝生产的战略。日本政府深知世界潮流浩浩荡荡，“与世界竞文明，不进则退，更无中立”的道理，抓住了科技革命的机遇，励精图治，不断学习国外先进的养蚕方法和防治蚕病的技术，在蚕业科技方面取得不少成果，先后设立各种蚕业讲习所、蚕丝试验场等。1884 年日本设立了农务局蚕病试验场。1892 年日本成立大日本蚕丝会，通过开展研究和学习推广国外新技术，蚕丝业取得了突飞猛进的发展。1904 年石波繁胤总结了蚕的雌雄判别法。1906 年外山亀太郎提出了蚕的一代杂交种利用法。1915 年荒木武雄、三浦英太郎确定了蚕的人工孵化法。同时期，还进行蚕的化性研究，总结了蚕品种改良育种法、发展了蚕病预防技术等。事实上，到 20 世纪初，日本的蚕业技术已达到一个新的高度，许多方面都走在了世界前列，成为“世界丝业之最发达国家”，也因此成为中国学习的榜样。

中国生丝在质量上存在的缺陷使其在日趋激烈的国际市场上逐渐丧失其原有优势地位，这使蚕种改良势在必行，刻不容缓。对土蚕种进行改良，采用现代科技生产无病蚕种不仅是加速蚕茧生产、活跃农村经济的客观要求，也是保证蚕茧质量和数量，促进丝绸业发展的关键所在。尽管早在 1894 年孙中山先生就曾在《上李鸿章书》中指出，“况于农桑之大政，为民生命脉之所关”，并计划到法国“从游其国之蚕学名家，考究蚕桑新法，医治蚕病”。但清朝末年，国人学习西方先进蚕业科学主要是通过日本这一中介进行的。当时，我国主要是通过翻译日本蚕业著作、选派学生留学日本、聘请日本蚕桑专家来校讲学以及引进日本蚕桑科技的实物成果等方式，引进近代发展起来的养蚕科学技术。1878 年（光绪四年）左右，福建人陈筱西到日本学习蚕桑，是为我国学生出国学农之始。

中国最早尝试学习外国先进技术，制造改良蚕种的是浙江海关附设的养蚕小院，但影响不大。其后，光绪二十三年（1897 年），时任杭州知府的农学会成员林启（1839—1900 年）奏请在杭州开办浙江蚕学馆获准，该馆于 1898 年春正式开学，以“除微粒子病，制造佳种，精求饲育，传授学生，推广民间”为宗旨，采用理论与实践相结合的教学方法。这是我国第一所蚕业教育机构，标志着我国现代意义上的蚕种改良和蚕业教育的开始。

浙江蚕学馆毕业生史量才于 1903 年在上海南郊高昌庙创立私立“上海女子蚕桑学堂”，1911 年，江苏省政府接办该校，将其改为公办，校址亦迁至江苏省苏州市浒墅关。1912 年开学，改称“江苏省立女子蚕业学校”。第一任校长章孔昭，1917 年辞职；第二任校长侯鸿铿，任职半年；1918 年 1 月，郑辟疆就任第三任校长，管理江苏省立女子蚕业学校约 50 年。郑辟疆为了“江苏省立女子蚕业学校”倾注了大量心血，引进日本技术，建立冷藏冰库，培育一代杂交春用蚕种和秋用蚕种。“江苏女子蚕业学校”鼓励毕业生经营新蚕种业，并提供各种帮助，促进了江苏改良种场的建立和改良事业的推进，在蚕种改良事业中发挥了十分重要的作用，它成了日本垄断资本的眼中钉。1937 年日本发动对华侵略战争时，竟将“江苏省立女子蚕业学校”列入轰炸目标。1937 年 7 月，日军大举侵华，11 月镇江沦陷，江苏省立女子蚕业学校被轰炸，只能解散。

1910 年浙江创设的省农事试验场设有蚕桑科；1911 年浙江成立省原蚕种制种场；1921 年在杭州创办蚕桑改良场。

1933 年，全国经济委员会蚕丝改良委员会应四川省“扶植川桑”之邀，成立 7 人小组入川考察，次年春成立四川省蚕桑指导所，在川试养改良蚕种，开四川省新法养蚕之先。1936 年 6 月 3 日在南充县模范街成立四川省蚕桑改良场，聘请留日学人尹良莹担任场长，制造和推广改良蚕种，从事蚕业改良工作，成为四川省最早专业制造改良蚕种机构之一。

1937 年“七七”事变后，中日战争全面爆发，江浙地区等中国先进蚕区相继沦陷，蚕桑教育、科研、人才等被迫内迁。四川乐山成为内迁地之一，至此乐山成为四川蚕种改良、蚕桑生产技术改革积极之地。

第二节　建制沿革

四川省苏稽蚕种场的历史，从1938年已成沦陷区的江苏省女子蚕业学校蚕丝专家郑辟疆、费达生到四川乐山建立“乐山蚕丝实验区”，筹建苏稽蚕桑场算起，至今已经86年。其间，场名数易、隶属多次更迭。

民国27年（公元1938年）5月，以宋美龄为会长、指导长的“新生活运动妇女指导委员会”在庐山召开妇女谈话会（5月25日结束），“新生活运动妇女指导委员会”为适应抗日战争爆发后形势需要，决定改组并扩大其组织，为“动员妇女，服务社会”增设了生产事业组，由俞庆棠任组长。会后，俞庆棠派处于沦陷区的江苏省女子蚕业学校蚕丝专家郑辟疆、费达生与一部分技术人员辗转跋涉到四川乐山考察蚕桑事业并商量学校西迁事宜。费达生在乐山考察时看到川南的自然条件很好，开发蚕桑的潜力很大。费达生认为这里的桑叶比苏南的湖桑叶大得多，且气候宜人，只要有好蚕种和技术指导，蚕丝业一定可以发展起来。便决心在此把散居各地的在校师生、校友集中起来，创造复校条件，并发展蚕丝生产支援抗日战争。她的愿望得到四川丝业公司和俞庆棠的支持，四川丝业公司委任她为公司制丝总技师，并拨出一幢房屋，专为接待入川师生和校友之用。同年，郑辟疆率领逗留在江苏、上海等地的师生也到了四川乐山，江苏女蚕校和蚕丝专科学校在四川乐山复课。9月14日，经妇女指导委员会和四川省政府洽商，“乐山蚕丝实验区”成立，任费达生为实验区主任。辖区包括乐山、青神、眉山、井研、峨眉、犍为、夹江七个县，机关设在乐山嘉乐门外半边街五圣寺内，先后在七个县分设蚕业指导所，在乐山等三县设大小桑苗圃七处，兴建蚕种制造场两所，苏稽蚕种场为其中一所，另一场为嘉阳蚕种场。实验区和西迁的江苏省女子蚕业学校为“两块牌子，一套人马”。实验区成为学校的实验推广区、学校成为实验区培训机构。主要承担推广蚕桑及制丝改良任务，主管机关为新妇会生产事业组。

1939年，费达生、孙君有在苏稽以南购置南华宫、雨王宫房产，改建成简易蚕室，饲养改良蚕种；同时购置土地130余亩种植桑苗作苗圃、推广优良桑苗，桑叶用以养蚕制种，成为四川省苏稽蚕种场的雏形，定名为乐山蚕丝实验区苏稽蚕桑场。当年春开始养蚕，保育从女子蚕校带来的改良蚕品种、并制改良蚕种几百张，蚕种质量由四川省农业改进所检验把关。

1940年3月，乐山因用柘叶养1～3龄、用桑叶养大蚕，所产柘蚕茧生产出驰名中外的嘉定大绸，四川省农业改进所在本场设立川南研究室，开展柘叶育蚕试验研究。同年，制改良种猛增到 1 万多张，并在农村大量推广改良蚕种，带动了土种向改良种转变。

1941 年 7 月，乐山蚕丝实验区苏稽蚕桑场正式登记许可建立，为公立蚕业推广机关“新生活运动妇女指导委员会”生产事业组乐山蚕丝实验区的产业。时建场规模有桑园 130 余亩，房屋 30 多间，年制框制种 10000 多张。

同年，为了让四川同江苏一样能够饲养秋蚕，充分利用夏秋期生长的桑叶，提高蚕茧产量，费达生听取养蚕农民的建议，到气温较低的峨眉山勘查，确认可行后，由女蚕校在峨眉山半山腰初殿修建了蚕种冷库，在清音阁附近修建了蚕种浸酸池，每年冬季搜集冰雪，堆放在库房内起冷冻作用降温，以利蚕种保护，并通过浸酸处理，变蚕种自然孵化为人工孵化，推广了秋季养蚕。

1945 年 4 月，四川丝业公司为避免不良之徒以劣质蚕种假冒各场蚕种，决定从春季起实行蚕种商标并印于蚕连纸上，本场商标为“蚕蛾”牌，南充蚕种场为“蚕儿”牌，西充（仁和）蚕种场为“蚕茧”牌，阆中蚕种场为“蚕蛹”牌，北碚蚕种场为“桑叶”牌，西里蚕种场、三台蚕种场为“桑葚”牌。

1950 年 1 月 9 日，人民政府乐山专署接管乐山蚕丝实验区（包括苏稽蚕桑场在内），改名为乐山专区蚕丝实验所，张恩鸿主管所务工作，将牛耳桥种场、互惠种场归入本场，所有制性质变为公私合营。有干部 17 人，工人 24 人，由肖佑琼任场长。

1951 年 2 月 24 日，经川南行政公署农林厅批准，乐山蚕丝实验所全部资产投入华新丝厂，改组为乐山蚕丝公司。同年 3 月 21 日，正式接管了合资经营的互惠农场，9 月 1 日，乐山蚕丝公司（含本场）并入四川丝业公司，本场场名变更为“四川丝业公司苏稽蚕种制造场”。同年 12 月 22 日，西南军政委员会决定，成立西南蚕丝事业管理局，统管全区蚕丝事业，原属西南农林部及西南各省区农林厅领导的蚕种（包括柞蚕）监管、养蚕推广及实验研究等机构，一并移交该局领导。同年 3 月 16 日，四川丝业公司向中央私营企业局申请注册商标，经审查合格，发给注册证，本场使用的蚕种商标为“蛾”牌，南充蚕种场为“蚕”牌，三台蚕种场、西里蚕种场为“椹”牌，阆中蚕种场为“蛹”牌，西充蚕种场为“茧”牌，北碚蚕种场为“桑”牌。当年内恢复蚕种生产，制改良蚕种 4442 张。

1952 年 4 月 25 日，四川丝业公司改名为西南蚕丝公司，由西南蚕丝事业管理局领导，本场更名为“西南蚕丝公司苏稽制种场”。10 月，西南蚕丝公司与西南蚕丝事业管理局合并，仍称西南蚕丝公司。当年末，本场已有职工 60 人，其中管理人员 5 人、技术人员 8 人、工人 39 人、职员 4 人、劳杂人员 4 人，当年生产一代杂交种 23424 张。

1956 年 4 月 1 日起，本场同省内阆中、南充、三台、西充、北碚（含西里）等其他蚕种制造单位一起划归四川省农业厅蚕桑管理局主管，其所有制性质变为全民所有国有农场，完成所有制改造，场名变更为“四川省乐山苏稽蚕种繁殖场”。

1957年4月，省农业厅决定恢复过去使用过的各蚕种场商标牌号，并发给本场“蛾牌”商标锌板1块。次年因各地新建一批蚕种场，多无商标，本场也立即停用。年底场共计有干部12人、固定工人62人，计74人。

1958年8月1日，本场同省属阆中、南充、三台、西充、北碚等蚕种制造单位下放地方，本场归乐山县（辖区为今乐山市中区和五通桥区）管理，场名变更为“乐山县蚕种繁殖场”。

1960年8月，本场收归乐山专区管理，场名变更为“乐山专区蚕种繁殖场”。当年10月，职工队伍进一步扩大，共有115人，其中干部9人。1961年底，职工人数增加到131人，其中干部13人。

1962年4月1日，四川省农业厅为统筹全省蚕桑生产，将原下放的蚕种场收回管理，本场再次收归四川省农业厅管理，场名变更为“四川省农业厅乐山蚕种场”。当年有桑园280亩，柘园及其他土地84亩，年制种3万张左右。另有粉房1所，马5匹，牛4头，猪162头，冷库一个。有职工132人，其中干部12人。

1963年4月初，为实行种、茧、丝绸一体化管理，本场由省农业厅移交省轻工厅领导，更名为“四川省轻工厅乐山蚕种场”。4月24日，中共中央副主席朱德在省、地领导的陪同下视察本场，并接见了部分职工。

1964年6月，为便于桑、蚕配套生产，省轻工厅将本场交还省农业厅领导，场名变更为“四川省农业厅乐山蚕种场”。

1965年本场有成林桑园270亩，计划产叶21.5万公斤，制种4.5万张。

1966年下半年，10月1日，四川省农业厅将本场下放乐山专区管理，由乐山专区农业局主管，场名变更为“四川省乐山专区蚕种场”。

1968年4月，场下设栽桑股、制种股、后勤股、副业股等中层机构。当年底有职工111人，桑园340多亩，粉房2座，年出粉150000斤；养猪200头。

1972年7月，因“乐山专区”更名为“乐山地区”，变更场名为“乐山地区蚕种场”。

1973年7月，四川省农业局（原四川省农业厅）为加强全省蚕种生产，将本场收归管理，实行省、地双重领导，省管生产、财务，乐山地区管政工、人事，本场更名为“四川省乐山蚕种场”。

1974年6月，经四川省农业局批准在，在场内修建蚕种冷库和浸酸场，于1975年底建成并运行。至此，建场初期修建在峨眉山初殿旁边的蚕种冷库和修建在峨眉山清音阁附近的浸酸场不再使用。

1978年3月10日，中共乐山地委组织部以乐地组发〔1978〕46号文明确“苏稽蚕种场不再设革命委员会，实行党委领导下的场长负责制”。

1979年，本场有职工155人，其中行政12人，技术员17人，工人113人，其他人员13人。有桑园391亩，生产用房6789平方米，其中蚕房5987平方米，附属室802平方米；宿舍及生活用房3790平方米。畜生237头（猪234头，牛3头）。有汽车2辆、拖拉机3台、切桑机3台；制种容量10万张，冷库一季最大容量30万张。丝棉加工4000公斤，淀粉加工15万公斤。

1982年8月，四川省实行蚕业种、茧、丝绸、外贸一条龙改革，成立四川省蚕丝公司（后更名为四川省丝绸公司），本场由四川省农业厅移交四川省蚕丝公司领导，为直属事业单位，名称未变。

1986年4月，乐山市人民政府外事办公室发文，将本场定为对外开放单位，回应了本场此前已多次接待外宾参观考察的实际情况。同年5月，四川省委组织部、四川省编制委员会以川编发〔1986〕093文，将本场核定为相当县级事业单位。6月，四川省丝绸公司川丝绸劳人〔86〕字第225号文转发四川省编制委员会川编发〔1986〕105号文批复，核定本场事业编制150名，实行企业管理，定额补贴。

1988年8月，四川省丝绸公司发文通知，本场实行场长负责制，欧显模任场长；经欧显模提名，唐秀芳任副场长。

1996年5月，四川省机构编制委员会办公室首次颁发《事业单位法人证书》，本场法定代表人为欧显模，所有制性质为全民，经费形式为差额预算，编制员额150人，职责任务或服务范围规定为：从事蚕种的生产、冷藏、浸酸等。6月，四川省丝绸公司批复本场场名由“四川省乐山蚕种场”更名为“四川省苏稽蚕种场”。

2000年7月，四川省机构改革，经四川省人民政府办公厅〔2000〕117号文件决定，将本场从四川省丝绸公司划归四川省农业厅管理。

2006年7月4日，根据四川省蚕业管理总站（川蚕业〔2006〕37号）关于设立“四川省蚕种质资源库（苏稽）的通知”精神，四川省蚕业管理总站批准我场设立：“四川省家蚕种质资源库（苏稽）”。继代保护保存家蚕种质资源631份。当年利用保存资源培育试验1对新品种“嘉州×山水”，已报蚕业科技部门鉴定推广。于2007年春季恢复生产原种，供本场普种生产使用。

2007年5月，乐山市市中区民政局、苏稽镇人民政府、苏稽街社区居民委员会三方通知，本场新编门牌号为：上场（场部机关驻地）由原来的苏沙路1号改为“鸡毛店路631号”；下场（互惠）则原来的苏沙路3号改为“鸡毛店路274号”。

2008年末，据统计全场有职工177人，其中在职职工94人，离退休职工83人。在职职工中，干部27人，工人67人。

2009年10月20日，四川省农业厅（川农业函〔2009〕680号）文，同意四川省苏稽蚕种场为“四川省蚕、桑品种遗传资源保护单位”。

2012年9月13日，由西南大学家蚕基因组生物学国家重点实验室、四川省残蚕业管理总站与本场协商来共建的“家蚕基因组生物学国家重点实验室家蚕种质资源保育中心（四川）”在本场正式挂牌成立。

2016年11月17日，四川省苏稽蚕种场被认定为四川乐山国家农业科技园区研发机构（乐农科园〔2016〕3号）。

2018年12月14日，四川省农业厅更名为四川省农业农村厅，本场法人证书举办单位变更为四川省农业农村厅。

2021年1月25日，由于棚户区改造，土地被政府收储，本场整体由四川省乐山市苏稽镇鸡毛店路631号搬迁至四川省乐山市市中区苏稽镇鸡毛店路274号。四川省事业单位登记管理局对本场事业单位法人证书住所予以变更：由原来的四川省乐山市苏稽镇鸡毛店路631号变更为四川省乐山市市中区苏稽镇鸡毛店路274号。

2021年末，全场有在职职工60人，其中干部33人，工勤人员27人。干部33人中多为各类专业技术人员，有硕士毕业生3人、大学毕业生30人，有正高级职称2人，高级职称8人，中级职称9人，初级职称4人。

为深入贯彻落实中共中央 国务院《关于分类推进事业单位改革的指导意见》《关于进一步推进农垦改革发展的意见》文件精神，推进事业单位、农垦改革发展，2022年1月18日，中共四川省委机构编制委员印发了《关于农业农村厅下属事业单位优化整合的通知》（川编发〔2022〕1号），其中“（七）将四川省苏稽蚕种场整合到四川省三台蚕种场，为正处级公益一类事业单位，核定事业编制200名、领导职数一正四副”。四川省苏稽蚕种场历史沿革简表见表1-1。

表1-1 四川省苏稽蚕种场历史沿革简表

起止时间	名称	主管机关	所有制性质
1938—1949年	苏稽蚕桑场	乐山蚕丝试验区	公立
1950年	苏稽蚕桑场	乐山专署	公私合营
1951年	四川蚕丝公司苏稽蚕种制造场	四川蚕丝公司	公私合营
1952—1955年	西南蚕丝公司苏稽制种场	西南蚕丝公司	公私合营

（续）

起止时间	名称	主管机关	所有制性质
1956—1957 年	四川乐山苏稽蚕种繁殖场	四川省农业厅	国营
1958—1959 年	乐山县蚕种繁殖场	乐山县	国营
1960—1961 年	乐山专区蚕种繁殖场	乐山专区	国营
1962 年	四川省农业厅乐山蚕种场	四川省农业厅	国营
1963 年	四川省轻工厅乐山蚕种场	四川省轻工厅	国营
1964—1965 年	四川省农业厅乐山蚕种场	四川省农业厅	国营
1966—1971 年	四川省乐山专区蚕种场	乐山专区农业局	国营
1972 年	乐山地区蚕种场	乐山地区农业局	国营
1973—1982 年	四川省乐山蚕种场	四川省农业局	国营
1983—1986 年	四川省乐山蚕种场	四川省蚕丝公司	国营
1987—1996 年	四川省乐山蚕种场	四川省丝绸公司	国营
1997—2000 年	四川省苏稽蚕种场	四川省丝绸公司	国有
2001—2018 年	四川省苏稽蚕种场	四川省农业厅	国有
2018—2021 年	四川省苏稽蚕种场	四川省农业农村厅	国有

第三节　行政管理机构

一、场级领导人更迭

1938 年 9 月起筹备建场期间，主任由费达生兼任，副主任由孙君有担任并兼养蚕股长，指导长由程瑜担任。创建人还有胡圆恺、章和生。她们同时也是江苏省女子蚕业学校教师。

1941 年 7 月正式建场生产，场长由费达生兼任、副场长由孙君有担任，主任技术员由庄崇蕊担任。

1943 年场长由庄崇蕊担任。

1944 年场长由章和生担任，蚕桑技师由庄崇蕊担任。

1946 年场长由徐秀霞担任，主任技术员由肖佑琼担任。同年，江苏省女子蚕业学校回迁江苏，本场主要领导和蚕桑技术人员也随之离任。

1947 年场长由周俊我担任，主任技术员由肖佑琼担任。乐山实验区主任由王天予担任。

1950年乐山专署接管乐山蚕丝实验区后，张恩鸿主管区务（包括本场）工作，住场军代表胡乃石、唐俊。肖佑琼任场长。

1951—1952年，场长肖佑琼。

1953年9月，场长肖佑琼调北碚蚕种场工作。11月，由何希唐任副场长，主持工作。

1955年4月，军队转业干部李荣任副场长。副场长何希唐负全面责任，分管业务；李荣负责政治思想领导（职工的教育管理、政治学习）等工作。

1956年8月，省农业厅调何希唐去贵州省农业厅新建蚕种繁殖场工作，李荣任场长。

1960年2月，李荣调回原籍河北徐水县工作，9月杨富盛任场长。1961年8月乐山专署人事科任命陈林为主管生产的副场长。

1962年8月，杨富盛申请返乡生产，9月王正才由三台蚕种场副场长调任本场副场长，主持工作。

1966年3月，陈林调乐山专署工作。

1968年4月，成立场革命委员会，曹连启任支部书记、主任，彭汉光任副主任，谢崇玉、章树清、王正才为场革命委员会成员。

1974年9月20日，乐山地革委政工组下文通知，陈文玉任场革委会副主任。

1976年，詹凤高任场革委会主任，郭俊熙、彭汉光、陈文玉任副主任。

1977年12月，王正才离休。

1978年3月，场实行党委领导下的场长分工负责制。陈文玉任场长，郭俊熙、彭汉光任副场长。

1982年3月，省农业厅下放锻炼干部李生军任挂职副场长。同月，场长陈文玉退休。7月，省农业厅党组下文，军队转业干部彭扬武任副场长兼后勤股长。

1983年5月，中共四川省蚕丝公司分党组下文通知，彭汉光任场长。8月，唐秀芳任副场长，郭俊熙任工会主席，免去副场长职务。

1984年1月28日，中共四川省蚕丝公司分党组重新任命场级领导干部，欧显模任场党支部书记，彭汉光任场长，唐秀芳、彭扬武任副场长，郭俊熙任工会主席。2月，四川省蚕丝公司分党组下文同意王正才离休后享受处（县）级政治、生活待遇。

1985年6月，四川省蚕丝公司分党组下文，生产技术科科长李树民任副场长，负责全场行政工作；彭汉光任工会主席，免去场长职务；彭扬武任调研员，免去副场长职务；郭俊熙任调研员，免去工会主席职务。

1987年2月，四川省丝绸公司重新任命场级领导，李树民任副场长，主持场行政工作；唐秀芳任副场长；彭汉光任调研员（副县级），免去工会主席职务；郭俊熙、彭扬武任调研员（区科级）；欧显模任支部书记（副县级）。11月，四川省丝绸公司批准彭汉光退休。

1988年8月20日，四川省丝绸公司决定省苏稽蚕种场实行场长负责制，欧显模任场长；12月10日，经场长提名，四川省丝绸公司批准，唐秀芳任副场长。同月，李树民调井研县丝绸公司工作。

1993年4月，彭扬武获准退休；10月，郭俊熙获准退休。

1999年11月，副场长唐秀芳批准退休。

2000年4月，四川省蚕种管理总站下文，张茂林任场长助理。年末有职工130人，其中干部31人，工人99人。

2001年4月，四川省农业厅根据省政府办公厅川办发〔2001〕71号文件精神，对划归厅管理的7个单位重新任命场级领导，原任职时间有效，可连贯计算，欧显模任场长（副处级）。

2004年6月，四川省农业厅人事劳动处下文，张茂林、段菊华任副场长，刘守金任场长助理；并明确分工为：欧显模主持全面工作，主管党务、计财和劳动人事工作；张茂林负责经营管理（行政管理、蚕种销售）、安全生产、后勤管理，分管聚能公司；段菊华负责蚕种生产技术管理，分管生产技术科；刘守金主持生产技术科工作。

2009年1月，场长欧显模到龄退休。根据中共四川省农业厅党组《关于邓彬等七位同志任职的通知》（川农业党〔2009〕5号）文件，副场长张茂林任场长，任职时间从2008年12月31日起计算。

2009年3月，副场长段菊华退休。

2011年3月14日，根据四川省农业厅人事劳动处《关于刘守金同志职务任免的通知》（川农业人劳〔2011〕14号）文件，生产技术科科长刘守金任副场长。同时免去刘守金生产技术科科长职务。

2011年12月22日场长张茂林因病去世。张茂林生病期间到2012年4月由牟成碧代理场长主持本场事务。

2012年5月7日，根据中共四川省农业厅党组《关于张扬等七位同志任职的通知》（川农业党〔2012〕20号）文件，时任三台蚕种场助理场长的李俊同志调任四川省苏稽蚕种场场长（法定代表人）一职，任职时间从2012年4月28日算起。

2013年4月，根据苏场〔2013〕18号文件精神，牟成碧同志任副场长。

2014年12月，副场长牟成碧退休。

2016年8月30日，经四川省农业厅人事处批准，王水军任副场长。本场配备场级干部为一正两副：李俊为场长，刘守金、王水军为副场长。

2018 年 7 月，欧显模去世。

二、科室设置

1938 年建场初期，本场中层机构设置从简，只有养蚕股和桑苗股。养蚕股长由副主任孙君有兼任，蒋化石任桑苗股长。1941 年正式建场后，随着工作开展和细化，设立栽桑课（部、股）、制种课（下设原种部、普通部、试验部）、总务课（部、股）等，负责人无正式任命，且人员多变化。

1943 年栽桑课长由章和生担任。

1944 年，邹祖燧担任制种课长，陈绍和担任栽桑课长。

1950 年新中国成立后，场仍沿旧制，设置制种股、栽桑股、总务股。杨玉蓉担任制种股长，王季桐担任栽桑股长，翁志恒担任总务股长。

1952 年 3 月，李渊琴担任栽桑股长，杨玉蓉担任制种股长。

1955 年，杨玉蓉担任制种股长，王季桐担任栽桑股长。

1956 年 1 月，李渊琴担任栽桑股长，杨玉蓉担任制种股长。

1960 年，彭汉光担任栽桑股长，焦家碧担任制种股长，翁志恒担任副业管理员。

1968 年 4 月，场下设栽桑股、制种股、后勤股、副业股等中层机构。

1978 年 3 月，场下设办公室、生产技术组、计划财务组、总务组。生产划分桑园一队、桑园二队、试验队、蚕房一队、蚕房二队、蚕房三队、副业队。5 月 30 日，中共乐山地委农工部下文通知，张凤林任办公室副组长；邹如章任生产技术组组长；王远刚、杨淑珍、杨伯秀任生产技术组副组长；沈乐兮任计划财务组副组长；徐玉章任总务组副组长；章树清任桑园一队队长；刘永顺任桑园二队队长；谢丛玉任试验队队长；董淑琼任蚕房二队队长；邓学铭任蚕房三队队长；杨俊州任副业队队长。

1981 年 6 月 4 日，四川省农业厅党组批复，同意将场中层机构设置一室三组调整为一室三股，即办公室、生产技术股、计财股、总务股。邹如章任办公室主任；李树民任生产技术股副股长；沈乐兮任计财股副股长。

1984 年 9 月，四川省丝绸公司劳动人事处批复，同意场内设机构为办公室、生产技术股、计划财务股和总务股共三股一室。12 月，四川省蚕业制种公司重新任命中层科室领导：邹如章任办公室主任；李树民任生产技术股股长；凌畦任生产技术股副股长；侯乐雅任计划财务股副股长；赵大定任总务股副股长。同月 26 日，四川省蚕业制种公司批复同意场建立劳动服务公司（后更名经营部），实行独立经营，单独核算，自负盈亏，包干分配。

1987年10月20日，四川省丝绸公司对省属蚕种场中层科室设置做了统一规定，场内部机构设置由“三股一室”改为“四科一室”，即：办公室、生产技术科、计财科、后勤科、政工科（与办公室“二块牌子，一套班子”）。

1988年1月12日，四川省蚕业制种公司对场中层科室领导重新任免，邹如章任办公室主任；邓学铭任政工科副科长兼办公室副主任；侯乐雅任计财科副科长；段菊华任生产技术科副科长（主持工作）；宋毅任生产技术科副科长；赵大定任后勤科科长；免去凌畦生产技术股副股长职务（当时已调出）。

1988年8月，场实行场长负责制后，1989年3月，对中层科室领导重新任命，邹如章任办公室主任；邓学铭任政工科副科长兼办公室副主任；段菊华任生产技术科科长；宋毅任生产技术科副科长；赵大定任后勤科科长；魏莉华任计财科科长。

1989年11月，撤销经营部（原劳动服务公司），所有财务、资金被场收回管理，人员另行安排工作。

1992年12月，场任命严敏为计财科副科长，张茂林为生产技术科副科长，免去宋毅生产技术科副科长、魏莉华计财科科长、侯乐雅计财科副科长职务（三人当时皆已调出）。

1994年12月，四川省丝绸公司批复，同意场设立保卫科，与办公室合署办公，场聘牟成碧为保卫科科长。

1995年7月，场办公室主任邹如章退休。

1996年2月，场聘任邓学铭为办公室主任兼保卫科科长，牟成碧为办公室副主任兼保卫科副科长，严敏为计财科科长。

1998年12月，办公室主任兼保卫科科长邓学铭和后勤科长赵大定退休。

1999年3月，场聘牟成碧为办公室主任兼政工科、保卫科科长，李树林为计财科副科长，吴仲坤为后勤科副科长，免去邓学铭办公室主任兼保卫科科长和赵大定后勤科科长职务。

2005年12月，场对中层科室负责人进行调整，严敏派任乐山聚能再生资源回收利用有限公司副总经理。2006年1月，四川省农业厅人事劳动处下文，牟成碧任场办公室主任、政工科长、保卫科长，李树林任计财科科长，刘守金兼生产技术科科长，吴仲坤任后勤科科长，章文杰任后勤科副科长，免去严敏计财科科长职务。

2006年12月后勤科长吴仲坤批准退休。

2010年5月24日，经厅劳人处川农业人劳〔2010〕41号文批准，章文杰任主任科员。

2011年3月，场对中层科室负责人进行增补调整，王水军任办公室副主任、政工科副科长，张秀英任生产技术科副科长，丁小娟任计财科副科长，梁雪梅任政工科副科长，章文杰任后勤科科长。

2013年4月，依据苏场〔2013〕18号文件，王水军任办公室主任，梁雪梅任政工科科长，张秀英任生产技术科科长，李成阶任生产技术科副科长。

2013年12月，依据苏场〔2013〕39号文件，本场增设“桑蚕种质资源研发中心”中层机构，杨忠生任研发中心主任，李成阶兼任副主任。至此，本场中层机构包括办公室、生产技术科、后勤科、计财科、政工科和桑蚕种质资源研发中心。

2016年3月，经场支委会、办公会讨论决定，丁小娟任计财科科长。

2018年3月，经场支委会、办公会讨论决定，李成阶主持生产技术科工作。

2020年8月，经场支委会、办公会讨论决定，并报四川省农业农村厅审该，依据苏场〔2020〕47号文件，李成阶同志任生产技术科科长；雷秋容任生产技术科副科长；贾晓虎任桑蚕种质资源研发中心副主任。免去张秀英生产技术科科长职务。

第二章 地 理

第一节 区 位

四川省苏稽蚕种场地处乐山市以西，位于乐山市市中区苏稽镇以南的新联村范围内。总占地面积 103.5 亩，其中场部机关和生产设施用地 38.5 亩，桑园用地面积 65.0 亩。

场部机关驻苏稽镇鸡毛店路 274 号，与生产设施（蚕房及附属用房、家蚕种质资源保育中心用房、蚕种专业冷库、浸酸场、保种室等）和部分桑园（果桑采摘体验园和桑种质资源圃）互为一体，占地共 38.5 亩。东与新联村一、二组相邻，南、西以围墙为界与乐山亚西机械厂相邻，北以围墙为界与新联村二组相邻。东经 103°39′58″、北纬 29°34′40″，海拔高度为 335 米。属临江河冲积平坝地貌。距县道苏（苏稽）沙（沙湾）公路约 200 米、省道 S306 线（乐山—峨眉山）约 1.5 公里，距成乐高速（G0512）乐山站约 4 公里、距乐雅高速（G93）苏稽站约 1 公里，距乐山高铁站 12 公里、峨眉山高铁站 20 公里，距成都双流国际机场约 110 公里，距乐山大佛景区约 16 公里、距峨眉山景区约 25 公里，距苏稽镇 2.0 公里、乐山市 14 公里、峨眉山市 20 公里、沙湾区 25 公里、省会城市成都市约 130 公里。

桑园大部分位于苏稽镇新联村马河口，占地 56 亩。东临峨眉河并以峨眉河骑行绿道为界、南邻苏稽镇雷坝村一组和石鼓寺村一组并以峨眉河骑行绿道为界、西邻苏稽镇新联村四组并以安福堰为界，北邻苏稽镇新联村四组。南北长约 380 米、东西宽约 85 米，呈近长方形。东经 103°40′29″—103°40′39″、北纬 29°34′40″—29°34′48″，海拔高度为 327 米。属峨眉河冲积平坝地貌。距场部机关约 1.5 公里。

第二节 土 壤

四川省苏稽蚕种场的土地属于峨眉河、临江河冲积平坝沙土。成土母质为冲积母质，剖面分化明显，表土已初步熟化，中层为砂石土，底层砂质岩河床。

土壤质地为沙壤土，沙土质地细腻，夹有大小不一的鹅卵石。土质松散，水稳性差，不耐旱，易流失。耕作层有机质、全量养分和速效养分含量均比较低，保水保肥性能差，肥效快而短促。地势较平坦、较低，易受洪涝等自然灾害。

第三节 气 候

四川省苏稽蚕种场地处四川盆地向西南山地过渡的边缘地带，属中亚热带气候带，四季分明。夏天历史最高气温38.1℃，冬天历史最低气温−4.3℃，年平均气温17.1℃。年极端最高气温大部分出现在6—8月，一般在35～38℃；年极端最低气温大部分出现在12月下旬至翌年2月上旬，极值为−4.3℃；1月最冷，月平均气温为7.2℃；7月最热，月平均气温为26.2℃；年较差在19.0℃，具有“冬无严寒、夏无酷暑”的特点。季节温差较大，夏季炎热、冬季寒冷的时间短。平均降水量1280.3毫米，最多时年降水量可达1948.4毫米，最少年降水量768.9毫米，雨量较充沛。全年降水日数多，大于等于0.1毫米的降水日数年平均167.3天，年出现概率45.8%；大于等于10.0毫米的降水日数年平均30.8天，年出现概率8.4%；大于等于25.0毫米的降水日数年平均12.1天，年出现概率3.3%；大于等于50.0毫米的降水日数年平均4.8天，年出现概率1.3%。年均降水量在年内分布极不均匀，约有85%的降水量集中在4—9月，其中7、8两月平均降水量为588.1毫米，占年降水量的46.0%；以暴雨、大雨为主，雷暴天气多发生在每年的春夏季节（4—8月），最早出现在2月，最晚在11月还有雷暴天气，年平均雷暴日数35天，盛夏季节（7—8月）是雷暴的多发季节，占全部雷暴天数的58.0%。冬季降水极少，年降水总量变化较反复。气候湿润，年均相对湿度81%，年均蒸发量617.1毫米，水热同季。大雾天气多出现在11月到翌年2月，多为辐射雾，年均大雾日数49天。无霜期长，年平均霜日4.5天，无霜期328天。霜期一般在冬季（12月至次年2月），早可开始于11月，晚可结束翌年3月。很少时间出现降雪，均出现在冬季，年均降雪日数在1.6天左右；年均积雪只有0.25天。年平均日照时数1069.6小时，占可照时数的24.0%，是全省、也是全国的低值区。其中最多年日照时数1346.0小时，最少年日照时数721.2小时。3—9月日照时数822.7小时，占年日照时数的77%，其中7、8月日照时数306.8小时，占年日照时数29%；其余10月至翌年2月日照较少。冬季阴天多、光照少；春季日照逐渐增多并且增长迅速；夏季日照最多，但6月反而比5月少；秋季天气转阴、秋雨绵绵、日照急减，下降幅度比春季的增长幅度大。9月的日照时数比8月平均少83小时以上，表明在9月以后，日照急剧下降。年均风速1.0米/秒，最多风向北风；年均大风日数1.1天，极大风速26.8米/秒。

第四节　自然灾害

主要自然灾害有洪涝、干旱、低温、大风、冰雹。

洪涝年平均次数多达1.2次，暴雨年均次数多达4.8次，主要发生在7—8月，多年日最大降水量为326.8毫米，近10年来影响较大的暴雨引发洪涝是2020年8月18日，市中区降雨量257.6毫米，市中区日雨量居历史第2位。大范围的持续强降雨，加上青衣江、大渡河、岷江上游洪水来势凶猛，造成乐山市境内“三江”流域普超警戒水位，房屋倒塌，农作物受灾，遭遇百年一遇的特大洪灾。

干旱（含春旱、夏旱、伏旱、冬干）年平均次数多达1.6次，影响最大的是2006年盛夏的高温伏旱。2006年7月13—24日，乐山市各地区先后出现了自1951年以来最严重的强度大、范围广、历史罕见的区域性高温伏旱天气，旱情一直持续到8月22日，8月11日极端最高气温39.7℃，创有气象记录以来最高值。持续的高温与少雨，造成人、畜饮水困难，家作物受灾，罕见的旱情给全市社会经济发展带来了较为严重的影响。

低温出现的年平均次数仅0.2次，影响最大的是2008年初的雨雪冰冻天气。2008年1月12日至2月13日，乐山市出现持续低温、阴雨（雪）冰冻天气。日平均气温低于3℃的连续日数、连续降雪日数都突破历史极值，为乐山市自1951年以来最严重低温、雨雪、冰冻天气。给乐山市的农业、畜牧、交通、电力等行业都造成了较严重的灾害。

大风和冰雹在乐山都属于小概率事件，近20年来影响最大的是2005年4月8日的强对流天气。4月8日17时天气过程开始，乐山遭受了突发性罕见大风、暴雨、冰雹、寒潮降温等灾害的同时袭击。到4月9日8时，乐山市中区降雨51.1毫米，并出现冰雹。由于灾害的突发性和集中性，强对流天气对全市造成很大损失。

第五节　野生动植物

四川省苏稽蚕种场地处峨眉河、临江河冲积平坝地区，野生植物较为丰富、野生动物较少。

一、动物

有田鼠、黄鼠狼、麻雀、野鸭、白鹭、秧鸡、布谷、鹁鸪、燕子、白鲦、鲢鱼、草鱼、鲤鱼、鲫鱼、黄鳝、泥鳅、螺蛳、虾、蟹、鳖、蚌、蛏子、乌梢蛇、赤链蛇、王锦蛇、蜗牛、蚯蚓、螳螂、蜻蜓、蜜蜂、知了、蟋蟀、萤火虫、蟾蜍、青蛙、金龟子等，对桑园危害较大的还有桑大象虫、桑天牛、黄星天牛、七星天牛、白毛虫、桑毛虫、桑螟虫、桑尺蠖、桑蓟马、桑瘿蚊、桑白蚧、红蜘蛛、桑蛀虫。

二、植物

有拉拉藤、竹节草、铁线草、车前草、蒲公英、狗尾草、水浮莲、水葫芦、蕨菜、苴菜、马齿苋、野韭、扁豆菜、清明菜、野茼蒿、狗地芽、何首乌、绞股蓝、六二韭、野胡萝卜、蒲公英、马兰、木耳、银耳、平菇、草菇、香菇、竹荪、银杏、板栗、桦叶树、喜树、松针、枇杷枣、拐李、核桃、黄连木、苹果、椿树、木姜子、沙刺、刺梨、枸杞、茶树、冰粉树、红豆杉、荔枝、柿树、柏木、杜仲、尖杉、南酸枣、菊花、猕猴桃、胡颓子、芦苇、杨柳、刺楸、刺槐、香叶树、刺笼苞、悬钩子、金银花、竹子、柘树、桑树等。

第二编

事业发展

中国农垦农场志丛

第一章　桑柘园建设

中国是世界上种桑养蚕最早的国家。种桑养蚕也是中华民族对人类文明的伟大贡献之一。桑树的培育有三千多年的历史。在商代，甲骨文中已出现桑、蚕、丝、帛等字形。到了周代，采桑养蚕已是常见农活。春秋战国时期，桑树已成片栽植，孟子曰：五亩之宅，树之以桑，五十者可衣帛矣。本场植桑的主要目的是采收桑叶饲养原蚕繁育蚕种。

桑树，属被子植物门双子叶植物纲荨麻目桑科桑属，为落叶乔木。桑叶呈卵形，是喂蚕的饲料。叶卵形或宽卵形，先端尖或渐短尖，基部圆形或心形，锯齿粗钝，幼树之叶常有浅裂、深裂，上面无毛，下面沿叶脉疏生毛，脉腋簇生毛。聚花果（桑葚）紫黑色、淡红或白色，多汁味甜。花期 4 月；果熟 5—7 月。喜光，对气候、土壤适应性都很强。耐寒，可耐－40℃的低温，耐旱，耐水湿。也可在温暖湿润的环境生长。喜深厚疏松肥沃的土壤，能耐轻度盐碱（0.2%）。抗风，耐烟尘，抗有毒气体。根系发达，生长快，萌芽力强，耐修剪，寿命长，一般可达数百年，个别可达数千年。

柘树，属被子植物门双子叶植物纲荨麻目桑科柘属，是桑科柘属多种植物柘、构棘及柘藤的统称。别称：柘、柘桑、文章树、灰桑树、野梅子、野荔枝、老虎肝、黄桑、黄疸树、山荔枝。乔木或小乔木，或为攀缘藤状灌木，有乳液，叶互生，全缘；侧生。花雌雄异株，均为具苞片的球形头状花序，苞片锥形，披针形，至盾形，附着于花被片上，通常在头状长序基部，有许多不孕苞片，覆瓦状排列；雄花，雄蕊与花被片同数，芽时直立，退化雌蕊锥形或无；雌花，无梗，花被片肉质，盾形，顶部厚，分离或下部合生，花柱短，聚花果肉质；小核果卵圆形，果皮壳质，为肉质花被片包围。喜光，耐荫，耐寒，耐干旱瘠薄，适生性强。生于林中、岗丘、荒山荒地、埂堤边坡及四周，是灌木植被中优势树种。土壤条件好的地方植株，叶形较大；土壤瘠薄地方的植株，叶形相对较小。四川乐山一带农村有利用野生柘树嫩叶养幼蚕产茧并织出闻名世界的“嘉定大绸”悠久传统。中华人民共和国成立后，本场为传承、弘扬“嘉定大绸”技艺，曾小面积种植成片柘树林。

第一节　种植面积与产量

一、种植面积

建场初期为130余亩，新中国成立前后随着生产发展的需要，通过收并、征用等途径面积逐步扩大，至20世纪70年代中期，虽然因洪灾等自然灾害有些损减，仍达400余亩的峰值。其中，1949年至1974年建有柘园30～80亩。20世纪末期以后，随着四川省蚕茧生产的萎缩，蚕种需求锐减，本场土地使用权通过出让、折资入股等途径大量流转，至2021年末本场种植桑树面积仅为66亩。如图2-1所示：

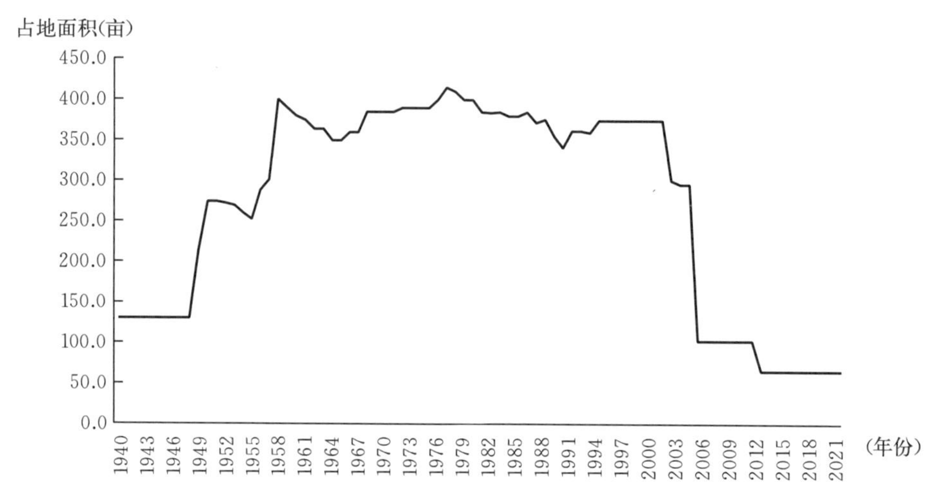

图2-1　桑柘园种植面积统计图

1939年建场初期，在苏稽购置土地130余亩为苗圃种植、推广桑苗，没有专用桑园。以后随着蚕种生产的发展，改栽植成片桑园。

1949年3月，接收互惠农场土地84.17亩，桑树18705株。

1950年1月，人民政府将老洼滩桑园土地60余亩，划归本场。

1952年，接收苏稽教养院土地30亩用于修建蚕房，次年因国家发展重工业而停建，改为栽植桑树。

1953年，有成林桑园225亩，桑树65198株。由于桑园地处峨眉河与岷江河之间，每年雨季容易受洪涝灾害，沿河一带桑园都有上亩的土地被洪水冲走，水土流失严重，也使桑园面积每年发生变化。

1955年有成林桑园250.2亩。

1957年在铁坪山、老鸦滩征土地74.3亩，其中69.3亩栽植柘树，剩下的土地挖水塘储水。1958 年，桑园、柘园面积达到 400.37 亩。1960 年后柘树投产，柘蚕选育试验研究逐步扩大。

1959—1961 年，场连续三年遭受大洪灾，到 1962 年初桑柘园面积减少为 364 亩，其中桑园 280 亩，柘园和蔬菜饲料地 84 亩。

1963 年，部分柘园和蔬菜饲料地改建桑园 40 亩，于 1966 年投产；当年共有桑园、柘园 364 亩，其中投产桑园 270 亩，柘园 54 亩。当年 2 月与严龙公社新桥大队换土地 4.12 亩。

1964 年，老鸦滩新栽桑园 67.5 亩，于 1968 年投产。

1965 年，新辟柘园 50 亩。

1966 年，桑园 340 多亩，其中投产桑 310.5 亩。

1975 年，停止柘蚕生产，将原柘园改为桑园，当年共有桑园 400 多亩。

1977 年 5 月，与严龙公社红旗大队调换插花地 7.54 亩，与向阳大队调换插花地 8.62 亩。

1978 年，投产桑园 375 亩。

1981 年，桑园面积 385 亩，其中苗圃 45 亩，投产桑 340 亩。

1982 年，桑园面积 383.96 亩，其中壮树 287.24 亩，老树 96.72 亩。

1983 年，桑园 385 亩，其中苗地 26 亩。

1984 年，秋季发生两次洪灾，冲毁桑园 5 亩。

1990 年，场征用夹在桑园中的农地 10 亩，投资近 20 万元；9 月暴雨成灾，桑园重灾 42 亩，水淹 181 亩。

1991 年 8 月 3 日，暴雨成灾，冲毁桑园 2 亩多，重灾 80 多亩。

1992 年 8 月，征用严龙乡新联村一、二社农民夹杂在桑园中的土地 16.8 亩，每亩 1.8 万元，投资 30.24 万元。

1993 年，征用严龙乡新联村一组河滩地 8 亩，投资 199999 元。

1996 年 7 月 28 日，暴雨成灾，桑园淹没 200 多亩，冲毁 73 亩。

1997 年 10 月，国家修建乐（山）峨（眉）公路占场桑园土地，由乐峨公路乐山市市中区工程指挥部与苏稽镇倒拐店村第八经济社签订《征地协议》，置换场桑园土地 16.15 亩，并补偿桑树、粪池、围墙、房屋损失 24974.50 元。当年新植 27.5 亩桑园。

1999 年，投产桑园 377 亩。

2001 年 8 月 18 日，暴雨成灾，桑园淹没 335 亩，冲毁互惠河堤 230 米，冲毁马河口道路 150 米。

2002 年，场将桑园 73.54 亩与乐山市再生资源回收利用公司共同开发，合投组建废旧品回收市场，组建“乐山聚能再生资源回收利用有限公司”，开办“乐山再生资源、生产资料市场”。

2003 年，桑园面积 300 余亩，其中投产桑园 260 亩，苗地 20 亩。

2005 年，经四川省农业厅批准，将互惠桑园 218.53 亩有偿转让经四川省五马坪监狱使用。

2006 年，因乐山市政府城市发展规划原因，五马坪监狱重新选址，场桑园土地由乐山市市中区人民政府收回使用。土地转让后，场有桑园总面积 98.66 亩。

2010 年，本场启动棚户区改造，由乐山市政府收贮本场位于鸡毛店路 631 号的机关事业用地和园林农用地（桑园）共 101 亩，其中桑园 36.0 亩。

2012 年 7 月，乐雅高速公路（G93）管理站项目占用本场“月耳地”自有桑园 15.4 亩，8 月，经协商，市政府以苏稽镇新联村 4 组约 18 亩土地进行置换，于 2015 年完成 15.4 亩土地的置换手续，并退还先期多置换土地 1.87 亩。

2021 年，区政府苏稽镇峨眉河骑行道路建设项目占用了桑园地 1.92 亩，协议就近置换等量土地，尚在办理中。

截至 2021 年末，本场自营桑园面积为 66.0 亩，其中，投产园 58.4 亩，抚育园 7.6 亩，投产园中有果桑采摘体验园 7.5 亩。

二、桑叶产量

建场以来，桑叶总产量随种植面积的增加和单位面积产量的增加而显著增加，建场初期为 5 万～9 万公斤，新中国成立后随着种植面积的增加总产量亦迅速增加，1952 年突破 10 万公斤，1956 年突破 15 万公斤，1966 年突破 22 万公斤，1967 年突破 25 万公斤，1967 年至 1988 年在 24 万至 30 万公斤范围内波动，1989 年降至 21 万余公斤，1990 年后由于加强了桑园管理，总产量迅速增加，1992 年突破 30 万公斤，1995 年突破 33 万公斤达历史新高，1996 年至 2001 年总产量变化起伏较大，在 26 万至 34 万公斤范围内波动，其中：2001 年达历史最高量为 34 万余公斤，2002 年随种植面积的极度减少而迅速减少至不足 8 万公斤，2003 年和 2004 年虽然恢复至 18.6 万和 13.7 万公斤，但由于 2005 年种植面积再度大幅减少又下降至不足 5 万公斤，此后至 2011 年一直在 5 万至 11 万公斤波动，2012 年种植面积再度减少至 66 亩左右，至今，总产量则在 3 万至 7 万公斤波动。具体情况如图 2－2 所示。

建场以来，投产桑园平均单产随生产投入水平、管理力度、栽培技术、气候条件等的变化而变化。新中国成立前后单产较低，1951 年仅为 286.1 公斤/亩为历史最低值，1956

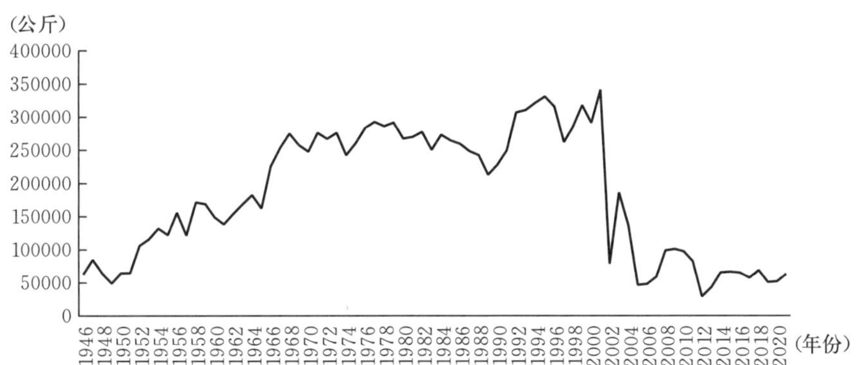

图 2-2　桑园历年总产叶量统计图

年恢复到 600 公斤以上，1958 年首次突破 700 公斤达 730.7 公斤，1967 年首次突破 800 公斤达 813.8 公斤，1992 年首次突破 900 公斤达 935.9 公斤，1995 年首次突破 1000 公斤达 1075.9 公斤，但 2001 年左右，桑园严重失管单产急剧下降，至 2008 年才逐渐恢复正常，2012 年再次下降，2013 年迅速恢复，2014 年首次突破 1100 公斤达 1173.8 公斤，2017 年首次突破 1200 公斤达 1258 公斤。如图 2-3 所示：

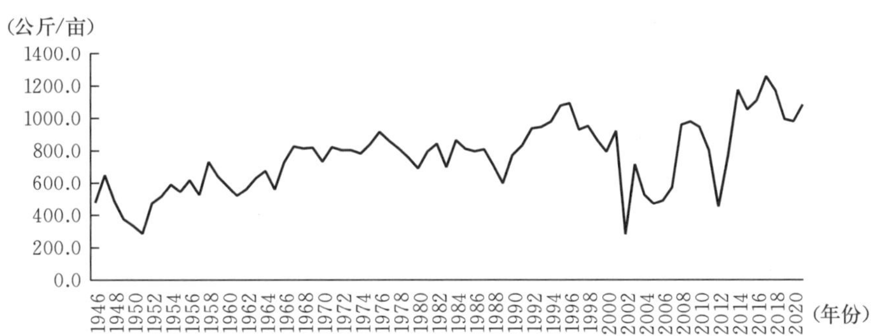

图 2-3　桑园历年单产统计图

1939 年，场拥有 130 余亩桑园苗地，当年春开始采少量叶养蚕，制改良种几百张。以后除保留部分苗地外，逐渐改植为桑园。1946 年前，年亩产不到 600 公斤。1947 年，全年产叶 84298 公斤，单产突破 600 公斤达到 648 公斤。

新中国成立后，桑园面积逐渐增加，1952 年，投产桑园发展到 225 亩，桑树 65198 株。全年产叶突破 10 万公斤达到 105860 公斤，比 1951 年增产 65%，亩产为 472.6 公斤。1956 年桑园 250 亩，产叶 155571 公斤，亩产达到 616.8 公斤。

1959—1961 年，因遭受严重自然灾害，同时因在桑树行间大种粗粮的影响，桑园亩产由 1958 年的 730.7 公斤锐减至 1961 年的 521.0 公斤，桑园总面积也有所下降。1963 年桑园投产面积为 267.7 亩，产叶 168452.0 公斤，亩产回升到 629.2 公斤。

1966 年，投产桑园面积 310.5 亩，桑树 77860 株，总产叶首次突破 20 万公斤达 225611 公斤，单产首次突破 700 公斤达 727.8 公斤。1967 年单产再上台阶，总产 253183 公斤，单产首次突破 800 公斤达 825.0 公斤。以后一段时间，虽桑园面积有所增加，但总产和单产仍在此水平波动。

1976 年，桑园总面积达 400 亩，其中苗圃 25 亩，幼桑 65 亩，投产采叶面积 310 亩，全年产叶 283675 公斤，单产首次突破 900 公斤水平达 915.1 公斤，创历史新高。1977 年虽然全年产叶达 292738 公斤，但因投产面积增加到 341 亩，亩产为 858.5 公斤。此后几年总产和单产均有所回落。

1980 年代，由于逐年桑园轮换，老树更新，桑园投入有所不足，投产面积在 310 亩左右，总产量在 25 万公斤左右波动徘徊，单产也随之回落到 800 多公斤水平。

1990 年代初、中期，桑园投产面积在 320 亩左右，1992 年桑叶总产量首次突破 30 万公斤达达 306783 公斤，亩产回升到 900 公斤以上达 935.9 公斤创历史新高。1995 年桑叶总产量 330845 公斤，为历史最高水平，单产首次突破 1000 公斤水平，达到 1075.9 公斤。

1990 年代后期，虽然蚕种生产量锐减，桑园投入减少，但由于桑园实行了联产包干成本核算责任制，总产量仍然保持在 30 万公斤左右。

2001 年桑园面积 375 亩，总产量突破 34 万公斤水平达 340759 公斤。但 2002 年后因第三产业用地和国家征地，桑园面积骤减，到 2005 年减少至 100 亩，蚕种生产量再次锐减，桑园投入减少，2007 年产叶 58855 公斤，单产下降至 571.4 公斤。

2008—2011 年桑园面积保持在 100 亩左右，但投入有所增加、管理有所加强，总产量保持在 8 万～10 万公斤左右，单产回长到 900 多公斤。

2012 年至今，桑园面积再次减少至 66 亩，但进一步加强了桑园管理、增大了单位面积投入水平，使桑叶单产显著提升，保持在 1000～1200 公斤，其中，2014 年首次突破 1100 公斤，达 1173.8 公斤，2017 年首次突破 1200 公斤，达 1258 公斤。桑叶总产量保持在 6 万公斤左右。

据不完全统计，建场以来累计生产桑叶已达 1378.5 万公斤。具体情况见表 2－1：

表 2－1　苏稽蚕种场自营桑园历年产量统计表

年度	面积（亩）			桑叶总产量（公斤）				桑叶亩产量（公斤/亩）		
	总面积	投产桑园	苗抚桑园	柘园	春季	秋季	全年	春季	秋季	全年
1940 年	130.0	—	130.0	—	—	—	—	—	—	—
1941 年	130.0	—	130.0	—	—	—	—	—	—	—
1942 年	130.0	130.0	—	—	—	—	—	—	—	—
1943 年	130.0	130.0	—	—	—	—	—	—	—	—

（续）

年度	面积（亩）				桑叶总产量（公斤）			桑叶亩产量（公斤/亩）		
	总面积	投产桑园	苗抚桑园	柘园	春季	秋季	全年	春季	秋季	全年
1944年	130.0	130.0	—	—	—	—	—	—	—	—
1945年	130.0	130.0	—	—	—	—	—	—	—	—
1946年	130.0	130.0	—	—	—	—	62027	—	—	477.1
1947年	130.0	130.0	—	—	—	—	84298	—	—	648.4
1948年	130.0	130.0	—	—	—	—	63646	—	—	489.6
1949年	214.0	130.0	39.0	45.0	—	—	48786	—	—	375.3
1950年	274.0	190.0	39.0	45.0	—	—	63646	—	—	335.0
1951年	274.0	224.2	4.8	45.0	34790	29367	64157	155.2	131.0	286.1
1952年	272.0	224.0	3.0	45.0	49039	56821	105860	218.9	253.7	472.6
1953年	269.0	224.0	0.0	45.0	36770	78875	115645	164.2	352.1	516.3
1954年	260.0	224.0	0.0	36.0	51316	80720	132036	229.1	360.4	589.4
1955年	252.2	224.0	0.0	28.2	57974	64205	122179	258.8	286.6	545.4
1956年	288.2	252.2	0.0	36.0	57087	98484	155571	226.3	390.5	616.8
1957年	300.8	231.5	0.0	69.3	20248	101204	121452	87.5	437.2	524.6
1958年	400.4	234.7	96.4	69.3	71284	100205	171489	303.7	426.9	730.7
1959年	390.0	264.0	56.7	69.3	53203	115575	168778	201.5	437.8	639.3
1960年	380.0	256.4	54.3	69.3	63009	85722	148731	245.7	334.3	580.0
1961年	375.0	265.6	40.1	69.3	64886	73481	138367	244.3	276.7	521.0
1962年	364.0	274.0	6.0	84.0	56752	96992	153744	207.1	354.0	561.1
1963年	364.0	267.7	42.3	54.0	57580	110872	168452	215.1	414.1	629.2
1964年	350.0	270.2	25.8	54.0	84925	97206	182131	314.3	359.8	674.1
1965年	350.0	290.0	4.0	56.0	67696	94608	162304	233.4	326.2	559.7
1966年	360.0	310.0	7.0	43.0	83363	142248	225611	268.9	458.9	727.8
1967年	360.0	306.9	11.1	42.0	116303	136880	253183	379.0	446.1	825.0
1968年	385.0	338.0	5.0	42.0	147493	127545	275038	436.4	377.4	813.8
1969年	385.0	314.5	14.5	56.0	120090	137227	257317	381.8	436.3	818.2
1970年	385.0	338.0	0.0	47.0	131088	116401	247489	387.8	344.4	732.2
1971年	385.0	336.4	2.6	46.0	129179	146859	276038	384.0	436.6	820.6
1972年	390.0	332.6	11.4	46.0	122633	144414	267047	368.7	434.2	802.9
1973年	390.0	344.0	0.0	46.0	137469	138634	276103	399.6	403.0	802.6
1974年	390.0	310.0	34.0	46.0	—	—	242204	0.0	0.0	781.3
1975年	390.0	310.0	80.0	—	—	—	260325	0.0	0.0	839.8
1976年	400.0	310.0	90.0	—	—	—	283675	0.0	0.0	915.1
1977年	415.0	341.0	74.0	—	—	—	292738	0.0	0.0	858.5
1978年	410.0	352.0	58.0	—	—	—	286129	0.0	0.0	812.9
1979年	400.0	385.0	15.0	—	—	—	291548	0.0	0.0	757.3
1980年	400.0	387.0	13.0	—	—	—	267164	0.0	0.0	690.3
1981年	385.0	340.0	45.0	—	—	—	269847	0.0	0.0	793.7

（续）

年度	面积（亩）				桑叶总产量（公斤）			桑叶亩产量（公斤/亩）		
	总面积	投产桑园	苗抚桑园	柘园	春季	秋季	全年	春季	秋季	全年
1982年	384.0	329.4	54.6	—	120144	157318	277462	364.7	477.6	842.3
1983年	385.0	359.0	26.0	—	105410	144929	250339	293.6	403.7	697.3
1984年	380.0	316.6	63.4	—	137796	135393	273189	435.2	427.6	862.9
1985年	380.0	326.0	54.0	—	132615	131688	264303	406.8	404.0	810.8
1986年	385.0	325.7	59.3	—	99966	159294	259260	306.9	489.1	796.0
1987年	372.3	307.2	65.1	—	96759	151500	248259	315.0	493.2	808.2
1988年	376.3	342.1	34.2	—	107404	134883	242287	314.0	394.3	708.2
1989年	355.9	355.9	0.0	—	87830	125000	212830	246.8	351.2	598.0
1990年	341.0	295.0	46.0	—	97792	129832	227624	331.5	440.1	771.6
1991年	362.1	299.8	62.3	—	98713	150523	249236	329.3	502.1	831.3
1992年	362.0	327.8	34.2	—	126609	180174	306783	386.2	549.6	935.9
1993年	360.0	328.4	31.7	—	131304	179076	310380	399.9	545.4	945.3
1994年	375.0	328.5	46.5	—	130814	190430	321244	398.2	579.7	977.9
1995年	375.0	307.5	67.5	—	134902	195943	330845	438.7	637.2	1075.9
1996年	375.0	289.0	86.0	—	130185	185445	315630	450.5	641.7	1092.1
1997年	375.0	281.9	93.1	—	120538	141252	261790	427.6	501.1	928.7
1998年	375.0	300.0	75.0	—	124875	160592	285467	416.3	535.3	951.6
1999年	375.0	367.0	8.0	—	134185	183500	317685	365.6	500.0	865.6
2000年	375.0	367.0	8.0	—	102758	188295	291053	280.0	513.1	793.1
2001年	375.0	370.0	5.0	—	146632	194163	340795	396.3	524.8	921.1
2002年	301.0	280.0	21.0	—	33471	45000	78471	119.5	160.7	280.3
2003年	296.0	260.0	36.0	—	86014	100000	186014	330.8	384.6	715.4
2004年	296.0	260.0	36.0	—	59000	78000	137000	226.9	300.0	526.9
2005年	103.0	98.7	4.3	—	22500	24000	46500	228.0	243.2	471.1
2006年	103.0	98.0	5.0	—	23000	25000	48000	234.7	255.1	489.8
2007年	103.0	103.0	0.0	—	27396	31459	58855	266.0	305.4	571.4
2008年	103.0	103.0	0.0	—	43294	55428	98722	420.3	538.1	958.5
2009年	103.0	103.0	0.0	—	48700	52124	100824	472.8	506.1	978.9
2010年	103.0	103.0	0.0	—	44702	52600	97302	434.0	510.7	944.7
2011年	103.0	103.0	0.0	—	43230	39269	82499	419.7	381.3	801.0
2012年	66.0	64.0	2.0	—	15100	13753	28853	235.9	214.9	450.8
2013年	66.0	55.5	10.5	—	18050	24630	42680	325.2	443.8	769.0
2014年	66.0	55.5	10.5	—	24712	40432	65144	445.3	728.5	1173.8
2015年	66.0	63.0	3.0	—	30087	36230	66323	477.6	575.1	1052.7
2016年	66.0	58.5	7.5	—	29342	35491	64833	501.6	606.7	1108.3
2017年	66.0	45.5	20.5	—	24610	32630	57240	540.9	717.1	1258.0
2018年	66.0	58.7	7.3	—	27781	40870	68651	473.3	696.3	1169.5
2019年	66.0	51.0	15.0	—	27684	22970	50654	542.8	450.4	993.2
2020年	66.0	53.0	13.0	—	18735	33172	51907	353.5	625.9	979.4
2021年	66.0	58.4	7.6	—	26628	36599	63227	456.0	626.7	1082.7

第二节　建　　园

桑、柘园建园，以桑园建园为例，一般包括育苗、建园用地平整改造、栽植抚育管理、树型养成等过程。

一、桑苗繁育

（一） 苗圃土地

建场初期，所购置南华宫土地 130 余亩全部辟为苗圃，种植、推广桑苗。以后随着蚕种生产的发展，苗圃地逐渐减少变为桑园。到 1950 年解放初期，保留苗圃地 10 亩，后因生产发展，苗圃地增加到 20 多亩，年出一年生、二年生和嫁接苗等各种桑苗 6 万多株，用于新植桑园和老桑园老树轮换更新，部分廉价供应农村栽桑。如 1952 年当年出二年生实生苗 56000 株，一年生实生苗 4000 多株，嫁接苗 3000 多株。

1955 年，全省贯彻“大力发展蚕桑生产”的方针，本场当年出二年生实生苗 80100 株，二年生嫁接苗 20400 株，一年生压条苗 24200 株。1956 年出各类桑苗 81875 株。

1960 年代前期，蚕桑生产不断扩大，本场连续几年新植桑园，1963 年，新栽植 40.5 亩，1964 年，新栽植 26.5 亩，1965 年，新栽植 67.5 亩，再加老树更新和补缺株，对桑苗的需求加大，苗圃面积扩大到 30 多亩，年出各种苗近 10 万株，1965 年，抚育桑苗 21 万多株，出苗 102628 株。1966 年，因无新植桑园，苗圃面积减少为 21 亩，当年出各类苗 54000 株。

1970 年代起，因每年桑树更新 30 亩左右，1977 年达 70 亩，苗圃面积增加到 25 亩以上，生产桑苗以满足桑园更新之需。

1980 年代初期，全省蚕桑生产发展迅猛，为提高桑叶产量，本场加快桑园老树更新，再加上洪灾后桑园的新植与补株，桑苗需求增加，苗圃面积扩大，1981 年达到 45 亩，年出苗 10 多万株。1983 年苗圃面积回落到 26 亩，以后基本稳定在 25 亩左右。

1993 年，投入更新改造资金抚育苗地幼桑 48 亩。

2002 年，本场以桑园 76.5 亩与乐山市再生资源回收利用公司共同组建“乐山聚能再生资源回收利用有限公司”后，苗圃面积为 20 亩。2005 年将互惠桑园 218.53 亩有偿转让经四川省五马坪监狱使用（后另选址）后，苗圃面积仍保持 20 亩。

（二） 育苗技术方法

1. **有性繁殖**　用桑种子播种，使其发芽生长、培育成苗木的方法，叫作有性繁殖，也称播种育苗，培育成的苗木称实生苗。实生苗的主要用途：一是用作砧木，以繁殖大量的优良嫁接苗；二是培育新桑品种，有性杂交后播种培育杂种实生苗，以供选择使用；三是用优良实生苗直接定植成桑园。

新中国成立前本场桑苗繁育都是采取桑种直播育苗，在立夏前后桑果成熟呈黑色时采集，再经洗淘后播种。一般是头年播种，次年移栽、三年嫁接出土栽植。播种方法为撒播，在苗地深耕细整土块作苗畦，油饼与堆肥作基肥，播种后用竹耙扒盖压实，覆草以防日晒和雨水冲刷。幼苗长至4～6厘米时匀苗，每隔四厘米留一壮苗，亩地可产苗2万～3万株。苗期及时中耕、除草、施肥，冬季落叶后掘苗移植，两月后中耕、追肥，适时挖苗定植。

1950年代初期，育苗改撒播为条播，苗地亩施干肥100担、磷肥15公斤或饼肥50公斤作底肥，深耕细整土块，按1.3米开厢，顺东西方向开13～17厘米宽的浅平播种沟，沟内施水肥30～40担，行株距（33～40）厘米×(17～20）厘米，用条幅撒播或按株距定窝点播10余粒桑种，亩用种0.5公斤。产种区用鲜桑果直播，踏烂桑果后混草木灰拌匀下种，亩用鲜桑果20公斤，均匀撒播种沟内，再薄盖细土和草，及时抗旱、揭盖草。育苗做到“五好”“四防”“三早”“三勤”，即：桑种采洗好、选地好、整地好、播种好、管理好；防旱、防涝、防洪、防病虫；早播、早匀苗、早定苗；勤中耕除草、勤施追肥、勤搬侧枝，达到苗齐苗壮，壮苗栽植。

在用量上，新中国成立前，每亩用种约1公斤，1955年西南蚕管局规定每亩用种0.5公斤，1956年改为每亩0.25公斤，但实际执行不久即自行按实际情况而定。

1978年后，开展方格育苗试验示范，此法优点是：节约用种，1公斤桑种能育8万多个小方格苗，可移栽10亩苗，比老法扩大4倍；育苗快，播后7～10天出苗，且出苗齐，方法简便，容易管理，可早播种，小苗带土移植，能株株成活。育苗技术：苗床选在苗地附近，苗床底整平压紧，用2/3的肥田泥或整细的沙壤土，加1/3的腐熟细堆肥，拌和均匀（用沙壤土需加水肥拌合），使苗床泥土干湿呈瓦泥状。苗床宽1米，长度依地势决定，床厚6厘米左右，苗床表面抹平，按3～4厘米见方用麻绳弹线，待收汗后按线迹用快刀划成小方墩，在每个小方格上播桑种7～8粒，用筛过的肥细土薄盖0.3厘米，再盖0.6厘米麦壳。播后如遇旱，每天用喷雾器浇水一次，使苗床湿润，苗长至3～4厘米时移苗。先将苗地深耕细整。施足底肥，按1.33米开厢，行株距按33厘米×20厘米规格，将小苗带土移入苗地，移苗后施足定根水，可株株成活。

1980年，代推广薄膜温床育苗技术，此法优点是节约用种，出苗齐，其技术要点是：在三四月育苗，先做成“掌盘式”的苗床，长5～6米，宽约1.33米。四周做10厘米土埂，泥土充分整细整平，施足堆肥和水肥，使水肥与泥土呈饱和状，盖一层经筛过的细土后撒播桑种，每床用种 100～150 克，播后薄盖细土，用竹做拱上盖薄膜，四周扎实，保温保湿；每日早晚用喷雾器适当喷水；出苗后，晴天上午揭开薄膜晾苗，晚覆盖，防止温度过高烧苗；小苗长出 2～3 片真叶，带土移栽苗圃，1 个温床可出苗 1 万～2 万株，可排苗 1 亩左右。

2. 无性繁殖 利用桑树营养组织的愈合性和再生性，采用一定的技术方法，给予适当的环境条件，培养成新植株的繁殖方法称为无性繁殖。无性繁殖的优点是性状稳定，培育的新植株生长发育快、叶形大、产叶量高。在生产上广泛用于培育大田移栽用苗或桑树品种改良。按繁殖方法的不同分为嫁接、扦插、压条、组织培养四种类型。本场除未进行组织培养外，嫁接、扦插、压条三种方法均采用过。

（1）扦插育苗。1950 年代中期为快速育苗，曾用扦插繁殖桑苗，用春蚕采叶后的良桑夏伐一年生枝条裁剪成 15～20 厘米节夏插，或利用冬条在 2 月进行春插。其技术要点是掌握适时扦插，春插在“雨水”，夏插在“谷雨”，注意选地、选种、选穗条、选芽苞，及时收浆、切穗条、插穗条、管理等。此法因成活率低，没有继续推行。1990 年代，本场引进发根力强的雅周桑（鸡桑），采取枝条扦插育苗后再嫁接良桑的方法大量育苗，此方法具有成活率高、发根力强等优点，但亦存在主根少、根入土层浅故不耐旱等缺点。1990 年代中后期，本场首创在雅周桑扦插节条上端嫁接良桑芽后，于立春后扦插，当年育成良桑苗，此方法可节约一年育苗时间，降低育苗成本，被广泛推广到全国各蚕区。

（2）压条育苗。1950 年代中期因蚕桑生产发展，曾生产压条苗几十万株，其方法是将低干桑树枝条弯曲埋入土内，待枝条发育出新根后剪断移植。1960 年代前期继续采用，如 1966 年即育压条苗 12000 株，作轮换及补植株用。以后因用实生苗作简易芽接方便易行而终止。1970 年代曾进行省南充蚕种场创造的“空中压条”育苗试验，在桑树生长旺盛的 4—6 月，用土包扎在桑条上使其生根成苗后剪断移植。此法因技术复杂，成活难，且影响桑树长势、产量而停止。

（3）嫁接育苗。建场至 1960 年代以前，本场桑树嫁接主要采用江浙传入的袋接法。此法技术较为复杂，第一年培育实生苗做砧木，第二年嫁接，先刨开实生苗根部，在青黄交接处剪成 45 度斜面，选取无病害穗芽削成接穗，将砧木捏成袋口插入接穗，再用细土壅至砧木顶端呈馒头状。每道工序不细致都会影响成活，且受气候、土壤等客观条件的限制，因此成活率一般仅为 70.0％～80.0％。袋接法的嫁接期一般在 2 月下旬“雨水”节气前后 20 天最好，接前对苗地进行松土除草，保持土壤湿润，嫁接时按“剪砧木、削接穗、插接穗、壅土”四步进行。1953 年即用袋接法嫁接桑树 33240 株，成活 75.0％。

1970年后，本场采用井研县千佛乡蚕农程吉千于1965年首创成功的简易芽接法进行桑树嫁接，此法是桑树嫁接技术的重大突破，具有成活率高，省穗条，嫁接期长，操作简便，省工易学，比袋接提高工效4～8倍。简易芽按的主要操作技术是采贮好穗条，选择好嫁接时期，划好袋口，切取芽片，插好芽片和接后培育。

1980年代曾试行桑树切皮芽接（又称冬芽接）技术，此法在冬季进行，时间长，突破了桑树不能在冬季嫁接的旧习。其主要特点在于不用贮藏穗条，穗芽利用率比其他嫁接法高2倍以上；不择砧木，大小桑树都可芽接；接口小，愈合快，成活率较高，适于农村冬闲进行。但该法工序较春芽接复杂，接后须用塑料薄膜绑扎防冻害，成活率不如春芽接而未推行。

二、栽培建园

（一） 建园用苗

本场建园用苗主要有五种：一是实生苗定植建园，二是实生桑嫁接苗建园，三是杂交桑嫁接苗建园，四是扦插、压条苗建园，五是雅周桑嫁接扦插苗建园。

新中国成立前，本场均采取实生苗定植建园方法。建设国后到1970年代，本场均采取实生桑嫁接苗建园为主，实生苗定植建园、扦插、压条苗建园为辅的多种方法。1980年代主要采取实生桑嫁接苗建园方法，1990年代采取雅周桑嫁接扦插苗建园、实生桑嫁接苗建园、杂交桑嫁接苗建园等多种方法。

（二） 栽培方法

栽植时期：一般在当年10月到次年2月初进行。

栽植方法：有沟栽和穴栽两种方法。建场初期垦植桑园均采用沟植，挖深宽各约0.60米左右平底沟，栽植时将表土填入沟底至0.30米处，施足底肥（猪粪、堆肥、蚕沙、豆饼等），再盖细土0.20米，幼桑植于0.1米处，苗端根伸、盖土踩紧，灌水保苗、栽好剪梢。陡坡地和缺株补栽均为穴植，挖坑深宽约0.60米左右，栽植方法同沟植。

栽植密度：建场初期垦植桑园均采用宽行宽株稀植中高干有拳式养型的方式，此方式桑叶单产低、投产时间长。时株行距为5尺×5尺、4尺×6尺、5尺×3尺、4尺×3尺多种，亩植250～500株；另有少量8市尺×6市尺的高干桑，亩仅栽100多株。1960年代开始轮换老树更新，但株行间距有所变化，逐渐向合理密植方向改进，如1966年对南华宫河边被水冲刷露根的桑树约10亩进行轮换，株行距由原5尺×5尺变为2.5尺×2.5尺，使亩栽植株数增加一倍，有利提高单产。1967年改造马河口40亩衰老桑园，改原4

尺×6 尺为 3 尺×4 尺。此时期，在老树桑园更新栽好幼桑后，并不立即挖去老树，需要根据幼树成长速度逐年抽取老树，待幼树完全长成方全部抽取老树，以免影响桑叶产量。1990 年代以来，推行进一步合理密植以提高单产的指导思想，采取宽行密株或宽窄行密株中低干有拳式养型的方式成片轮换新植桑园，具有产量高、投产时间短的特点。如 1991 年投资建有少量 4 尺（宽行）×2 尺（窄行）×1.5 尺（株距）试验示范密植低干桑园，亩植桑达到 1000 株以上，单产达 2500 公斤左右，又如 1997 年利用冬春育 4 万株嫁接苗，新植 27.5 亩，采取宽窄行栽植，规格为 5 尺（宽行）×2 尺（窄行）×2 尺（株距），亩植桑达到 866 株，单产达 2000 公斤左右。后来栽植密度有所降低，现在主要有 6 尺×2.5 尺、5 尺×2 尺和 5 尺×2.5 尺三种栽植规格，亩栽植株数在 500～600 株，单产达 1200 公斤左右，以求单产与质量的平衡。

（三） 抚育养型

建场时期栽植的桑树多养成中、高干有拳式树型。中干桑树干高 0.7～1.5 米，主干 0.35 米，三层支干，一支干 0.3 米，二支干 0.25 米，三支干 0.2 米。第三支干共有 12～15 根，株生产条 25～30 根，树冠较大；高干桑高 1.5 米以上，主干 0.5 米，4～5 层支干，一支干 0.4 米，二支干 0.3 米，三支干 0.25 米，四支干 0.2 米。第四支干共 25 根左右，留生产条 40～50 根，枝多树冠大。

新中国成立以后新植桑园，多养成中、低干有拳式树型。低干桑树高 0.7 米以下，主干 0.25～0.30 米，1～2 层支干，一支干（三支）0.15～0.20 米。二支干 0.15 米，亩留条 7500 条左右。

抚育养型方法，以中干桑为例，一般在幼树栽植后春发芽前距地面 0.05 米处剪去，待新梢长至 0.35 米时只保留一芽形成主干，第二年春距地面 0.5 米剪去梢部保留顶部三芽形成第一支干，春季不采叶，秋季少量采收。第三年春在一支干上 0.30 米处剪去梢部，每一支干留 2～3 芽生长形成第二支干。第四年春再在第二支干 0.25 米处剪去梢部，每一支干留 2～3 芽生长形成第三支干。第五年春再在第三支干 0.20 米处剪伐定拳，形成中刈拳式。高、低干桑树型养成除剪伐高度不同外，其过程基本相同。

第三节　桑园田间管理

本场桑园自建场初期开始便是成片栽植，主要目的是采收鲜桑叶养蚕制种，常称为种茧育桑园。桑园田间管理工作主要包括耕耘除草、施肥、采运桑叶、伐条、疏芽、摘芯、修枝、短梢、束枝和解束、治病除虫、排灌、间作等。本场柘园面积较少，田间管理较粗放、不规范，历史记载资料较少，故不做介绍。

一、耕耘除草

建场初期，主要靠畜力耕耘，常年饲养5～9头牛、3～6匹马。1970年代后推广应用微型机械耕耘，逐步取代畜力耕耘。1970年购手扶拖拉机一台，1975年再购手扶拖拉机一台，机械耕地面积逐年增加，但株间仍采取人工挖铲方法松土，1981年起进口日本微型耕耘机耕耘，更为灵巧方便，克服了手扶拖拉机耕地的缺陷，株间皆可耕耘而免去人工挖铲。2010年后添置了多种型号和多用途的国产微耕机用于桑园的作业，效果良好。一般每年进行冬耕、春耕、夏耕各一次。

由于川南气候温暖潮湿，本场桑园历来杂草危害较盛。建场初期，主要靠人力铲除，经常组织全场职工进行人工铲除。1980年代开始采用化学除草剂除草，逐步取代人工除草。如用1%草苷磷1份加水50公斤再加0.5%洗衣粉混合后喷洒桑园杂草，杂草枯黄而死。全年一般施药除草4～6次。

二、肥培管理

本场一贯十分重视桑园肥培管理，采取有效措施增施有机肥、控施无机（化学）肥，采取“种、养、积、造、购”等办法广辟肥源，科学施用，提高桑叶产质量。

建场初期，以自产畜肥为主。除自有蚕沙外，饲养牛、马、猪共几十头，既提供畜肥作为主要肥源，又提供桑园耕耘畜力。外购少量菜饼、人畜粪、厩肥和草木灰等，没有化肥。

新中国成立后，用肥需求随桑园面积增加而增加，开始扩大畜牧养殖规模，并开办豆粉加工房，桑园间作青饲料、农作物，延长产业链，以增加畜肥供给量。

1950年代起即推广间作绿肥技术，主要是冬季间作胡豆、紫云英等具有根部固氮效应的植物，增加土壤肥力。不同年份间作面积不等，1967年，桑园春夏二季种植绿肥面积占总面积80%，埋肥50%。1982年亩种植面积207亩，占桑园面积385亩（投产321亩）的60%。

新中国成立后，购施商品肥品种和数量均逐步增加。1953年购施菜饼5800公斤，磷肥5000公斤，厩肥2215担，硫酸钾400公斤。1960年前后每年还在乐山五丝厂购买蚕蛹做肥料。1964年购施菜饼10吨、磷肥7吨、硫酸钾1吨、尿素2吨。1982购施菜饼40

吨、磷肥 20 吨、硫酸钾 5 吨、尿素 12 吨。1990 年代初中期，本场周边养鸡场养鸡业发达，遂大量购运鸡粪腐熟后施用，收到成本低效益好的效果。

1983 年起，为平衡产量与质量的关系，坚持以有机肥为主、化学无机肥为辅的原则，开始限制化学氮肥的施用量，亩施化学纯氮肥控制在 35 公斤以内。

1988 年以后，推行桑条还田、垃圾深施等技术，在桑园行间开沟，将桑条、垃圾等深埋，提高土壤有机质，改善桑叶品质。

2000 年代以后，虽然由于蚕种生产数量减少，粉房生产和生猪饲养量也大量减少，对桑园的总投入也随之减少，但由于第三产业用地和国家征用土地使桑园面积大量减少，使单位面积桑园肥培投入仍然保持了较高水平，亩平年投入菜籽枯 120～180 公斤、尿素肥 40～60 公斤、磷肥 40～60 公斤、钾肥 15～20 公斤。

1984 年和 1991 年，四川省蚕种公司统一组织对省属蚕种场桑园进行了两次土壤普查，结果表明，本场桑园普遍呈现富钾少磷、缺氮，土壤有机质低。据此，开始有针对性地进行配方施肥。

施水肥主要靠人力进行。先后在桑园内修建有多个蓄粪池，采取管道、沟渠等方式，用电力将猪场粪水抽入其中，用人力挑施，劳动强度大、方式较原始、人工成本较高。故 2000 年后停止了施水肥。

不同季节施肥构成和方式均有不同，坚持春施催芽肥，夏重施速效肥，补施秋肥，冬施有机肥为原则，采用穴（窝）施、沟施、灌施、叶面喷施等方式。春肥一般在春季桑树发芽前 3 月初进行，先施有机肥，后施无机肥，含氮无机肥须在用叶前 30 天以上施用，施肥量一般占全年的 35％左右。夏肥是一年中最重要的一次施肥，施肥量应占全年总量的 50％以上，一般分 2～3 次进行，第一次在夏伐后立即进行，有机肥和无机肥、长效肥和速效肥混施，第二、第三次应在用叶前 20 天以前施用，以速效性化肥为主。冬肥施用一般结合桑园改土、更新改造进行，以长效性有机肥为主。

三、采运桑叶

采叶历来全部用人工采摘方式进行，根据不同蚕龄要求采摘适龄适熟叶。人工来源除本场少量职工外，多数系场所在地附近的民工。为保证完成当天采叶任务，不管是职工还是民工，皆是风雨无阻，晴天一身汗、雨天一身泥，异常辛苦。1990 年代后，农村青壮年大量外出打工，劳力紧缺，须到更远的地方聘请，且工资不断上涨。2002 年后，因桑园面积减少，用工需求减少，情况略有好转。

新中国成立前后，均系人力挑运，1～2龄每担挑10公斤，并用湿布搭盖；3～4龄每担挑20公斤，5龄每担挑30公斤，但有为加快进度、克服劳动力不足等而出现多装现象，1966年强调每挑不得超过35公斤。为预防蒸热在挑桑篓中安放气笼，上盖湿草帘，坚持随采随送，不致凋萎。

1950年代后期，开始使用人力板车运叶，1962年投资1500元购胶轮马车一辆，人力和马车共同运输桑叶。1974年，四川省农业局分配本场拖拉机（工农—12）一台，结束了全靠人畜运输的历史。1978年增加2.5吨武汉牌汽车1台、5吨罗马达克汽车1台，丰收27牌大拖拉机1台。此后桑叶运输基本不用人力，但虽然强调松装快运，因为装载量大，上、下车时间较长，仍然存在蒸热现象影响质量。进入二十一世纪后由于桑园面积的急剧减少桑叶总产量随之减少，采用电动三轮车运输，基本能做到轻装快运严防蒸热现象发生的要求。

四、修枝整形

旧时，川南农村桑树多植于住宅周围，利用田边、地边、溪河边、塘坎堰坎边稀散高干栽植，常是“墙下桑树，宅内养蚕”。既不重视培护管理，更不重视修枝整型。

建场伊始，本场即用科学的方法管桑护桑，并传授周围农村。自营桑园，常成为农民学习的样板。

民国时期，采取冬季重修的方式。1950年代，推广“实生栽植、后年嫁接、伞状养型、冬季重修、留叶养树、保条短尖、腰树复壮、夏冬除草、加强肥培”一套比较完整的桑树培护技术经验。并根据不同树龄桑树，采取幼树修型、壮树通风透光、老树适当修剪的方法。

1950年代后期，开始逐步推广“冬季修枝整型，夏季伐条间芽，秋季保条保芽留尖，春季摘芯”的夏伐式修剪配套技术。即春季采叶前摘芯、采叶后剪去一年生枝条，发芽后间芽，秋季采叶时注意不伤枝芽、留叶保尖，1980年代起推广佩戴铁质采叶刀采叶技术，以利保芽，冬季用桑据、凿子或桑剪把桑树上的死拳、枯桩、死条、病虫害枝、细弱过密枝、下垂荫蔽枝修剪去除，打去干桩、干疤、堵塞虫孔，然后对留下的健壮匀称有效枝剪去约1/3的梢端，外形呈伞状，1980年代后，随着中低干密植桑园的建设，改为水平式剪梢方式。该技术大大提高了春季产叶量和秋叶质量，沿用至今。

五、病虫害防治

川南多湿温暖气候环境，有利桑树生长，也利于桑病虫滋生，因此本场桑园病虫害较多较重。主要病害有：桑膏药病、桑萎缩病、桑里白粉病、桑褐斑病、桑根结线虫病等。主要虫害有：桑天牛、桑白介壳虫、桑螟虫、桑毛虫、白毛虫、大桑象虫、桑红蜘蛛、桑尺蠖、金龟子、桑粉虱、桑蓟马、野蚕等。不同时期病虫害发生种类和危害程度不一。1952 年暴发桑毛虫危害，1953 年春南华区桑园萎缩病发病面积占比达 11%，1963 年冬和 1964 年春，金龟子危害严重成灾，1980 年代中期至 1990 年代末期，全园大桑象虫危害盛行，1990 年代中后期到 2010 年代末期，桑白毛虫、桑螟虫危害严重。桑天牛、黄星天牛、云斑天牛等危害一直存在，1990 年代中后期到 2010 年代末期为甚。桑白介壳虫在不同年代、不同地块均有或轻或重发生，尤以阴雨潮湿年季为盛，桑膏药病亦随桑白介壳虫的发生而发生。干旱季节常受桑红蜘蛛危害。2010 年以来，随着桑园面积的大幅减少、管理的加强，各种病虫害显著减弱，桑叶产质量显著提高。

人工捕杀一直是本场害虫防控的重要手段之一。1952 年暴发桑毛虫危害时规定职工每个人一天定额捉 1.2 斤，1963 年冬和 1964 年春人工捉金龟子 88150 只，1983 年人工捕杀各类害虫 761 斤、天牛 3000 多只，1984 年人工捕杀大桑象虫 7488 只、1991 年人工捕杀 25 万多只、1992 年人工捕杀 17 万多只，1990 年代中后期到 2010 年代末期年人工捕杀各类天牛在一万只以上。人工捕杀常常在虫害发生已经严重时才采用，危害已经不可避免，且人工成本高、效率低下。

化学防控是本场桑园病虫害防控最主要的手段。化学防控始于 1950 年代后期，开始少量使用可湿性“六六六”粉、石硫合剂等农药，1960 年代后农药使用量渐多，农药主要有敌百虫、“1605”、敌敌畏、乐果、辛硫磷，1990 年代后，由于长期使用化学农药，对化学农药使用依赖性渐强，效果越来越差。2000 年代以后，受国家农药残留污染控制政策影响，桑园许多常用农药被禁止使用、停止生产，农药选择受限。2010 年代以后，开始推广使用桑园专用农药，如桑力、桑宝等。化学防控具有效果显著、成本低、效率高等优点，也具有易发生中毒危险、长期单一使用易发生耐药性等不足，应与农业防控、生物防控等措施结合使用。

1950 年代使用单管喷雾器喷洒农药，后改为压缩喷雾器。1960 年代改用背负式喷雾器，边压气边喷雾，工作不致停顿。1966 年购机动喷雾器一台，工作效能大为提高，到

1981年机动喷雾器达到3台。2017年购置自走式一体化电动三轮微型打药机一台，施药治虫效果良好、效率大为提高、劳动强度有所减轻。

1970年代，确立了“预防为主，综合防治”的植保方针，1990年代确立了“治早、治小、治了”防控原则，加强了病虫害预测预报工作，为防止蚕期用药过度导致蚕中毒危险，确立了根据用叶计划采取划片分区用药治虫的措施。2000年代以来，加深了桑树病虫害与蚕病特别是家蚕微粒子病相互感染发生严重危害的认识，进一步建立了科学的技术措施和严格的系统考核管理办法，把桑园病虫害防治工作纳入了家蚕微粒子病防控工作体系之中，采叶时调查虫口危害密度并作为重要指标予以考核，收到良好效果。2012年以后，总结制定了桑园病虫害综合防控方法与措施，包括以下几种措施。

春季桑园综合防治措施：在桑树树液流动前，剪除桑树上的枯枝、枯桩，扫除田间落叶、杂草及堵塞树干裂缝、孔洞，以消灭潜伏越冬的桑尺蠖、桑毛虫幼虫和桑象虫成虫、桑梢小蠹虫等。桑树发芽前，及时刮除树干上的野蚕越冬卵，用破布抹杀爬上树干的桑虫。当发现桑天牛幼虫危害后，可在其新鲜排粪孔用金属丝钩杀。在桑树冬芽开始萌动脱苞前，使用除草剂及时化学除草、机械耕园。多施有机肥、施用复合肥，控制氮肥施用量和施用时间，按种茧育要求合理配施肥份比例。及时喷施开园药，在桑树冬芽开始萌动脱苞前进行，使用桑力或桑宝桑园专用农药，及时喷杀越冬虫害。蚕期根据用叶计划实施划片分区喷药治虫的措施，使用残效期短的桑力或桑宝桑园专用农药，喷杀第一代害虫，尽量减少虫口密度，确保用叶安全。

夏季桑园综合防治措施：夏伐后及时喷药治虫、人工刮、刷桑白蚧和桑膏药，除草、清洁桑园和桑树，及时足量施好夏肥，翻耕桑园土壤，寻查天牛类幼虫、蛀虫，用细铁丝钩插入天牛蛀孔钩杀天牛幼虫，7—9月捕捉天牛成虫，寻查天牛产卵痕迹并刺破卵粒或直接捏杀，使之不能孵化。及时挖除桑黄化型萎缩病、细菌性黑枯病、桑根结线虫病、桑紫纹羽病等重病株并消杀病原。

秋季桑园综合防治措施：在确保秋季养蚕用叶安全的前提下，充分调查了解病虫发生种类和习性，短间隔多次划片分区喷药治虫，用叶期辅以人工捕杀等措施。秋蚕期结束后，及时选用高效、长效低毒药剂喷施封园，并加强桑园除草等措施，最大限度减少越冬虫口。

冬季桑园综合防治措施：一是清洁桑园，破坏病虫越冬场所；二是铲挖病树并消杀病原，减少传染源；三是做好修枝整形工作，除尽枯枝、抹杀害虫卵块；四是拳头以下树体用鲜石灰浆加漂白粉液涮白；五是翻土露杀、束草诱杀；六是堵塞虫孔闭杀。

六、桑园间作

民国时期，本场桑园基本未搞间作。新中国成立后按照国家提倡的“自力更生、勤俭办场”的方针，为了积肥而养猪，并饲养耕牛、马，开展种植杂粮蔬菜和绿肥作物，垦植新园后抚育养型期种植豆科作物，不仅提供了大量猪牛马所需饲料，还一定程度上增加了土壤肥力，提高了土地复种指数、增加了经济效益。如 1958 年利用桑株间空隙种农作物，收薯类 50 万斤，蔬菜 20 万斤，作为猪饲料，收入 8350 元。1961 年桑园间作产粮食 8972 斤，蔬菜 233992 斤。1962 年实行桑园推行承包经营制时，同时下达包干间作粮食 35000 斤、间作蔬菜 150000 斤的生产任务，1976 年为发展养猪，增种间作红苕 50 亩，间作黄豆 40 亩。1996 年实行猪场承时包干时，仍划 20 多亩桑园间种青饲料。

2002 年后因第三产业开发桑园面积大量减少，猪场和粉房停办，桑园改为主要间种绿肥，用于埋清。

2010 年后，由于劳动力供求日渐紧张，用工成本大增，停止了桑园间作。

第四节　栽培品种与种质资源保存

一、栽培品种

本场自建场以来多栽植发根力、再生力强的本地嘉定桑系优良品种：乐山大花桑、乐山大红皮、乐山白皮、乐山黑油桑、峨眉花桑、沱桑等。新中国成立后开始大量引进外地优良桑树栽培品种，1953 年 3 月由西南蚕丝公司安排从重庆调来湖桑 10065 株和广东荆桑 675 株，湖桑由于旅途运输过度干燥，同时保护不周，桑苗萎蔫，栽植后成活率仅 50%。

1950 年代还引进日本剑持、鼠返、小冠桑等品种进行比较栽培。1960 年代后按稚、壮蚕用桑比例配置品种，并引进小蚕用桑长芽荆桑、一之濑和高产壮蚕用桑品种荷叶白等。1990 年代后引进湘 7920、实钴 11-6 等品种，2000 年代后引进台桑 48-3、川桑 98-1、农桑 12 号、农桑 14 号等品种。现栽培的主要桑品种为乐山大花桑、乐山大红皮、乐山白皮、台桑 48-3、川桑 98-1、农桑 12 号、湘 7920、实钴 11-6 等。其中，长期广泛推广栽培的主要是著名的乐山地区优良嘉定桑系品种，包括乐山大花桑、乐山大红皮、乐山黑油桑、乐山白皮桑、峨眉花桑、沱桑和瓜瓢桑。

（一） 乐山大花桑

乐山大花桑又名大花桑、红皮花桑，原产于牟子镇，是四川省乐山市嘉定桑系主要的地方品种。属白桑种，三倍体。分布于四川省各蚕区，以川南地区和蚕种场栽培最多，是本场栽培历史最久、量最大的品种之一，也是全省首批推广的十二个品种之一。树形开展，发条力中等，侧枝多，树干中间枝条生长旺盛、粗长，四周生长较弱偏细，有部分下垂枝。枝条粗长而直，皮赤褐色，节间直，节距约 4.5 厘米，叶序 2/5，皮孔椭圆形，每平方厘米约 10 个。冬芽似圆锥状，深褐色，尖离，副芽少。叶心脏形，平展，翠绿色，叶尖锐头，叶缘钝齿，叶基浅心形，叶长约 27.5 厘米、叶幅约 23.5 厘米，较厚，叶面光滑无皱，光泽较强，叶片稍下垂，叶柄粗长。开雄花，花穗多。发芽期 3 月 16—26 日，开叶期 4 月 1—8 日，据统计，发芽率 70.4%，生长芽率 22%，成熟期 5 月中旬，是中生晚熟品种。秋叶硬化期 10 月上旬。发条力中等，侧枝少，每米条长产叶量春平均 168 克、秋平均 163 克。每公斤叶片数春平均 238 片、秋平均 202 片。据统计叶片平均占条、梢、叶总重量的 46.21%，年亩产叶量 1200 公斤。叶质优，叶质优良，养殖蚕成绩好，叶丝、叶卵转化率高，含粗蛋白质 27.7%～29.4%，可溶性糖 11.25%～12.63%。经养蚕鉴定，万头茧层量春平均 4.93 公斤、秋平均 4.38 公斤，壮蚕 100 公斤叶产茧量春平均 6.50 公斤、秋平均 7.28 公斤。中抗黄化型萎缩病、白粉病和褐斑病，轻感黑枯型细菌病。耐寒较弱，抗旱弱。易受桑天牛、桑毛虫、桑螟虫等虫害。适宜栽培在土层肥厚、水源充足的沟河沿岸、坝区及宽田坎，才能充分发挥品种的丰产性能。宜养成中、高干树型，应多留支干、枝条。成片桑园要采取重剪梢，短留条、多留芽、早短尖等措施，控制中部枝条徒长。

（二） 乐山大红皮

乐山大红皮，又名大红皮，属白桑种，三倍体。是四川嘉定桑代表品种之一，也是本场栽培历史最久、量最大的品种之一，也是全省首批推广的十二个品种之一。树形开展，枝条粗长而直，皮浓赤色，节间直，节距较长，叶序 2/5，皮孔椭圆形。冬芽呈等边三角，深褐色，瘦小。叶色绿，心脏形，平展，叶尖锐头，叶缘大锐齿向内卷，叶基浅心形，叶大而厚，叶面光滑无皱，光泽较强，叶柄粗长。雄花多雌花少，先花后叶。发芽期 3 月 15—25 日，开叶期 4 月 1—8 日，据统计，发芽率平均为 63.4%，生长芽率平均为 32.0%，成熟期 5 月中旬，是中生晚熟品种。秋叶硬化期 10 月上旬。发条力中等，侧枝少，木质部较疏松，每米条长产叶量春平均为 163 克、秋平均为 159 克。每公斤叶片数春平均为 258 片、秋平均为 206 片。叶片占条、梢、叶总重量的 46.41%，年亩产叶量 1200 公斤，叶质优。中抗黄化型萎缩病、白粉病和褐斑病，轻感黑枯型细菌病。耐寒较弱，抗旱弱。易受桑天牛、桑毛虫、桑螟虫等虫害。适宜栽培在土层肥厚、水源充足的沟河沿岸、坝区及宽田坎。宜养成中、高干树型，应多留支干、枝条。成片桑园要采取重剪梢，短留条、多留芽、早短尖等措施。

（三） 乐山黑油桑

乐山黑油桑，别名黑油桑、红皮黑油桑，原产于峨眉，属白桑种，三倍体。是四川嘉定桑代表品种之一，也是本场栽培历史最久品种之一，也是全省首批推广的十二个品种之一。树形高大，树冠开展，发条力中等，侧枝多，树干中间枝条生长旺盛、粗长，四周生长较弱偏细，有部分下垂枝。枝条比较粗长直立，皮黑褐色，皮目圆点形、分布均匀，节间距中等。冬芽呈锐三角形，基部扁平，芽尖稍歪、稍离生，附芽少。叶呈卵圆形，较大片，着生平伸、微下垂，叶色浓绿，叶面蜡质重光泽强、光滑平整、无缩皱，叶肉较厚，叶脉粗大，叶柄粗长，易采摘。叶质优良，养殖蚕成绩好，叶丝、叶卵转化率高。雌雄同株，雌花多雄花少，先花后叶，结果率低，果实小而黑。发芽期 3 月 10—20 日，开叶期 3 月 25—31 日，较乐山花桑早，属中生品种。对病虫害抵抗力较强，特别是对白粉病、污叶病抗性较强。适宜栽培在土层肥厚、水源充足的沟河沿岸、坝区及宽田坎，才能充分发挥品种的丰产性能。宜养成中、高干树型，应多留支干、枝条。

（四） 乐山白皮桑

乐山白皮桑，又名嘉定白皮桑，属白桑种，二倍体。是本场与乐山蚕桑站选育而成，也是本场栽培历史最久、稚蚕用桑的品种之一。树形直立，枝条粗长而直，皮黄褐色，节间直，节间距 4.7 厘米，叶序 2/5，枝态比乐山花桑紧凑，生长不整齐、多侧枝，发条力中等。冬芽长三角形，紫褐色，尖离，歪生，副芽多。叶多卵圆全叶，老树有裂叶出现，较平展，叶尖锐头，叶缘钝齿状，叶基截形，叶长 22 厘米，叶幅 16 厘米，叶片下垂，叶柄细长，无花果，只能无性繁殖，叶面光滑、有皱纹，光泽度中等，叶色翠绿，较柔薄，不耐贮藏，适合种茧育稚蚕用桑。发芽期为 3 月 18—23 日，开叶期为 3 月 24 日至 4 月 3 日，据统计，发芽率 66.7%，生长芽率 25.3%，成熟期 4 月 26 日左右，属中生早熟品种，秋叶硬化期较早，为 9 月下旬左右。据调查，每米条长产叶量春季平均为 150 克、秋季平均为 97 克，每公斤叶片数春平均为 284 片、秋平均为 190 片，叶片占条梢叶总重点的 42.3%，年亩产叶量平均为 1068 公斤。叶质优良，蛋白质含量高，含粗蛋白质 23.4%，可溶性糖 12.8%。经养蚕鉴定，万头茧层量春平均为 5.5 公斤、秋平均为 4.97 公斤，壮蚕 100 公斤桑叶产茧量春季平均为 8.14 公斤、秋季平均为 7.84 公斤。抗旱性中等，高抗黑枯性细菌病。宜养殖成中、低干树型，密植，宜高温湿润地区栽培，作种茧育稚蚕用桑。宜分期采叶，采叶时应注意留柄、保芽、保尖，避免伤芽、伤皮。宜现采现用、保湿较短期贮藏。

（五） 峨眉花桑

峨眉花桑原产地为峨眉县冠峨乡，属鲁桑种，二倍体。是四川嘉定桑系统品种之一，本场引进栽培历史较久，1950 年代已向全川推广。树形高大，树冠开展，长势旺盛。枝条长短差异大，中间枝条长势旺盛较四周粗长，发条数较少，侧枝较少，枝条直立，呈黄褐色，皮纹呈粗网状，皮目长椭圆形，节间距中等，叶序为 2/5。冬芽呈锐三角形，瘦小，芽尖歪生，紧贴于枝条上，无附芽。叶大，呈卵圆形，枝条上下部叶片开差不大，着生下垂，叶色绿，叶面蜡质少，有光泽，有缩皱，叶尖锐头状，叶底深弯，叶缘锐锯齿，叶柄细脆，易采摘，叶肉较柔薄，不耐贮藏，蛋白质含量高，秋期硬化较早，叶质优良，养蚕成绩好，单蛾产卵量高，适合种茧育稚蚕用桑。雌雄同株，雌花多雄花少，花柱短，有瘤状突起，先花后叶，花期迟，多数花不能结果，果小而少，呈黑色。本场种植的峨眉花桑脱苞期为 3 月中旬，发芽率高，属中生桑品种。抗旱力和耐瘠力较差，对病虫害抵抗力较强，尤其对抗白粉病和污叶病能力较强。

（六） 沱桑

沱桑，又名驮桑、讨桑、龙爪桑，原产于车子乡老江坝村，属白桑种，二倍体。是四川省乐山市优良地方品种之一，本场历来均有少量栽培。树形开展，枝条细短、弧弯，皮黄褐色，节间直，叶序 1/2、2/5，皮孔圆形、小、分布不均。冬芽长三角形，黄褐色，尖离，亦有轮生、对生、丛生芽现象，副芽小而多。叶卵圆形，平展，绿色，叶尖锐头，叶缘锐齿，叶基截形，叶大（1938 年费达生来乐山考察时向郑辟疆去信描述为“乐山桑叶比江浙好，叶大如席”），叶面光滑、有光泽，叶质柔软，叶片下垂，叶柄细长，只开雄花，花穗多而短。属中生中熟品种。不耐剪伐。抗黑枯性细菌病，中抗黄化型萎缩病，耐寒性较弱。宜高干或乔木养型，不宜年年伐条。

（七） 瓜瓢桑

瓜瓢桑，因叶片大，形状似瓜瓢而得名，原产于嘉农乡，属乐山优良地方桑树品种之一，本场有少量栽培。枝条直立粗长，枝皮黄褐色。叶片呈心脏形，叶形大，叶色绿，有光泽，无缩皱。叶质粗硬，叶脉粗大，雌雄花同株，先叶后花，桑果紫黑色，无种子，采用扦插、嫁接育苗。发芽期迟，发芽率不高。生长较旺盛，树冠面积小，枝条稀疏，产叶量不高，叶片含水率较高，硬化迟，叶柄脆易采摘。

二、树种质资源保存

本场桑树种质资源圃始建于 20 世纪 70 年代，收集了 100 多份种质资源，在原互惠桑园有品比园，占地约 7 亩。2005 年乐山市人民政府征收了我场互惠桑园土地，我场将桑树种质资源圃改建至原月耳地，并新收集了 30 多份种质资源，自繁选育材料 10 余份，总数达200余份。2012年政府因修建乐雅（G93乐山至雅安段）高速公路，一夜间强行占用了我场月耳地，致使我场桑树种质资源圃毁于一旦。2013年以来，我场先后到多地重新引种200余份，重建我场桑树种质资源圃，分散布置在我场马河口、场区门口、场区果桑园等处，待时机成熟后再集中建成桑树种质资源圃。

2021年在第三次全国农业种质资源普查中，被四川省农业农村厅命名为四川省省级桑树种质资源保育单位。

第五节　自然灾害

一、自然灾害

本场桑园主要自然灾害有洪涝、干旱、低温、大风、冰雹等，以及周围农田用药污染桑叶而造成的农药蚕中毒事件。

（一）洪涝

本场桑园常受洪灾袭击，受损严重，尤以水土流失为甚。年平均次数多达1.2次，具有年年有洪灾，三年一小灾，五年一大灾的特点。暴雨年均次数多达4.8次，主要发生在7、8月，多年日最大降水量为326.8毫米，近10年来影响较大的暴雨引发洪涝是2020年“8·18”过程，市中区降雨量257.6毫米，市中区日雨量居历史第2位。大范围的持续强降雨，加上青衣江、大渡河、岷江上游洪水来势凶猛，造成乐山市境内“三江”流域普超警戒水位，房屋倒塌，农作物受灾，遭遇百年一遇的特大洪灾。

1959—1961年遭受严重洪涝等自然灾害。1992年7月暴雨、洪水成灾，洪涝受灾面积达300亩，冲毁河堤300米。1993年暴雨、洪水成灾，洪涝受灾面积达300亩，冲毁的苗地21.2亩。2001年6月暴雨、洪水成灾，冲毁互惠河堤230米，马河口桑园道路150米，淹没桑园335亩。2020年8月18日暴雨、洪水成灾，冲毁桑园20亩、淹没桑园面达100%，冲毁防洪河堤180米。2021年8月18日暴雨、洪水成灾，冲毁桑园20亩、淹没桑园面达100%，冲毁防洪河堤130米。

（二）干旱

旱灾是本场桑园自然灾害中危害范围最广的灾种，也是唯一以持续、渐变形式出现的灾种，常发生春旱、夏旱和伏旱，年平均次数多达1.6次，具有“年年有旱情，3年一小旱，5年一大旱”的特点。影响最大的是2006年盛夏的高温伏旱。2006年7月13—24日先后开始，乐山市出现了自1951年以来最严重的强度大、范围广、历史罕见的区域性高温伏旱天气，旱情一直持续到8月22日，8月11日极端最高气温39.7℃，创有气象记录以来最高值。2013年从2月9日到3月20日，乐山连续无有效降雨达到40天，遭受了10年未遇的干旱。2021年7月中旬至8月上旬本场桑园遭受持续35℃以上高温无降水天气袭击，桑树长势受阻，桑叶大面积出现黄化掉落，损失鲜叶重量约16000公斤、占比约40.0%。

（三） 低温

低温危害常发生在春季的倒春寒天气期间，桑树可能发芽受阻或冻死，出现的年平均次数仅0.2次，发生频率虽不高，但亦有较严重影响。影响最大的是2008年初的雨雪冰冻天气。2008年1月12日至2月13日，乐山市出现持续低温、阴雨（雪）冰冻天气。日平均气温低于3℃的连续日数、连续降雪日数都突破历史极值，为我市自1951年以来最严重低温、雨雪、冰冻天气。桑树发芽严重受阻或冻死，成为当年春季产量下降的重要原因。

（四） 大风和冰雹

大风和冰雹常发生在春蚕期，但在乐山都属于小概率事件。近20年来影响最大的是2005年“4·8”强对流天气，4月8日17时强对流天气过程开始，乐山遭受突发性罕见大风、暴雨、冰雹、寒潮降温等灾害的同时袭击。到4月9日08时，乐山市中区降水51.1毫米，并出现冰雹。由于灾害的突发性和集中性，强对流天气对本场桑园桑树生长和桑叶造成很大损失。

（五） 农药中毒

本场桑园与周围农田接壤，常因周围农田用药而污染本场桑园桑叶，发生蚕儿零星农药中毒事件。

二、排涝抗旱

（一） 防洪排涝

从建场起防洪和排涝就成为桑园工作的重点，但前期限于经济条件，主要抓排水沟渠建设，1970年代以后，防洪河堤建设投入逐年增加，对排水不良、水土流失严重的建立渠道配套的排洪系统。

1964年，为修建防洪河堤投资3100元。1967年，对部分泥地桑园改变耕作方法，进行单行覆土，保护树根，以利排水，且做到单株管理，对弱株加强肥培。1976年修建河堤投资5170.24元。1977年修建河堤投资853.55元。1978年修建河堤投资2469.68元。1979年修建河堤投资727.60元。1982年建桑园排水沟456平方米，河堤300立方米，投资 2578.72 元。1984 年修复河堤 1000 立方米，建桑园排水沟投资 24919.39 元。1985 年修建河堤 600 米，投资 76115.28 元；修建桑园排水沟渠 900 米，投资 14300 元。1986 年修复河堤 485 米，修桑园排水沟 1000 米。1988 年，改造桑园排水沟 460 平方米。1989 年修建河堤 123.5 米，投资 4580.85 元。1990 年场改造河堤、桑园道路总投资 15 万元，省补助 9 万元，自筹 6 万元，修筑桑园道路 320 米，维修和加固河堤 1632 米。1993 年国家拨救灾款修复河堤 2586.4 立方米，改造洪灾冲毁的苗地 21.2 亩。1991 年 7 月，修建互惠河堤等，投资 14415 元。2001 年 8 月暴雨成灾，冲毁互惠河堤 230 米，马河口桑园道路 150 米，桑园淹 335 亩。2002 年当年由四川省农业厅拨款修补下场桑园地 500 多米河堤。2019 年 12 月，投资 227471.00 元，修建长度 80 米、高度 3 米的钢筋混凝土结构防洪河堤。2020 年 1 月，投资 47908.00 元，修建长度 16.9 米、高 3 米的钢筋混凝土结构防洪河堤；8 月修复防洪河堤 60 米；11 月，投资 349500.00 元，修建高 3 米的钢筋混凝土结构防洪河堤 68 米；场内防洪排污沟维修 120.5 米，新建排污池 1 个，沟边绿化场地整理 326.25 平方米。

（二） 抗旱

本场桑园多为河滩沙土，保水能力极差，桑树生产季节如遇久晴不雨，则旱象严重。1960 年代以前主要靠人工挑水抗旱，1966 年购电动机 2 台，1970 年购水泵一台，1971 年再购电动机 2 台，使用抽水机抽河水抗旱。1981 年在互惠等易旱桑园安装了喷灌机械设施 2 套，对缓解旱情起到重要作用，但仍难达到旱年完全稳产保收目的。2021 年增抗旱可移动机组一套，共两套可使用，达到平均 30 亩 1 套水平，基本能保障抗旱需要。

第六节　低产桑园改造

桑树虽然是适应性很强的多年生植物，但人工栽培的种茧育桑园年年剪伐枝条、季季采收桑叶等营养殖器官，有违桑树自然生长规律，常经历幼树期、丰产期和衰老期，最终导致低产。亦因土壤不良、管理失善、病虫危害严重等原因导致低产。因此，低产桑园改造势在必行。

一、低产桑园更新改造

建场以来，对树势衰败、树龄过老等原因造成低产的桑园，分别情况采取不同办法进行复壮更新改造。对少数植株遭受虫害，使其主干或支干生长不旺的桑树，视情况采取高接（虫害下部）、根接、锯桩芽接等方法复壮。对单位面积株数过少，产量低的桑园，结合桑园品种更换，采取补植加密和增株、增拳等措施，同时加强肥培管理提高产量。对树龄老化的桑园，采取春伐时用等树方法还幼复壮或截干更新的办法，重新养成支干，代替老拳，使桑树发条数增多，增加产量。1990年代以后，为管理方便而采取统一规划、结合改土和桑园基本建设项目而成片挖老树、植新树的方法。先后共完成了两轮更新改造。

1964年马河口首次完成桑园轮换更新40亩，1965年桑园秋季老树轮换更新10亩。1966年对南华宫老桑园等浅栽植区，又被洪水冲刷露根的部分桑树（面积约10亩），采取培土轮换办法，将高处露根桑树挖去，推土培覆两侧低地桑树，挖去地区用密植速成或补植为2.5市尺×2.5市尺株行距，以后逐年抽去老树成园。

1967年起重点对老桑园逐年挖除死株，补植缺株，对低干桑多年生长优势较差树株，进行定芽或提高剪定，拳少树株和高干、独干树株，在夏伐时用等树方法还幼，以增强再生能力，达到增拳增条目的。当年对马河口40亩衰老桑园改变原4市尺×6市尺株行距，补植为3市尺×4市尺，待新树长成，老树逐年抽挖出去，成为新桑园。到1976年完成老树更新320亩。1979年桑园老龄低产桑园再完成更新26.7亩，至此，基本完成第一轮更新改造。

1980年后针对桑园稀株、条少、剪定差的特点，实施“三增四改”增产措施，即增株、增拳、增条，低产桑园改植、稀拳改密、劣种桑改良种、稀植园改密植园。1981年更新老龄低产桑园32亩。1982年在夏伐时对100亩6市尺×5市尺树干低、枝条少的桑园实施提拳增拳措施，使亩条数达到5000条以上，条长1.8米；1983年秋栽季节，通过株间或行间加株，改原6市尺×8市尺、6市尺×6市尺的105.8亩桑园为6市尺×3市尺规格；同时采取栽“接班桑”及套种、穿植等办法，轮流更新42亩老龄低产桑园。

1980年代开始，省上有计划地安排蚕种场桑园改造更新，每年更新桑园10%～15%。到1980年代末，本场50年代以前栽植的老桑已基本更新；并开始逐步更新50年代栽植的衰老桑树，每年更新约5%左右。1985年更新81亩老龄低产桑园，投资2002.50元。1987年桑园更新72亩，投资41635.05元。1989年改造桑园40亩，投资2968.79元。1990年12月，更新桑园老龄低产桑园20亩。

1992年当年场投资数万元进行桑园改造、幼桑抚育。株行距为5市尺×2市尺，亩栽866株。1997年当年进行桑园更新，1996年冬和1997年春育4万株嫁接良桑苗，新植27.5亩桑园。

1998年至2012年由于本场资金困难、桑园面积大幅减少，停止了低产桑园更新改造。

2013年起，对剩下的桑园进行新一轮更新改造，当年完成12亩。2014年更新改造老龄低产桑园 9 亩，栽植为果用桑园，次年开始开展果桑采摘体验活动。2016 年更新改造老龄低产桑园 16 亩。2018 年更新改造老龄低产桑园 15 亩。2021 年更新改造老龄低产桑园 4 亩。至此，基本完成新一轮更新改造任务，现有桑园树龄大多处于幼壮年丰产时期。

二、桑园改土

本场桑园原多为河滩沙地，土质稀薄，保肥保水能力差，容易干旱。同时因地势低洼，又易受洪灾。洪灾后跑土跑肥，桑叶产量大受制约，因此从建场初期起一直结合冬耕进行改土，并取得一定成效。但到 1970 年代前，由于每年洪灾的破坏，以及因蚕种生产经济效益不高而投入较少，改土进度和效果受到限制。

1978 年首次投资 1088.88 元进行了购土填培桑园。1980 年以后，全省加大了桑园改土的工作力度和投入，每年省上安排一定资金，专款用于桑园改土，本场改土进度加快，每年改土面积占桑园面积 3％～5％。1981 年改土 5 亩。1985 年利用冬闲将 30 米土层极薄桑园增厚土壤 15 厘米，合 3000 立方米，投资 5000 元。

1988 年，对 7.5 亩桑园加厚土层 0.3 米，买土投资 6000 元。1989 年国家和场桑园改土投资 9958.79 元。1990 年 12 月，土壤改良（买土）20 亩，拨款共 2 万元。

1990 年，购买土改造桑园 100 亩。

1990 年代后期以后，由于蚕种生产量大量萎缩，以及经济困难，投入减少，一段时间桑园改土只在局部进行。2002 年至 2005 年，桑园面积减少为不到原三分之一。2013 年后，桑园改土结合桑园更新改造进行。现存桑园已经改造成为砂壤型土壤、耕作层表土较肥沃、基本无大卵石，地势平坦，方圆成形。

第二章　蚕种繁育

桑蚕，学名：*Bombyx mori Linnaeus*，又称家蚕（*Bombyx mori L.*），习称蚕。属昆虫纲、鳞翅目、蚕蛾科。桑蚕起源于中国，桑蚕技术是举世公认的伟大古代发明之一。桑蚕属寡食性昆虫，除喜食桑叶外，也能吃柘叶、榆叶、鸦葱、蒲公英和莴苣叶等。蚕所必需的营养，有蛋白质、碳水化合物、脂类、维生素、无机盐和水分等。桑叶是蚕最适合的天然食料。蚕食桑后，幼虫生长迅速，在适温条件下，一头蚕自孵化至吐丝结茧共需约24～32天，大约4～6天蜕一次皮，约食下桑叶20～30克（含干物质5～6.2克），一般经四次眠和蜕皮，至生长极度时，体重约增加1万倍。吐丝结茧是桑蚕适应环境而生存的一种本能。桑蚕茧可缫丝，丝是珍贵的纺织原料，在军工、交电等方面也有广泛用途。蚕的蛹、蛾和蚕粪也可以综合利用，是多种化工和医药工业的原料，也可以作动植物的养料。桑蚕是全变态昆虫，一个世代中，历经卵、幼虫、蛹、成虫4个发育阶段。在一年内自然发生的世代数称化性，一年发生1代的称一化性，发生2代的称二化性，发生3代以上的称多化性。热带地区还有终年不滞育的多化性品种。能生长发育的温度范围随发育时期而不同，大致在7～40℃，能正常发育的温度范围为20～30℃。

蚕的生殖生理：雄蚕孵化时即有1对睾丸，5龄开始约形成140万～200万条有核精子，到蛹的中、后期还形成大量的无核精子，但后者不能使蚕卵受精。雌蚕孵化时即有1对卵巢；至化蛹后的1～2日，卵巢内的卵巢管迅速长大，挤破卵巢膜而游离于腹腔，约至第9日形成卵，并向输卵管下移。化蛾前1～2日，卵细胞核进行第1次成熟分裂，到中期停止、待化蛾交配后，精子进入卵内，才使停留在第一次成熟分裂中期的卵核因受刺激而继续分裂，至卵产下后约40分钟停止。第2次成熟分裂在卵产下后约60分钟开始，经20分钟完成。卵产下后约2小时，雄核与雌核融合，并开始卵裂。约在产下后15小时，形成胚盘。胚盘在卵孔一侧的部分细胞逐渐增厚成胚带。卵产下后约24小时，胚带脱离胚盘而成胚胎，俗称胚子。残留的胚盘称为浆膜。初形成的胚胎只有1层细胞，以后形成外胚层和中胚层2个细胞层，内胚层在胚胎发育后期才出现。滞育卵的胚胎在滞育期间外形变化不大，随着自然温度下降，蚕卵逐渐解除滞育。解除滞育的最适温度为5℃左右，但一般在15℃以下即能逐步解除滞育。

蚕种：是指作种用的蚕卵。中国古代农家所用蚕种都是自选、自留、自用，宋代以后渐有蚕种生产出售，相对于使用现代技术制造成的蚕种（俗称改良种）俗称为土种。19世纪末叶，浙江杭州的蚕学馆始用科学方法养蚕采种，并创办试验机构，推广强健无病的改良种和一代杂交种技术。20世纪20年代一代杂交种技术得到普遍应用。1950年代后国家统一制定了蚕种生产法规和各级蚕种规格，建立了有关的科研、推广、管理和审定机构，并通过对现行蚕品种的系统整理，推行双杂交种和多元杂交种等，使蚕种繁育工作得到了改进和发展。

蚕种繁育：是指选用适宜的蚕品种和杂交方式，生产优良蚕种的技术与过程。现代蚕种繁育法始于19世纪70年代法国巴斯德通过袋蛾镜检法创制无毒蚕种；1906年日本外山龟太郎发表《蚕种论》，提倡使用一代杂交种；1915年荒木武雄、三浦英太郎确定了蚕的人工孵化法。三者为近现代科学的蚕种繁育技术体系奠定了基础。1925年浙江制发首批桑蚕一代杂交种诸桂×赤熟，1928年开始推广人工孵化秋用杂交种等，拉开了中国蚕业现代科学的蚕种繁育技术体系的序幕。

中国的近现代蚕种繁育制度在所有的农业种子的繁育制度中是比较先进和完善的一种。繁育制度的确立由政府掌管，对保护品种种性纯正，防止混杂退化，提高杂种优势和蚕种质量，以及计划产销都起到重要的作用。

经摸索和不断改进，于1954年形成了中国蚕种四级繁育制度。也就是原原母种级、原原种级、原种级和一代杂交种（俗称普通种）级。母种级由原原母种生产原原母种，原原种级由原原母种生产原原种，原种级由原原种生产原种，普通种级由原种生产普通种。最初的原原母种由新品种育成单位申报全国或省桑蚕品种审定委员会或鉴定小组通过后提供。

1955年，对蚕种繁育制度又做了改进，实行了原原种、原种和普通种的三级饲养四级制种的繁育制度。原原母种的生产不再单独列为一级，而在生产原原种的蛾区中择优选留原原母种。改进后的蚕种繁育制度，不但简化了繁育制度，提高了设备利用率，降低了生产成本，适应了蚕茧生产的发展形势，而且从原原种级的蛾区中择优选留母种，由于选择面大，提高了选择效果，使原原母种的质量也有所提高，执行至今未变。

生产上推广的一代杂交种，以亲本品种来源数量划分可分为二元杂交种、三元杂交种和四元杂交种。以四元杂交种为例，其各级蚕种繁育制度如图2-4所示。

原原种级：为了保持、提高和发挥优良品种的遗传特性，采取蛾区育（单蛾育），区间选择重于区内选择和异区交配的原则，制种形式为14蛾框制种。

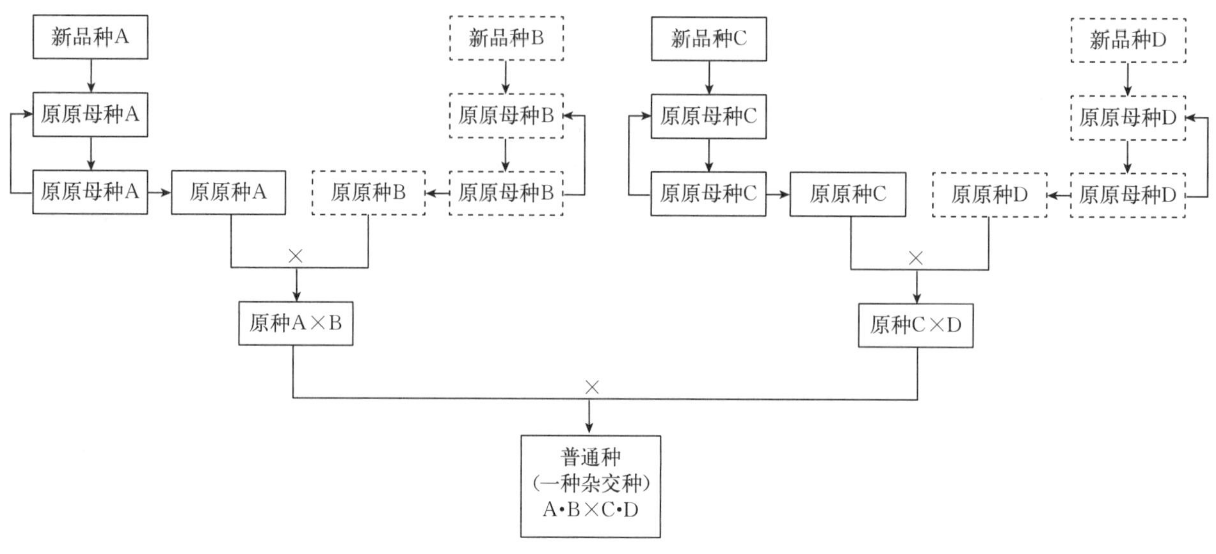

图 2-4　蚕种繁育制度示意图

原种级：为了提高强健度和大量繁殖优良原种，采取蛾区蚁量育（一般 10～12 蛾区收蚁 2 克为一饲育区），在区间合格的基础上，加强区内个体选择和异品系为主的交配原则，制种形式为 28 蛾框制种。

普通种级：为了发挥杂种优势和大量繁殖优良一代杂种，采取以饲育批混合育（一般收蚁时 5 克或 6 克为一饲育区，第 2 龄开始混养），着重个体选择和不同品种（中系与日系）间交配的原则，制种形式先为平附种后改为散卵种。

各级蚕种的生产，都在政府批准的有一定设备和技术力量的蚕种场中进行；对蚕种生产和蚕种质量受到严格的管理和监督。

蚕种繁育主要包括原种催青、种蚕饲育、种茧检验和保护、采种、蚕种保护、蚕种人工孵化和蚕种检验检疫等技术环节。

蚕种场的蚕种生产分为三级繁育（原原种、原种、一代杂交种）和四级制种（原原母种、原原种、原种、一代杂交种）。从事蚕种生产、经营活动的，应当取得蚕种生产、经营许可证。从事全部三级繁育四级制种的蚕种场一般称为选原种场或原种场，只从事一代杂交种生产的蚕种场一般称为普种场。本场是四川省属少数的选原种场之一。

第一节　一代杂交种（普通种）

一代杂交种是指由原蚕（由原种孵化而来的蚕）按规定组合杂交殖的蚕种，俗称普通种或普种。一代杂交种是丝茧育（以收获桑蚕茧为目的养蚕活动）的种子，是蚕桑生产的重要生产资料，对桑蚕茧的产量和质量有着重要影响，是茧丝绸行业的基础之基础，对行业有着重要影响。繁育一代杂交种是蚕种场的重点生产活动和使命。

一、生产量和蚕品种

（一）生产量

建场初期，正值抗日战争时期。苏、浙、皖、粤、鲁等省相继沦陷，四川成为全国唯一蚕丝生产的区域。蚕丝时为国民政府换取军需、外汇的重要物资，被誉为“无烟的军需品”，受到国民政府高度重视。为支援抗战，四川蚕丝界提出“蚕丝救国”口号。本场建场伊始，即开始承担起蚕种改良推广历史使命。1939 年建场伊始即利用刚建立的桑苗圃桑叶生产江苏传来的改良蚕种几百张，后随桑树的成长和面积的扩大和桑叶产量的提高，制种量不断扩大，1940 年猛增到 10000 多张，到抗战胜利时，猛增到 20000 多张。1945 年核定制种量为 2.66 万张。

抗战胜利后，蒋介石发动内战，物价飞涨，货币大量贬值，蚕种场职员生活得不到保障，工作积极性低落，自然裁员突出，主要技术人员随女蚕校回迁而离岗，生产投入严重不足，病虫害严重，技术措施不能到位，桑园荒芜，蚕种生产极度萎缩，年生产量不足盛产期的 20%，几乎到达停产状态。

新中国成立后，党和政府高度重视蚕桑生产工作，人民政府提出了“积极恢复发展蚕桑生产”的方针。本场蚕种生产得到迅速恢复发展。1951 年即恢复制种 4442 张，1952 年恢复到 20525 张。到 1950 年代末期，年制种量在几千到 3 万不等。但由于微粒子病危害严重，不合格蚕种时有大量发生，合格率波动很大，造成生产极不稳定，其中 1957 年因微粒子病危害严重全年未能进行有效生产。

1960 年代前期，生产蚕种数量仍在 1 万～3 万。中期以后，随着生产设施的改善，微粒子病的危害得到较好控制，蚕种生产逐渐走向稳定，生产量不断增长，1968 年制种为 49319 张，创历史新高。

1970 年代，国际生丝市场畅销，货源紧缺，有利生产发展。年制种量不断创造新高。1971 年生产蚕种首次超过 5 万，为 51334 张，1975 年首次超过 8 万张，达 83165 张，1977 年生产蚕种 92792 张。1978 年 12 月中共第十一届三中全会的胜利召开，党和国家工作重点转移到经济建设上来，成为我国国民经济发展过程的重要历史转折点，本场蚕种生产得到进一步提升，1979 年蚕种生产突破性增长到 150515 张。

1980 年代本场蚕种生产量稳定在 10 万～16 万余张，1983 年达到 167906 张。

1990 年核定本场制种 16 万张，实际制种 95466 张。以后本场蚕种生产数量连年攀升，至 1992 年达到历史最高产量 263330 张。之后由于各种不利原因逐渐有所回落，到 1996 年因“蚕茧大战”造成原蚕区污染，暴发微粒子病烧种使合格蚕种锐减到 82000 张。从 1996 年起，由于受丝绸行业滑坡的影响，蚕种生产量和发种量逐年迅猛递减，1997 年全省发种量降到 364.7 万张（1993 年历史最高时为 800 多万张）。本场受微粒子病的困扰和蚕种市场不景气的严重影响，本场年蚕种生产量从 1997 年的 191400 张逐年递减，1999 年仅为 69373 张。2000 年又回升为 103075 张，2001 年达到 120312 张。

2002 年后，本场调整经营方针，兴办第三产业。随着第三产业的发展，桑园面积急剧减少，加之蚕种市场供大于求的变化，蚕种年生产量调整到 5 万～10 万张，2007 年下降到 57157 万张，2009 年下降到 36085 张。2010 年至今，进一步缩减，维持在 1 万～3 万余张。

据不完全统计，新中国成立以来，本场生产一代杂交种累计达 519 余万张。具体情况见图 2－5。

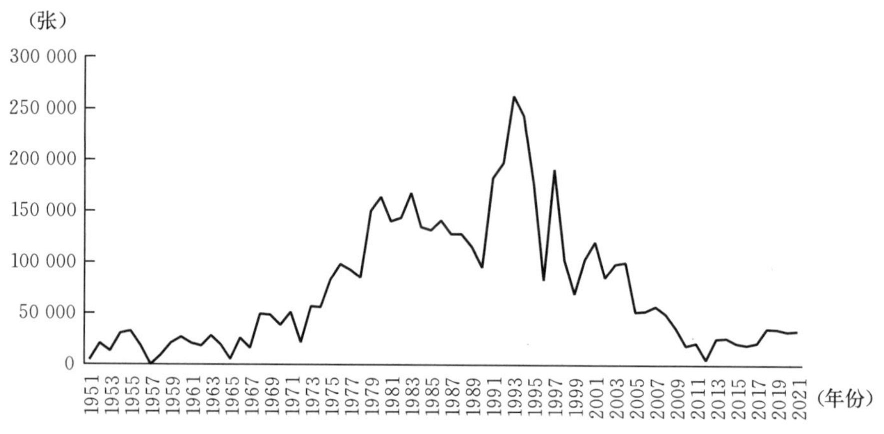

图 2－5　新中国成立以来一代杂交种生产统计

（二） 蚕品种

本场繁育推广的一代杂交种蚕品种，随着四川省蚕品种的更新换代而经历了以下几个时期。

第一期，建场初期至新中国成立前。主要繁育推广江苏传来的改良蚕种洽桂×华七、洽桂×华六、诸桂×华六等改良蚕品种。这些改良蚕品种系春秋兼用的二元杂交品种，当时尚无专用的春或夏秋用品种，与土种相比，具有较强的生命力和抗逆性，强健好养，丝质优良，白色茧，茧层率 13％左右，粒茧丝长 600～800 米，生丝品质达 C 级。发放至农村饲养，由于蚕种孵化整齐、蚕体健壮、茧色白净匀称、茧丝质量明显优于土种，而大受欢迎。

第二期，为1950年代。主要繁育推广华东蚕业研究所（中国农业科学院蚕业研究所前身）选育的蚕品种瀛文×华10、瀛翰×华9。其中，瀛文×华10是夏秋用蚕品种，系二元（日×中）杂交种，实际生产中作春秋兼用。该品种体质强健好养，全龄经过24天，茧层率16%左右，粒茧丝长950米左右，解舒率达80%左右。瀛翰×华9为春用品种，系二元（日×中）杂交种，抗逆性比瀛文×华10稍差，但茧丝质和产量优于瀛文×华10，全龄经过26天，茧层率17%～18%，粒茧丝长1050～1150米，解舒率80%～85%。两对品种生丝品质达A级以上，提高3～4个等级。实现了我省蚕品种第一次更新换代。

第三期，1960年至1966年。主要繁育推广本省蚕桑试验站（四川省农业科学院蚕业研究所前身）选育的川1×华10、成3×成2（川蚕一号）、南6×蜀10（川蚕二号）等新蚕品种。其中，川1×华10繁育推广量最大，属日×中二元杂交春用蚕品种，性状稳定，健康好养，好制种，食桑快，眠起齐一，发育快齐，全龄经过短（23.15天），全茧量达20.8克，茧层量达0.425克，茧层率达20.58%，粒茧丝长1068米，解舒率78.14%。在生产上推广后，蚕茧单产提高了1倍多，茧丝长增加150～200米，生丝品位提高3～4个等级，实现了我省蚕品种第二次更新换代。成3×成2（川蚕一号）属日×中二元杂交春用蚕品种，各项经济性状多优于川1×华10，属高产型品种。南6×蜀10（川蚕二号）属日×中二元杂交夏秋用蚕品种，产卵量高，易繁育。

第四期，1967年至1977年。主要繁育推广本省选育的南6×蜀13·苏13（川蚕三号）、川1×华10、成3×成2、南6×蜀10、781×782·734（川蚕四号，简称7字号）等新蚕品种。其中，1967年首次开始生产推广三元杂交组合南6×蜀13·苏13新蚕品种，即新品种川蚕3号，具有孵化齐、好饲育、茧形匀、茧色白、茧层厚、纤度和产量稳定等优良特性，受到农村和丝厂欢迎，迅速在全省推广使用，取代老品种川1×华10，成为四川60～70年代的当家品种，实现了我省蚕品种第三次更新换代。

第五期，1978年至1984年。主要繁育推广781×782·734、苏3·秋3×苏4·苏12（简称苏字号）、东肥·671×华合、7532×781、东34×苏12·603等新蚕品种。

第六期，1985年至1995年。主要繁育推广781×782·734、苏3·秋3×苏4·苏12、7532×781（川蚕六号）、锦5·6×绫3·4（简称绫锦号）、827·829×826·8214等新蚕品种。

第七期，1996年至2001年。除主要繁育推广781×782·734、苏3·秋3×苏4·苏12、7532×781、菁松×皓月、洞·庭×碧·波、夏芳×秋白、黄鹤×朝霞、春·蕾×镇·珠等新蚕品种。

其中，川蚕四号和川蚕六号从80年代开始成为四川春、秋季的当家品种，实现了四川蚕品种的第四次更新换代。苏字号蚕品种具有健康好养、繁育系数高等特点，深受本场欢迎，繁育推广量较大。

第八期，2002年至2008年。主要繁育推广引进的871×872、洞·庭×碧·波、菁松×皓月、新莹×玉泉等新蚕品种和本省选育的781×782·734品种。

第九期，2009年至2014年。主要繁育推广引进的871×872、7532·湘晖×932·芙蓉（简称七湘九芙或两广二号）、洞·庭×碧·波、菁松×皓月等新蚕品种。

871×872系中国农业科学院蚕业研究所选育的二化四眠春秋兼用多丝量蚕品种，具有产量高、增产潜力大、丝质优良、易繁育的特点。茧层率24%～25%，茧丝长1200～1400米，解舒率75%左右，净度94～96分，鲜毛茧出丝率18%～20%。洞·庭×碧·波系湖南省蚕桑科学研究所选育的含有多化性血缘的二化斑纹双限性夏秋用四元杂交蚕品种，具有产量高，可实现幼虫期雌雄鉴别，易繁育的特点。此二对蚕品种的繁育推广实现了四川蚕品种的第五次更新换代。

第十期，2015年至今。主要繁育推广芳·绣×白·春、川山×蜀水、871×872、7532×781、菁松×皓月和本场选育的峨·眉×风·光等蚕品种。

芳·绣×白·春系西南大学、四川省农业科学院蚕业研究所联合选育的茧丝特长、纤度特细、净度特优、高产易繁的高品位原料茧丝的春用蚕品种。是中·中×日·日四元杂交种，二化性，四眠。全茧量均1.8克，茧层率均26.7%，茧丝长约1360米，解舒率约72.72%，净度95.5分。川山×蜀水系四川省南充蚕种场与四川省蚕种有限公司（四川省蚕业管理总站前身）联合选育的二化四眠春秋兼用高品位茧丝蚕品种，具有体质强健，产茧量高，茧丝质优良，特别是洁净优的特点，所产蚕茧能缫5A～6A级生丝，深受丝厂欢迎。此二对蚕品种的繁育推广实现了四川蚕品种的第六次更新换代。

历年主要繁育推广的蚕品种和生产数量见表2-2。

表2-2 新中国成立以来一代杂交种生产量与主要蚕品种统计表

年份	生产量（张）	主要品种
1951年	4442	瀛文×华10、瀛翰×华9
1952年	20525	
1953年	13088	
1954年	30386	
1955年	32510	
1956年	18406	
1957年	0	
1958年	9282	
1959年	20915	

（续）

年份	生产量（张）	主要品种
1960年	26668	川1×华10、成3×成2、南6×蜀10
1961年	20756	
1962年	18292	
1963年	28079	
1964年	19396	
1965年	5200	
1966年	25796	
1967年	16087	南6×蜀13・苏13（川蚕三号）、川1×华10、成3×成2、南6×蜀10、781×782・734简称7字号
1968年	49319	
1969年	48490	
1970年	38636	
1971年	51334	
1972年	21757	
1973年	56713	
1974年	56144	
1975年	83165	
1976年	98404	
1977年	92792	
1978年	85199	781×782・734、苏3・秋3×苏4・苏12（简称苏字号）、东肥・671×华合、7532×781、东34×苏12・603
1979年	150515	
1980年	164118	
1981年	140189	
1982年	143660	
1983年	167906	
1984年	134774	
1985年	131706	781×782・734、苏3・秋3×苏4・苏12、7532×781、锦5・6×绫3・4（简称绫锦号）、827・829×826・8214
1986年	141300	
1987年	128111	
1988年	128111	
1989年	115582	
1990年	95466	
1991年	182904	
1992年	197634	
1993年	263330	
1994年	244051	
1995年	177079	

（续）

年份	生产量（张）	主要品种
1996 年	82655	781×782·734、苏 3·秋 3×苏 4·苏 12、7532×781、菁松×皓月、洞·庭×碧·波、夏芳×秋白、黄鹤×朝霞、春·蕾×镇·珠
1997 年	191440	
1998 年	102973	
1999 年	69373	
2000 年	103075	
2001 年	120312	
2002 年	85292	871×872、洞·庭×碧·波、菁松×皓月、新·莹×玉·泉、781×782·734
2003 年	98578	
2004 年	100338	
2005 年	51854	
2006 年	52344	
2007 年	57157	
2008 年	49626	
2009 年	36085	871×872、7532·湘晖×932·芙蓉（简称七湘九芙或两广二号）、洞·庭×碧·波、菁松×皓月
2010 年	18826	
2011 年	21548	
2012 年	5199	
2013 年	25628	
2014 年	26383	
2015 年	21206	芳·绣×白·春、川山×蜀水、871×872、7532×781、菁松×皓月、峨·眉×风·光
2016 年	19577	
2017 年	21693	
2018 年	35651	
2019 年	35095	
2020 年	32804	
2021 年	33541	

二、繁育技术

（一） 生产计划的制定与布局

蚕种生产具有很强的计划性。一是因为用途的专一性，一代杂交蚕种是蚕茧生产的唯一种子，除此无他用；二是因为用种时间的有限性，不同处理的蚕种只能在有限的时间内使用才是安全的；三是生产时期的合适性，蚕种生产必须在合适的气候条件下进行，要有足够的新鲜桑叶和劳动力、场所等，一般一年中只有春、夏、秋三季才适合生产；四是因为蚕种生产周期较长，一般在 60 天以上，常会与用种时间和数量上的变化发生冲突。

1980年以前，四川省对蚕种场的产、销实行指令性计划，各生产场生产的数量、品种由全省统筹或各地区统筹。

1980年以后，四川省取消指令性计划，实行指导性计划，2000年以后实行以市场为导向的自主计划，由蚕种场每年直接与用种单位签订蚕种供用合同，实行合同管理，以销定产，产销结合。既要确保时、按量、按品种提供蚕种满足所有用户需要，又要防止生产过剩造成库余损失。

本场生产每年多采取春、秋两季制种布局，以春季制种为主；部分年份仅春季制种，个别年份有夏季或晚秋制种。

每季蚕期开始前，场长召集中层科室有关领导和人员研究生产作业计划，根据上级计划安排或销售合同，参考蚕业发展和蚕种供求关系形势变化趋势，安排春、秋季的生产任务和完成任务的措施，并由生产技术科根据桑叶生长情况、气象资料、品种特性，再结合历年出库日期及各批次作业的安排编制出具体作业计划，并将任务分解到场内和原蚕区各作业组，各组按作业计划进行生产。

（二） 原种出库催青

原种出库时间与品种、数量由生产计划确定，一般春季为4月中下旬，秋季为8月上旬左右，每季以作业组为单位采取分多批次出库，分散制种时间，达到充分利用劳动力、房屋、用具等资源的目的。

原种催青，指将已解除滞育的种卵保护在适应的环境条件中，使其按预定日期孵化，并控制其化性的过程。生产上多用二化性原种，因其比一化性种发育经过快，体质强。但二化性种茧质较差、产卵少、卵期短、不耐长期冷藏。为了克服二化性种这些缺点，常利用二化性种易受环境条件影响的特性，通过科学的催青处理，控制其二化性向一化性转变，使其具有一化性的经济性状，表现为茧质好、产卵多、卵耐冷藏。

旧时农村传统的蚕种催青，多习惯将蚕种放于人体怀中，或掩于被中，或置于厨房灶间感温，以促进蚕种胚子发育至孵化，民间俗称“抱种”。这种孵化方式蚕儿蚁体虚弱，易遭病害。

1938年起，本场建场之初，对配发的蚕种和本场饲养的蚕种即推广用科学的方法分点集中催青，根据胚子不同发育阶段，采取顺温、平温和高温3种方法，按照相应的温度、湿度和光照要求控制环境，促进蚕卵胚子发育整齐，孵化率高，蚁蚕健康，化性稳定，受到欢迎。

1950年，农村蚕农的蚕种催青工作改由蚕桑指导部门负责，本场只负责本场的蚕种催青工作，偶尔受邀派出技术员做催青技术指导。

1952年起，推行渐进式高温多湿催青标准催青，采用常规催青方法，通常在蚕种出库后在自然温度（15～18℃）中保护1天左右，使胚胎发育至起点胚胎丙$_2$后才着手加温，随着胚子发育，逐日增高温度，胚子在催青第5天发育至戊$_3$时进入高温（25.5～26℃）感光保护。

1970年代中期推广简化催青方法，采用两段温度，戊$_3$胚胎以前用22℃，戊$_3$以后用25.5～26℃保护，简化了操作，节约了加温费用。具体标准见表2-3。

表2-3 桑蚕种两段式催青标准

催青日期	胚胎发育阶段	保护温度（℃）	保护湿度（%）	干湿差（℃）	光线保护
	最长期前（丙$_1$）	15.5	82	1.5	自然光线
第1天～第4天	最长期（丙$_2$）～突起发达后期（戊$_2$）	22	80～75	2～2.5	自然光线
第5天～第11天	缩短期（戊$_3$）～转青期（己$_5$）	25.5～26 ℃	90～86	1～1.5	己$_4$前每天光照18小时，己$_4$后全天黑暗

建场前期没有专用催青室，一般选择大小合适利于温控的蚕室进行，1976年以后建有催青、保种共用室。

1950年代开始，春季采用杠炭升温，火缸上放砂锅盛水补湿，秋期高温季节采取冰块降温、洒热水补湿的方法。1963年前没有电灯，采用油灯感光，1963年后使用电灯感光。

1980年代中期以后，改用电炉和电热器加温，由于国家电力不足，加上设备不够完善，有时仍需用木炭火缸进行补温，补湿则主要依靠向地面洒水或在电炉上放水盆进行。

2013年引进全自动催青设备，使加温、补湿、感光和换气实现自动控制，使用既方便又安全。由于催青条件的改善和催青技术的进步，蚕种的一日孵化率得到显著提高，春蚕一日孵化率达到97%，夏秋蚕达到95%，给以后饲养阶段的操作带来了方便。

（三）原蚕饲养

原蚕饲养亦称种茧育，原蚕体质较弱，适应性差，对饲育环境、操作技术和桑叶质量的要求较高。多在春季进行，少部分在秋季进行，极少数在夏季进行。1971年以前，全部在场区内利用自营桑叶进行。1971年以后除在场区内利用自营桑叶进行外，开始在原蚕区进行，1973年起逐步扩大，至1978年发展到6个公社56个生产队饲养原蚕，一季能发原种1200张，制种6万张，原蚕区制种量已占全场的一半以上，此后所占比例进一步扩大，原蚕区饲养原蚕成为主要形式。

建场初期至1950年代前期，采用羽扫落法兼打落法收蚁。把原种纸背面向上，两人用手抖落和拍打，蚁蚕即振落在塑料薄膜上，剩余则用羽毛扫下，称量后放入蚕箔内给桑饲养，每区蚁量 4 克。1955 年推广桑引法收蚁，按四川省统一制定的普通种繁殖技术操作规程规定，每区仍收 4 衡定克蚁量，并抽样测定每克蚁头数，换算成标准克（1 标准克 2500 头），使对交品种蚕头数相等。1975 年，省农业局规定按饲养计划加收蚁量 10%，加收蚁量在蚕期中淘汰完。1983 年省蚕种公司修改为按每张原种编号分区收蚁，每区收 4～5 克为限。1989 年规定：采用同品种，同批号原种张蚁量育，以 1～2 张原种为 1 收蚁区，按计划加收蚁量 10%，在蚕期中淘汰完，以便在原种补正检查中发现微粒子孢子时，按区淘汰，可防止混收蚁量扩大淘汰量。在繁育过程中，要求做到“五选”（选卵、选蚕、选茧、选蛹、选蛾），并彻底杂交。

建场初期至 1960 年代前推广小蚕高温、干燥、疏座、多回育等技术。1952 年开始学习了苏联养蚕模式，在普通饲育法的基础上，推广了高温多回薄饲养蚕法，其特点是高温干燥。这种养蚕法，环境高温干燥，桑叶容易萎凋，不利于蚕的取食，所以小蚕期一日要喂 12～14 回，大蚕喂 7～8 回，甚至更多，劳动强度很大，桑叶浪费大，因而很快被防干育所取代。1970 年代推行小蚕塑料棚帐育技术，即用塑料薄膜围搭在蚕架四周，蚕架上面封顶，蚕箔离棚顶 0.5 米，前面有塑料薄膜活动门帘，给桑打开后闭合。1976 年由于精管细养，全场克蚁制种比上年增长 20%，成本下降 10%，其中一个组华合×671 品种克蚁制种达 21 张。1977 年开始推行塑料薄膜防干育，1～2 龄全防干（上盖下垫），3 龄半防干（只盖不垫），眠中不盖。一日给桑 6～7 次，每次给桑前，全部揭开薄膜，使蚕座通风干燥，防蚕钻沙。阴雨天气和下夜多湿则可不覆盖。壮蚕仍为普通育。1983 年推行防干少回育，一日给桑 6～7 次，2010 年开始改为一日给桑 3～4 次，能保证蚕体健康并节约桑叶，大大降低劳动强度，实行至今。稚蚕用桑选用稚蚕专用品种桑园适龄适熟桑叶，大蚕用桑选用成熟良桑叶。采、用桑前须选除尽病虫叶、变质叶、过老过嫩叶。稚蚕用叶用温布搭盖贮存，壮蚕用叶用沟贮（畦贮）或平摊法贮存，保护叶质新鲜，防止桑叶变质。

自 1960 年代起至 1992 年，稚蚕用桑叶采用 0.3%有效氯漂白粉液擦叶，人工或机械切叶喂蚕。1992 年以前大蚕用桑未进行叶面消毒处理，1993 年起推广在桑园田间用 0.3%有效氯漂白粉液喷消毒处理技术，1996 年秋季四川省蚕业管理总站朱洪顺驻场技术指导期间在场内推广全龄用桑用 0.25%～0.38%有效氯漂白粉溶液浸渍叶面消毒技术，2012 年秋季起改进为全程散浸，提高消毒效果。1997 年起，在原蚕区推行桑叶全程消毒技术，稚蚕期贯彻落实到位效果较好，大蚕期由于劳动强度较大、设备不到位、成本大增等因素不被原蚕农普遍所接受，贯彻落实常不到位。

1950年代中期实行超前扩座法，在中食期将蚕座扩至龄终的面积，同时贯彻“三匀”“三不”的技术处理，即定座匀、扩座匀、给桑匀；不伤、不饿、不遗失蚕头，使蚕儿分布均匀，充分饱食，发育齐一。1960年代初期推行“稀蚕饱食”的养蚕法，做到“三稀”即眠座稀、壮蚕稀、高温多湿蚕头稀。“五饱”即收蚁饱、盛食饱、夜间饱、眠前和老熟前饱食。“三看”是看晴雨定给桑次数，看蚕给桑，看温湿度定给桑量。

自建场初期开始，长期推行“迟止桑、早饷食”眠起处理技术要点，但蚕发育不齐，须严格分批处理，劳动强度大，效率低下。1970年代后，推行“饱食就眠，适时饷食”眠起处理技术要点，简化眠起处理。1990年代后，推行“早止桑，迟饷食”处理，使眠起处理操作更加简化，同时促使蚕儿发育齐一，减少因批次过多而带来的操作上的不便，全龄不分批，减少了眠起处理时蚕受伤的机会，结茧蚕数明显增加，收蚁头数上蔟率能够达到90%～95%。原蚕饲育标准和原蚕各龄蚕用叶标准详见表2-4、表2-5。

表2-4 原蚕饲育标准表

龄别	收蚁	1龄	2龄	3龄	4龄	5龄
目的温度℃	28	27—28	27—28	26—26.5	24.5—25	24—24.5
目的相对湿度%	90	90	85—90	80—85	75—80	70—80
光照	日感光18小时以上				自然光照	
给桑：次/日	3	3	3	3—4	3—4	3—4
调桑大小	蚕体长的2至3倍正方形			挫叶或片叶	片叶	片叶或芽叶
除沙		眠除	起、眠除	起、中、眠除各一次	起、眠除，每日中除一次	起除，每日中除一次
蚕体消毒	一次	将眠一次	起蚕、将眠各一次	起蚕、将眠各一次	起蚕、盛食、将眠各一次	起蚕、见熟各一次，龄中每日一次
4克蚁量匾数	1	1	2	4	8	16—17

注：1. 多丝量品种1～3龄饲育温度宜适当偏高；2. 各龄眠中降低1℃保护。

表2-5 原蚕各龄蚕用叶标准表

用 叶		收蚁当日	1龄	2龄	3龄	4龄	5龄
春期	叶色	黄绿色	嫩绿色	绿色	较深绿色	深绿色	深绿色
	叶位	生长芽第一叶	生长芽第二叶—第三叶	生长芽第三叶或止芯芽第一叶	止芯芽叶或生长芽成熟片叶	止芯芽叶或成熟片叶	全部采摘
秋期	叶色	黄绿色	嫩绿色	浅绿色	绿色	较深绿色	深绿色
	叶位	最大叶上一叶	最大叶	最大叶下一叶	第6—7叶	第8—12叶	除基部5—6叶外均可

自建场初期开始，长期推行“适时上蔟”技术要点，采取人工捉蚕上蔟的方法，老一批捉一批，劳动量极大。1980年代后期开始，推行“省力化上蔟”技术要点，用大蚕网

收集熟蚕，即在蚕座上铺放大蚕网，待多数蚕爬到网上后，提起蚕网，把熟蚕抖落在事先铺放塑料薄膜的蚕匾上，用手工方法把网下的蚕拾起来上蔟，此法收集熟蚕比人工拾取可提高工效7～8倍。建场初期使用草笼蔟上蔟，新中国成立后改进为篾折蔟，1970年代后使用塑料折蔟，具有使用年限长、采茧省力、消毒保管方便等优点。

1970年代以前均采用迟采茧法，即上蔟后待蚕完全化蛹且复眼已着色时进行采茧，可防止伤蛹。1970年代起推行早采茧技术，即掌握吐丝终了、尚未化蛹时（一般为上蔟后72小时左右）采茧，可有效减少缩尾蛹，提高良卵率，增加制种量。1971年发展原蚕区制种后，由于农村各户条件不同，同批种茧开差较大，为加强对交调节，也推广早采茧技术，在种茧期分别不同温度处理以达到调节目的。但原蚕农很难掌握好时机而反受其害，故后来不再强制推广。

1950年代开始，蚕室春季采用杠炭升温，火缸上放砂锅盛水补湿，秋期高温季节采取洒水降温、补湿的方法。1963年前没有电源采用油灯感光，1963年后使用电灯感光。1980年代中期以后，改用无烟蜂窝煤加温，补湿则主要依靠向地面洒水或在蜂窝煤炉上放水盆进行。2013年引进电热加温自动控制设备，既方便又安全。

（四）种茧调查、保护与削茧鉴蛹

自建场初期开始，长期推行全项目茧质调查，包括收茧量、全茧量、茧层量、茧层率、健蛹率等，分品种以饲育区为单位抽样调查，主管部门制订合格标准，成绩合格者方可参加制种。合格者再根据茧色、茧形、缩皱等品种固有特性用手触及肉眼观察的方法进行个体选择，淘汰不良茧。1990年代，简化了调查项目，主要调查健蛹率和公斤茧颗粒数。

在整个种茧化蛹期间用72～78℉①范围温度保护，以75℉为中心，湿度75%～80%。待调查蚕蛹复眼着色至黑色时（掌握春季上蔟后10天，秋季上蔟后第11天）开始削茧鉴蛹。

削茧方法历来采取人工用刀开口使茧壳与蚕蛹分离的方法，鉴别雌雄蛹历来采用人工肉眼鉴别，为了保证杂交彻底，须正确鉴别和分离雌雄，分别摊放，出蛾后按规定的交配方式进行雌雄交配、产卵。1980年代后期试用过削茧机和鉴蛹机，但因伤蛹多、错误率高、病源污染大等缺点而未能推广开。

（五）采种技术

使对交两品种同时、等量出蛾以便完成对交是生产普通种的关键。

建场初期，蚕种生产前，根据对交品种的特性，以双方从原种出库、催青、饲育、上蔟、发蛾等经过日数等编制发蛾预定表。在各发育阶段，经常对照发蛾预定表和蚕季不同重

① ℉为华氏度，非法定计量单位，计算公式为华氏度=32+摄氏度×1.8。

点，有步骤地分期进行对交调节，尤其注重种茧期的调节，逐日察看蛹体发育情况以实现对交品种同时发蛾制种。新中国成立后，随着新品种的不断开发生产，实行全过程分段调节其发育进度，不再把种茧保护期作为唯一调节重点的做法，避免蛹后期逾越适温范围的处理。

1930 年代以前，四川农民自养自留的土种，多用牛皮纸、布或丝绵纸制作制种材料，无固定的制种型式。

自建场初期开始，长期采取制平附种型式，按照四川丝业公司的统一规定，普种春季制平附双张种，秋季为框制种每单张 28 蛾产卵。1946 年始全部制双张平附种。蚕连纸面积长 35 厘米，宽 23 厘米，即 805 平方厘米。1960 年代初，框制与平附种均用铝皮框制。1965 年秋，改为平地条厢制种，1977 年改为木质平台框制种，每板 24 双张。1980 年代采用多层活动产卵台，每层放 50 双张，提高了产卵室利用率和巡蛾工效。1980 年代中期全省推广使用散卵，可淘汰不良卵提高质量，蚕连纸平附种型式逐渐退出。本场于 1987 年投资 45000 余元，购置散卵生产和浸酸设备，当年全面改制生产散卵蚕种。越年种用上浆蚕连纸产卵、冬季浴消时清水脱粒。2014 年前蚕连纸保种，在冬季浴消时脱粒，2015 年后在产卵后 15～30 天内脱粒，散卵保种。夏秋用冷、即浸种用不上浆蚕连纸产卵、浸酸时浸酸脱粒。2019 年后，全部改用不上浆产卵布产卵、清水脱粒技术。浆液材料为：面粉 1 市斤[①]，加水 18～19 市斤，加明矾 0.07 市斤。加温调制成糊状，可上浆蚕连纸 2000～3000 张。

自建场初期开始，长期实行全人工捉蛾的方法，劳动效率低下。1980 年代后期，推广“铺网提蛾法”，即在发蛾前在蛹座上铺放大蚕网，发蛾时多数蚕蛾爬到网上后，提起蚕网，把熟蚕蛾抖落蚕匾上，用手工方法把网下的蚕蛾拾起来上蔟，此法收集蚕蛾比人工拾取可提高工效 7～8 倍，大大提高了劳动效率。

三、原蚕区建设

（一） 发展区域与规模的变迁

本场发展原蚕区饲养原蚕收茧制种始于 1960 年的柘蚕饲养，当年春因发展柘蚕，场内柘叶不足，于是发原种到青神县汉阳公社等地饲养，场派技术员指导，饲养蚁量 964.8 克，制 4303 张种；夏季发种 212 克蚁量，制 500 张种，取得成功经验，是四川省开展原蚕区制种最早的种场之一。以后连续几年在原蚕区饲养改交土柘蚕，但量都较少，并在 1960 年代后期停止。

① 市斤为非法定计量单位，1 市斤=500 克。——编者注

本场发展原蚕区饲育桑蚕原种收茧制种始于1971年，当年为扩大制种量，适应生产发展需要，于春季在青神县汉阳公社向阳1～4队搞少量原蚕饲养，取得成功经验。

1973年起，逐步扩大，1974年又在乐山市中区发展水口、严龙、双江3个公社16个生产队为原蚕区，一季发原种300张，制种15000张。至1978年发展到青神县汉阳、瑞丰、南城、高台和罗湾等6个公社56个生产队和乐山市中区发展水口、严龙、双江3个公社16个生产队为原蚕区饲养原蚕，一季能发原种1200张。

1985年，原蚕基地仍分布在青神县和乐山市中区内。发展到6个点7个乡81个生产队，养蚕户558户，其中有80个重点户，共育点122个，有桑树72654株，良桑占90%。

自1988年起，为扩大制种量，满足蚕桑生产需要，开启了大量扩充原蚕区行动，呈现出点多面广、基础薄弱、管理滞后的特点。

1988年，新开辟了青神县天庙乡原蚕区。

1989年，又新开辟了仁寿古建乡、荣县过水乡原蚕点。

1990年，在青神、仁寿、荣县等原蚕点基础上，又新开辟了宁南县原蚕点，此时全场共有8个原蚕乡、11个原蚕村、60个社，原蚕饲育户1411户，创历史新高。

1991年，因宁南县距离太远，收茧制种不方便而放弃，保留青神、仁寿、荣县三县原蚕点，此时全场共有7个乡29个村79个社1559户。

1992年，除青神、仁寿、荣县原蚕点外，又新开辟了新津县原蚕区，此时全场共有8个乡30个村90个社1780原蚕户，原蚕户数达到历史最高峰，收购种茧97650公斤，亦达历史最高值。

1993年后，本场原蚕区点多面广、基础薄弱、管理滞后特点的不良效应开始显现，微粒子病难以防控，到1995年暴发，制种效益低下，开始淘汰更换效果不佳的原蚕区，但收效不佳。

1993年，放弃仁寿、荣县原蚕点，新开辟丹棱县原蚕点，连青神、新津共有8个乡18个村43个社。原蚕区制种达226756张，达历史峰值。

1994年，原蚕区有所缩减，共有青神、新津、丹棱三县33个村54个社762户。当年春由于“蚕茧大战”，青神流失种茧2987公斤，丹棱流失种茧500余公斤，全年流失种茧3487公斤。

1995年，由于“蚕茧大战”（由于茧丝原料供求矛盾，蚕区发生哄抬茧价，抢购蚕茧的情况，扰乱市场）的影响，原蚕区环境内外污染严重，消毒防病难以落实，当年收购种茧制种超毒严重，合格种仅为一半，致使本场遭受严重经济损失。

1996年后，受国际丝绸市场严重疲软的影响，蚕业生产全面回落，全省蚕桑热锐退，蚕种需求量锐减，本场开始逐步收缩原蚕区范围，1999 年形势好转后又有所扩张，2002 年小幅减少，2003 年后又进一步收缩。

1996 年放弃丹棱，保留青神、新津原蚕区。开始推行桑叶全程消毒技术以防控微粒子病害。

1999 年，除青神、新津原蚕点外，新开辟夹江县吴场为原蚕点。

2001 年，再新辟大邑县原蚕点。

2002 年，放弃大邑县原蚕点，巩固青神、新津、夹江县吴场原蚕点，继续实行桑叶全程消毒。

2003 年，再放弃夹江县吴场原蚕区，仅保留青神、新津原蚕区。

自 1996 年起，原蚕区青壮年劳动力大量外出务工，蚕桑收入在农村中占比显著下降，弃桑毁桑现象突出，原有原蚕区范围内订种量和原蚕户逐渐减少。

2008 年，原蚕区虽仍为青神、新津 2 个县 5 乡，但原蚕户减少至 188 户，收种茧 15645 公斤，制种 42838 张。

2012 年，原蚕区虽仍为青神、新津两个县，原蚕户进一步下降至 10 户，收种茧仅 2003.7 公斤，制种仅 3835 张，本场原蚕区建设面临极大困境，已经岌岌可危。

2014 年、2016 年，不得不放弃青神、新津两个原蚕区。至此，本场结束了在四川盆地内的原蚕区，与其他场的情况类似。

2015 年，鉴于四川省攀西地区有利养蚕制种的独特的气候条件和蚕桑生产形势，本场新开辟了冕宁县漫水湾镇原蚕区。结果是种茧质量好，合格率高，制种效果佳，但规模小、距离远（距离场 400 公里），种茧运输难。

至 2021 年底，本场仅有 1 个冕宁县漫水湾镇原蚕区原蚕基地，原蚕户 28 户左右，季收种茧 1396.3 公斤，季制普种量 5016 张。

本场自 1986 年以来原蚕区生产情况见图 2－6、表 2－6。

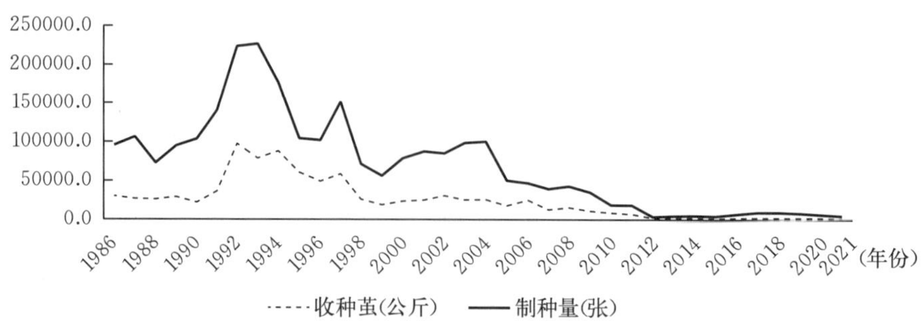

图 2－6　1986 年至 2021 年原蚕区收茧量和制种量统计图

表 2-6　1986 年至 2021 年原蚕区生产统计表

年份	原蚕区（个）	原蚕户（户）	收种茧（公斤）	制种量（张）
1986 年	7	698	29966.6	95615
1987 年	7	698	26537.0	106378
1988 年	8	860	25960.5	72666
1989 年	5	552	28892.5	94942
1990 年	8	1411	22048.5	103628
1991 年	7	1559	36228.6	140567
1992 年	8	1780	97650.0	223690
1993 年	6	1308	78610.8	226756
1994 年	6	1416	88331.8	177077
1995 年	9	1905	60675.3	104324
1996 年	7	1226	49326.3	102039
1997 年	7	1363	58621.3	151538
1998 年	5	689	26001.2	71498
1999 年	5	532	18873.1	56322
2000 年	5	612	23468.2	78926
2001 年	6	635	25044.0	87529
2002 年	6	724	30534.0	85292
2003 年	4	631	25204.7	98578
2004 年	6	360	25570.9	100338
2005 年	5	359	17929.2	50099
2006 年	6	459	25043.0	46857
2007 年	5	289	127196.0	39431
2008 年	5	188	15645.0	42838
2009 年	4	123	11236.0	35151
2010 年	4	98	8927.0	18731
2011 年	4	65	6994.4	18501
2012 年	2	10	2003.7	3835
2013 年	2	9	1866.9	4707
2014 年	2	9	2089.0	4943
2015 年	1	30	1346.0	4562
2016 年	1	50	2185.7	7195
2017 年	1	53	2488.7	9365
2018 年	1	50	2435.1	9521
2019 年	1	54	2276.9	8579
2020 年	1	45	2339.7	6759
2021 年	1	28	1396.3	5016

（二） 管理与技术指导

自原蚕区创建以来至今，便坚持选择水源充足，环境好，无污染，交通方便，较封闭，桑叶充足，养蚕技术水平相对较高，蚕室、蚕具基本配套，符合养原蚕的要求，蚕农有养种蚕积极性和较高文化素质，村组领导班子重视的选择原则来发展原蚕区。

实行合同制管理。1980 年省农业局印发《四川省桑拿蚕普通种原蚕区管理试行办法》，规定原蚕区建设的若干原则和种茧收购办法。1981 年又提出以签订合同的方式，使原蚕队专业组饲养原蚕固定下来，提出宜统则统、宜包则包，坚持集体饲养原蚕，把责、权、利紧密结合起来，长期不变。1982 年前与原蚕区村、社集体经济组织签订原蚕饲育合同，1982 年土地下户后与原蚕户签订原蚕饲育合同，明确双方权利义务。

坚持并不断完善统一消毒防病技术、药品、方法和时间。蚕前消毒、年末回山消毒（冬消）统一组织进行，消毒前后坚持抽样镜检，达到消毒及时、彻底目的。规范、统一蚕期消毒防病技术措施和药品。

坚持并不断完善统一操作技术管理。分片区坚持蚕前统一召开技术培训会，分发技术资料，详细介绍技术操作细则和防微细则，蚕期派技术员和优秀技术工人每天到户巡回检查指导，发现问题及时纠正，随时解答生产中的疑难问题，保证指导、检查、监督同步进行。

坚持并不断完善适当物质、资金扶持，共建共享政策。消毒药品统一组织、低于成本价配发，原种款只按普通种价收取，无偿或低价提供蚕网、簇具、切桑机、喷雾器、管桑农药、统一消毒人工费等，1980 年代和 1990 年代实行奖售化肥政策，对新建或修缮蚕室、共育室、消毒池、蚕沙池等给予补助，给予村、社或公司扶持费用发展生产。对新育苗、栽桑给予适当补贴，如 1985 年原蚕区育苗 85 亩，出苗 60 万株，种场补助资金 2800 元。

1978 年起原蚕区全面实行小蚕共育技术。

1980 年后，对饲养的皮斑限性原蚕品种，推行四龄期雌雄蚕鉴别、分养、分售种茧措施，并给予一定劳务补贴。

1997 年起推行桑叶全程消毒技术，并采取给予一定补贴政策；同年起实行分户收茧、分户摊晾、分户装运、分户削茧鉴蛹、预知检验后确定并户或单户制种的办法来控制微粒子病。

（三） 种茧收购与价格

自创建原蚕区开始，原蚕区原蚕农饲养原蚕出售种茧，本场便按四川省规定的统一种茧价格执行。1971 年规定的价格为，一级茧每公斤 5.2 元，二级茧 4.9 元，三级茧 4.6

元，四级茧 4.4 元，五级茧 4.2 元，凡不合格种茧与下足茧按丝茧自行作价收购。1979 年，种茧价格在原基础上调高 20%。1980 年代后，国家多次提高丝茧价格，种茧价格亦相应调高。1988 年 7 月，全省规定每公斤丝茧最高限价 7 元，种茧价格由春季起的 9.5 元调高到秋季 12 元。1989 年 5 月，省物价局、省丝绸公司规定四川省原蚕种茧收购平均价格统一调整为每公斤 12 元。1990 年代后，国家放开茧丝价格，实行以市场为主导的指导价，种茧价格按比丝茧价格高 50%随丝茧价格波动政策执行。至此，种茧价格波浪式节节攀升，到 2020 年，本场收购种茧均价达每公斤 70 元。

2015 年起，本场针对分级计价方法的不足，改分级计价方法为无级计价方法收购种茧。具体办法是，先根据当年当季丝茧价行情，与相关方协商确定统一的基础单价，再根据分户、分品种抽样调查的 100 粒茧中死笼数、公斤茧颗粒数、含水率等种茧质量指标为依据确定每户种茧单价。死笼数、公斤茧颗粒数以当季当地调查的平均数为基准，死笼数增、减 1 粒按 0.8 元降、升单价，公斤茧颗粒数增、减 1 粒按 0.03 元降、升单价，含水率则采取分段的方法确定单价升降。此办法实行至今，无级化地综合体现了种茧质量的好坏，更加公平合理，受到原蚕农的充分认可。

第二节　原　　种

供生产一代杂交种用的蚕种称为原种，为饲育的原原蚕按规定交配型式所制蚕种（蚕卵）。

一、原种生产

建场伊始，本场即设有原种部负责生产原种，同时开展原原种、原原母种的选育工作。主要生产女蚕校从江苏带来的洽桂、诸桂、华 6、华 7 等改良蚕品种，除用于本场普种生产外，少量出售。至新中国成立初期，本场仍生产少量原种。1954 年，根据西南蚕丝公司的安排，停止原种生产，建立柘蚕土选试育组，开展柘蚕试育。

1974 年，四川省农业局安排本场恢复原种生产，并拨科研经费补助 2200 元，当年生产原种 1364 张。1975 年生产原种 1100 张，1976 年生产原种 1550 张，1977 年生产 2400 张，1978 年生产 810 张。1974 年至 1978 年的五年间共生产原种 7224 张，对外销售 6182 张。品种主要是“川蚕三号”原种，即南 6、蜀 13×苏 13。其中，蜀 13×苏 13 为双交原种。1979 年起，按照四川省农业局的安排，本场停止原种生产。

2006年起，利用本场保存的蚕种种质资源品种，恢复生产少量的原种，此后逐步扩大生产量，主要供本场普种生产使用。2013年起，本场生产的原种，除供本场普种生产使用外，开始对外销售，并且对外销售量逐步扩大。2006年至2014年主要生产品种为，871、872、洞×庭、碧×波、932×芙蓉、7532×湘晖、夏芳、秋白、嘉×州、山×水。2015年至2021年主要生产品种为，871、872、7532、781。

据不完全统计，1974年至2021年，本场共繁育桑蚕原种37974张，对外销售20540张。繁育土原种1179张，对外销售308张。见表2-7。

表2-7　历年原蚕种生产、销售统计表（张）

年份	原种	销售原种	土原种	销售土原种
1962年	—	—	1179	—
1963年	—	—	—	308
1974年	1364	367	—	—
1975年	1100	1312	—	—
1976年	1550	773	—	—
1977年	2400	1730	—	—
1978年	810	2000	—	—
2006年	313	—	—	—
2007年	1670	—	—	—
2008年	1572	—	—	—
2009年	1742	—	—	—
2010年	1287	—	—	—
2011年	1832	—	—	—
2012年	339	—	—	—
2013年	2667	—	—	—
2014年	2773	—	—	—
2015年	1381	1526	—	—
2016年	1196	1356	—	—
2017年	1117	835	—	—
2018年	2965	2830	—	—
2019年	2326	1457	—	—
2020年	3103	2952	—	—
2021年	4467	3402	—	—

二、原种繁育技术

新中国成立前原种繁育技术操作规程无统一标准，多参照日本原种繁育技术各自制定技术操作规程。建场初期，本场沿用江苏女蚕校的技术方法繁育。

新中国成立后原种繁育技术操作规程历来由省级以上主管机关统一制定。1954年形成了中国蚕种四级繁育制度，1955年改为原原种、原种和普通种的三级饲养四级制种的繁育制度。2003年制定了《桑蚕原种》(GB19179—2003) 国家标准，2007年制定了《桑蚕原种繁育技术规程》(NY/T 1492—2007) 行业标准。

催青期间要重视蚕卵的选择，加强催青排队，同时做好各项数据收集整理工作。

饲养原原种蚕，1964年规定以衡定克1克为一区，1975年改为蛾区蚁量育（收取、称量同一单位生产的同一品种同一批次一定数量的卵圈孵化的蚁蚕作为一个饲育单位的饲育方式），同一卵圈的蚕只能在同一饲育区内饲养，6～8蛾收一区，每区蚁量1至1.5克，并按规定加收蚁量逐龄淘汰。从收蚁开始就要严防混杂，并给予适龄适熟良桑，增强蚕儿体质。

自1970年代起原种繁育全面推广早采茧技术，粒粒平摊，种茧保护环境要求同一代杂交种。种茧调查和选择以饲育区为单位，其调查时间与一代杂交种相同。调查项目执行统一规定，调查死笼、雌雄茧的平均全茧量、茧层量并计算茧层率，各项数据不达标的区进行淘汰。种茧合格的区，再进行区内个体选择，个体选择后的种茧再经复选方行制种。经预知检查确认无微粒子病后，于发蛾前并区制种，但每区的蚁量不得超过20克。

单交原种实行同品种异品系交配型式制种，杂交原种按规定的杂交型式交配制种，制成以28蛾为一张的框制种，每一小格投一母蛾产卵，装蛾用28格母蛾盒，逐张每格对号装蛾。装蛾时对号必须正确无误，检查蛾盒上的批号符合连纸上的批号，以便正确检查母蛾微粒子病。

第三节　原原母种和原原种

用于生产原原种和品种继代的蚕种称为原原母种。用于生产原种的蚕种为原原种。

一、繁育时期和数量

建场伊始，本场即设有原种部，负责生产原种的同时开展原原种、原原母种的选育工作，供本场原种生产之用。主要生产女蚕校从江苏带来的洽桂、诸桂、华6、华7等改良蚕品种。至新中国成立初期，本场仍生产少量原种和原原种、原原母种。1954年，根据西南蚕丝公司的安排，停止原种生产，亦即停止原原种、原原母种生产。

1974 年起，四川省农业局安排本场恢复原种生产，原原种、原原母种的生产选育亦即恢复，至 1979 年按照四川省农业局的安排，本场停止原种生产，原原种、原原母种生产亦即停止。

2006 年起，本场恢复原种生产的同时亦恢复原原种、原原母种生产，并逐步扩大生产量。2006 年至 2014 年主要生产品种为，871、872、洞、庭、碧、波、932、芙蓉、7532、湘晖、夏芳、秋白、嘉、州、山、水。2015 年至 2021 年主要生产品种为，871、872、7532、781、峨、眉、风、光。

据统计，2009 年至 2021 年本场共繁育原原母种 16130 蛾、原原种 70414 蛾。

二、技术规范

新中国成立前原原种和原原母种无统一繁育技术操作规程，多参照日本原种繁育技术各自制定技术操作规程。建场初期，本场沿用江苏女蚕校的技术方法繁育。

新中国成立后原原种和原原母种繁育技术操作规程历来由省级以上主管机关统一制定。因品种更新及技术进步对操作规程作多次修改。1954 年形成了中国蚕种四级繁育制度，1955 年改为原原种、原种和普通种的三级饲养四级制种的繁育制度。2006 年和 2010 年，四川省分别制定了《桑蚕原原种》（DB51/T 596—2006）和《桑蚕原原种繁育与母种继代选择技术规程》（DB51/T 1050—2010）两个地方标准。2007 年，农业部亦出台了《桑蚕原种繁育技术规程》（NY/T 1492—2007）行业标准，对原原种、原原母种的繁育做了规范。以单蛾育为标准，采取多中选优的方法，对饲育的各品种分别建立母号、小系，采取综合选择与阶段选择、系统选择与个体选择相结合，对当代饲育和种茧调查成绩与谱系历史成绩进行评比分析，好中选优。1970 年代，原原母种采取同母号异蛾区交配、异母号异蛾区交配型式，1990 年代修改为同母号合并后异小系交配型式，2010 年修改为异小系交配、异小系循环交配型式，单蛾制种。原原种采取异小系、异品系交配型式，14 蛾匡制平附种。

三、计算机辅助选择的应用

2012 年，李成阶根据四川省地方标准，在 Office 软件平台上，开发了原原母种、原原种蛾区选择、原原母种中选蛾区个体选择自动化、可视化辅助选择系统，应用至今。与此前依靠计算器计算与选择相比，大大节约了计算、选择时间，提高了选择效率和准确性。

第四节　土种和柘蚕种

一、土种

本场建场以前，川南乐山一带农民都以自留种（俗称土种）为主，自产自用或亲朋好友相送。本场建场以后，开始推广杂交种并逐步扩大，但土种仍然未绝。

从1964年起，利用保育试验的优势生产土种，按新法繁育部分土种，适应市场需要。当年生产1168张，1965年增加到6856张。1966年生产土种6550张，1967年生产土种5100张，1968年降到2393张，1969年土种生产再降至1022张，1970年生产土种2052张，1971年生产土种1532张，1975年最后生产520张，至此土种绝迹。共生产土种27193张，土种销售价格仅0.50元/张。

二、柘蚕种

民国29年（1940年）3月，鉴于乐山用柘叶养1～3龄、用桑叶养大蚕，所产柘蚕茧生产出驰名中外的嘉定大绸的悠久历史，四川省农业改进所在本场设立川南研究室，开展柘叶育蚕试验研究。后由于战乱中止试验研究。

1954年西南蚕丝公司在本场创建全国第一个柘蚕土选试育组，由省农科院蚕试站管理。开展柘蚕品种收集、鉴定、杂交试验。

1969年后繁育试验主要开展改交柘和柘交柘的试验，改交柘的品种有华志×夫五、华志×柘廾、苏17×夫五、苏17×柘廾。柘交柘品种有夫五×柘廾、柘廾×夫五。

1973年生产柘蚕种760张，1974年再生产柘蚕种916张，发到农村中试推广，但效果不佳，于1976年停止生产与推广。至此，柘蚕种在本省绝迹。见表2-8。

表2-8　土种、柘蚕种生产统计表

单位：个

年份	土种	柘蚕种
1964年	1168	—
1965年	6856	—
1966年	6550	—
1967年	5100	—
1968年	2393	—

（续）

年份	土种	柘蚕种
1969年	1022	—
1970年	2052	—
1971年	1532	—
1972年	—	—
1973年	—	760
1974年	—	916
1975年	520	—

第五节　蚕种质资源及其及保育

蚕种质资源是用于蚕种质或基因保存、繁殖的遗传类型。

一、蚕种质资源的收集与保育

民国29年（1940年）3月，四川省农业改进所在本场设立川南研究室，后由于战乱中止。1954年西南蚕丝公司在本场设立柘蚕土种选试育组，开展柘蚕土种品种收集、鉴定、杂交试验。收集数百个柘蚕土种，经纯化保育保留35个品种，1969年农业厅决定终止试验，保存的品种全部丢失。

2005年承接华神集团（崇州）资源昆虫生物技术中心的蚕品种520份，其中：地方品种155份、突变基因品种202份、省蚕业管理总站委托保存品种98份、育种材料65份。

2006年，四川省蚕业管理总站发“川蚕业〔2006〕37号”文批准本场设立“四川省家蚕种质资源库（苏稽）”。

2009年10月20日，四川省农业厅680号文命名本场为“四川省蚕桑品种遗传资源保护单位”。

2012年9月13日，家蚕基因组生物学国家重点实验室、四川省苏稽蚕种场、四川省蚕业管理总站三方签订协议，合作共建的“家蚕基因组生物学国家重点实验室家蚕种质资源保育（四川）中心”在本场挂牌成立。

2020年11月19日，本场通过了省级桑蚕保种场专家组初审，并被推荐为国家级家蚕种质资源保种单位之一。

二、保育技术方法

蚕种质资源继代保存实行活体保存方法，一般每年保存一代，部分夏秋种质资源间隔几年后夏秋季增加保育一代。

2013 年以前，四川省没有统一的蚕种质资源继代保存标准，本场一直参考中国农业科学院蚕业研究所的方法进行保存。2013 年四川省出台了《桑蚕种质资源继代保存技术规程》(DB 51/T 1664—2013) 地方标准，从其规定。

根据品种特性，采用相应的催青方法和标准。每个品种计划催青、饲育 2 区，每区 10～12 蛾，转青后用白纸封包放入黑暗室备收蚁。

坚持按技术规范实行“蛾区混合育、逐龄选择淘汰”。每个品种混合收蚁 2 区，收蚁后，统一编排饲育号，做好登记，填写饲育卡片。1～3 龄眠起后，每龄每区淘汰30%～50%，4 龄起蚕后 24～36 小时，每区定蚕 300～350 头。幼虫期及种茧期选择淘汰幼虫体色、斑纹、体形、眠性、茧形、茧色等不符合品种固有特性的个体。对于基因突变系统资源，根据生物学性状确定留种个体。对于特殊性状种质资源，根据其突出性状确定留种个体。

同品种异区交配，同品种单蛾框制，每张蚕连纸 12 只母蛾，制两张 20～24 蛾，一张作下一代正式用种，另一张作备用种。产卵连纸注明品种名、亲本饲育号、制种季别。

整个繁育过程中要求防混，登记、整理各阶段调查资料，记录血缘关系、当年气象资料、设备、人员、技术处理情况。按规定填报各种报表。资料（含电子资料）均归档保存。

第六节　蚕病危害及其防治

蚕病是指蚕偏离健康状态的现象，是蚕在受到侵害性因子通过各种方式侵害后与之抵御的过程表现，当侵害性因子扰乱蚕生理功能的平衡时，蚕会在形态、行为、摄食、排泄、脱皮、营茧、变态、交尾、产卵和孵化等生命活动方面表现异常，即出现蚕病。

蚕病的种类很多，主要有病毒病、细菌病、真菌病、微粒子病等传染性蚕病和蝇蛆病、蒲螨病、中毒症等非传染性蚕病。

蚕病是制约养蚕制种的重要因素，其中微粒子病具有胚种传染性，是唯一检疫对象，对养蚕制种影响最重最烈，防控微粒子病是蚕种场生产工作重中之重。

一、蚕病的发生和危害

本场从建场起，病毒病、细菌病、真菌病、微粒子病、蝇蛆病、壁虱病、中毒症等蚕病皆有发生并造成危害。其中，病毒病、真菌病、蝇蛆病、中毒症发生并造成一定危害的频率均较高但危害程度一般不大，只偶尔重害，本场尤以微粒子病危害最大最烈，影响最深。

建场初期，微粒子病、真菌病发生严重。如1940年四川农业改进所检查本场春制种母蛾毒率高达70%以上，秋蚕期白僵病常危害严重。

1950年代，微粒子病危害严重。如1952年生产2万多张蚕种，即有3批蚕种超过毒率规定而烧毁；1953年计划生产42000张，因微粒子病危害仅完成13000多张；1954年生产37256张，其中超毒种6864张，占比达18.4%；1956年春生产18406张蚕种，其中超毒种为2590张，占比亦达14.1%。1956年秋季和1957年全年，由于本场微粒子病危害严重，上级安排停产整改，桑叶用于饲育丝茧。1958年春恢复生产，但仍有微粒子病危害，秋季继续停产整改。1959年才恢复生产。

1960年代，随着三栋蚕室的新建、生产条件的改善和消毒防病力度的加大，微粒子病害得到有效控制。如1963年春生产14498张蚕种，全部无毒；秋生产13581张，也仅少量蚕种带毒；1964年春生产19396张，仅一圈带毒，合格率达100%。

1970年代，随着生产量的逐步扩大，原蚕区饲养原蚕模式出现，病毒病、细菌病、真菌病、微粒子病、蝇蛆病、壁虱病、中毒症等主要在原蚕区零星发生，危害一般不大。

1980年代后期，微粒子病危害又有所抬头，至1989年爆发。1989年制种166290张，合格96658张，超毒烧种69632张，高达41.8%。

1990年代前期，随着生产量的逐步扩大，原蚕区不断拓展，常超负荷组织生产，基础设施和技术管理缺失或滞后，加之受“蚕茧大战”影响，病原污染累积，微粒子病危害不断，常常是种茧丰收、合格种欠收，1995年暴发微粒子病，超毒烧种高达50%以上，损失惨重，影响至深。1996年后，随着茧丝行业滑坡、市场无序竞争加剧，生产量大幅萎缩，原蚕区范围大幅缩减，防控措施不断增强，微粒子病危害逐渐减轻。

2000年代，蚕种生产量进一步萎缩，投入不足，微粒子病危害持续不断。

2010年代，蚕种生产量趋于稳定，生产投入加大，技术措施增加，原蚕区布局优化，微粒子病等危害逐渐得到有效控制。各级蚕种母蛾检验合格率均在97%以上，2019年至2021年连续三年实现无检出，蚕种质量得到显著提升。

二、蚕病的防治

民国时期，对僵病用硫黄或柏树枝叶熏烟消毒，收到良好效果。对微粒子病采取镜检淘汰染病母蛾，对蚕室和养蚕环境在蚕前进行扫、洗、刮、刷、喷石灰浆等方法进行消毒，对蚕具采取蒸煮和日光暴晒方法进行消毒，养蚕时勤撒石灰粉进行蚕座消毒，收到较好效果。

1950年代，微粒子病危害盛行之时，加强了蚕室和养蚕环境的净化处理。如1956年至1957年春停产整顿之际，对蚕室和养蚕环境的地表土进行了挖除与更新，收到一定效果。

1960年代，随着三栋蚕室的新建、生产条件的改善，微粒子病危害基本得到控制，但病毒病、细菌病、真菌病、蝇蛆病等危害时有发生。为此，加强了养蚕卫生制度的建设，如洗手给桑、换鞋入室等，并开始广泛使用化学药剂进行消毒，如化工产品漂白粉、生石灰、福尔马林、硫黄和消毒药品赛力散、西力生、氯霉素、土霉素、红霉素、灭蚕蝇等。赛力散、西力生和硫黄主要使用于防控僵病，效果良好，氯霉素、土霉素、红霉素对细菌病有效果，灭蚕蝇对蚕蝇蛆病有奇效，漂白粉、生石灰、福尔马林具有广谱的消毒效果，主要使用于病毒病和微粒子病的防控，广泛用于蚕室、蚕具、环境、蚕座消毒。

1970年代，随着原蚕区饲养原蚕收茧制种模式的发展，原蚕区蚕病防控技术措施不断确立完善。如蚕前统一消毒、蚕期加强技术指导，冬季一年养蚕结束后及时组织统一的冬季消毒等。

1980年代，农村实行包产到户的土地制度改革，桑随地走，原蚕饲养包产到户。多数蚕农养蚕设施设备落后、技术不一。为此，种场出资以补贴等方式，帮助蚕农修建消毒池、蚕沙池、添置蚕具、改建蚕房、奖售化肥、减免消毒药物费用等，蚕前开始技术培训、发放技术资料等，蚕期加强入户技术指导，制定消毒技术规范、配置机动消毒设备等。

1990年代初期，茧丝行情向好，蚕种需求大增，原蚕区不断扩大，“蚕茧大战”爆发，微粒子病危害又一波暴发。经总结认为，因桑叶野外虫害病原污染是主因，开始推广桑叶全程消毒技术，小蚕用叶采取浸消方式，大蚕用桑采取采叶前叶面喷消方式，后大蚕用桑亦推广浸消方式，2013年，自制了半机械化设备一套，包括浸池、铁质桑叶浸消框、电动升降机、脱水机等，降低了劳动强度、提高了消毒质量和效率，收到良好效果。

本场多选用广谱、高效蚕药。历年使用的消毒药物有漂白粉、福尔马林、石灰、消毒王等，建场前期至1960年代消毒药物用得较少，主要药物漂白粉和福尔马林年使用量仅几吨，如1961年漂白粉仅使用2250公斤。1970年代随着产量的增加和原蚕区的扩大，药物使用量不断增加，至1990年漂白粉使用达60吨。1992年漂白粉使用量更达65吨。

以后生产量减少和原蚕区范围缩小，漂白粉使用量大为减少，但每年也使用10多吨。其他药物也是如此。

建场开始即建立消毒预防蚕病制度，新中国成立后坚持贯彻“预防为主，综合防治”的方针，将消毒防病措施贯穿于蚕种生产的全过程，做到“蚕前全面彻底消毒，蚕期重点经常消毒，蚕后立即认真消毒”的“三消”防病制度。

2000年，提出“两控一严”（即控制桑园虫害、控制环境污染和严格管理）的防微方针，并逐步形成了家蚕微粒子病综合防治技术体系。

2013年，提出了对病原采取“零容忍”策略，以彻底消毒为导向，全面、全程和全员共同参与消毒的防控指导思想。选用具有广谱效果的氯制剂、醛制剂为主的养蚕消毒药剂，建立了以消毒为主的蚕病综合防治技术体系。

第七节　蚕种保护与浴消

一、蚕种保护

蚕种保护，是指对越年用蚕种在蚕卵产下至冬季入库冷藏前，在胚胎发育的不同时期给予适当的温湿度保护，巩固胚胎的越年性，维护并提高孵化生理机能的处理技术。

越年春、夏用蚕种自产卵到翌年春、夏季用种时孵化，经过时间春制种长达10个月，秋制种也长达6～7个月，在此期间必须根据胚胎的不同发育阶段采取适当的保护措施方可确保蚕种质量。

本场有三级蚕种和品保种，批次多、品种复杂。1970年代起，随着制种量的增加特别是秋制种的增加，保种数量逐步增大。1980年代后期起还对乐山、自贡、宜宾等地区的蚕种场生产的起年种进行代理保护，品种、批次、数量更加复杂，保种任务更加艰巨。本场采取集中保护，分室管理办法进行。

建场初期没有专用保种室，只有选择密闭条件较好、较能控制温湿度的房屋（蚕室）进行保种。1974年投资21000多元改建一栋砖木结构、720平方米的危房作专用保种室。1979年3月再投资12万元改建一砖混结构855平方米旧房为保种室。2011年因棚户区改造项目原保种室撤除，改原职工宿舍10间旧房作保种室使用至今。

建场初期，蚕种保护较为粗放，“开开窗、关关窗、扫扫地、抹抹灰、捉捉虫”成为保种主要措施，没有人值守，造成偶尔有质量事故发生，如1955年因真菌寄生造成蚕卵大量死亡。1970年代起，随着保种数量的增加，开始重视保护工作。安排专人昼夜值班，做到室不离人、人不离室，日夜轮值，全面负责蚕种的安全检查、温度调节、清洁工作等，上下班做到认真严格交接，加强记录，落实制度，要求保种人员一定要有高度负责的精神，踏踏实实、认真细致的工作作风。1998年场不惜巨资给保种室配备了10台降温空调、电热线补温装置和温湿自控柜，蚕种保护室的温度实现了按人的意愿进行调控，达到了规范化、标准化的目的。

建场初期，蚕种保护采取叠放的方式，1970年代后采取悬挂的方式，即在蚕种保护室内用蚕架搭成挂种架，将蚕种悬挂于蚕架上。一般悬挂三至四层，每串30～50双张，一间保护室悬挂6000～8000张，周围距墙和窗0.5～1.5米，上离天花板0.5～1米，下层离地面1米。种架之间留出走道。悬挂方向仰面与门窗垂直，保持卵间有一定距离，以利空气流通，感温均匀。2014年起对春制越年普种全面推行洗落保护方式，先按悬挂保护方式在保护室悬挂保护经过15～20天，然后取下用清水洗落、过筛，漂洗脱浆后，用含有效氯0.2%浓度的漂白粉溶液浸渍4分钟、脱药1分钟，干燥后，及时置于蚕种保护室平铺于散卵框中，摊卵以每平方米1.5～2.0公斤、厚度0.5～1.0厘米为宜。散卵框纵横交替重叠码放，堆码高度不超过150厘米，底框距离地面30厘米。保护期间每周调换蚕种位置1次，每2～3天用木梳翻动蚕卵1次。

建场初期，沿用江苏女蚕校蚕种保护标准和方法，新中国成立后按西南蚕丝公司要求保护，1983年按四川省蚕业制种公司《家蚕良种繁育技术操作要点》标准执行，1992年按四川省蚕业制种公司《家蚕良种繁育技术要点》标准执行，2010年四川省颁布实施《桑蚕一代杂交种保护技术规程》（DB51/T 1051—2010），执行至今。春制越、秋制越年种常规保护技术详情见表2-9、表2-10。

表2-9　春制越年种常规保护技术

<table>
<tr><th colspan="2">保护时期</th><th>温度（℃）</th><th>相对湿度（%）</th><th>技术要点</th></tr>
<tr><td>产卵初期</td><td>产卵后1周内</td><td>23～24</td><td rowspan="6">75～80</td><td>避免接触26℃以上高温或21℃以下低温；越年性不稳定的蚕品种，产卵后12小时内用17至20℃保护5至7天。</td></tr>
<tr><td>夏、早秋期</td><td>6月中旬至9月中旬</td><td>24～26</td><td>25℃为最适宜的温度，避免接触27℃以上高温；注意通风换气和补排湿，防霉。</td></tr>
<tr><td>中秋、初冬期</td><td>9月下旬至11月上旬</td><td>24～18</td><td>温度应逐步下降；室温低于18℃，应升温至18℃；含多化性血缘品种应不低于20℃至浴种。</td></tr>
<tr><td rowspan="3">冬期</td><td>11月中旬</td><td>18～13</td><td>温度应逐渐下降；11月中旬前期在保护温度范围内宜稍高；注意补湿。</td></tr>
<tr><td>11月下旬到浴种</td><td>13～10</td><td>12月份在保护温度范围内宜稍低；防止温度激变；避免接触13℃以上温度。</td></tr>
<tr><td>浴种后到入库前</td><td>10～5</td><td>避免接触10℃以上和0℃以下温度。</td></tr>
</table>

表 2 - 10　秋制越年种常规保护技术

<table>
<tr><th>制种期别</th><th colspan="2">保护时期</th><th>温度（℃）</th><th>相对湿度</th><th>技术要点</th></tr>
<tr><td rowspan="3">正秋</td><td>初期</td><td>产卵后 1 周内</td><td>23～24</td><td rowspan="9">75%～80%</td><td>与表 2 - 9 相同。</td></tr>
<tr><td>中期</td><td>30 天</td><td>25</td><td>每 2 天加温 1℃、或每天加温 0.5℃；升至目的温度，
保足 30 天；含多化性血缘品种 25.5℃保护；防止干燥、及时补湿。</td></tr>
<tr><td>后期</td><td>至浴种</td><td>25～10</td><td>每 2 天降低 1℃、或每天降低 0.5℃，降至与春制越年种同温保护、浴种；防止温度激变；含多化性血缘品种降温至不低于 20℃保护至浴种。</td></tr>
<tr><td rowspan="6">晚秋</td><td colspan="2">浴种后至入库前</td><td>10～5</td><td>避免接触 10℃以上和 0℃以下温度。</td></tr>
<tr><td>初期</td><td>产卵后至固有色</td><td>24</td><td>与表 2 - 9 相同。</td></tr>
<tr><td>中期</td><td>15～20 天</td><td>25</td><td>含多化性血缘品种不少于 30 天。</td></tr>
<tr><td>后期</td><td>至浴种</td><td>25～10</td><td>浴种前降温可每 2 天降温 2～3℃；防止温度激变；含多化性血缘品种降温至不低于 20℃保护至浴种。</td></tr>
<tr><td colspan="2">浴种后至入库前</td><td>10～5</td><td>避免接触 10℃以上和 0℃以下温度。</td></tr>
</table>

二、蚕种浴消

蚕种浴消，是指越年蚕种在经过保种过程后至入库冷藏前进行的清水浴洗和消毒技术处理，以去除污物、病原和不良卵为目的，达到提高蚕种质量的效果。

我国在 2000 多年前就注意到了蚕种的清洁和保护，在蚕种孵化前，古人对蚕种都给以浴种处理。但在宋代之前，蚕农们还只是用清水浴洗卵面。而陈旉《农书》中记载“至春，候其欲生未生之间，细研朱砂，调温水浴之。”这种临近蚕卵孵化之日，用具有消毒效果的朱砂溶液浴种，具有给卵面消毒的作用，这样的操作已经接近现代浴种技术了。

自建场初期开始，本场即推广现代浴种技术以保证蚕种质量。对平附蚕种采取用 3%的福尔马林稀释液、液温 70℉、浸渍 40 分钟的方法进行浴消。1986 年推广一代杂交种散卵制造成技术后，采用含有效氯浓度 0.30%～0.35%的漂白粉上清液浸渍消毒 9 分钟、滤液 1 分钟，用清水逐级漂洗脱药 40～60 分钟，至漂白粉药味脱净为止，再用盐水比选方法去除死卵、过轻过重等不良卵，大大提高了蚕种质量。

建场初期在峨眉山初殿浸酸场进行，至 1976 年冷库和浸酸场迁建场内后，即在场内浸酸场进行。

第八节 蚕种的人工孵化

蚕种的人工孵化，是指在越年性蚕卵产下后的适当时期，通过理化刺激阻止或解除其滞育，使其在人们预期时孵化、饲育的技术处理。常用的技术处理方法是冷藏和浸酸。蚕种人工孵化技术，结束了旧时一年一般只养一次春蚕的历史，大大提升了夏秋桑叶利用率，是蚕茧生产的一大技术革命。

蚕种的人工孵化已有较长的历史，19 世纪末，广东蚕农用温汤浸种（多化性蚕种），这是蚕种人工孵化法的开端。此后，国外陆续进行各种物理的、化学的人工孵化法研究，有人工越冬（冷藏）法、摩擦孵化法、气压孵化法、感电孵化法、紫外线孵化法、氧气孵化法、盐酸孵化法、硫酸孵化法等，其中以盐酸孵化法最为实用、效果最好，后被广泛采用。1915 年荒木武雄、三浦英太郎确定了盐酸孵化法为蚕的人工孵化技术，用于生产实践。

一、蚕种冷库

蚕种冷库是对蚕种集中进行冷藏、浸酸等技术处理的专门场所，包括蚕种冷库和蚕种浸酸场。蚕种进入冷库进行冷藏、浸酸等处理称之为入库，蚕种冷藏、浸酸等处理后进入催青处理前称之为出库。

本场蚕种冷库始建于 1941 年，是全省种场附属管理、建设最早的蚕种专业冷库。现核定年冷藏、浸酸处理蚕种 60 万余张，是四川省现存 5 个专业冷库之一，冷藏、浸酸处理蚕种量全省排第二位。80 余年来，为四川省蚕种冷藏、浸酸处理做出了巨大贡献。

（一） 冷库建设

1941 年，为了让四川同江苏一样能够饲养秋蚕，充分利用夏秋期生长的桑叶，提高蚕茧产量，费达生听取养蚕农民的建议，到气温较低的峨眉山勘查确认可行后，由蚕校在峨眉山半山腰初殿修建了简易冷库 599 平方米，在清音阁附近修建了浸酸池，每年冬季搜集冰雪，堆放在库房内起冷冻作用降温，以利蚕种保护，并通过浸酸处理，变蚕种自然孵化为人工孵化，推广了秋季养蚕。由于是木架夹壁结构，每年需在 9—10 月进行维修。

1948 年在峨眉山初殿冷库处建木架单竹壁浸酸场 87.68 平方米。

1953 年 9 月 24 日，用资 4893700 元（旧币，拨款），对峨眉山初殿冷库进行大修改建，改原木架夹壁为石墙木架，10 月 31 日结束。

1969 年，改建峨眉山初殿冷库，改原瓦顶为水泥板盖顶。

1972 年，因原水泥盖板传热快，遇不良气候时不能维持冷库目的温度，致 1971 年秋原种冷藏造成损失，故于 1972 年对原冷库水泥板屋顶上进行了加盖木板和油毛毡隔热处理。

1974 年，四川省农业局、四川省计划委员会、四川省建设委员会、四川省财政局同意由省机动财力拨款，由四川省建筑勘测设计院设计，在本场修建蚕种冷库、浸酸场、水塔三项工程，于 11 月施工，当年投资 65000 元。1975 年初，四川省农业局下达当年冷库等项目投资 19 万元。1976 年 5 月中旬，冷库、浸酸场竣工，共 1843 平方米，其中冷库 1177 平方米，安装有两台液氨制冷机，制冷量为 10.5 万大卡/时和 11.5 万大卡/时，其功率为 55 千瓦，并配置了发电机组；浸酸场 666 平方米。总投资 30.4 万元（含制冷设备）。生产容量季冷藏蚕种 30 万张蚕种，全年冷藏量达 100 万张蚕种。完成了将冷库、浸酸场由峨眉山初殿、清音阁附近迁建至场内的任务。

1985 年，推广应用了蚕卵快速风干设备。

1987 年，为适应散卵浸酸的需要，投资 11.5 万元对浸酸场进行了改建。并投资 45201.67 元购进了散卵浸酸设备一套，日浸酸处理散卵蚕种能力达 2 万张。

1988 年，推广应用了电热油浴自动浸酸槽浸酸。

2002 年，自筹资金 2 万元对液氨制冷蒸发器进行了更新改造。

2013 年，采用先进的钢框架浸酸结构、聚氨酯彩钢板隔墙的组合式构造，采用全自动温、湿度控制系统。

2015 年 11 月，省农业农村厅拨款 20 万元专项资金，购买安装了一台氟制冷机组（制冷量 74.8 千瓦），完成对液氨制冷机的改造，消除了长期以来液氨制冷机易泄氨的重大安全隐患。

（二） 冷藏、 浸酸处理蚕种来源及数量

自 1941 年在峨眉山半山腰初殿修建了简易冷库起，至 1976 年迁建于场内止，主要冷藏、浸酸处理本场生产的蚕种。初期还冷藏、浸酸处理内迁女蚕校附属嘉阳蚕种场、四川大学蚕桑系生产的蚕种。冷藏、浸酸处理蚕种量在 10 万张左右。所有蚕种全靠人力肩挑步行崎岖 30 余公里山路运输。

1976 年冷库迁建于场内后，开始逐步对乐山地区、眉山地区、攀西地区、自贡地区、宜宾地区等附近蚕种场生产的蚕种进行冷藏、浸酸处理，处理量逐渐增大，年出、入库蚕种达 40 万张以上。1994 年入库蚕种达 144 余万张历史峰值，1991 年出库蚕种达 139 万张历史峰值。1995 年以后，乐山地方新建一冷库分流处理蚕种，且随着全省发种量的滑坡

而大量减少。2010 年乐山地方冷库停业，本场冷库处理量有所回升。

据不完全统计，本场蚕种冷库自 1982 年至 2021 年共冷藏、浸酸处理蚕种 1600 余万张，详情见图 2－7、表 2－11 所示。

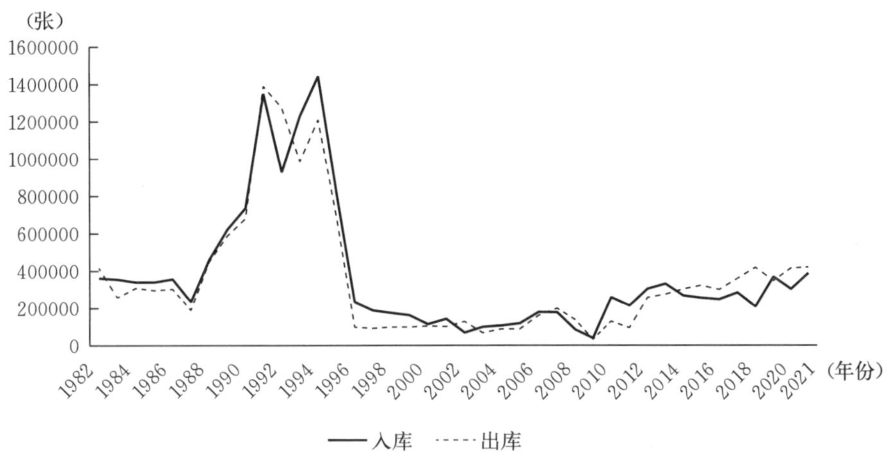

图 2－7　1982—2021 年苏稽蚕种冷库蚕种出入库统计图

表 2－11　1982—2021 年苏稽蚕种冷百种出入库统计表

年度	普种（张）		原种（张）		合计（张）		蚕种来源（生产场）
	入库	出库	入库	出库	入库	出库	
1982 年	349653	406279	12560	9220	362213	415499	凉山州场、西昌市场、苏稽场、攀枝花场、犍为场、丹棱场、洪雅场、
1983 年	352391	255096	3150	2180	355541	257276	—
1984 年	333822	301630	6438	6293	340260	307923	—
1985 年	337541	293857	2500	2000	340041	295857	—
1986 年	354334	301469	2316	2000	356650	303469	—
1987 年	231766	187424	2500	2000	234266	189424	—
1988 年	457304	448202	3056	1454	460360	449656	—
1989 年	613999	584303	9042	4125	623041	588428	—
1990 年	730000	677166	6500	4000	736500	681166	—
1991 年	1340451	1383916	9373	5051	1349824	1388967	—
1992 年	910357	1251562	18753	24778	929110	1276340	—
1993 年	1228924	986018	1109	730	1230033	986748	—
1994 年	1440451	1209617	2144	734	1442595	1210351	—
1995 年	811701	684190	8525	7400	820226	691590	—
1996 年	227704	95610	5000	3000	232704	98610	—
1997 年	183483	88946	4583	2490	188066	91436	—
1998 年	174267	95420	1154	3659	175421	99079	—
1999 年	162307	97297	1200	934	163507	98231	—

（续）

年度	普种（张）		原种（张）		合计（张）		蚕种来源（生产场）
	入库	出库	入库	出库	入库	出库	
2000年	110380	96447	4836	7221	115216	103668	—
2001年	141768	100195	528	1465	142296	101660	—
2002年	63446	123012	5967	5530	69413	128542	—
2003年	94402	63290	6000	4003	100402	67293	—
2004年	100535	84364	6604	3033	107139	87397	凉山州场、西昌场、苏稽场、攀枝花场、犍为场、丹棱场、洪雅场
2005年	108976	81372	9202	6271	118178	87643	—
2006年	170670	152298	8834	8220	179504	160518	—
2007年	169150	191367	9000	7496	178150	198863	—
2008年	82174	135114	3000	2253	85174	137367	苏稽场、西昌场、凉山州场、研经场
2009年	37941	32108	1742	1200	39683	33308	—
2010年	257558	129562	808	500	258366	130062	—
2011年	212964	93472	1100	706	214064	94178	—
2012年	304191	257129	339	339	304530	257468	—
2013年	328549	274483	2839	361	331388	274844	高县场、井研世圣场、裕民场、绿圣场、西昌场、苏稽场
2014年	265186	300618	2721	1684	267907	302302	—
2015年	254817	317048	1355	4249	256172	321297	—
2016年	246801	299150	1316	1356	248117	300506	—
2017年	281970	358665	1417	835	283387	359500	西昌场、裕民场、苏稽场、和兴场
2018年	205271	415442	3751	2830	209022	418272	—
2019年	365101	346113	3374	1457	368475	347570	—
2020年	299860	411890	2464	2952	302324	414842	—
2021年	383095	416080	5051	3402	388146	419482	—
合计	16098667	15284083	206799	169104	16305466	15453187	—

二、蚕种冷藏技术

（一） 越年蚕种的冷藏

旧时农家自留蚕种采取自然越冬的办法，开春时季抱种孵化。此方法具有时季性强、孵化欠齐、蚁蚕欠健康等弱点。现代科技采用人工越冬（冷藏）法，具有可调节孵化养蚕时期、孵化齐一、蚁蚕健康等优点。同时，结合浸酸处理，开创了夏、秋蚕多批次随时人工孵化养蚕的历史。

自1941年在峨眉山半山腰初殿修建了简易冷库起至1976年迁建于场内止，春制或秋制越年蚕种采用单式冷藏方法保护蚕种。在每年12月底至次年1月初，越年蚕种浴消整理后，以5～7℃保护，待蚕卵胚子发育到大多数丙$_1$、少数丙$_2$时，入库用2.5℃冷藏，直至出库。冷藏有效期为90天以内。单式冷藏方法保护蚕种显著优于自然越冬法保护蚕种，受到农民欢迎。

1976年冷库和浸酸场迁建场内后，开始推广越年春、夏用蚕种复式冷藏技术。越年蚕种浴消整理后，先以5℃温度保护，进行人工越冬，解除滞育。同时，逐批抽样进行活性化调查。根据蚕卵胚子活性化程度的高低来决定5℃保护时间的长短。蚕卵胚子活性化程度高、丁$_1$发育度调查的指标亦高的，在5℃中的保护时间宜短；反之，在5℃中的保护时间宜长。5℃保护时间，春制春用种45～55天；秋制春用种35～45天；春制夏用种30～40天；秋制夏用种25～35天。当蚕卵胚子发育至大多数是甲胚子、经丁$_1$发育度调查丁$_1$以上胚子在30%以上时，开始进行第一次冷藏，冷藏温度2.5℃，冷藏时间不超过60天。第一次冷藏时间需在60天以上的，则冷藏40天后改用0℃冷藏，抑制胚子发育。在预定出库催青前30～60天，蚕种冷藏中途出库感温，用10～13℃温度保护5～10天，待蚕卵胚子发育到丙$_1$～丙$_1^+$、接近丙$_2$时，再入库进行第二次冷藏。含多化性血缘的蚕种，中途感温时间以用种出库时间倒推30日来确定。中途感温结束后的蚕种，入库进行第二次冷藏至出库催青。冷藏温度2.5℃，冷藏时间30～60天。春用种第二次冷藏时间不少于30天；夏用种第二次冷藏时间不超过60天；含多化性血缘的蚕种第二次冷藏时间在30天内为宜。由于复式冷藏比单式冷藏入库提早1个月左右，避免了初冬时节保种时自然温度的波动，从而提高了胚子匀整度和孵化率，孵化度达95%以上，夏用种更是比单式冷藏提高30%以上，同时比单式耐冷藏期限更长，应运用于夏用种和早秋用种，拓展了越年蚕种的使用期限，大大降低了库余损失风险，是蚕种冷藏技术的一项重大突破。

2008年9月1日，《桑蚕一代杂交种冷藏技术规程》（DB51/T 845—2008），颁布实施，越年种冷藏标准表2-12。

表2-12　越蚕种复式冷藏标准

用种期别		春蚕用种	夏蚕用种
第1次冷藏	入库时期	12月中下旬	
	胚胎发育程度	甲	
	冷藏温度（℃）	2.5	
	入库时期	3月上旬	4月中旬
第2次冷藏	胚胎发育程度	丙$_1$	丙$_1$
	冷藏温度（℃）	2.5、5	2.5

（二） 即时浸酸蚕种冷藏

1970 年代后，在国家大力发展蚕桑生产倡导下，蚕茧生产发展迅速，夏、秋蚕茧生产占比大增，仅靠越年种已经不能满足夏用种需要，开始推广即时浸酸技术来满足生产需求。四川省春季制种一般在 6 月中旬，而夏用种一般在 7 月上中旬，故采用即时浸酸技术需要结合冷藏技术处理。

1980 年代起，为解决小批量蚕种不便浸酸处理，开始推广即时浸酸蚕种浸酸前冷藏技术，延期蚕种的浸酸。于产卵后在温度 24～25℃、湿度 75%（干湿差 2.5℃）保护下，经过 18～20 小时入库冷藏。冷藏前先经 10～13℃中间温度保护 2～4 小时，再移至 5℃中冷藏。冷藏期限应不超过 5 天，并尽量缩短冷藏时间。

1990 年代起，为解决制种与用种时间差问题，开始推广即时浸酸蚕种浸酸后冷藏技术，根据时间差数分别采取三种冷藏方式。一是乙胚子冷藏，即时浸酸种浸酸后在 20～21℃保护 18～22 小时，蚕胚子发育到乙$_1$～乙$_2$ 时，经 10～13℃中间温度保护 2～4 小时后，置于 2.5℃中冷藏，冷藏期限 30～40 天。二是丙胚子冷藏，即时浸酸种浸酸后在 24～25℃保护 18～22 小时，蚕胚子发育到乙$_2$～丙$_1$ 时，经 10～13℃中间温度保护 2～4 小时后，置于 2.5℃中冷藏。冷藏期限 20～30 天。三是丁胚子冷藏，即时浸酸种浸酸后在 25℃保护 40 小时，蚕胚子发育到丁$_1$～丁$_2$ 时，经 10～13℃中间温度保护 2～4 小时后，置于 5℃中冷藏。冷藏期限 7 天。

（三） 冷藏浸酸蚕种冷藏

自 1941 年建库开始，即推广人工越冬（冷藏）加浸酸技术来解决秋用种问题，开启了川南饲养秋蚕茧的历史。根据预定用种季（期）别、冷藏日数、蚕品种、产卵后保护温度及经过时间、卵色和积温、胚子发育程度等，决定入库适期。对产卵速度慢、卵龄开差大的蚕品种，入库时间应适当推迟。蚕种入库前应先在外库 10～13℃中间温度保护 2～4 小时，然后入内库冷藏。按预定时间出库的蚕种，先经 10～13℃中间温度保护 2～4 小时，然后在自然温度下摊晾 2～3 小时，同时避免阳光直射，待蚕种充分散冷、接近自然温度时实施浸酸。

自 1990 年代起，为了避免浸酸劳力等过分集中问题，开始推广冷藏浸酸蚕种浸酸后冷藏技术，根据用种时间需要冷藏时间的不同，采用三种冷藏方式。一是乙胚子冷藏，蚕种浸酸后，于 25℃保护 12 小时内，经 10～13℃中间温度保护 2～4 小时后，在蚕胚子发育至乙胚子时，用 2.5℃冷藏。冷藏期限 45 天。二是丙胚子冷藏，蚕种浸酸后，保护在 25℃中，经 20～24 小时，当蚕卵胚子达到丙$_1$ 时，经 10～13℃保护 2～4 小时、蚕卵充分感受中间温度后，用 2.5℃冷藏。冷藏期限 30 天。三是丁胚子冷藏，蚕种浸酸后，保护在 25℃中，经 36～48 小时，蚕卵发育至丁$_1$～丁$_2$胚子时，经 10～13℃保护 2～4 小时、蚕卵充分感受中间温度后，用 5℃冷藏，冷藏期限 7 天。

2008 年 9 月 1 日，《桑蚕一代杂交种冷藏技术规程》（DB51/T 845—2008），颁布实施，冷藏浸酸种浸酸前冷藏入库适期和冷藏温度标准如表 2－13：

表 2－13　冷藏浸酸种浸酸前冷藏入库适期和冷藏温度标准

用种期别	冷藏日数（天）	入库时卵色	24℃保护下产卵后经过时间（小时）	积温（℃）	冷藏温度（℃）
早秋	35～40	淡赤豆色	40～45	560～630	5
正秋	40～70	赤豆色，少数较深	50～54	700～756	前期 5，40 天后 2.5
晚秋	70～80	接近固有色	56～60	784～840	

三、蚕种浸酸技术

蚕种浸酸技术，是指蚕卵产下后经特定温度保护，在适当时期内施以一定温度、浓度和时间的盐酸浸渍，促使胚胎继续发育的蚕种人工孵化处理方式。蚕种的盐酸孵化法根据浸酸处理的不同、一般可分为即时浸酸孵化法、冷藏浸酸孵化法和滞育卵冷藏浸酸孵化法。由于浸酸液温的不同，每种方法又分加温和常温或室温两类型。蚕种的盐酸孵化法能够根据生产的需要，随时供应蚕种，它的实用化，促进了养蚕时期及何育形式的多样化，对养蚕业的现代化、合理化起了很大的作用。

自 1941 年建库开始，即推广人工越冬（冷藏）加浸酸技术来解决秋用种问题，开启了川南饲养秋蚕茧的历史。蚕卵产下后经特定温度保护，于滞育卵胚胎发育的早期入库冷藏，在冷藏的适当时间范围内出库，施以一定温度、浓度和时间的盐酸浸渍，促使继续发育，达到人工孵化的目的。

1970 年以前，即时浸酸蚕种处理较少。1970 年代后，为解决越年夏用种不足的矛盾，推广春制种即时浸酸技术力度加大。2010 年代起，采用早秋制种即时浸酸技术，解决晚秋、晚晚秋用种不足的矛盾。2017 年起，首创即时浸酸原种处理技术，满足攀西地区普通种蚕种场一年多批次养蚕制种的需求。蚕卵产下后经特定温度保护，在滞育卵发育达到胚胎形成期，施以一定温度、浓度和时间的盐酸浸渍，停止其滞育进程，促使继续发育，达到人工孵化的目的。

1990 年代初期，曾因秋用蚕种冷藏数量不足，采用滞育卵浸酸冷藏浸酸孵化法。即对已超过即时浸酸和冷藏浸酸施行适期的蚕种，在达到固有色时，先浸酸、再入库冷藏、再出库浸酸使其孵化的方法。是一种临时应急措施，以解决晚秋用种不足的问题。

2010年起，为解决本场科学试验、品保蚕等少量用种的需要，推广常温浸酸处理技术。对适宜即时浸酸或冷藏浸酸的蚕卵，用不加温盐酸在一定浓度、时间范围内浸渍，促使继续发育的处理方式。

2009年3月10日，《桑蚕一代杂交种浸酸技术规程》（DB51/T 917—2009）颁布实施，浸酸标准分别是表2-14至表2-17：

表2-14　即时浸酸种加温浸酸标准

品种	盐酸比重	盐酸液温（℃）	浸渍时间（分钟）
中系品种	1.075	46	5.0～5.5
日系品种	1.075	46	5.5～6.0

表2-15　即时浸酸种常温浸酸标准

盛产卵至浸酸经过时间（小时）	浸渍时间（分钟）			盐酸比重
	盐酸液温24℃时	盐酸液温27℃时	盐酸液温29℃时	
10	60～70	40～70	40	1.100～1.110
15	60～80	60～80	40～50	
20～25	60～100	60～80	40～50	

表2-16　冷藏浸酸种加温浸酸标准

品种	盐酸比重	盐酸液温（℃）	浸渍时间（分钟）
中系品种	1.092～1.094	47.8	5.5～6.0
日系品种	1.092～1.094	47.8	6.0～6.5
备注	浸渍时间应按品种特性、入库卵色及冷藏日数适度调整		

表2-17　冷藏浸酸种常温浸酸标准

冷藏日数（天）	浸渍时间（分钟）		盐酸比重
	盐酸液温30℃时	盐酸液温29～30℃时	
40～60	30～50	—	1.140
60～70	—	20～40	
备注	浸渍时间应按品种特性、入库卵色及冷藏日数适度调整		

1941年，本场在峨眉山在清音阁附近修建了浸酸池，开展浸酸工作。因与冷库距离较远，工作不方便，1948年改在峨眉山初殿冷库处浸酸。

1974年10月起在场内建浸酸场，1976年6月竣工，至此，蚕种浸酸全部改在场内浸酸场进行。

第九节　蚕种质量检验

一、监管机构和制度

1936 年，四川蚕丝改良场开始执行统一的母蛾检验标准，规定普通种母蛾微粒子病毒率不合格应予烧毁。1937 年 1 月，国民政府“行政院”经济部指令四川蚕丝改良场为全川蚕业监管代理机构，负责监督检查蚕种品质等事项。6 月，“行政院”实业部颁发《蚕种制种条例》和《蚕种制造条例施行细则》。

1939 年，本场申请建场时，按照四川省蚕种监管条例规定，将场址、桑园面积、制种设施、经费来源及场长、主任、技术员姓名和学历连同蚕种制造申请书报送四川省建设厅批准，转报国家经济部核发蚕种制造许可证和注册商标手续，然后进行蚕种生产。

1940 年，四川蚕种监管事宜由省农业改进所（简称省农改所）接办后，公布了《四川蚕种监管实施办法》，规定各蚕种场从催青至提蛾盒止，按生产阶段标准派员监督。

1943 年，四川省建设厅直接派员驻场监管，在原蚕饲育期分阶段进行调查，监管人员将调查结果报送省建设厅审查合格后方能制造蚕种。制种后将母蛾盒送成都沙河堡四川省农业改进所镜检毒率符合规定标准，始准出库发种，否则焚毁。

1945 年 4 月，四川丝业公司从春季起定本场蚕种商标为“蚕蛾”牌。同年抗日战争胜利后，四川省成立蚕业督导区派员驻场监管，直至 1949 年。

1950 年 10 月，川北农林厅规定普种毒率合格标准改为 35%以下。同年，西南军政委员会颁布《西南区蚕种监管办法》。

1951 年 3 月 16 日，四川丝业公司向中央私营企业局申请注册商标，经审查合格，发给注册证，本场使用的蚕种商标为“蛾”牌。

1952 年，西南蚕丝公司决定蚕种检验以各种场自检为主。各蚕种场自设品质检验员。同年成立西南蚕桑管理局，内设蚕种监管科。

1953 年 1 月，西南蚕桑管理局颁发《蚕种品质检验办法试行草案》，重新制定的母蛾装盒及毒率合格标准。同年 4 月，西南蚕桑管理局改为四川省蚕丝事业改进处，履行蚕种监管职责。1954 年 2 月，更名为西南纺织工业管理局，监督管理蚕种生产。

1955 年，西南蚕丝公司规定，一代杂交种应具备的条件是生命力强，病毒少、产量高、茧质好。并提出“五选”作为衡量蚕种品质的标准之一，即选卵、选蚕、选茧、选蛹和选蛾。

1956—1961年，四川省农业厅指定由南充蚕种场牵头负责全省母蛾镜检。1963—1964年，由省蚕桑试验站主持母蛾镜检。

1957年，四川省修订了蚕种检验办法。同年4月，四川省农业厅决定恢复过去使用过的各蚕种场商标牌号，并发给本场“蛾”牌商标锌板1块。

1959—1961年，四川省农业厅分别制定《四川省人民公社制造桑蚕一代杂交种品质标准和检验的试行办法》和《蚕种品质检验试行办法》。

1962年3月，按四川省农业厅通知要求，场设专职品检员1人，各蚕室设兼职品检员组成品质检验组。

1963年，按照四川省轻工业厅的布置，坚持1962年行之有效的品质检验制度，把加成毛蚁量分龄按比例选蚕淘汰。1964年，实行全省各国有蚕种场在蚕期互换品质检验员制度，互相监督检验。1967年，省属场的原原种、原种、普通种的母蛾，各场自检。

1964年，四川省修订了普通种母蛾检验方法。

1968年“文化大革命”时互换品检员中止。

1972年，四川省农业厅对品质排队和蚕种合格标准做了具体规定。

1975年4月，省农业厅修改印发了《蚕种繁育品质检验办法》。

1977年，恢复互换品检员到1978年中止。

1978年9月，四川省农业厅设蚕业制种公司，管理全省蚕种生产和质量监管。

1980年，四川省修订了检验办法，并规定在年制种5万盒以上（1983年改3万盒以上）的场配备专职品检员。该年因制种任务增大，全省有计划地投资修建一批检种室，将各市（地）、县和乡办蚕种场的母蛾集中统一镜检。同年李泽民采用概率理论设计的母蛾检验提蛾方法与合格标准，经试验取得良好效果，1983年修订后纳入品质检验办法。

1982年，成立四川省蚕丝公司（后更名为四川省丝绸公司），监管全省蚕种生产。

1987年，四川省对“三级蚕种”分别制定了不同的检验项目与标准。

1990年5月，设立四川省蚕种质量监督检验站，同时由省丝绸公司制定《四川省蚕种质量监督检验实施办法》，对蚕种质量检验范围、检验机构、职责与权限、监督检验、申报与签证、实行蚕种监管员制度、奖惩办法等做了具体规定，还先后制定了《蚕种成品检验办法》《家蚕母蛾集团检验操作规程》和《实行蚕种质量责任赔偿办法》，使四川蚕种检验制度逐步完善。

1994年，四川省技术监督局发布了四川省地方标准《蚕种质量》（DB51/192—94）和

《蚕种检验规程》(DB51/193—94)，此后10余年一直将其作为四川省蚕种检验的标准。

1995年《四川省蚕种管理条例》颁布实施后，根据要求，四川省蚕种检验由四川省蚕种质量监督检验站统一组织实施，所有原种和省属蚕种场一代杂交种由省站检验，市(州)一代杂交种由省站委托市(州)蚕种质量监督检验站进行检验，形成了蚕种质量检验网络体系。

2000年12月以后，由四川省农业厅负责全省蚕种生产和质量监管。

2004年，四川省原种检验采用中华人民共和国国家标准《桑蚕原种》(GB19179—2003)和《桑蚕原种检验规程》(GB19178—2003)执行，一代杂交种执行中华人民共和国农业行业标准《桑蚕一代杂交种》(NY326—1997)和《桑蚕一代杂交种检验规程》(NY327—1997)，2006年，四川省颁布实施《桑蚕原原种》(DB51/T 596—2006)和《桑蚕原原种检验规程》(DB51/T 597—2006)，沿用至今。

二、场品质检验组织

新中国成立前由省农改所派员驻场对蚕期蚕种质量实施监管，按实绩授予"普通蚕种种茧检查合格证书"，方能制种，否则不能制种。母蛾检验则送省农改所统一镜检。

新中国成立初期仍沿袭以前做法，1952年开始蚕种自检，场自设品质检验员。1953年西南蚕丝公司派监管员驻场，主持预知检查和种茧调查，抽取盛批上蔟一日的毛茧量4公斤求得公斤茧粒数，然后取其中千粒剖茧调查死笼茧率；再取其中200粒茧调查全茧量、茧层量和茧层率。

1962年3月，按四川省农业厅通知要求，场设专职品检员1人，各蚕室设兼职品检员组成品质检验组。当年购显微镜5台。

1978年，根据省蚕桑会议的要求，场成立5人品质检验小组，由郭俊熙、杨淑珍、董淑琼、杨百秀、段菊华组成，郭俊熙为负责人。分场内、原蚕两个点。按照省定品质标准，负责全场养蚕制种各阶段蚕种质量的督促检查，发现问题及时报告和处理。此后虽然人员时有变动，但工作职责和任务皆一以贯之。

1990年，建立生产副场长为组长的防微小组，制定了防微纪律，加强补正和预知检查，加强环境消毒。

1995年后，《四川省蚕种管理条例》颁布实施，生产的蚕种母蛾送四川省蚕种质量监督检验站统一检验。场品质检验组织只负责补正检查和预知检查。

三、检验标准

（一） 繁育质量检验标准

1987 年，四川省对三级蚕种分别制定了不同的检验项目与标准，由各繁育场自行检验。原原种的检验项目定为：病蚕率、四龄结茧率、全茧量、茧层量、茧层率；原种的检验项目定为：克蚁产茧量、健蛹率、全茧量、茧层量、茧层率；普通种的检验收项目定为公斤茧粒数和死笼率两项。

2014 年，本场制定了各级蚕种繁育技术规程，对繁育质量作了预控制度规定。

（二） 母蛾检验标准

1936 年，四川蚕丝改良场开始执行统一的母蛾检验标准，规定普通种母蛾微粒子病毒率不合格者应予烧毁。次年又规定：提取母蛾标准为框制种 5%，平附种 10%，各场所提母蛾均在 160℉以下温度统一烘干，每批蛾封存 2/5，检 3/5；毒率合格标准为框制种 3%以下，平附种 5%以下。实际上多未照此执行。1939 年因缺种，将毒率标准放宽至 20%。1940 年四川省农业改进所检查春制种 40.07 万张，毒率在 5%以上的不合格种达 12.18 万张，占 30.39%，本场更是高达 70%以上，造成当年可用蚕种奇缺。省政府呈请“行政院”农林部核准，将当年春制秋平附种毒率合格标准放宽至 41%以下。1943 年，因蚕种供不应求，省建设厅准予阆中场当季将毒率放宽至 29%以下。1946 年春制秋用种，因省外蚕种来源断绝，经省呈报“行政院”农林部，准予各场将毒率合格标准仍放宽至 29%以下。

1950 年 10 月，川北农林厅规定普通种毒率合格标准为 35%以下。同年，颁布《西南区蚕种监管办法》，规定母蛾毒率合格标准为原种平均 2%以下，普通种框制平均 5%以下、平附种或散卵种 10%以下。1953 年 1 月，西南区重新制定的母蛾装盒及毒率合格标准为：各批母蛾按 20%装盒，抽检 10%。初检全批毒率在 2%以下者全批免检；超过 2%者，逐张镜检，淘汰有毒张；若全批毒率仍在 5%以上者，全批淘汰。严格执行该标准以后，微粒子病逐步得到控制。1957 年，四川省再次修订标准：普通种每批种母蛾装盒 10%，全部检查，毒率在 2%以下者不再检查；高于 2%者，报省主管部门处理；原原种、原种母蛾全部装盒，全部检查，毒率高于 1%者，报省主管部门处理。1964 年，四川省再次修订标准：每一制种批提取 10%母蛾，在抽提蛾盒中先抽出半数作单蛾镜检，毒率超过规定标准的再检。其余，两次合并计算毒率。

1972 年，四川省再次修订标准：原种有微粒子病母蛾所产的卵全部淘汰，保证原种绝对无毒；普通种每一批抽取10%母蛾装盒，先检5%，发现有毒再检其余，两次合并计算，毒率超过0.5%为不合格。1975年又进一步规定，原原种、原原母种全部对号装盒，逐蛾全部单独双人对检，全部淘汰有毒蛾所产的卵；普通种每一制种批提5%母蛾装盒，先单蛾镜检3%，发现有微粒子病再检其余，两次合并计算，毒率超过0.5%的全批淘汰。

1980年，四川省规定原原种和原原母种全部对号装盒，逐蛾双人单位蛾对检，发现有毒蛾圈全张淘汰。普种未发现微粒子病的蚕种场，每一制种批提取10%母蛾装盒，先提5%单蛾镜检，发现微粒子再检其余，两次合并计算毒率。已发现微粒子病的蚕种场，在留蛾镜检中有毒的饲育批，提取20%母蛾，先检10%，发现有微粒子再检其余，两次合并计算毒率，凡超过0.5%的为不合格。

1983年四川省率先采用李泽民设计提出的抽提普通种母蛾及合格标准的判断方法，采取集团磨蛾双人对检的方法进行检验。

1997年《桑蚕一代杂交种检验规程》（NY327—1997）行业标准颁布实施，沿用至今。

（三） 成品检验标准

普通种的成品检验项目及标准因制种型式的不同而有变化。1930时代至1940年代多为框制种及平附种，框制种每张28蛾，平附种每张33蛾。1950年代后多为平附种，至1959年改为双张平附种，每双张产卵面积为805平方厘米，蚕连纸长35厘米、宽23厘米，单张产卵面积402.5平方厘米，卵量为12克，这个标准一直沿用至1987年。不良卵率合格标准因蚕品种不同而异，最高春制种不超过4%，秋制种不超过10%。1987年全面改制散卵后，因经盐水比选已经淘汰大部分不良卵，故其标准改为不分品种均为每盒有效卵达2.5万粒，误差±2%以内，批残存不良卵率春用种不超过2%，夏秋用种不超过3%。凡是卵量达不到标准的要用同品种同批次有效卵补足，不良卵超过标准的要重新处理或作不合格种淘汰。1997年《桑蚕一代杂交种》（NY326—1997）行业标准颁布实施，其规定基本与本省相同，实施至今。

1987年以前，原原种、原种的成品检验没有标准。1987年《四川省蚕种繁育质量检验办法》颁布实施，分品种和繁育季节规定了每蛾有效卵数与不良卵率标准。2003年国家标准《桑蚕原种》（GB19179—2003）和《桑蚕原种检验规程》（GB19178—2003）颁布实施，规定每蛾良卵数中系品种不少于350粒、日系品种不少于300粒，单张原种良卵数中系品种不少于11000粒、日系品种不少于10000粒，实施至今。

四、检验方法

（一） 补正检查

1980年代后，为预防原种母蛾检验漏检带毒，推行补正检查方法。在原种催青阶段，每个卵圈挖取死卵和最后卵10～20粒，每张原种挖出的卵包为一包，注明场名、品种、批次号数，放在催青室上层，加快孵化速度，收蚁前磨碎镜检。收蚁后，再将每区原种卵壳、死卵、尾蚁收集在一起，磨碎镜检，淘汰有毒原种和有毒区。

1990年代后，为将有毒原种在收蚁前淘汰，在春季原种中间感温阶段，派员到原种场挖卵，取回场升温，促其孵化，在4月初镜检，有充裕时间保证蚁蚕死亡后镜检，提高了有毒原种检出率。

（二） 预知检查

每季蚕期在蚕前抽取桑园害虫粪便和蚕沙坑边泥土、蚕室和养蚕环境中的不洁之物等；蚕期中抽取各龄迟眠蚕、病蚕、小蚕、死蛹等进行镜检，发与有毒则加强消毒和淘汰处理。

1980年代中期，预知检查随着蚕种生产量的增加而加大力度，每年抽样镜检数万个，最多时近10万个，如1990年预知检查，蚕前抽样6450个，饲育期抽样31378个，茧蛹期抽样1217个，自有桑园抽样3285个。加强环境消毒，投入消毒漂白粉60吨。1991年预知检查抽样99562个，使用漂白粉消毒60吨。1992年预检抽样97704个，使用漂白粉消毒65吨。1995年以后随着生产量的减少和原蚕区的缩小，预知检查量减少，但每年均在1万个以上。

（三） 母蛾检验

1983年前均用人工磨蛾方法检验。用筷子将母蛾钳入乳钵，每2块乳钵有28个凹洞（为一板），每洞内放2只蛾，加4%～5%白碱溶液后，用乳棒用力磨，直到磨碎无细块为止。磨蛾点板两人为一组，专送一初检人员，标本加盖玻片后，用600倍显微镜观看，每个标本至少看3～4个镜面。有病毒的区做好记号。初检完后，点盘复检，复查无毒，方可洗涤；复查有毒，退回复检。原原种、原原母种采取双人对检再复检把关。每批镜检结束，统计是否合格，出具规范化的检验报告。

1983年后普通种和原种采用磨蛾机集团磨蛾方法检验。其检验程序为：拆盒装杯（28蛾为一个集团，倒入一个磨杯）—注液磨蛾（90秒钟）—过滤—（静置2分钟后）离心点样—镜检（发现有毒，做好记载）。写有场名、品种、批号的蛾盒边壳撕下和卡片一起随样品流传，防乱防混。每批镜检结束，统计是否合格，出具规范化的检验报告。

（四）成品检验检疫

1930 年代至 1940 年代一代杂交种多为框制种及平附种，框制种每张 28 蛾，平附种每张 33 蛾。1950 年代后多为平附种，至 1959 年改为双张平附种，每双张产卵面积为 805 平方厘米，蚕连纸长 35 厘米、宽 23 厘米，单张产卵面积 402.5 平方厘米，卵量为 12 克，一直沿用至 1987 年。此期的成品检验方法主要是抽查，看蚕连纸是否标准、有无缺蛾、卵量是否充足、不良卵多少等外观质量。

1987 年一代杂交种全面改制散卵后，仍采取抽样检验的方法，除检查装盒量、包装、标签、合格证、调查不良卵率等外，还开展了杂交率调查、品种是否纯正等内在质量调查。

从 1999 年秋用蚕种起，四川省对省内生产的一代杂交种全面实施了成品卵微粒子病检疫，采用省站组织，以冷库为依托，统一抽样，统一编码，逐批检疫，划片实施，省站统一出具报告的方式，具体步骤分为抽样、样品处理、检疫和出具报告等。

原种的成品检验按不同时期的检验标准抽样检验。

五、蚕种质量

建场初期至 1950 年代初，本场与全省情况基本相同，微粒子病害严重，检验标准不高，蚕种质量较差。1950 年代后期至 1980 年中期，检验标准不断修订提高，微粒子病害基本得到有效控制，蚕种质量稳定。1987 年秋起，受“蚕茧大战”蚕种供不应求影响，超负荷生产，盲目扩大原蚕区和原蚕区病原污染严重，设备和技术力量不足，操作马虎，消毒不彻底，微粒子病害再次蔓延，导致蚕种质量下降。1996 年后，茧丝行业极速萎靡不振，蚕种供大于求，生产极速收缩，技术操作与管理逐步得到规范，微粒子病害基本得以控制，蚕种质量有所提高。2012 年秋季起，以质量求生存的理念得到确立，全方位加强了技术操作与管理，蚕种质量显著提高，历次在全省、全国蚕种质量抽查中排前列。

第十节　设施设备

一、养蚕制种用房——蚕房

1938 年建场时，费达生、孙君有在苏稽购置南华宫、雨王宫房屋 2 栋 30 多间为基地，建立简易蚕室，生产改良蚕种，年制框制种 10000 多张。

1944 年在上场修建木架夹壁简易普蚕室 2 幢各 132.8 平方米，在互惠建木架夹壁简易普蚕室 1 幢 87 平方米。

1946 年在上场建木架夹壁简易原蚕室 1 幢 143.85 平方米。

1950 年 1 月，人民政府将老洼滩桑园土地 60 余亩、房屋 10 多间归入本场，共有各种生产用房 40 多间，但房屋皆是瓦面平房。

1952 年，经当地专署、区、乡各级政府支持，接收苏稽教养院土地 30 亩用于修建蚕房。1953 年 1 月付农民迁坟费每坟 3 万元旧币，并帮助搬家农民修建灶头和厕所。但后因国家基建政策变为发展重工业而停止。

1954 年对生产用房进行大维修，投资 629200 元旧币。

1962 年，由四川省农业厅批准并拨款修建一蚕室 346 平方米，砖木结构，投资 30004.38 元；11 月，四川省农业厅批准修建二蚕室，因时间紧而采取边施工边备料方式修筑。

1963 年，四川省农业厅安排场基建总投资 18 万元（后因增加房屋防水措施，追加到 20.5 万元），建蚕房与附属室。二蚕室完工，为砖木结构，总面积 692 平方米，其中蚕室为 672 平方米，地下室为 20 平方米，投资 47000 元，9 月投入使用，因遭遇三昼夜暴雨，将地下室冲裂，追拨款 3000 元返工。二蚕室完工后即开始三蚕室的兴建。

1964 年末，三蚕室竣工，为二楼一底三层，钢筋水泥混合结构，总面积 1986.6 平方米，造价 146856.87 元，实际结算为 138745.96 元，于 1965 年投产。

1970 年 10 月，改建下场旧蚕室 1 幢，面积 1550 平方米，投资 62000 元；增修储桑室 347 平方米，投资 13600 元。

1971 年 5 月，改建蚕室完工，但即发现基础沉陷、楼梁断裂等质量问题，最后由建筑单位采取加固措施。

1977 年 11 月，四川省农业局批复修建新一蚕室 2202 平方米，总投资 21 万元。1978 年春新一蚕室竣工投产，实际面积 1813 平方米，投资 15.1 万元。时有大小房舍 23 幢，分布上场和下场两地，房屋总面积 18272.6 平方米，其中蚕房（含附属室）12033.6 平方米。当年建成 2492 平方米。

1984 年 12 月第二蚕室 813 平方米产生裂缝，加固投资 16503.24 元。

1989 年由国家和场投资，四川省蚕种公司批复同意改造四蚕室 2000 平方米和木工房危房拆除，按省核定的标准图纸重建二楼一底标准蚕室 1 幢，总面积 1902 平方米，总投资 47 万元。

2001年6月对上场一、三蚕室，下场一、二蚕室共8200平方米房屋进行加固。

2002年由四川省农业厅拨款35万元，改造三蚕室危房1989平方米（15.3万元）。

至2008年，全场有生产用蚕室5栋，下场互惠一蚕室1813平方米，互惠二蚕室2439平方米，上场三蚕室1979平方米，上场四蚕室1989平方米，上场五蚕室1989平方米。另有简易蚕房2655平方米，合计12864平方米。

2011年11月至2012年2月，因棚户区改造项目实施，原有5栋标准蚕房及简易蚕房全部撤除，改原处于下场的附属室1栋（二层，面积802.2平方米，无半地下室，于1978年修建）为蚕房使用至今。

2018年10月至2020年3月，由乐山市人民政府主导的棚户区改造项目还建一栋蚕房（面积约1800平方米，二层，有半地下室）基本完工，但至今未交付使用。

至2021年末，本场仍无标准蚕房，仅有一临时改造的附属室802.2平方米一栋为临时蚕房，生产能力严重受限。

二、附属室及配套设施

建场初期没有专用附属室，1941年在上场建109.5平方米上蔟室。

1944年在上场建贮桑室及上蔟室164.4平方米。建木架单竹壁材料库、仓库86.85平方米。

1945年建贮桑室及上蔟室148.4平方米。

1946年在上场建木架夹壁简易办公室54.4平方米，建木架单竹壁传达室4.16平方米。

1948年建木质结构办公室38.8平方米，在峨眉山初殿冷库处建木架单竹壁浸酸场87.68平方米。

1962年，由四川省农业厅批准并拨款修建平房附属室一幢204平方米，投资2629.78元。

1963年修建蚕房与附属室，实施电灯安装工程，利用乐山市农机局在五区修建排灌配电站的机遇，经四川省农业厅批准并拨资金12500元支持，采取分年投资方式，全场安装电灯开始布线。1964年完成电灯安装，蚕室共安40W日光灯100支，25W电灯200支，结束了生产用清油、煤油照明的历史。总投资29141.89元。

1964年场建消毒池、洗涤池各1个共200平方米，投资1000元。

1967年，将可饲蚁量400厘米的原建场初期的2栋旧蚕房改为附属室。

1970 年 10 月，改建下场旧蚕室增修储桑室 347 平方米，投资 13600 元。

1973 年，建贮桑室 600 平方米。

1974 年，投资 21473 元，改建旧房作专用保种室，面积 720 平方米。

1975 年 4 月，水井、水塔建成投产，投资 24630 元。新增建配电房 60 平方米。

1978 年春，用修新一蚕室结余资金建附属室 802.2 平方米。次年，新建保种室设计面积 840.6 平方米和下场容积 50 吨、高 25 米的水塔开建。时有附属室总面积 1700 平方米。

1979 年 2 月，附属室建成，竣工面积 844.7 平方米，投资 26667.96 元，后因需要将此附属室改为简易宿舍。

1979 年 3 月，855 平方米保种室建成，投资 12 万元；水塔建成，投资 17000 元。另建围墙 147 米，投资 8323.60 元。

1980 年，受四川省原子核研究所委托，修建了钴 60－γ 射线、钴源强度 1050 克镭当量的辐射地井，开展钴 60－γ 射线辐射蚕种试验。

1981 年，修建了场部修车房。

1985 年，四川省丝绸公司批复同意改建下场 1 号附属室和上场 2 号附属室共 1839 平方米，获财政拨款 15 万元，不足部分由场的更新改造基金解决。

1986 年，国家基建投资拨款改为贷款（以下简称拨改贷）。为适应四川全省蚕种全面改制散卵的需要，经四川省丝绸公司批复，拆除危房 416 平方米，原基重建散卵综合房附属室；改建浸酸场 200 平方米，总投资 13 万元，其中拨改贷 7 万元，场自筹 6 万元。浸酸场于当年完工使用。

1987 年 3 月，散卵综合房（附属室）竣工，面积 661.8 平方米，投资 70800 元，为一楼一底半框架结构。四川省丝绸公司批复同意拆除保种室和简易库房 976 平方米，建检种综合楼 860 平方米，自筹投资 15 万元。当年改造消毒灶 1 个，投资 0.43 万元。

1988 年国家和场投资修建生产附属综合房 874 平方米（15 万元）；改造下场储桑室 418 平方米（1.4 万元）；投资 1040.40 元建简易车棚。

1990 年上半年，四蚕室竣工投产。7 月，四川省丝绸公司下达 1990 年度蚕种生产改造生产危房，扩大生产能力补助资金计划，场拆危房 1800 平方米，改造场部附属室，总投资 30 万元，省补助 20 万元，自筹 10 万元。10 月，场部附属房竣工，面积 790 平方米，投资 178198.95 元。12 月，冷库保管室竣工，面积 127.82 平方米，投资 21631.41 元。

1991 年 2 月，完成上、下场深井、泵房、地坎建设，投资 8428.52 元。7 月，完成场部蒸汽灶、互惠护堤修建，投资 14414.95 元。

11 月，四川省丝绸公司下达场改造更新资金通知，同意场拆除危房改建催青、检种附属房，总投资30万元，省补助15万元，自筹15万元；迁建倒锥形水塔一座，容积60～80立方米，投资25万，其中省补助10万元，自筹15万元。

1992年4月，催青检种综合楼竣工，面积1720平方米，投资235180元；迁建水塔竣工，容积80立方米，投资151610.00元。

1993年国家拨救灾款10万元，修复房屋400平方米，修复河堤2586.4立方米，改造洪灾冲毁的苗地21.2亩。投入更新改造资金137697元，维修蚕房48平方米等。

2005年，争取基础建设资金30万元，自筹20万元，更换主线电缆约11722米，支线电缆约305米，改造主水道402米，支管540米，全场5个配电箱、变压器和配电屏全部更新，水、电系统全部实施地埋，改造围墙100多米。对生产、生活用电、用水系统进行了彻底改造。自筹资金1万元，更换消防灭火器70具以及其他消防器材。

2008年，全场共计有各种附属室8417.65平方米，消毒灶323平方米。

2011年11月至2012年2月，因棚户区改造项目实施，原有在上场的各种附属室全部撤除。

2014年，自行设计安装备了半机械化桑叶浸消设施设备一套。

2018年10月蚕种场下场棚改还建蚕房、装种室、冷库、浸酸室3800平方米开始动工修建，2020年3月基本修建完成，同时完成房屋周围地面硬化1500平方米，以及其外围消防管网280米和主水管150米，进屋主干线电缆180米。

至2021年末，现有消毒棚、凉桑棚、消毒池、桑叶消毒池、保管室等附属室及配套设备。

三、养蚕制种用具、仪器设备

建场初期生产条件差，养蚕制种用具简陋且量少，很不适应生产的需要。随着生产的发展和经济实力的壮大，养蚕制种用具不断更新换代。

建场初期至2017年止，长期使用木质蚕架、给桑架、调桑板、调桑凳、短梯、制种板、制种架、活动产卵台、种箱等，竹质蚕杆、蚕箔、装桑篼（筐）等，线质蚕网，铁质切桑刀、铁蛾圈、运叶推车、钩称、喷雾器、温度计、切桑机等养蚕制种用具；长期使用自制简易火缸、瓷盆等保温保湿设备；消毒用具有蒸汽消毒灶、消毒池、防毒面具、喷雾器、机动喷雾器等；冷藏浸酸用具有浸酸缸、棒状温度计、比重计、脱水机、大小塑料盆、赛璐珞筛子、塑料桶、闹钟、塑料瓢、纱布口袋等。

2017年2月通过政府采购添置蚕房仪器设备：塑钢蚕架30套、塑料蚕箔6000个，加温设备 90 台，加湿设备 30 台，臭氧杀菌设备 30 台，蒸发式冷风机 30 台，智能型温湿度控制柜 2 台，柜式空调 1 台。2019 年再添置塑钢蚕架 10 套、塑料蚕箔 2000 个，除湿机 11 台、窗式冷暖空调 9 台、千分位智能电子秤 2 台、色相蚕卵分选机 1 台套、鼓风干燥箱 2 台等具现代化的养蚕制种设备，大量淘汰了以前落后的用具、设备，基本完成了养蚕制种设备的现代化改造。

四、检验设施设备

先后使用的检验设备有：乳钵、乳棒、光学显微镜、电子显微镜、集团磨蛾机、离心机、离心试管、玻璃杯、玻璃棒、吸管、载玻片、盖玻片、玻璃皿、生化培养箱、电子秤、冰柜、滴定管（测漂白粉有效氯用）、量杯、水瓢、胶手套、计算机等。

五、科研设备

2013 年以前，本场未成立专门机构开展科研工作，更无科研设备。2013 年本场成立桑蚕种质资源研发中心专门科研机构，开始开展科研活动，添置了大量科研设备，主要有自动化智能活蛹缫丝机 1 台套、生化培养箱 3 台、凯氏定氮仪 1 台、超微粉碎机 1 台、饲料膨化颗粒机 1 台、pH 测定仪 1 台、原料搅拌机 1 台、加热磁力搅拌器 1 台、多用摇床 1 台、千分位智能电子秤 2 台、电子计算机多台等。

第三章　工副业发展

建场初期，因蚕种生产量小，为增加收入，在蚕闲期因地制宜发展工副业生产。新中国成立后，固定工人逐年增加，为解决非蚕期闲余劳动力突出的矛盾，积极贯彻国家“一业为主、多种经营”的方针，发展和不断扩大工副业生产，以增加经济收入，成为主业的重要补充。在一定时期，工副业生产收入很大程度弥补了蚕种生产的亏损，或成为盈利的重头，如1984年全场利润156366元，其中工副业利润占70%。

第一节　茧壳加工

茧壳，又称刀口茧，是养蚕制种过程中将种茧用刀削开口取出蚕蛹和蛹皮后的蚕茧，是蚕种场最主要的副产物。可直接作为绢纺材料，亦可加工成精干品、丝棉或蚕丝被出售，是蚕种场主要副业收入之一。

精干品：即桑蚕削口茧经加碱水煮脱去丝胶后，稍加拉扯，使茧层蓬松呈棉团状的一种产品。加工过程为装袋、浸泡、煮茧和洗晒等。即：事先缝制长宽各约一尺的纱布袋松装入选好类别的茧壳（注意袋要留有一定空隙）系上袋口绳，将茧袋放入在20℃左右、适当加入一些肥皂水或洗衣粉水的清水中浸泡，充分浸润后冲洗干净备用。在干净的铁锅中加入兑有0.3%纯碱的清水加热煮沸，放入浸润后的茧袋，保持浴比（即茧与水之比为1∶50），保持恒沸25～30分钟，双宫茧可适当增加恒沸时间或增加纯碱浓度，并不断搅拌，如茧袋上浮可适当压以重物，待茧壳膨松后捞出茧袋，倒出内物，用清水反复冲洗，除去污物，挤出水分，有条件的用甩干机甩干后稍加晾晒，或在日光下晒干，干后抖膨，先前的茧壳已如朵朵洁白的棉花，即为精干品。较好的精干品具有无霉变、无杂质、干燥、色白、色泽正常、有拉力的精干特点。

丝棉：又称蚕丝棉，是桑蚕削口茧经加碱水煮脱去丝胶后，浸于清水中，人工把茧壳剥开扩松绷套在一只特制的半圆弧形的竹弓上，绷到五六层后扩成袋形，洗干净后取下，用线串挂起来晾晒，干后即成一只只洁白如玉、如弓形的绵兜了，此即为丝棉。蚕丝棉采用100%桑蚕丝为原料，是一种绿色环保产品。具有优良的透气性、吸湿性、排湿性、保暖性。蚕丝棉与人体接触，令人体肌肤滑爽、洁净、促进人体表皮细胞的新陈代谢，对皮肤有保健作用。

蚕丝被：是以蚕丝为填充材料的被子，是蚕丝棉的后续加工产品。将晒干的绵兜扯开一个缺口拉成绵片，由四人拉住绵片四端，用劲将绵片扯成一层层丝绵。将拉扯好的柔嫩丝絮一层层地叠起来作被芯。用全棉或真丝作被面或被套，把被芯套进被套的时候要先在内部的四周定好线固定，翻转过来之后被面上面也要适当定位以保证蚕丝被不会滑动变形。蚕丝被，拥有冬暖夏凉的健康特性，被认为在寒流来袭时，能发挥强大的御寒能力和保暖性；天气较暖时，则犹如凉被般清爽舒适。

1941 年，建场初期即设有蚕丝被盖厂，开始用制种后的部分茧壳在非蚕期加工生产丝绵，主销海外；并用丝绵做成被盖（蚕丝被）销售，生产的“蚕蛾”牌系列高级蚕丝被曾销与国民党军委会空军招待所。新中国成立后坚持丝绵生产，但因蚕种生产量较小，产量不多，仅 1000 公斤左右，少的年份只有 500 多公斤，到 1962 年增长到 1554 公斤，当年丝绵收入 26932 元。1970 年产量达到 2497 公斤，收入 43389 元。1970 年代随着蚕种生产量的增加，丝绵生产量也不断增长，1976 年达到 5364 公斤，收入 93256 元。1979 年为扩大生产，改建丝绵加工房 514.5 平方米，投资 13872.58 元。到 1981 年产量达到最高 8847 公斤，但是由于从 1970 年代后期单价不断走低并出现了滞销，而成本不断上升，收入减少。至 1982 年仅少量生产 799 公斤，1983 年即停止生产丝绵。职工手工加工丝绵，每工定额日产 0.7 公斤，个人日产最高 1 公斤以上。据不完全统计，新中国成立后共生产丝绵 53080 公斤，收入 568000 元。

1983 年停止生产丝绵后即转为生产精干品。年制精干品 7000 公斤左右，价格每公斤 16.5～21 元。1990 年代茧壳价格不断上涨，到 2000 年后最高价达 60 元左右每公斤，做精干品已无优势，于是转为直接销售茧壳供绢纺厂生产绢丝。1992 年茧壳超过 2 万公斤，为 20848 公斤，销售收入 358766 元。1995 年达到 27450 公斤，销售收入 791300 元。2000 年后因蚕种生产量减少，茧壳产量在 3000 公斤左右，2012 年后进一步减少，年产量在 1500 公斤左右。

据统计，全场到 2021 年共生产销售精干品、丝棉、蚕丝被或茧壳 30 多万公斤，创收 700 余万元。

第二节　饲养猪、牛、马

建场初为解决耕地和运输问题即饲养了牛、马各数头（匹），1944 年根据生产需要，在互惠构建木架夹壁简易猪舍 81.25 平方米，建木架单竹壁牛圈 23.95 平方米，开始饲养少量猪牛，用猪、牛产生的粪肥施用桑地。新中国成立后为增加桑柘园肥料来源，开始少量养猪。1955 年粉房开办后，养猪数量不断增加，每年销售肥猪几十头。1960 年生猪饲养量增加到 100 多头，另有牛 4 头，马 5 匹。1961 年有牛 5 头、马 5 匹、猪 116 头。1964 年养猪达 211 头，牛 11 头，马 9 匹。1965 年处理牛 4 头、马 3 匹。到 1971 年，饲养有牛 6 头，马 3 匹，猪 200 多头，年销售肥猪上百头。

1974 年因使用手扶拖拉机运输，代替了马车，当年全部将马处理，保留 6 头牛耕地。1980 年有牛 4 头，1987 年增加到 6 头，到 1990 年仍有牛 7 头。1993 年后随着桑园微型耕耘机的使用，停养耕牛。

1975 年为历史养猪最多年份，达 290 头，此后每年出栏肥猪 150 头左右，1982 年养猪实现盈利 6592 元。到 1985 年销售肥猪达 202 头，当年售猪收入 36396 元。但到 1990 年代后，因成本上升，亏损增加，1996 年以后随粉房一并承包到个人综合经营，2002 年以后，随着桑园面积的大量减少，桑园其他肥源丰富，停办养猪场。据不完全统计，累计出栏销售肥猪计 2800 多头、毛猪 286855 公斤，仅 1970 年代销售肥猪就创收 86479 元。

第三节 淀粉加工和粉条生产

1955 年为扩大养猪，增加自营桑园有机肥来源，本场建立开办粉房，为本地商业部门和粮食部门加工淀粉和生产豆粉条，开始小量生产，以后生产规模不断扩大，到 1970 年代已成规模，年加工粮食 30 多万公斤左右，生产豆粉条 10 多万公斤左右，每年为猪房提供 60 万公斤渣滓饲料。为扩大生产，1974 年，经四川省农业局批复，改建粉房 400 平方米，投资 12000 元。1975—1980 年添置万能粉碎机 2 台、电磨一台、饲料粉碎机 2 台。1982 年，改建一楼一底粉房 753 平方米，1983 年完工。1982 年前，粉房多为亏损，1982 年起盈利 2845 元。1984 年，猪房、粉房等工副业利润 10 万多元，占场利润的 70%。1983 年粮食加工淀粉达到 521157 公斤，1984 年达 614017 公斤，1985 年达 636024 公斤，1986 年达到历史最高产量 753170 公斤。

1988 年再建条粉加工房 150 平方米，投资 2.5 万元；晒粉坝 510 平方米，投资 0.85 万元。1989 年投资粉房收尾工程 853.26 元。1992 年场投资改建畜牧饲养场和加工房 1643 平方米。1989 年淀粉加工 251518 公斤，生产粉条 50404 公斤。之后因供求关系变化，产品滞销，产量逐年减少。1990 年加工 249500 公斤，到 1991 年为 153905 公斤，1995 年仅 80000 公斤。1996 年后，为解脱生产困境，将粉房承包到个人综合经营。至

2005年停止生产。

据不完全统计，粉房累计加工粮食5585708公斤，仅1970年代累计创收472862元。

第四节　汽车货物运输

1970年代后期，随着汽车的使用和车辆的增加，除满足蚕种生产的需要外，闲时也利用汽车对外开展货物运输业务以增加收入。1973年收取运费4586元，1974年增长到12432元，此后年收入保持在2万～4万元，最高年份1989年收入49442元。1996年以后，由于各种费用增加，养车困难，因此除保留一辆小车外，其余车辆或承包或报停，至2000年货车全部报停报废，不再有营运收入。据统计，汽车货物运输累计行驶1723804吨公里，收入429068元。

第五节　冰糕生产

1976年新冷库建成后，即开始利用冷库制冷余能试制冰糕，收入499元，1977年规模扩大，收入达24788元。以后年收入稳定在1万～2万元。1987年以后，因冰糕厂增多、市场竞争激烈，同时蚕种冷藏量不断增加，库容量饱和、冷库制冷余能不足而停止冰糕生产。据不完全统计累计生产冰糕350万支，创收136314元。

第六节　蚕具加工

建场初期，重要蚕具如蚕架、蚕箔等，或请木工按设计制作，或在农村购买，蚕网则在省外购进。蚕蔟则在蚕闲时组织职工自制，用手工将稻草搓编为折蔟。

新中国成立后，职工不断增加，为节约支出，在后勤部门设有木工组，负责各类木质蚕具的维修和少量制作。蚕蔟则一直由职工自制，1960年代曾制作使用部分篾折蔟，效果较好。进入1980年代后，随着效果更好的塑料折蔟的推广，草蔟和篾折蔟逐步淘汰，才停止折簇自制。蚕架、蚕箔仍由职工进行维修。

1987年本场开始推广普通种散卵制造，即组织职工于蚕闲时节大量自制纱布散卵盒来满足生产需要。纱布散卵盒是用小木条和纱布用糨糊粘制而成。制作时不分干部或工人身份，全部实行定额管理，每个工日制作300个经验收合格的纱布散卵盒。2000年以后，随着塑料散卵盒的广泛推广应用，纱布散卵盒被逐步淘汰，停止自制。

第七节　经营部（劳动服务公司）

1984 年 9 月，为解决职工子女就业难矛盾，经四川省蚕业制种公司批复同意，本场建立劳动服务公司（后更名为经营部），人员由场少量抽派和职工待业子女组成，实行独立经营、单独核算、自负盈亏、包干分配制度。后因经营困难，于 1989 年 11 月经四川省蚕业制种公司批准撤销，所有财务、资金收回场管理，人员另行安排工作。

第四章　科学技术

第一节　科技活动

一、桑树品种研究

（一）桑树种质资源圃建设

本场桑树种质资源圃始建于 20 世纪 70 年代，收集了 100 多份种质资源，在原互惠桑园有品比园，占地约 7 亩。2005 年乐山市人民政府征收了我场互惠桑园土地，我场将桑树种质资源圃改建至原月耳地，并新收集了 30 多份种质资源，自繁选育材料 10 余份，总数达 200 余份。2012 年政府因修建乐雅（G93 乐山至雅安段）高速公路被毁。2013 年以来，我场先后到多地重新引种 200 余份，重建我场桑树种质资源圃，分散布置在我场马河口、场区门口、场区果桑园等处。

2021 年在第三次全国农业种质资源普查中，被四川省农业农村厅命名为四川省省级桑树种质资源保育单位。

（二）开展品种比较试验

建场初期，育苗推广女蚕校带来的江、浙一带湖桑等优良桑树品种，但很快发现乐山本地的许多地方桑树品种也很好，且更加适合当地气候条件，便开始开展搜集、栽培、比较鉴定等工作，很快选择出了乐山花桑、大红皮桑、黑油桑、峨眉花桑、沱桑、乐山白皮桑等驰名中外的嘉定系列桑树品种，并推广栽植，为后来四川省于 1980 年代进行的第一次桑树种质资源普查提供了珍贵材料。

从 1980 年代初起，本场注重优良桑品种的选育，除本地优良桑品种外，还搜集省内外几十个桑品种栽植培育，建立了品种比较园，进行性状、发芽、产量、叶质等对比研究，同时为本场桑树更新提供优良品种穗条。1985 年省为场桑树品种选育专项拨款 1000 元。到 1990 年代品种比较园已形成体系和规模。品种除本地乐山花桑、大红皮、黑油桑、峨眉花桑等外，还有湖桑、小冠桑、长芽荆桑、南 1 号、6031、转阁楼、新一之濑、育 2

号、阆桑 201、北桑 1 号、荷叶白、实钴 11－6、湘 7920、川 852、保坎 61 号、辐 2012、嘉陵 16 号、嘉陵 20 号、沙 2×伦 109、桂桑优 62、农桑 14 号、农桑 12 号、大十、金墙 63 号等品种。

自 1990 年代起，成为四川省桑树品种比较鉴定试验点之一，多次完成试验点桑树品种比较试验工作。

二、蚕品种研究

（一） 蚕种质资源库建设

1940 年 3 月，四川省农业改进所在本场设立川南研究室，开展柘蚕品种试验，后由于战乱中止。1954 年西南蚕丝公司在本场设立柘蚕土种选试育组，开展柘蚕土种品种收集、鉴定、杂交试验。收集数百个柘蚕土种，经纯化保育保留 35 个品种，1969 年底农业厅决定终止试验，保存的品种全部丢失。

2005 年承接华神集团（崇州）资源昆虫生物技术中心的蚕品种 520 份，其中：地方品种 155 份、突变基因品种 202 份、省蚕业管理总站委托保存品种 98 份、育种材料 65 份。

2006 年，四川省蚕业管理总站发“川蚕业〔2006〕37 号”文批准本场设立“四川省家蚕种质资源库（苏稽）”。

2009 年 10 月 20 日，四川省农业厅 680 号文命名本场为“四川省蚕桑品种遗传资源保护单位”。

2012 年 9 月 13 日，家蚕基因组生物学国家重点实验室、四川省苏稽蚕种场、四川省蚕业管理总站三方签订协议，合作共建的“家蚕基因组生物学国家重点实验室家蚕种质资源保育（四川）中心”在本场挂牌成立。

2020 年 11 月 19 日，本场通过了省级桑蚕保种场专家组初审，并被推荐为国家级家蚕种质资源保种单位之一。

（二） 蚕种质资源普查与育种材料创制

自 2005 年承接华神集团（崇州）资源昆虫生物技术中心的蚕品种以来，积极开展了种质资源普查与新材料的创制工作。在种质资源普查方面，本场每年在继代保育的同时，全面调查各种质资源的卵形、卵色、卵壳色、催青经过、蚁色、饲育经过、斑纹、眠性、化性、蛹期经过、全茧量、茧层量、茧层率、茧色、茧形、缩皱、茧丝长、解舒、纤度等生物学性状和经济性状，并分品种建立档案，积累了许多第一手可贵资料，可供分析研究之用。在新材料的创制方面，通过系统选择、杂交选择、引进资源、开展合作等方法，创制了许多育种新材料：孤雌生殖系列材料、抗高温多湿系列材料、人工饲料品种系列材料、僵蚕品种系列材料、抗 BmNPV 品种系列材料、限性白卵系列材料、限性红卵系列材料、皮班限性材料、限性黑蛾品种系列材料、散卵品种系列材料、全蚕粉品种系列材料、粗纤度材料、细纤度材料，为开展新蚕品种选育打下了坚实基础。

（三） 新蚕品种选育

1. 柘蚕品种选育试验 1940 年 3 月，四川省农业改进所在本场设立川南研究室，开展柘叶育蚕试验，后由于战乱中止。

1954 年，西南蚕丝公司在本场创建全国唯一一个柘蚕土选试育组，由省农科院蚕试站管理，从农村收集到利用柘树开展土种试验，收集数百个土种，在夹江种场开展试育，当年即派人在夹江种场开展试育，保优去劣，经纯化培育保留 35 个品种，年底撤回场。

1955 年，安排土选经费计划 6518.64 元继续柘蚕试验。1957 年开始将实验室选育的杂交种发放到农村饲养开展大样试验，品种有华十正义×井研、华九锡×富五、华十正义×柘十二、华十正义×柘廾、华九锡×柘廾二、华九锡×柘卅。

1958 以试验以选育改×土食柘叶蚕为主要目标任务。1959 年，为加快选育进度，土选工作春、夏、秋、晚秋一年四季均开展杂交试验研究、纯种比较试验研究，同时开展改种交土种的农村大样试验。并先后栽植柘园 100 多亩，为柘蚕养殖提供柘叶。

到 1962 年已搜集选育出 160 多个品种（品系），原种既供应本省，还远销安徽、江苏、浙江、黑龙江等省供研究或推广使用。

1966 年起，本场柘蚕土选试育组工作改由南充蚕试站领导管理。当年土选组小样试验仍有 20 个品种，杂交试验的品种有华十×夫五、苏 19×夫五、柘廾×苏 17 等。1969 年后选育试验转以改交柘和柘交柘两个方向为试验目标，改交柘的品种有华志×夫五、华志×柘廾、苏 17×夫五、苏 17×柘廾。柘交柘品种有夫五×柘廾、柘廾×夫五。但终因改变了原有生态环境，与桑蚕白茧相比，没有明显优势，难于应用推广。鉴于此，四川省农业厅于 1970 年决定终止柘蚕试验。

2. 家蚕新品种选育 家蚕新品种的选育发轫于承接华神集团（崇州）资源昆虫生物技术中心家蚕种质资源。2006 年，利用家蚕种质资源材料，组配出双限性夏秋用“嘉・州×山・水”新蚕品种，于 2007 年通过省级鉴定和审定。2013 年本场“桑蚕种质资源研发中心”成功组建，加大了新蚕品种选育力度。2016 年 3 月，本场自主选育的一对夏秋用皮斑双限性新蚕品种“峨・眉×风・光”通过四川省家蚕品种审定（川蚕品审（2016）04 号），2021 年已提交并正在省级鉴定中的新蚕品种两对，拟于近期提交鉴定的还有两对。2017 年，参与选育、推广的川蚕 27 号（芳·绣×白·春）通过国家新蚕品种审定（农 17 新品种证字第 17 号）。

2011 年，“桑蚕优良性状的分子标记及其定向遗传改良”研究获乐山市重点科技计划项目（2001NZD12）资助。

2012 年，“应用分子标记分子选择方法选育优良三眠蚕新品种”研究获乐山市重点科技计划项目（12NZD17）资助。

2013 年“抗蝇蛆家蚕新品种蜀乐二号选育”研究获乐山市重点科技计划项目（13NZD109）资助。

2017 年“早期鉴定雌雄褐圆斑家蚕新品种选育”研究获乐山市市中区重点研究计划项目（17NZD04）资助。

2018 年“家蚕对人工饲料摄食性的研究及蚕品种育种材料创新”研究获乐山市市中区重点研究计划项目（18NZD01）资助。

2021 年，“适宜规模化人工养殖中药材白僵蚕的蚕品种选育及其养殖的配套关键技术研究”申请乐山市市中区重点研究计划项目，通过审批正式立项，项目编号（21ZDYJ0113）。

（四）　新蚕品种比较试验

自 20 世纪 80 年代起，四川省新蚕品种委员会决定分地区多点设置新蚕品种实验室鉴定点，开展新蚕品种鉴定工作以来，本场即成为四川省新蚕品种实验室鉴定点之一，每年分春、秋两季承担来自全省或全国的新蚕品种实验室鉴定任务。

2017 年春、夏、秋三季，自主设计试验方案对从凉山州蚕种场、重庆市蚕业科学研究院、四川省农业科学院蚕业研究所引进的不同地理蚕品种 781、7532 进行了旁系鉴定试验，选择出了 7532×781 最优组配组合。本场使用该组合繁育出的原种，受到用种场的好评，市场占有份额不断加大，使用该组合繁育出一代杂交种，亦受到蚕农和蚕茧经营企业的好评。

三、家蚕微粒子病防控研究

1991 年，本场对原蚕区收茧制种率先试行分户收茧、分户装运，分户预知检查，淘汰不合格种茧，分类合并制种的防微控微措施，取得明显效果。

2009 年至 2010 年，李成阶在分户收茧制种基础上设计出按户收茧量确定抽样量的抽雄促进发蛾预知检验法，优化了原蚕区种茧预知检验方法，提高了检验准确度和置信度，收到良好效果。

2019 年，李成阶、李俊、雷秋容在总结本场地多年防微控微经验教训基础上，主张蚕种场防控家蚕微粒子病应采取“零容忍”策略，采取全面、全程和全员共同参与并各负其责的措施，以彻底消毒为主要手段为防控指导思想。

四、蚕种繁育技术研究

多年来，本场广大蚕桑专业技术人员在蚕种繁育实践中对原蚕种催青、化性控制、眠性控制、桑叶全程消毒、原蚕饲养技术、原种繁育技术、提高蚕种繁育质量、提高蚕种繁育单产、原蚕区建设、越年蚕种保护、新蚕品种试繁推广、原原母种和原原种选择技术、蚕种人工孵化、消毒技术、种茧育桑园管理、控制繁育成本等诸多方面，进行了总结、研究，公开发表了数十篇论文。

五、蚕种加工处理技术研究

1978 年，四川省科委下达钴 60－γ 射线辐射蚕卵增产效应试验课题，由朱克荣、王大才、王平清等人主持，在井研县长河等 5 个公社 80 个生产队作对比试验，结果单产增加 5%～8%，先后在川南、川北推广，该项目获 1981 年四川省科技成果三等奖。1980 年 3 月，受四川省原子核应用研究所委托，本场修建了钴 60－γ 射线场，安装钴源 3 个，强度 1050 克镭当量，开展钴源照射蚕种增产试验与推广应用，10 多年共用钴源照射蚕种 277260 张。至 1992 年 10 月，为核安全起见，终止试验与推广，四川省原子核应用研究所将钴源撤离运走。

1982 年按省里布点安排，开展精制平附蚕种试验研究取得成功，获拨款补助 200 元。

1987 年起，推广散卵制造技术的应用。

2019 年，开展一代杂交种产卵布制种、即浸种浸酸前脱粒后浸酸、冷浸种冷藏前脱粒后冷藏技术改革取得成功。可节约制种成本、提升蚕种冷库空间利用率。

六、桑树栽培技术研究

1982 年和 1991 年，由四川省蚕种公司统一组织，本场分别在桑园采集有代表性的土壤标本数十个，标明地号，送成都土壤测试中心，测出桑园各地块酸碱度、有机质、全氮量、全碱量、碱解氮、速效磷、速效钾及微量元素含量，以后参照日本土肥原研究测定的桑树生长良好的土壤中各种成分含量，进行科学施肥。

1990年代，先后开展了不同栽植密度与产叶量试验、不同桑树品种与产叶量试验、施肥量与种类对桑园产量和质量的影响、桑园施用鸡粪的效果、雅周桑嫁接扦插育苗一步成果技术、川南多湿气候条件下桑白蚧的发生与防治技术等试验研究。

七、群众性科研与工具改革

1966年大兴工具改革，场成立了工具改革小组，制成除草机、刷地机、三用高梯凳（给桑喂蚕、加网、除沙）。轻便不端蚕箔的抽梯形接桑架、除沙搭网架、一只手切成方叶的切桑刀等七种工具，减轻体力，易懂好学好用，投资小，工效增1～2倍。如三用高梯凳系在高凳四脚安装轴承滑轮，给桑篓随人在高凳上移动操作，很受工人欢迎。

1977年5月，四川省农业局拨蚕桑工具改革专款5000元，场制作半机械化制种架20付、运桑叶的推车16部。

1979年场投资2980元，自制切桑机、运叶车等器械。

1980年代中期桑园作业使用伐条机，用一台小型发电机带动四台伐条机。伐条机重2公斤，使用可比手工提高工效2倍，但不适合在坡地桑园使用。

2013年4月，自行设计、制造桑叶叶面消毒机械化设备一套试运行取得成功，应用至今。

2015年，创制出手摇铁质剥茧衣工具。

第二节　科技交流合作

一、国际交流

自20世纪80年代起，先后多次接待巴西、土耳其、日本、哈萨克斯坦、吉尔吉斯斯坦、南非等国的国际友人来场考察与交流。

二、与科研院校交流

2012年8月16日，本场与西南大学家蚕基因组生物学国家重点实验室、四川省蚕业管理总站三方共同签订《关于共建家蚕种质资源保育中心的协议》，决定在本场共建“家蚕基因组生物学国家重点实验室家蚕种质资源保育中心”。9 月 13 日，家蚕基因组生物学国家重点实验室致函《关于成立“家蚕基因组生物学国家重点实验室家蚕种质资源保育中心（四川）”的函》本场，“家蚕基因组生物学国家重点实验室家蚕种质资源保育中心（四川）”在本场正式挂牌成立。

2017 年 1 月 6 日，与国家蚕桑产业技术研发中心协议在本场共建“家蚕病虫害综合防控试验示范点”。

2017 年 3 月 18 日，与西南大学生物技术学院、四川省蚕业管理总站共同签署“限性卵色家蚕新品种选育协议”。

2020 年 5 月 22 日，与宜宾市农业科学院签订科研合作协议，协议合作开展适应人工饲料育新蚕品种选育与推广应用研究。

2021 年 12 月 27 日，国家蚕桑产业技术研发中心发函《关于设立“国家蚕桑产业技术研发中心蚕品种育繁推综合试验点”的函》（国蚕桑体系函〔2021〕1 号），国家蚕桑产业技术研发中心蚕品种育繁推综合试验点正式落户本场，成为川内首个国家蚕桑产业技术研发中心蚕品种育繁推综合试验点。

三、专家学者来场考察交流

2011 年 5 月 20 日，中国工程院院士、西南大学教授向仲怀来场视察、指导工作。

2017 年 11 月，浙江省农科院蚕桑研究所所长王永强研究员一行 3 人来场视察、指导工作。

2018 年 4 月 26 日，国家蚕桑产业技术体系首席科学家、西南大学教授鲁成莅临本场视察、指导蚕品种选育工作。

2019 年 6 月 19—20 日，国家蚕桑产业技术体系蚕病岗位专家、西南大学教授万永继来场视察、指导本场家蚕微粒子病防控工作，并作家蚕微粒子病防控专题学术报告。

2019 年 9 月，西南大学教授、长江学者代方银来场视察、指导工作。

2020 年 7 月 1 日，国家蚕桑产业技术体系首席科学家、西南大学教授鲁成和国家蚕桑产业技术体系蚕病岗位专家、西南大学教授潘敏慧莅临本场视察、指导限性卵色蚕品种选育、防微防病等工作。

四、积极参与专业协会、专业学会活动

本场一直是四川省蚕业协会、中国蚕学会的团体会员，积极参与协会、学会组织的各项活动，主动了解、掌握本专业前沿科技，与会员合作互动。

2017 年 9 月 7 日，李俊场长带队参加中国蚕学会蚕种分会在陕西省安康市召开的成立大会，杨忠生代表本场作《细纤度三眠蚕育种材料创制及杂交试验》做交流发言。

2019 年 9 月 21 日，李成阶、雷秋容代表本场出席在广西河池学院召开的 2019 年全国蚕病理学与病虫害防控学术研讨会，并在会上做了《运用全部种群治理（TPM）策略防控家蚕微粒子病的实践与体会》交流发言。

第三节 科技进步

一、取得的科技成果

2016 年 3 月，本场自主选育的蚕品种“峨·眉×风·光”通过四川省家蚕品种审定，2017 年 2 月获乐山市科技成果三等奖。

2019 年 3 月，本场合作项目“家蚕特异种质挖掘、创新与利用”获四川省科技进步三等奖。

二、发表的科技论文

本场科技人员撰写科技论文始于建场初期。江苏蚕专于 1939 年 9 月至 1941 年 5 月在乐山编辑出版了大后方唯一的蚕丝专业学术刊物《蚕丝月报》，共出版 21 期，由于本场科技人员大多为该校教工，故多积极投稿，介绍改良蚕种繁育推广、蚕病防治等科技知识。1970 年代以前，全国蚕桑专业期刊较少，本场鲜闻有科技文章发表。1980 年代后，乐山蚕桑业发达，于 1985 年成立了乐山地区蚕业技术协会，创办了《嘉州蚕业》（于 1990 年代后期停刊），本场科技人员积极投稿，发表了数篇科技论文。进入 21 世纪后，撰写、发表论文活跃起来，开始在全国性专业期刊上发表论文，进行交流。表 2－18 统计了自 2005 年以来公开出版了论文。

表 2-18 科技论文统计表

论文名称	期刊名称	年、卷、期号	作者
开拓奋进中的四川省苏稽蚕种场	四川农业科技	2005（08）	欧显模
浅谈原种催青应注意的几个问题	四川蚕业	2008（01）	刘守金
减少春制越年夏用“含多化性血缘”蚕种冷藏死卵发生的技术措施	四川蚕业	2008（02）	毛林迪
提高越年种孵化率的科学管理冷藏技术	四川蚕业	2008（02）	毛林迪
871×872 的繁育与健康性探讨	四川蚕业	2008（02）	刘守金
家蚕新品种“新莹×玉泉”的试养试繁	四川蚕业	2008（03）	刘守金　马小苏
蚕新品种“新莹×玉泉”试养初报	蚕桑茶叶通讯	2008（06）	刘守金　马小苏
浅谈微粒子病的发生及防治	蚕桑茶叶通讯	2009（02）	刘守金
浅谈大蚕期蚕病发生与预防	四川蚕业	2009，37（04）	雷秋容
浅谈即浸蚕种冷藏时间与孵化率的关系	四川蚕业	2010，38（01）	青志勇
浅谈提高种茧公斤制种量的体会	四川蚕业	2010，38（01）	马小苏
拓宽春制秋用种入库时间试验报告	四川蚕业	2010，38（01）	青志勇　毛林迪
浅谈提高原种催青质量的做法与体会	四川蚕业	2010，38（02）	马小苏
浅议原蚕区桑叶消毒	四川蚕业	2010，38（02）	刘君成
我场在新形势下加强原蚕区建设的做法	四川蚕业	2010，38（02）	李树林
黑斑蚕抗蚕蝇蛆病的研究	四川蚕业	2010，38（03）	杨忠生
越年蚕种滞育期保护的做法与体会	四川蚕业	2010，38（03）	秦盛和
如何提高原种催青质量	四川蚕业	2010，38（03）	秦盛和　毛胜登
浅谈提高一代杂交蚕种杂交率的体会	四川蚕业	2010，38（03）	曹惠芝
浅议制种期如何控制家蚕微粒子病	四川蚕业	2010，38（03）	刘君成　刘守金
蚕种质量对蚕种生产成本影响分析	四川蚕业	2010，38（03）	李树林
浅谈影响蚕种质量的因素及对策	四川蚕业	2010，38（03）	雷芳
浅谈制种发蛾对交调节的体会	广东蚕业	2010，44（03）	郭建军
关于蚕业生产中加强沼气建设的一点思考	广东蚕业	2010，44（04）	郭建军
种茧期抽雄促进预检方法研究	四川蚕业	2011（01）	李成阶
5 龄蚕桑叶饲料效率试验初报	四川蚕业	2012（02）	李成阶
新蚕品种“芳·绣×白·春”秋季试繁试验初报	四川蚕业	2015（01）	李俊　李成阶
原蚕区家蚕微粒子病的防控措施	四川蚕业	2015（02）	梁雪梅
建立稳定的原蚕区是蚕种场生存与发展的迫切需要	四川蚕业	2015（03）	雷秋容
两个地理品系的“871×872”家蚕品种经济性状比较	四川蚕业	2015，（01）	杨忠生
家蚕品种对高温多湿抗性的调查试验	四川蚕业	2015，（04）	杨忠生
战氏生物农残降解剂在桑树上试验初报	四川蚕业	2016，42（03）	李成阶　李俊
不同杂交种对高温多湿的抗性试验	四川蚕业	2016，42（01）	梁雪梅　雷芳　李应菊 杨忠生
家蚕新品种“峨·眉×风·光”育成报告	四川蚕业	2016，42（02）	杨忠生　李俊 陈惠蓉 李成阶　贾晓虎
人工取卵适期对温汤浸渍孤雌生殖发生影响实验初报	四川蚕业	2016，42（02）	雷芳　段汝吉　舒天培 李应菊　刘万巧　杨忠生

（续）

论文名称	期刊名称	年、卷、期号	作者
浅析桑蚕种质资源的保存与利用	四川蚕业	2016，42（02）	陈惠蓉 杨忠生 李俊
对我场家蚕种质资源利用率低的思考	四川蚕业	2017，45（01）	潘海军 陈渝 贾晓虎
利用伴性赤蚁基因 sch 创新育种素材	四川蚕业	2017，45（01）	贾晓虎 杨忠生 雷芳 李应菊 刘万巧
细纤度三眠蚕育种材料创制及杂交试验	四川蚕业	2017，45（04）	杨忠生 吴钢 谢忠良 贾晓虎 李俊
限性普斑家蚕品种的经济性状改良效果	四川蚕业	2018，46（01）	李俊 段汝吉 雷芳 李应菊 杨忠生
家蚕限性褐圆斑品种改良初报	四川蚕业	2018，46（02）	潘海军 李俊 吴钢 谢忠良 杨忠生
重视蚕种补催青 提高一日孵化率	四川蚕业	2018，46（02）	雷芳 段汝吉
家蚕品种单粒茧丝疵点差异及遗传性研究初报	四川蚕业	2018，46（03）	陈惠蓉 李俊 贾晓虎 刘万巧 杨忠生
原蚕区桑园管理之我见	四川蚕业	2019，47（01）	黄乙明
7532·781 原种即时浸酸的实践与体会	四川蚕业	2019，47（01）	李俊 李成阶 青志勇 毛林迪 舒天培 吴钢
一龄期饲喂漂白粉溶液消毒桑叶对 2 龄起蚕影响试验	四川蚕业	2019，47（02）	李成阶
饲料桑在动物营养中的应用	四川蚕业	2019，47（03）	郑晓丽 贾晓虎 胡丹
提高即浸蚕种质量的措施	四川蚕业	2019，47（04）	章文杰 舒天培 李俊 李成阶 青志勇 吴钢
桑叶叶质对显性三眠蚕眠性的影响	四川蚕业	2019，47（04）	丁小娟 李俊 杨忠生
蚕蛹在鱼类饲料中的应用进展	四川蚕业	2019，47（04）	王水军 贾晓虎 胡丹
抓好原蚕区冬消冬管 夯实原蚕区基础	四川蚕业	2020，48（01）	贾平 雷秋容 李成阶 李俊
运用全部种群治理（TPM）策略防控家蚕微粒子病的实践与体会	四川蚕业	2020，48（01）	李成阶 李俊 雷秋容 贾平
产卵布蚕种冷藏浸酸试验初报	四川蚕业	2020，48（02）	贾平 舒天培 杨华荣 青志勇 李俊 李成阶
浅谈种茧期技术管理	四川蚕业	2020，48（03）	贾平
家蚕人工饲料育技术集成进展	四川蚕业	2020，48（04）	罗暕煜 贾晓虎 李永斌 郑梦骄 李应菊 刘万巧 胡丹
川南地区 144 份家蚕品种资源的人工饲料摄食性调查	四川蚕业	2021，49（02）	贾晓虎 郑晓丽 李冬兵 王一 王群 章文杰

第五章　社会公益

作为国有事业单位，苏稽蚕种场在以蚕种繁育事业发展为第一要务、积极开展各项工作的同时，也积极参与社会公益活动，努力承担社会责任。

第一节　创建“乐山美龄蚕桑科博园”，传承蚕丝文化

家蚕是一种非常好的科普对象，养蚕劳动不仅可以培养人们的劳动意识、动手能力和自然意识，了解现代生物科技，还是传承桑蚕文化的直接载体。本场历来重视利用家蚕进行科普教育，除每年定期举办的“科技活动周”外，还积极探索多样的科普和宣传途径，不断发挥本场“乐山美龄蚕桑科博园”的平台和人才优势，为提高广大民众特别是青少年的科学素质、传承蚕丝文化贡献力量。

古人云：“丝含万载情，茧裹物精灵”，小小蚕茧着实大有不少乾坤。

蚕桑文化是中国文明的起点，是国人的骄傲。早在新石器时代，我们的祖先已经开始植桑养蚕。蚕丝的利用开始于渔猎时代的末期，而养蚕开始于农业时代的初期即黄帝时代。中国是蚕桑文化的起源地，栽桑养蚕制丝织绸是我国古代对世界物质文明和精神文明的一项重大贡献．在漫漫历史长河中，中国蚕桑文化已深深地渗透到历代社会的诸多方面，对政治经济、社会组织、哲学宗教、文化艺术、生产生活等产生过重大影响，从而形成独具风格的蚕桑文化，成为中华浩瀚民族文化的重要内容。蚕桑文化是汉文化的主体文化，与稻田文化一起标志着东亚农耕文明的成熟。而汉文化的主体文化丝绸文化、瓷器文化则标志着中原文明进入鼎盛阶段。蚕丝是丝绸的基本原料，丝绸文化实际上就是蚕桑文化的高度发展成熟阶段。中国古代诗歌经典中有非常多对养蚕种桑的描画，从中可以看出蚕桑文化对中原文化以及东亚文化的影响。

蚕桑文化是我国农耕文明的重要基础。蚕桑文化的发展，使中原文明的纺织业领先于世界数千年，形成了中国人峨冠博带、宽袍大袖的服饰习俗。同时对软笔（毛笔）、刺绣、纸张的发明等都有重要的促进作用。嫘祖养蚕缫丝，始有绫罗衣锦及世。从此人类就结束了“茹毛饮血，衣其羽毛”的原始衣着，进入了锦衣绣服的文明社会。一根真丝来之不

易，注定了丝绸的华贵和神秘。在唐朝，丝绸之路上的驼铃将以“丝”为主的中国服饰文化传送到了遥远的西方。世界也由一根莹亮的蚕丝，一匹柔美的丝绸知道了古老而神秘的中国。

蚕桑文化是中华农耕文明的半壁江山，中国长期以来曾是从事这种手工业的唯一国家。丝绸或许是中国对于世界物质文化最大的一项贡献。蚕桑文化是中国农耕文化的重要标志，对于中国的农业发展以及农耕观念具有十分重要的影响。蚕桑文化形成的地理环境是东亚大陆得天独厚的地理生态条件；蚕桑文化植根的经济环境是自给自足的自然经济模式；蚕桑文化根植的社会结构形态是以家庭为基本细胞的宗法制社会。在这样的环境中，先民遵从“日出而作，日落而息，凿井而饮，耕田而食”，百姓“衣食为先”，农桑、田蚕、耕织并重，“耕读传家”，世世代代繁衍在东亚这块大地。历代统治者治国无不农桑并重，倡导“农者，食之本；桑者，衣之源”“奖劝农桑，教民田蚕”“帝亲耕，后亲蚕”“一夫耕，一妇蚕”“农事伤，饥之本”“女红害，寒之源”，成为官民之共识。同时蚕桑文化对于中国的礼教文化也有十分深远的影响。《尚书·益稷》载舜、禹古代圣贤论“十二章”丝绸服饰图案，形成“垂衣裳而天下治”的礼教文化源头，蚕丝服饰成为等级文化的重要外在标志，并形成了一个祖先、一种权力、一个核心的特殊礼治政体；《吕氏春秋·上农》及《礼记·月令》中的农政思想，体现了统治者对于蚕桑的重视程度；《蚕织图》描绘饲蚕、缫丝、织绸的生产过程，配以精美的图文和朗朗上口的诗歌，成为融艺术、技术于一体的教育百官及百姓栽桑养蚕的重要图谱，是统治者“为政以德”思想的实施。

小小蚕儿更是现代科技的载体。植桑养蚕虽发源于我国，丝绸之路闻名于世，但近代蚕桑科技曾落后于日本、欧洲。2003 年，世界首张“家蚕基因框架图”被我国西南大学科学家抢先于日本等世界科技强国完成，标志着我国重回蚕桑科技世界之巅，开启了新的丝绸之路。

植桑除养蚕之外，药用价值十分明显。桑作为药用的记载，最早出现在《滇南本草》。这本有着中医药精华汇编性质的医学典籍，早于李时珍的《本草纲目》140 多年。桑在祖国传统医学中被列为“中药”，在《本草纲目》《神农本草经》《随息居饮食谱》等医学古籍中均有详细记载。桑葚、桑叶既可入食，又可入药，无论是传统医学还是现代医学，桑葚、桑叶均被视为防病保健之佳品。1993 年国家卫生部把桑葚、桑叶列为“既是食品又是药品”的农产品之一，为“药食同源”之品种。两千多年前，桑葚已是中国皇帝御用的补品。《滇南本草》言其：“益肾脏而固精，久服黑发明目”。《唐本草》言其“单食、主消渴”。《神农本草经疏》认为：“桑椹者，桑之精华所结也，其味甘，其气寒”。桑叶又称神仙叶，味苦甘性寒，归肺、肝经，有疏散风热、清肺润燥，清肝明目的功效。是集清、润两种功效于一身的药物。《本草纲目》记载："桑叶乃手、足阳明之药。""又霜后叶煮汤，淋渫手足，去风痹殊胜"。此外，嫩桑枝可祛风湿，治臂痛；桑白皮可利尿、止咳、治浮肿。

2017年《教育部等11部门关于推进中小学生研学旅行的意见》和《四川省教育厅等11部门关于推进中小学生研学旅行的实施意见》相继颁布，本场为契合文件精神，推动中小学生研学实践教育活动深入开展，落实立德树人根本任务，帮助中小学生了解家乡、了解自然、热爱祖国、开阔眼界、增长知识，着力提高中小学生的社会责任感、环保意识、创新精神和实践能力，结合自身资源优势和蚕桑厚重文化底蕴，拟打造一个传承蚕桑文化为主题的中小学生研学基地，"乐山美龄蚕桑科博园"建设项目应运而生。

"乐山美龄蚕桑科博园"项目于2017年由本场正式立项，由本场投资，采取边建设边运行的发展方式解决资金不足等困难。项目位于乐山市市中区苏稽镇鸡毛店路274号，即本场场区内。项目占地面积约15亩，为本场拥有使用权的国有划拨土地。其中果桑园约7亩，蚕桑文化广场（含停车场）占地约4.5亩，蚕桑文化科普展厅、多媒体电教室、蚕桑科技互动体验厅及园区内道路占地约3.5亩。2017年冬果桑采摘园建成，2018年开始果桑采摘体验活动，蚕桑文化广场、蚕桑文化科普展厅、多媒体电教室、蚕桑科技互动体验厅及园区内道路等相继开始建设。至2021年末，已投资100余万元建成蚕桑文化科普展厅、多媒体电教室和蚕桑科技互动体验厅共1200平方米，蚕桑文化广场2000平方米，果桑园7亩，蚕桑文化墙100米，停车场1000平方米，添置全自动缫丝机1台、手动缫丝机30台、显微镜10台等各项体验式设备，制作蚕茧、蚕丝工艺品50余件。

"乐山美龄蚕桑科博园"开展了桑叶桑果采摘体验、家蚕饲养体验、缫丝体验、显微镜观察蚕卵胚胎、真假蚕丝辨别、蚕茧创意DIY、参观蚕桑科普展厅、参观蚕桑文化墙、观看蚕桑文化视听资料、蚕桑文化知识竞答等丰富多彩的活动内容，以中小学生喜闻乐见的方式寓教于乐，玩中学、学中乐，不仅开拓了中小学生视野，丰富了知识，增强了学生的劳动能力、动手能力，还熏陶了学生的思想情操。

据不完全统计，自2017—2021年共接待中小学生及社会人士63423人。主要来源于乐山市机关幼儿园、乐山市实验小学、乐山师院附小、金太阳幼儿园、启智博学、卓尔阳光幼儿园、元迪幼儿园、沙湾实验幼儿园、沙湾幼儿园、美艺天画室、海星沙画、乐山绿动等乐山市内中小学校、幼儿园、社会教育机构，也有来源于乐山市外的学校等机构，如自贡萤火虫少年科学营。

“乐山美龄蚕桑科博园”开展的活动，受到社会高度关注和肯定。2018 年 8 月，被四川省教育厅认定为首批“四川省中小学生研学实践教育基地”，成为四川省首家蚕桑丝绸文化方面的中小学生研学实践教育基地。2019 年 7 月 4 日，被乐山市市中区关心下一代工作委员会授牌为市中区青少年科普教育实践基地。

第二节　爱心捐赠活动

2004 年 3 月，场支部为患乳腺癌经济困难职工胡平珍开展“献爱心、送温暖”活动，共收到近 200 名职工的捐款 2100 元，场里也挤出部分资金帮助解决困难。

2008 年 5 月 12 日下午 14：28 时四川省汶川县映秀镇发生大地震。5 月 19 日本场党支部和行政领导号召全体党员、职工向重灾区伸出援助之手，开展抗震救灾募捐献爱心活动。场、科级领导干部主动捐出一个月工资、党员交纳特殊党费援助抗震救灾，共收到特殊党费 4090 元、捐款 21872 元。

2013 年 4 月 20 日 8：02 分四川省雅安市芦山县发生 7.0 级地震。4 月 26 日本场党员、干部、职工积极响应“心系芦山，奉献爱心”活动，收到本场职工及家属捐款 13821.01 元，单位捐助 7000 元，共计 20821.01 元。

2019 年 10 月 17 日，开展“扶贫日”捐赠活动，收到干部职工捐款 8916.60 元。用于购买本场定点帮扶的阿坝州黑水县麻窝乡木日窝村 24 户贫困户慰问品开支，25 日将慰问品送达每个贫困户手中。

2020 年 10 月 26 日，开展“扶贫日”捐赠活动，收到 58 名干部职工捐款 5450 元。

2020 年 2 月 27 日，本场开展支持新冠肺炎疫情防控工作捐款活动，共收到 150 名干部职工的捐款共计 19200 元，于 2021 年 3 月 2 日捐至四川省农业厅机关党委账户用于支持新冠肺炎疫情防控工作。

第三节　为脱贫攻坚、抗疫等工作贡献力量

消除贫困、改善民生、逐步实现共同富裕，是中国共产党的重要使命。新中国成立以来，中国共产党带领人民持续向贫困宣战。2015 年 11 月 29 日，《中共中央 国务院关于打赢脱贫攻坚战的决定》发布。确保到 2020 年农村贫困人口实现脱贫，是全面建成小康社会最艰巨的任务。全面建成小康社会，是中国共产党对中国人民的庄严承诺。习近平同志

在十九大报告中指出，坚决打赢脱贫攻坚战。要动员全党全国全社会力量，坚持精准扶贫、精准脱贫，坚持中央统筹省负总责市县抓落实的工作机制，强化党政一把手负总责的责任制，坚持大扶贫格局，注重扶贫同扶志、扶智相结合，深入实施东西部扶贫协作，重点攻克深度贫困地区脱贫任务，确保到2020年我国现行标准下农村贫困人口实现脱贫，贫困县全部摘帽，解决区域性整体贫困，做到脱真贫、真脱贫。

本场作为服务于“三农”的事业单位，在这场脱贫攻坚战中义不容辞地贡献力量。2017年6月，根据四川省农业厅组织部门安排，本场选派专业技术干部雷秋容参加第二批“精准援彝”支持彝族地区扶贫攻坚工作。自2017年6月28日至2018年12月31日，雷秋容经组织任命挂职凉山彝族自治州冕宁县农牧局副局长，参加了冕宁县农牧局的脱贫攻坚工作。她同扶贫工作人员一道，深入彝乡，走村串户，与贫困户促膝谈心；入户调查、核实情况，督查督办扶贫事项，检查验收扶贫效果；与贫困户同吃、同住、同劳动，开动脑筋，积极扶贫扶智，落实扶贫政策，圆满完成扶贫工作任务，受到干部群众好评，被省农业农村厅评为2017年度先进工作者。

2019年10月至2020年12月，根据四川省农业厅组织部门安排，本场选派专业技术干部贾晓虎到阿坝藏族自治州黑水县麻窝乡木日窝村担任驻村农技员参加扶贫工作。他与驻村第一书记一起驻村帮扶，精准掌握每个贫困户情况，开动脑筋因地制宜，实行一户一策，积极引进猪羊养殖、蔬果种植等扶贫项目，推广普及先进技术，帮助拓展当地特产销路；协助农户克服交通不便、资金不足等困难，与贫困户促膝谈心、同劳动，积极扶贫扶智，落实扶贫政策，圆满完成扶贫工作任务，受到干部群众好评，被省农业农村厅评为2020年度先进工作者。

2020年，一场新冠肺炎疫情突然肆虐祖国大地，牵动着每一个国人的心，面对来势汹汹的疫情，本场坚决落实习近平总书记重要指示，在上级组织的有力领导下，积极配合社区、小区防疫工作，广泛动员群众，全面开展联防联控、群防群治、自防自控，保障了全体职工及家属的安全。并按照省农业农村厅的统一安排，先后派出潘海军、郑梦骄等人深入乐山、自贡各区市县乡村开展抗疫指导、督察工作。

第六章　兴办企业

进入二十一世纪以来，为摆脱经济困境、整合资源、盘活资产、拓展新的经济增长点，本场先后合资兴办了乐山聚能再生资源回收利用有限公司和乐山和润农业科技发展有限公司。

第一节　乐山聚能再生资源回收利用有限公司

2002年，经四川省农业厅批准，本场将桑园73.54亩作股与四川东能集团、乐山市市中区再生资源回收利用公司三家组建“乐山聚能再生资源回收利用有限公司”，进行再生资源回收利用开发，总股本金450万元人民币，场占股份40%，四川东能集团占51%，市中区再生资源回收利用公司占9%。当年8月21日，公司兴办的“乐山再生资源、生产资料市场”开业，本场派出管理、财务干部数人参与经营。

2003年，乐山市市中区再生资源回收利用公司退出“乐山聚能再生资源回收利用有限公司”，股份变为2家，本场增股份5%，变为45%，东能集团变为占55%，当年实现利润15.5万多元。

2005年12月，场派任严敏为乐山聚能再生资源回收利用有限公司副总经理。

“乐山再生资源、生产资料市场”占地80多亩，临街门市建设面积为2800平方米，场内门市面积12000平方米，入驻商家81户。

乐山聚能再生资源回收利用有限公司以场地租赁为主要业务，2004年前兼营钢材贸易业务，因市场风险较大，自2005年起，停止了钢材贸易业务。

乐山聚能再生资源回收利用有限公司历年财务状况见表2-19和图2-8：

表2-19　乐山聚能再生资源回收利用有限公司2002年至2021年财务状况统计表

单位：元

年份	营业收入	营业利润	利润总额	净利润
2003	4316226.60	—28373.26	—20373.41	—20373.41
2004	4437775.43	—270296.05	—148806.65	—119346.41

（续）

年份	营业收入	营业利润	利润总额	净利润
2005	2189994.07	−63613.26	−16911.81	−16911.84
2006	858303.92	−25688.78	−24039.78	−24039.78
2007	1050113.00	35538.99	35538.99	35538.99
2008	1108504.00	−139537.39	−137649.60	−137649.60
2009	946314.00	1423.41	920.49	920.49
2010	1411466.00	125656.18	125656.18	125656.18
2011	1334660.00	118401.16	49084.26	49084.26
2012	1509811.00	314543.19	314543.19	314543.19
2013	1610012.00	237015.04	236527.89	130958.76
2014	1513712.00	177785.57	177785.57	137181.94
2015	1076507.00	166985.82	166985.82	129323.37
2016	1371696.95	147467.83	81559.39	88116.78
2017	1346671.89	30057.40	32830.40	29547.36
2018	1477490.47	57827.19	61002.37	54902.13
2019	1580237.66	96642.88	103209.60	92888.64
2020	1588263.76	75088.51	111138.51	100024.66
2021	1591675.10	220221.26	220221.26	209210.20

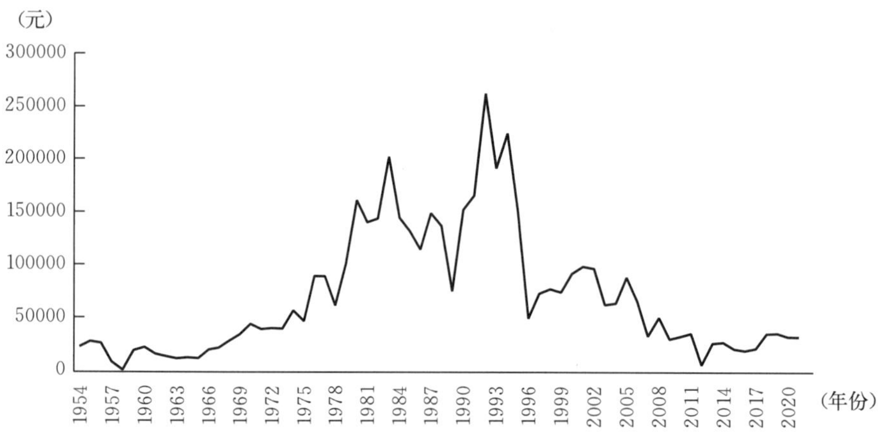

图 2-8　乐山聚能公司历年营收与利润统计

第二节　乐山和润农业科技发展有限公司

2013 年 7 月，为适时调整我场产业结构，经场部支委会、办公会充分讨论论证，并征询广大职工意见，拟以本场棚户区改造项目拟还建的“门面房”约 3880 平方米及“蚕桑品种基因及家蚕蚕种资源保育站”约 8844.85 平方米作价出资，吸纳以本场职工为主的民间资金入股，以解决流动资金短缺问题，按《中华人民共和国公司法》共同组建“乐山和润农业科技发展有限公司”，以达整合资源、盘活资产、扩大就业渠道、开辟新的经济增长点、增加职工收入之目的。

2014 年 3 月，组建乐山和润农业科技发展有限公司筹备组，拟定了《乐山和润农业科技发展有限公司章程》和《乐山和润农业科技发展有限公司出资协议书》。

2014 年 4 月 8 日，公司筹备组组织拟出资法人和自然人共 160 人在苏稽天和庄园召开公司组建动员大会。大会讨论通过了《乐山和润农业科技发展有限公司章程》和《乐山和润农业科技发展有限公司出资协议书》，以及《乐山和润农业科技发展有限公司显名股东与隐名股东投资协议书》，主要内容有：第一，四川省苏稽蚕种场承诺在 3 年期限内以本场棚户区改造项目拟还建的“门面房”约 3880 平方米及“蚕桑品种基因及家蚕蚕种资源保育站”约 8844.85 平方米的非货币资产作价出资，其中注册资本金为 153.0 万元、占比 51%，其余部分以债权形式投入乐山和润农业科技发展有限公司中；第二，以 14 名自然人为显名股东分别代表共计 159 名自然人隐名股东，以货币资产方式出资，其中注册资本金为 147.0 万元、占比 49%，其余部分以债权形式投入乐山和润农业科技发展有限公司中。

2014 年 4 月 30 日，公司筹备组收到 14 名显名股东（代表 159 名隐名股东）实缴货币资产共计 309.00 万元。同日，召开了首届 1 次股东大会，产生了公司董事会、董事长、董事、监事，聘任了总经理、副总经理、财务总监、董事会秘书等。同日，“乐山和润农业科技发展有限公司”经乐山市工商行政管理局登记注册正式成立，经营范围：农业技术推广；桑蚕资源综合开发利用；销售百货；房屋租赁；物业服务。

2014 年 5 月 5 日，召开乐山和润农业科技发展有限公司首届 2 次股东会，审议通过了“乐山和润科技农业发展有限公司关于在乐山市商业银行购买投资理财产品进行投资理财实现流动资金增值的议案”。

乐山和润农业科技发展有限公司成立后，由于法人股东四川省苏稽蚕种场承诺出资的非货币资产出资因“棚户区改造项目”受阻一直无法兑现，导致公司长期未能开展经营活动，仅以自然人股东出资的货币资产 309 万元进行了银行理财产品的短期投资。2015 年收益 15.26 万元，2016 年收益 12.89 万元，2017 年收益 12.58 万元，2018 年收益 9.88 万元。这些收益税后全部用于了 159 名实际出资人的收益分配。由于公司一直未正常开展其他经营活动业务，故公司未发生成本费用，业务活动主要由董事长、董事、监事、总经理、副总经理、财务总监等人无偿办理。

2017 年 8 月，鉴于法人股东四川省苏稽蚕种场承诺出资的非货币资产出资因“棚户区改造项目”受阻一直无法兑现，公司长期未能开展经营活动，为了规范国有资产管理，降低投资风险，经股东大会讨论决定解散乐山和润农业科技发展有限公司。2018 年 2 月公司将货币资金 309.00 万元全额返还给了实际出资人 159 名自然人股东，次月，完成了工商注销手续。

第三编

管　　理

中国农垦农场志丛

第一章　管理机构

第一节　场部机构

1938年9月起，筹备建场期间，设筹备组主任、副主任和指导长。主任由费达生担任，副主任由孙君有担任并兼养蚕股长，指导长由程瑜担任。

1941年7月，正式建场生产时，设场长、副场长和主任技术员。场长由费达生担任、副场长由孙君有担任，主任技术员由庄崇蕊担任。

1950年，乐山专署接管乐山蚕丝实验区后，张恩鸿主管区务（包括本场）工作。本场增设驻军代表，住场军代表胡乃石、唐俊。肖佑琼任场长。1952年，撤销驻军代表。

1955年4月，军队转业党员干部李荣任副场长，负责政治思想领导（职工的教育管理、政治学习）等工作。成为首任专职场级政工干部。

1978年3月，场不再设革命委员会，实行党委领导下的场长分工负责制。设场长一名、副场长两名，陈文玉任场长，郭俊熙、彭汉光任副场长。

1988年8月20日，四川省丝绸公司决定省苏稽蚕种场实行场长负责制，欧显模任场长；12月10日，经场长提名，四川省丝绸公司批准，唐秀芳任副场长，至1999年11月退休。

2000年7月，本场划归四川省农业厅管理，欧显模任场长，张茂林任场长助理，副场长空缺。

2004年6月，四川省农业厅任命张茂林、段菊华为副场长，刘守金为场长助理。

2008年12月，场长欧显模到龄退休，张茂林继任场长，副场长段菊华2009年3月退休，副场长此后空缺。

2011年3月，刘守金任副场长。

2011年12月22日，场长张茂林因病去世。张茂林生病期间到2012年4月由牟成碧代理场长主持本场事务。

2012年5月，李俊由四川省三台蚕种场调任本场场长。

2013 年 4 月，牟成碧任副场长，2014 年 12 月，退休。

2016 年 8 月，王水军任副场长。本场配备场级干部为一正两副：李俊为场长，刘守金、王水军为副场长。

第二节 中层机构

1938 年建场初期，本场中层机构设置从简，只有养蚕股和桑苗股。养蚕股长由副主任孙君有兼任，蒋化石任桑苗股长。

1941 年正式建场后，随着工作逐步开展和细化，设立栽桑课（下分栽桑部、栽桑股）、制种课（下设原种部、普通部、试验部）、总务课（部、股）等，负责人无正式任命，且人员多变化。

新中国成立后，1950 年场仍沿旧制，设置制种股、栽桑股、总务股。杨玉容担任制种股股长，王季桐担任栽桑股股长，翁志恒担任总务股股长。此后，负责人员多次变化。

1968 年 4 月，成立场革命委员会（以下简称“场革委”），下设栽桑股、制种股、后勤股、副业股等中层机构。

1978 年 3 月，取消场革委，场下设办公室、生产技术组、计划财务组、总务组。

1981 年 6 月 4 日，四川省农业厅党组批复，同意将场中层机构设置一室三组调整为一室三股，即办公室、生产技术股、计财股、总务股。邹如章任办公室主任；李树民任生产技术股副股长；沈乐兮任计财股副股长。

1984 年 9 月，四川省丝绸公司劳动人事处批复，同意场内设机构为办公室、生产技术股、计划财务股和总务股三股一室。

1987 年 10 月 20 日，四川省丝绸公司对省属蚕种场中层科室设置做了统一规定，场内部机构设置由“三股一室”改为“四科一室”，即：办公室、生产技术科、计财科、后勤科、政工科（与办公室“二块牌子，一套班子”）。

1994 年 12 月，四川省丝绸公司批复，同意场设立保卫科，与办公室合署办公，场聘牟成碧为保卫科科长。

2013 年 12 月，依据苏场〔2013〕39 号文件，本场增设“桑蚕种质资源研发中心”中层机构，杨忠生任研发中心主任，李成阶兼任副主任。至此，本场中层机构为：办公室、生产技术科、后勤科、计财科、政工科和桑蚕种质资源研发中心。

第三节 班组设置

建场初期，本场人员较少、规模较小，并且是“乐山蚕丝试验区”二级报账单位，只设场级和中级机构，未设班组机构。

新中国成立后，随着本场人员增加、规模不断扩大，栽桑、制种和后勤中层机构开始下设作业队组，独立承担生产工作任务。

1978 年，栽桑和制种中层机构合并成为生产技术组，下设桑园一队、桑园二队、试验队、蚕房一队、蚕房二队、蚕房三队，总务组下设副业队。章树清任桑园一队队长；刘永顺任桑园二队队长；谢丛玉任试验队队长；董淑琼任蚕房二队队长；邓学铭任蚕房三队队长；杨俊州任副业队队长。

自 1970 年代开始原蚕区制种以来，下设若干原蚕作业组。

1991 年，桑园实行了撤队建组改革。撤销桑园一队、桑园二队、试验队，重新组建 6 个桑园作业小组。

1998 年，桑园开始实行个人经济责任包干制，2005 年桑园面积大量减少后，取消包干制，设桑园组，由生产技术科统一管理。

第四节 办公设施设备

本场办公室早年间较为简陋，无独立卫生间。

1946 年在上场建木架夹壁简易办公室 54.4 平方米，建木架单竹壁传达室 4.16 平方米，1948 年建木质结构办公室 38.8 平方米。

1977 年改建食堂时，在一楼食堂上面增建了办公室和保管室。

2005 年，将招待所二楼改做办公室。

2011 年底，棚户区改造项目开始实施旧房撤除，办公室搬迁至下场，利用原闲置的临时工宿舍改造后做办公室使用至今。

1980 年代开始配备有绳电话。

2010 年后逐渐普及使用电脑、打印机、复印机、网络办公。

第二章　管理理念和制度变化

第一节　管理理念的变化

民国时期，为本场筹建和初建阶段，为“乐山蚕丝试验区”的二级事业单位。主要任务是推广改良蚕种，提高蚕茧质量。主要经营管理理念是推广改良蚕种技术，提供优质改良蚕种，服务蚕桑改良事业。

新中国成立初期，人民政府推行社会主义改造，将嘉阳蚕种场、互惠种场等不同性质单位合并至本场，最终完成公有制改造。这一时期的经营管理主要是围绕推行社会主义改造这一中心任务进行的，开展了各项政治运动，提高了职工政治思想觉悟。

1956—1966 年，在国家“大力发展蚕桑生产”总方针指导下，本场人员队伍不断扩大，建立并实施了各项基础管理制度，开始实行独立核算，开始树立以蚕种繁育为中心的经营管理理念。

“文化大革命”期间，本场基础管理虽然受到较大冲击，但以蚕种繁育为中心的经营管理理念基本没变。

中国共产党的十一届三中全会后，国家进入一个新的发展时期。中共四川省委、省政府把蚕桑丝绸业列为发展四川国民经济的优势行业，进一步加强扶持。同时适逢国际丝绸市场转畅，出现了 1950 年代以来少有的“蚕桑热”。上级主管部门对蚕种场实行扩大经营自主权政策，实行定额补贴、财务包干、盈利留场、亏损不补的财务政策，并建立了“三定一奖”（定生产任务、定补贴费、定经营利润，奖金按工资总额计提）责任制，实行场长负责制，增强了蚕种场的活力。场抓住历史机遇，加强内部管理，健全各项管理制度，调动职工积极性，树立“一业为主、多种经营”的经营管理理念，努力抓好蚕种主业生产，使本场得到快速发展。

1996—2012 年，茧丝国际市场竞争日趋激烈，需求锐减，迫使发展方式由数量型向质量型转变。本场面对生产过剩、人员过剩、质量不稳定等矛盾，被迫转型发展。经营管理理念转变为“节俭开支、盘活资产资源”。

2013年后，在中共十八大、十九大方针政策的指引下，树立“质量兴场、科技支撑、全面发展”的经营管理方针，回归事业单位属性。

第二节 管理制度的变化

民国时期，本场作为“乐山蚕丝试验区”的二级事业单位，本场的管理工作主要体现在改良蚕种的繁育与推广方面，以“专业人员传授改良蚕种繁育技术和操作要点、职工领悟接受”为主的传授式管理模式进行管理。

新中国成立初期，人民政府推行社会主义改造，场着重加强了职工政治思想教育。

1956—1966年，本场完成了公有制改造，虽然历经了各种困难时期，但在国家“大力发展蚕桑生产”总方针指导下，本场成为独立核算事业单位，规模不断扩大，拥有人、财、物等管理权限，开始逐步建立起以蚕种繁育为中心的各项管理制度，以充分发挥人力、财力和生产资料的作用。

“文化大革命”期间，本场基础管理受到较大冲击。

1978—2012年，随着国家各项改革开放政策的出台与实施，茧丝国际市场多次风云变幻，本场内外环境多变，管理制度亦随之变化。场部管理总体上贯彻落实了“场长负责制”，建立了以“一支笔审批”集权制为特点的管理制度，生产班组管理先后建立了“三定一奖”“四定一奖”、桑园包干制等经济责任制。实行浮动工资、超产奖励、亏损受罚等制度办法。

2013年以来，在中共十八大、十九大方针政策的指引下，加强了党的领导，以《中共中央 国务院关于分类推进事业单位改革的指导意见》《事业单位人事管理条例》《行政事业单位内部控制规范（试行）》等为基本指引，建立了“三重一大”事项集体决策制度、内控制度、行政管理制度、权力运行机制管理制度、干部选拔任用制度等规范，建立健全了职工招录、培训和考核体系，建立健全了各类岗位责任制，改进了生产责任制。呈现出管理权限和制度更加规范透明的特点。

第三节 领导关怀

1963年4月20—25日，中共中央副主席、全国人大常委会委员长朱德在中共西南局副书记、省委副书记陈刚等陪同下视察乐山。4月24日在前往峨眉山的途中，傍晚时分视察了乐山苏稽蚕种场（现四川省苏稽蚕种场）生产情况，并接见了部分职工，专门询问过乐山的“嘉定大绸”情况。在听取地委工作汇报后指出：“如今是解决吃饭问题，将来要种林，种经济作物换钱买粮吃饭，能种成材林就种成材林，能栽桑就栽桑养蚕，能种茶就种茶”“乐山地区的夹江有国画纸，峨眉有峨蕊茶，乐山有丝织绸，这就叫特色”。做出要传承发扬本地蚕丝特色文化的指示。

2018 年 3 月 16 日，四川省农业厅党组成员朱万权赴本场调研农场改革和土地确权工作。

2019 年 10 月 17—18 日，四川省农业农村厅党组成员、驻厅纪检监察组组长杨晖同志带领厅机关纪委书记石英文、驻厅纪检监察组副组长魏毕良、农场管理局副局长杨琳玲一行来场对贯彻中央、省委决策推进“三农”工作情况，并对党风廉政建设情况进行了调研。

2020 年 5 月 26 日，四川省农业农村厅党组成员、总农艺师陈孟坤带领厅农场管理局局长吴运杰同志，前往省苏稽蚕种场开展棚改还建项目调研。陪同调研人员有：乐山市政府、市农业农村局、市自然资源局、市住建局、市财政局、以及负责项目承建的市城投集团等单位有关的负责同志。

2020 年 8 月 8 日，四川省委农办主任、省农业农村厅党组书记、厅长杨秀彬率厅农场管理局局长吴运杰、省委农办秘书处副处长陈亮赴省苏稽蚕种场开展工作调研。乐山市委、乐山市政府、市农业农村局、市住建局、市财政局、市自然资源局、市城投集团公司、苏稽新区管委会、苏新投集团公司等单位的负责同志陪同调研。

2021 年 1 月 20 日，厅农场管理局局长吴运杰一行 3 人赴省苏稽蚕种场开展桑园土地置换工作调研，与乐山市市中区区长左小林一行深入桑园及有意向置换的土地进行实地考察，详细了解置换土地的面积、周边环境及政府下一步规划。

2021 年 9 月 23 日，四川省委编办主任、省委组织部副部长陈忠义带队到四川省苏稽蚕种场调研，农业农村厅党组成员、机关党委书记伍修强参加调研，厅人事处、苏稽蚕种场负责同志陪同调研。

2021 年 9 月 25 日，国家农垦局中国农垦经济发展中心副主任陈忠毅一行到四川省苏稽蚕种场调研农场志编撰情况，农业农村厅党组成员、总农艺师陈孟坤参加调研，厅农场管理局、省苏稽蚕种场负责同志陪同调研。

第三章　管理工作

第一节　人力资源管理

一、人力资源管理机构

1941 年正式建场后，劳动人事管理归新生活运动妇女指导委员会下设的乐山蚕丝实验区管理，场设总务课（部、股）具体负责劳动人事事务。

1950 年，场沿旧制，劳动人事具体事务归总务股管理。

1968 年 4 月，劳动人事归后勤股管理。

1978 年 3 月，场始下设办公室，归口人力资源管理。

1987 年 10 月 20 日，四川省丝绸公司对省属蚕种场中层科室设置做了统一规定，场内部机构设置由“三股一室”改为“四科一室”，始设政工科，与办公室“二块牌子、一套班子”，人力资源归政工科管理，一直保持至今。人力资源管理开始分立为专门机构。

二、人事管理

建场初期场长和技术人员均来自当时的沦陷区江苏省苏州蚕丝专科学校，人事管理归新生活运动妇女指导委员会下设的乐山蚕丝实验区，人员实行聘用制，调进调出皆由乐山蚕丝实验区决定，业务板块管理归四川丝业公司。随着生产发展，也逐渐少量接收本省专业学校毕业的技术人员。

新中国成立后，人事任免和调动仍由国家统一管理，场级干部和科级干部任免均由上级主管部门考察后决定。因主管部门多次变化，干部来源范围较广，场级干部既有上级直接派任，也有从部队转业安置和从兄弟种场交流来场。

1968 年起，场逐年开始接收西南农学院、乐山水电校、四川省南充蚕桑学校等全日制大专院校蚕桑专业或邻近专业毕业生，担任栽桑养蚕技术员并承担管理工作。

1970 年代，按国家政策选择少量优秀工人“以工代干”和转干。

1983 年，国家整顿“以工代干”，严格考试考核，本场 3 个以工代干人员因年龄超过 40 周岁、未具高中或相当高中文化程度而不再“以工代干”，明确为工人，享受工人待遇。

1984 年后，为提高全场职工的文化水平和业务素质，逐年推荐文化程度较高、表现优秀的工人和职工子女报考四川省蚕桑学校和绵阳技工学校，毕业后回场担任技术人员，经考察后转为干部。

1988 年 8 月，经上级主管部门四川省丝绸公司决定，本场实行场长负责制，副场长由场长提名后报上级主管部门任命，中层科室干部由场长任命以后又明确政工（人事）、财务科长由上级部门任命；一般干部的调出由场自行决定，调进仍需由上级主管部门批准。

2000 年后，场级和科级干部仍由上级管理人事部门任命，离退休由上级人事部门批准，一般干部调进调出由场自行决定，退休按国家政策执行。

2006 年后国家改革人事制度，省级事业单位招收干部，由单位提出计划上报上级主管部门，再由省人事厅统一于网上发布信息，在全国范围内统一考试录用。同年，实行岗位管理制度，原干部分成管理岗位与专业技术岗位，以岗设职，开始实行合同制和聘用制。打破原职工身份界限，实行公开招聘、竞聘上岗。

1981 年 11 月，本场按政策首次进行专业技术职称评定，此后中断，到 1988 年恢复，此后又偶有中断，至 2008 年后按上级部门布置安排如期进行专业技术职称评、聘。

近年来，本场先后制定了《党员干部任用办法》《党员干部“十不准”》等人事管理制度。

三、劳动管理

新中国成立前场没有固定工，工人全部为临时工、季节工，由熟人引荐或自行来场，由生产部门自主选用或辞退。

新中国成立后废除私招、乱雇或随意解雇职工，由劳动部门统一招收录取正式工，工人调进调出和开除都须报上级人事劳动机关批准，场设有兼职劳动人事干部负责此项工作。1958 年后大量招工，工人数量快速增加。1961 年乐山专区农业局调来停办中的专区农科所附中学生 30 人，1962 年调来盐源农场军工 20 人和龙池铜矿技工与普工共 24 人，但因不懂专业和技术不对口多数被调走。1971 年后招收城镇下乡知青和老职工子女顶替进场工作，1980 年代中期停止招收老职工子女顶替。

1984年8月，乐山地区劳动局发出《关于放宽政策，下放权力的意见》，改革劳动调配制度，明确将国家下达的招工指标分配到企业，企业可根据生产需要自行确定用工制度，可招收合同工，也可招收固定工。

1987年，四川省人民政府办公厅以川办发〔1987〕71号文下发《关于适当放宽对家居农村的老工人照顾范围的通知》，对1959年底前参加工作的老工人，退休后允许一名适龄未婚子女到父（母）原单位工作，场根据这招收数名符合条件的职工子女进场工作。

1987年，国务院出台四个暂行规定改革劳动用工制度，不再招收固定工，一律实行劳动合同制，推行全员合同制管理制度。同时在管理上层层权力下放，工人招收完全由单位自主进行。

同年场增设政工科加强劳动工资管理，办理招退职工、职工调动以及职工生、老、病、死事宜，以及临时工的招退，根据每年蚕种生产的生产任务，对职工进行调整搭配平衡。

1996年2月起，由于蚕种供大于求、经济困难、人员过剩，本场开始实行职工停薪留职制度，减员增效。1997年起不再招收新职工。

1964年2月，本场首次执行国家职工退休制度，工人骆银山年满71岁经乐山县工会联合会批准同意退休。此后，持续贯彻执行国家有关退休政策制度。2005年1月起，本场经批准按有关政策实行特殊行业第一线职工可提前5年退休制度，一线工勤人员女职工年满45周岁、男职工年满55周岁经本人申请可以退休，执行至今。

1996年3月，本场开始执行机关事业单位技术工人等级岗位制度，全场107名技术工人经培训与考试全部合格，此后每二至三年按上级安排进行一次，技术工人经此取得相应任职资格，作为单位相应技术岗位聘用重要条件之一。

在季节性临时劳务用工的使用方面，新中国成立后沿袭旧制，根据需要每季于生产前在附近农村临时雇请，当年生产完后即行辞退。1971年后加强用工管理，使用临时工须提前写明用工计划报上级人事劳动部门批准，下达用工指标，并经当地劳动部门分配各乡镇人数，方可招用。1980年代后期国家简政放权，使用临时工完全由场自行招退。

2019年起，开始通过公开招聘方式接受数名大专以上学历毕业生聘用至工勤岗位。

四、岗位管理

建场初期实行全员聘用制，不区分员工身份，劳务用工实行雇佣制，无员工身份。

新中国成立后废除私招、乱雇或随意解雇旧制，由劳动部门统一招收录取正式工，工人调进调出和开除职工都须报上级人事劳动机关批准。职工身份按国家统一规定区分为干部和工人，干部区分为行政干部和专业技术干部，工人无身份区分。

1986 年四川省编制委员会核定本场为相当于县级事业单位，核定事业编制 150 人。

2006 年 7 月，国家《事业单位岗位设置管理试行办法》（国人部发〔2006〕70 号）颁布实施，本场告别身份管理模式，实行按编设岗，按需设岗、竞聘上岗、按岗聘用、合同管理的岗位管理制度。

2010 年 4 月，经四川省人力资源厅批复，本场首次执行岗位设置管理。核定编制 150 人，设管理岗位 15 个，专业技术岗位 60 个，工勤岗位 75 个。管理岗位中，六级 1 个，七级 3 个，八至十一级 11 个；专业技术岗位中，高级 13 个（五级 2 个、六级 5 个、七级 6 个），中级 31 个（八级 10 个、九级 12 个、十级 9 个），初级 16 个（十一级 8 个、十二级 8 个）；工勤岗位中，二级 3 个、三级 15 个、四级及以下 57 个，全为技术工、无普通工。

2017 年 6 月，经四川省人力资源厅批复同意本场变更岗位设置，核定编制仍为 150 人，设管理岗位 12 个（较此前减少 3 个），专业技术岗位 63 个（较此前增加 3 个），工勤岗位 75 个。管理岗位中，六级 1 个、七级 5 个（较此前增加 2 个）、八级及以下 6 个（较此前减少 5 个）。专业技术岗位中，增设了正高级 1 个，副高级 18 个较此前增加了 5 个，其中五级 5 个较此前增加了 3 个，六级 6 个较此前增加了 1 个，七级 7 个较此前增加了 1 个，中级 25 个较此前减少了 6 个，其中八级 7 个较此前减少了 3 个、九级 8 个较此前减少了 4 个、十级 10 个较此前增加了 2 个，初级 19 个较此前增加了 3 个，其中十一级 7 个较此前减少了 1 个、十二级 7 个较此前减少了 1 个。工勤岗位中，二级 9 个较此前增加了 6 个、三级 28 个较此前增加了 13 个、四级及以下 38 个较此前减少了 19 个，仍全为技术工、无普通工。至 2021 年末仍执行此岗位设置。

五、工资管理

（一）职工工资管理

新中国成立前，职员和长工为月薪制。场长的工资由乐山蚕丝实验区决定，职员工资标准由场长提请乐山蚕丝实验区审定。

新中国成立后职工工资由国家统一制定，1950 年 3 月下旬，实行折实单位工资制，即按当地人民银行颁布的当月市场大米、白布、煤、菜油、盐的牌价半月计发一次工资。同年 8 月为缩小待遇差别，适当调减干部工资，调高工人工资，工人所得工资比新中国成立前增加两倍多。

1953 年 8 月，实行企业等级工资制，场成立了调资评议委员会，成员由行政、工会、各部门负责人共7人组成，按照德才兼备、反对平均主义、实行按劳分配付酬的原则，经民主评定，场领导审定，报西南蚕丝公司批准实施。

1956年，我国进行了首次全面系统的工资制度改革，实行按劳分配原则，反对平均主义，将专业人员与行政管理人员分开，各自制定工资标准，建立了职务等级工资制。评定条件按职务高低、工作繁简、技术管理能力强弱；工人分技术高低、劳动强度、贡献大小为依据，经民主评定后报上级批准实行。

1960年秋，采取评工记分办法，实行考勤计件工资，大、小队长在工资上给予补贴不致降低原工资水平，职工有超工分照发，短工分不补。

1972年4月，执行国务院"关于调整部分工人和工作人员工资、改革临时工制度"。

1977年9月，按乐山地区农林局、劳动局乐地农林〔77〕106号、乐地劳牧〔77〕88号文件"关于国营农林、牧、渔、茶场工人工资标准的通知"，调整工资标准。

1985年6月，中共中央、国务院下发《关于国家机关和事业单位工作人员工资制度改革问题的通知》，进行了第二次全国性的工资制度改革，实行以职务工资为主要内容的结构工资制，按照工资的不同职能，分为基础工资、职务工资、工龄津贴、奖励工资四个组成部分。

1985年后场完善各项生产责任制，实行联产工资、超收分成制。

1993年进行第三次工资改革，国家机关和事业单位脱钩，国家机关实行职级工资制，事业单位实行能体现其行业和业务特点的多种工资制度。事业单位将工作人员的工资分为固定部分和活的部分，鼓励有条件的事业单位实行企业管理或企业工资制度，自主经营、自负盈亏。

1994年5月，四川省丝绸公司印发《省直属蚕种场津贴发放暂行办法》，明确职务（岗位）津贴与工作质量、责任大小、工作任务、岗位劳动强度挂钩，贯彻多劳多得、少劳少得、不劳不得，按0.5～2.5的指数分配，合理拉开差距。

1996年2月，由于蚕种市场疲软、生产下降、经济困难、富余职工较多，场出台了《关于职工留职停薪的规定》，职工自愿申请经批准可停留职停薪，与场签订合同，每年缴纳办理养老保险、医疗保险等个人负担的费用。

2001年4月，执行国务院国发〔1983〕74号文件，事业单位地处县级以下的工作人员，享受第一线的农林科技干部浮动一级工资待遇。

2006年国家实行第四次工资制度改革。事业单位实行岗位绩效工资制度，与机关工资制度进一步脱钩。贯彻按劳分配与按生产要素分配相结合的原则。实行以岗定薪、岗变薪变的办法，加大向优秀人才和关键岗位的倾斜力度，建立了符合事业单位特点、体现岗位绩效和分级分类管理、岗位职责、工作业绩、实际贡献紧密联系和鼓励创新的分配激励机制。执行的标准是“档案工资”，共分为专业技术13个等级、管理岗位10个等级、工勤岗位5个等级。同时对专业技术和管理人员设置65个薪级，对工人设置40个薪级，每个薪级对应一个工资标准。对不同岗位规定不同的起点薪级，每年对年度考核结果为合格及以上等次的工作人员，增加一级薪级工资。12月，根据相关文件精神，重新调整确定工资标准和增加退休（职）费。

2008年9月24日，根据“对常年在县以下从事农业技术推广工作、畜牧饲养、放牧和渔业养殖等艰苦岗位工作的人员，其津贴部分在工资构成的比例可在国家规定的基础上适当高一些，高出比例按8%掌握”的政策规定，经省农业厅、人事厅批复同意，本场执行农业专业技术人员固定和浮动一级工资。

2010年后，按国家政策职工工资多次调整提高。

（二）季节性雇用劳务用工及其报酬管理

民国时期，分职员、长工和短工，只有职员才属于员工，享受较高较稳定的待遇。职员和长工实行月薪制，长工工资由直接管理者提出方案造表经场长审批后执行，短工工资由直接管理者在场规定的标准范围内执行，实行日结日清制。

新中国成立后，养蚕制种期间需要的劳务用工及其工资管理经历了几个阶段。第一阶段为1949年10月至1957年，劳务用工多来源于周边农村和职工家属，由用工小组考勤并按场部统一制定的标准造工资表经审核后按月或蚕季用货币现金由财务部门直接发放给本人。第二阶段为1958年至1980年，劳务用工亦多来源于周边农村和职工家属，由用工小组考勤并按场部统一制定的标准造工资表经审核后按月或蚕季用货币现金由财务部门发放，但来源于周边农村集体经济组织的民工工资是发给所在村集体经济组织而不是民工个人，再由农村集体经济组织主导民工报酬，只职工家属仍发放到本人手中。1980年实行改革开放后，农村集体土地分包到户，本场养蚕制种期间需要的劳务用工来源更加广泛，除周边农村村民和职工家属、退休职工外，还广泛组织原蚕区的民工来场参加制种，以满足需要，由用工小组考勤并按场部统一制定的标准造工资表经审核后按月或蚕季用货币现金由财务部门直接发放给本人，2015年后，根据财务有关政策规定，改现金发放方式为转账发放方式，执行至今。

劳务用工报酬标准，由场部根据实际情况和国家、地方有关政策统一制定，经集体研究通过后执行，一般1～3年调整一次。

（三）工资资金来源

民国时期，本场为报账制单位，职员、长工、短工的工资均来源于主管机关——乐山蚕丝实验区。

新中国成立后，本场一直是具有法人资质的事业单位，工资资金均主要来源于主管机关划拨的事业经费。

第二节 生产管理

一、生产管理机构

生产技术管理是蚕种场极其庞大和重要的部门，从蚕种场筹建、成立至今一直发挥着重要作用，一直负责蚕种场的蚕种繁育、蚕种加工处理、桑柘园管理等的生产计划、组织与管理等工作，涉及的环节、技术、人员和物资均最为复杂，受到的制约因素如自然环境、气象条件、劳动力资源、营销市场变化等的影响亦最大。

生产管理基本采取场部（业务副场长）、中层机构和队组三层垂直管理模式。

1938 年，建场初期，即设养蚕股和桑苗股。

1941 年，正式建场后，随着工作开展和细化，设立栽桑课（部、股）和制种课，制种课下设原种部、普通部、试验部。

1949 年 10 月，新中国成立后，场仍沿旧制，设置制种股、栽桑股。

1968 年 4 月，成立场革命委员会，亦设栽桑股、制种股，并分别下设队、组。

1978 年 3 月，取消场革委，将栽桑股、制种股合并设生产技术组，下设若干队。

1981 年 6 月 4 日，生产技术组改称生产技术股。

1987 年 10 月 20 日，四川省丝绸公司对省属蚕种场中层科室设置做了统一规定，生产技术股改称生产技术科。下设桑园 3 个队、蚕房 2 个队、原蚕若干组、冷库组、品检组、品保组等。

1991 年，桑园撤队建组，撤销 3 个队重建 6 个组。1998 年桑园实行包干制后，桑园各组撤销，桑园承包到职工个人。至 2006 年由于桑园土地面积大量减少而终止包干制，设桑园组至今。

二、生产布局与计划管理

（一）生产布局

本场蚕种繁育生产多采取春、秋两季制种的全年生产布局。原种及以上蚕种、品保蚕种，历来均只利用自营桑园桑叶在场内饲养繁育制种。一代杂交种则自建场起至1970年代以前，亦利用自营桑园桑叶在场内饲养繁育制种，但自1970年代至今，多以发种原蚕区饲养原蚕、种场收购种茧回场制种为主，少量利用自营桑园桑叶在场内饲养繁育制种。历年来多以春季制种为主，部分年份仅春季制种，以避免秋季气候恶劣、生产不稳定之不足。除春秋两季外，偶有安排夏季或晚秋季制种，以满足市场所需。

（二）生产计划

1. 生产任务计划 民国时期，蚕种繁育年度任务由主管机关根据本场生产条件和推广需求下达。

新中国成立后至1978年，国家实行计划经济，蚕种繁育年度任务仍由主管部门下达指令性计划，确定各级蚕种的繁育任务。

1979年后，国家实行改革开放政策，由计划经济管理模式逐步转变为社会主义市场经济管理模式，本场各级蚕种繁育计划亦由指令性计划逐步转变为指导性计划，2000年后彻底转变为以市场为导向的市场化管理模式，各级蚕种繁育的年度任务主要由各级蚕种的销售市场来确定。

历年来每年年初，均由场长召集中层科室以上有关领导和人员召开生产计划会议，根据上级指令计划、指导计划或者蚕种购销合同，研判整个蚕业发展和蚕种供求形势，集体研究确定全年全场各级蚕种繁育任务和生产布局，统筹安排布局春、秋季的各级蚕种繁育生产任务。并制定完成生产任务的主要政策措施和技术措施。

由生产技术科（股、组）根据场部总体计划决策，将各级蚕种繁育生产任务分解到各生产繁育作业组，编制全场生产作业计划，并制定全场统一的管理制度和措施。

各生产组根据技术科（股、组）下达的计划任务、作业计划、统一的管理制度和措施，编制各自的作业计划进行生产。

民国时期，以克蚁制种量为标准来核定一代杂交种生产任务。四川省农业改进所和四川丝业公司按蚕品种对洽桂、华六等每克蚁制种定为25张（按12克为一单张计）。1947年12月，中国蚕丝公司召集技术人员开会研究，决定新品种瀛文、瀛翰、华八、华九每克蚁制平附种19.2张。本场按此指标编制计划，报四川省建设厅核定本场应领原种数、应收蚁量和制种量。场即按此标准落实到作业组生产。

新中国成立后，改为以制万张种所需原种数量为标准来核定一代杂交种生产任务。四川省丝业公司于1951年制定经济技术指标下发各场，规定瀛文×华十正反交制万张种用原种春为116张，秋为134张；克蚁收茧春、秋皆为3公斤；单张种用桑量春为3公斤，秋为3.12公斤；单张种（10克）用人工春为0.143个，秋为0.182个；克蚁制种春、秋皆为 15.4 张。

自 1980 年代起，本场以制万张种所需原种数量为主、兼顾实际饲育蚁量等情况为标准来核定一代杂交种生产任务。原种则以计划饲育蚁量为主分别不同品种繁育性能来核定原种繁育生产任务。原原母种和原原种则根据选择技术要求、不同品种繁育系数来确定计划饲育蛾区数并核定繁育生产任务。

桑园桑叶产量按正常年份实际产量并结合施肥情况、采叶早迟、气候特点进行计划。

2. **生产物资计划** 各级各类蚕种繁育所需蚕房、附属室和蚕具由生产技术科（股、组）根据各作业组生产任务量、生产类别、作业进度计划等情况统筹安排。确保房屋及设备充分利用、满足繁育蚕种所需。

利用自营桑园桑叶在场内饲养繁育制一代杂交种，每制一万张需计划标准蚕房 25 间、贮桑室 10 间、产卵室 3 间、蚕箔 5000 个、给桑架 100 个、小蚕网 2000 张、大蚕网 10000 张、塑料薄膜 1500 张、蚕蔟 5000 个。

原蚕区收茧制一代杂交种，每制一万张需计划标准蚕房 15 间、产卵室 3 间、蚕箔 3000 个、给桑架 50 个、大蚕网 4000 张。

在场内饲养繁育制原种，每制 1000 张需计划标准蚕房 3 间、贮桑室 1 间、产卵室 1 间、蚕箔 500 个、给桑架 13 个、小蚕网 200 张、大蚕网 1000 张、塑料薄膜 200 张、蚕蔟 600 个、制种蛾圈（28 圈）700 个。

在场内饲养原原母种制原原种和原原母种，每标准间蚕房可饲养 100 蛾区，每蛾区需计划蚕箔 2 个、大小蚕网各 2 张、复蔟网 2 张、蚕蔟 2 个、塑料薄膜 2 张、小制种蛾圈（14 圈）1 个、单蛾制种蛾圈 3 个。

桑园所需物料包括肥料、农药、农具等。每亩桑园全年需计划尿素肥 40 公斤、磷肥 100 公斤、化学钾肥 20 公斤、饼肥 150 公斤以上，农药、农具则根据正常年份实际使用情况进行计划。

蚕种冷库所需物料包括盐酸、甲醛、食盐、散卵盒等，可根据正常年份实际使用情况进行计划。

养蚕用桑叶计划，一代杂交种每克饲养蚁量按 75 公斤或按每张种春季 5 公斤、秋季 5.5 公斤计划；原种每克饲育蚁量按 85 公斤或按每张种春季 4 公斤、秋季 5 公斤计划；原原种和试验鉴定按饲育区每区 15 公斤计划；品种保育按每区 13 公斤计划。

消毒药品主要有漂白粉、福尔马林、石灰，可根据正常年份实际使用情况进行计划。

其他原材料如蚕连纸、蛾盒、蛾袋、垫箔纸、谷壳、稻草等，可根据正常年份实际使用情况进行计划。

生产物资计划的编制：2013年以前，全场生产物资计划由生产技术科（股、组）在每蚕季前统一编制一次，报场部讨论通过后执行。2013年以后，全场生产物资计划由生产技术科（股、组）在每年年底时统一编制下年度计划一次，报场部讨论通过后执行。各生产队组在每年年底和每蚕季前各编制一次，报生产技术科（股、组）和场部讨论通过后执行。

3. **生产用工计划** 栽桑养蚕制种是以传统手工为主、劳动密集型的行业，生产用工不仅量大而且十分集中，时季性和阶段性很强。因此，做好用工计划十分重要。

场一级生产用工计划由生产技术科（股、组）负责制定。桑园总用工以经营面积为主，以桑园类别、产量、具体工序等为辅来确定，定额为年亩用工40个左右。各级蚕种繁育总用工根据生产计划任务、生产类别和用工定额进行计划，起止时间为自催青收蚁准备开始，至养蚕制种结束、各种蚕具全部移出蚕室时止。一代杂交种分原蚕区收茧制种和场内饲养制种两种情况，原蚕区收茧制种定额为每万张800～900个，场内饲养制种定额为每万张2500～3000个。原种用工定额为每万张3000～3500个。原原母种、原原种用工按35～40区/工核算（每区核定制种20蛾），品保、场试验及省鉴按60～70区/工计算，新蚕品种选育试验用工按40～45区/工核算。消毒、催青、蚕种保护、蚕种冷藏浸酸、蚕种浴消、预知检查、母蛾检验等阶段性工作，则分工序制定有劳动定额，在保证质量的前提下按劳动定额计划用工。

4. **生产作业计划** 场一级蚕种繁育作业计划由生产技术科（股、组）负责制定。制定时应根据蚕业主管部门下达的繁育任务或签订的供销合同，结合本场生产实际，制订全年及分季生产作业计划，确定分期饲育品种、蚁量、制种量等。并根据历年实际生产水平，结合饲育品种性状、繁育系数，制订产质量指标与劳动定额、用桑定额及原材料消耗定额和生产成本计划，确定各小组负责技术员和工人组员人选，制定经济承包责任制和岗位责任制。每蚕季开始前，在充分考虑气候、桑叶生长、蚕房、劳动力、生产类别、蚕品种性状等情况下，制定蚕种分批、分期出库表，统筹安排生产繁育进度和规模，尽量做到趋利避害、充分利用人力、房屋、设备等为原则。

同时，还要做好各阶段计划，如消毒计划、催青计划、蚕种保护计划、人工越夏计划、蚕种冷藏浸酸计划、蚕种浴消计划、预知检验计划、母蛾检验计划、桑园培护管理计划、治虫计划、桑叶采收计划等，以及具有针对性强的职工技术培训计划等。

各生产队组由主管技术员编制本队组作业计划。根据场部下达的饲育品种、蚁量、制种量和出库催青时间来编制生产进度计划，根据场部统一制订的用工、用桑、用物定额和繁育系数来编制队组生产成本计划，根据发育经过编制逐日用桑计划、各阶段用工计划、用物计划，做到心中有数，避免生产过程中的忙乱现象发生。

三、生产组织管理

（一）生产流程与作业小组的划分

蚕种场的生产流程主要包括：桑柘园生产、养蚕消毒、养蚕制种、蚕种保护、蚕种人工孵化（冷藏浸酸）、蚕种浴消整理、预知检查、蚕种母蛾检验与成品检验等。

本场一直根据生产流程来划分生产作业小组，明确各生产作业小组工作任务和人员组成，组织成完备的生产线，分别完成各项生产工作任务，生产作业小组成为相对独立的生产基本单元。

桑柘园分设队或组，划定一定桑柘园面积，从事桑柘园管理，为养蚕提供质优量足的桑柘叶。

养蚕消毒，包括蚕前和蚕后消毒，为养蚕制种提供彻底的消毒保障的物资准备服务，设专门的队或组，全场统一进行。队长或组长人选由生产技术科（股、组）确定、场部批准。工人除养蚕制种期间外，全部在消毒队组从事消毒工作，接受消毒队、组长的管理和安排。

养蚕制种，包括场内和原蚕区、选原种和普种、品保蚕种和科研试验等的养蚕制种，是蚕种场的主要生产事业活动。下分设不同小组，场内一般一幢蚕房设一个养蚕制种组，原蚕区以片区划分小组，最多时有 13 个（1994 年），最少时仅有 1 个组。每小组由 1 名主管技术员、1～2 名技术员和一定数量的工人组成。主管技术员、技术员人选由生产技术科（股、组）确定、场部批准，主管技术员负责小组全面工作，主要是技术管理工作，包括蚕前技术准备、蚕中技术处理、蚕后工作总结和技术报表填报，技术员协助主管技术员工作，在小组工作的时期比工人长，一般每个蚕季为 3～4 个月时间。工人一般由生产技术科（股、组）确定人员数量和名单，仅在小组养蚕制种期间在小组工作，一般为 60 天左右。

生产技术科（股、组）下设催检保组，统一负责全场原蚕种催青、各级蚕种保护、预知检查、母蛾检验等工作。由 1 名主管技术员组成，其他工作人员根据需要由生产技术科（股、组）临时调配。

生产技术科（股、组）下设蚕种冷库组，由 1 名主管技术员、1～2 名技术员和 3 名冷冻机组人员组成（冷冻机组 2012 年以前由后勤科管理，2013 年起由生产技术科管理）。负责全场各级蚕种的入库冷藏、浸酸、蚕种出库等蚕种处理工作，并对外场提供相应的蚕种人工孵化加工处理业务服务。

蚕种浴消整理在非蚕期的冬季进行，由生产技术科（股、组）统一组织实施，一般全场人员均要参加。

（二）劳动组合

生产作业小组的劳动组合形式历史上有三种，一种为聘用式，一种为任命式，还有一种为双向选择自由组合式。

民国时期，技术员实行聘用制，由场部或栽桑股、制种股根据生产任务直接聘用技术员组织生产。由技术员根据饲养量雇佣一定数量的临时工进行作业，蚕期完后工人即行解雇回家。

新中国成立后废除旧制，广大干部职工身份转为固定职工、成为企事业单位的主人。固定职工人数大量增加，场部根据职工技术高低、劳动能力大小等情况，以技术员为负责人划分作业组，实行任命式劳动组合管理方式。

1989 年，打破“大锅饭”，实行优化劳动组合，出台《关于在职职工暂行在职待业的规定》，从当年 3 月 1 日起，凡未能组合上的职工，按工资 70%发给生活费。1997 年以后进一步优化劳动组合，技术员实行聘用制，职工双向选择。2003 年，全面实行优化劳动组合。2004 年进一步完善劳动组合办法，出台《用工优化劳动组合（暂行）办法》，调动职工积极性。

2014 年后，国家出台了事业单位人事管理条例，规范人事管理，本场终止执行双向选择自由组合政策，恢复执行任命式劳动组合管理模式。

（三）劳动定额管理

建场以来，本场为提高劳动生产效率，制定、执行和完善了多种劳动定额，在生产管理中发挥了重要作用。

民国时期，劳动用工实行雇佣制，定额高、劳动强度大、劳动时间长，工作量由雇主说了算，雇佣员工权益不受保护。

1953 年，场定普种饲育期劳动定额为，每工负责 1～3 龄蚕 40 克蚁量，4 龄后 28 克。较民国时期有所降低。

1962 年，场进一步修改降低了蚕房、桑园定额：蚕房工人每人负担蚁量 1～2 龄 40 克，3 龄 30 克，4 龄 18 克，5 龄 13 克；桑园每工日耕地：春冬季泥地 1.8 亩，沙地 2.2 亩；夏季泥地 2.2 亩，沙地 2.7 亩；整枝：短梢 667 株，摘芯 355 株，伐条 400 株，间芽 300 株，修枝 200 株。同时对喷药、除虫等都做了调整。

1980 年代后，全面实行以定额管理和劳动时间、劳动态度等综合考核，以定额为主的管理方式，对作业组定任务、定质量、定成本、定安全生产，超产奖励。作业组再将消毒洗涤、催青收蚁、饲育蚁量、上蔟采茧、削茧鉴蛹、发蛾制种等工作按定额量化分解到人，并结合工作质量、劳动纪律情况等对职工考核进行奖金分配。

1990年代后，结合优化劳动组合，定额管理方法经不断修改完善。具体要求见表3-1。

表3-1 1991年桑园劳动定额及质量要求（单位：工/日）

项目	日定额	年亩定额	质量要求
摘芯	300	0.83	在用叶前15～20天完成。春季遇低温多湿可提早，天气晴暖可适当推迟。一般摘去鹤口状的嫩芽（尖）。按用叶计划分期摘芯。做到枝枝摘到，芽芽摘清
夏伐	300	0.83	枝条基部以上2～3厘米处剪伐，剪口光滑无破裂。夏伐条宜早不宜迟，可边用叶边伐条，必须在5月底6月10日前完成
疏芽	300	0.72×2=1.44	做到去弱留强、疏密留稀。亩留条数5000～6000，株留条20枝以上，嫩芽长到10～15厘米时进行第一次，20～30厘米时定芽。使树冠外展中空，树形整齐
剪梢	600	0.42	力求做到全园枝条高低一致，不留徒长枝及条上细嫩枝，单株中心略高，呈伞形，一般剪去尖未栓化部分
整枝	200	1.25	修除尽枯死桩拳病虫害枝、细弱枝、横穿枝，凿口光滑，不伤健条
施药治虫	春秋3～5亩 夏伐后10亩	2.0	全年8～10次，春秋各3～4次，夏伐后及初冬期各1～2次。药杀做到株株喷到，条、叶喷湿，浓度准确，现用现配，注意安全
耕地	泥地2亩 沙地2.5亩	0.5×3=1.5 0.4×3=1.2	要求不见土硬，土块翻透，土坯朝上，土面无草，深浅适度，不伤树体
平地	1亩	1×3=3	先除去株间杂草，然后填平泥沟，向根部壅土
松硬	泥地1.3 沙地2亩	0.77 0.5	桑园冬耕后，人工挖松株间板结地，深6～8寸，不伤树体，土不打碎
除草	人工0.5亩 化学3亩	2×2=4 0.33	全年4～5次，耕耘后结合平地除一次，做到杂草除净，沟边清洁，土地平整，草土分离，检去卵石
挖穴	泥地300 沙地400	0.83×2=1.66 0.64×2=1.28	在株间右行间开穴，1.5尺见方，深5～6寸，底面平整
盖穴	泥地500 沙地700	0.5×2=1.0 0.357×2=0.71	施肥后及时覆盖，盖穴后呈馒头形
挑粪	40担	3.9	场所周围35～55担，月耳地11担，转肥年亩0.29个，管理工0.33个，每担盛满，每担4株
施化肥	1.5亩	0.47×4=2.68	分次少量施用，施后及时厚盖，春夏随水肥施一次，单施时选择雨天前施，用叶前春季30天秋季20天以内禁止施用，保证叶质
种绿肥	1亩	1	点播均匀，冬季全园种，夏绿肥种植一部分
割埋绿肥	0.5亩	2	开沟（穴）深埋，亩产绿肥2000千克以上
清园	1亩	1	桑树冬眠前后即时清园
叶面消毒	2亩	0.5×2=1	浓度准确，注意安全

（续）

项目	日定额	年亩定额	质量要求
采叶	春秋 一龄 20、30 二龄 30、50 三龄 60、70 四龄 110、130 五龄 150、160	10	春稚蚕摘枝上部适龄适熟片叶，大蚕采芽叶或结合伐条采叶，做到划片区采叶，先采早、中生条，后采肥地晚生条 秋季采叶必须注意留条保芽。小蚕选采枝条中上部适龄适熟叶，大蚕自下至上采摘，早秋采叶后稍端保留 7～8 片开叶，晚秋采叶后保留 4～5 片开叶 采叶时注意剔除病虫叶、硬化叶、泥沙叶，良叶不掉地
采叶管理	1600 千克	0.626	每 1600 千克为一个采叶管理工日，准确记载采时量，检查采运质量
运叶	30 担	0.844	做到轻装快运，每担盛叶 35 千克以内，场所周围 30 担/工，月耳地 11 担/工，马河口 9 担/工，气温高时要用湿布盖桑叶，力避蒸热
埋条	0.25 亩	5.0	开沟深埋，以不影响耕地为宜
刷白	0.5 亩	2.0	地面以上、拳头以下全刷白，不留空隙
捕捉害虫	—	2.0	捕杀天牛、尺蠖、野蚕、毛虫、治介壳虫、病害等
束枝与解束	—	0.6	束结牢实，枝条端正，弯弓不大
挖死补缺	—	1.0	按新植桑栽植
修理农具	—	0.5	
其他	—	1.0	
合计			泥地 54.16 工日/亩年、沙地 52.88 工日/亩年

1992 年四川省蚕业制种公司综合省属各场情况，修订完善了养蚕制种各阶段劳动定额，见表 3－2。

表 3－2　养蚕制种各阶段劳动定额表

工项		原原种	原种	普通种
饲育期	1.2 龄	22 蛾区	13 克净蚁	30 克净蚁
	3 龄	22 蛾区	10 克净蚁	17 克净蚁
	4 龄	22 蛾区	8 克净蚁	12 克净蚁
	5 龄	22 蛾区	7 克净蚁	10 克净蚁
上簇		30 蛾区	5 克净蚁	7 克净蚁
采茧		35 蛾区	50 个簇	60 个簇
选茧		10 蛾区	75 区	100 公斤
称茧		1000 粒	150 区	200 公斤
调查			12 区	10 户
剥茧衣		30 蛾区	12 公斤	
削茧		8 蛾区	12 公斤	12 公斤
鉴蛹		6 蛾区	35 公斤	45～50 公斤
制种		100 张	20 张	100 张
整消蚕簇			350 个	
整理蛾盒			1000 个	
编写连纸			1000 张	
编写蛾盒			1000 个	

2006年，本场修订完善了消毒、检样劳动定额，见表3-3。

表3-3 2006年消毒、检样劳动定额表

项目	单位	每工数量	规格质量要求
刷连纸	张	500	刷凉收一体，正反面刷三次，均匀周到，整齐，无漏刷，新连纸1000刷2次2个工
补正取样	个	80	取样无损坏，准确记载
补正镜检	个	200	每个样看五个以上视野，正确认识，做好记载
母蛾镜检	集团	400	每个样看五个以上视野，正确认识，做好记载
浸酸浴种	张	250	日浸、浴消量，在5000张以上按定额计工，种量在5000张以下仍按5000张计算用工
浸蚕箔	个	500	充分浸透
洗蚕箔第一次	个	120	洗晒收一体，无死蚕迹、丝网、蛾尿及一切脏东西
洗蚕箔第一次	个	150	不晒不收，无死蚕迹、丝网、蛾尿及一切脏东西
洗蚕箔第二次	个	200	不晒不收，无死蚕迹、丝网、蛾尿及一切脏东西
验收	个	600	验收清数，无死蚕迹、丝网、蛾尿及一切脏东西
运楼上	个	500	运到指定地点，堆放整齐，不得随意抛甩损坏
运楼下	个	700	
浸蚕架	个	60	充分浸透
洗蚕架第一次	个	40	包洗包运，洁净无脏东西，运到指定地点，无损坏
洗蚕架第二次	个	45	包洗包运，洁净无脏东西，运到指定地点，无损坏
搭蚕架	间	1	搭直接稳，蚕箔拉动无阻，接头牢实
折蚕架楼上	间	1	运到指定地点，堆放整齐，无损坏
折蚕架楼下	间	1.5	运到指定地点，堆放整齐，无损坏
浸蚕杆	根	500	充分浸透
洗蚕杆	根	200	包洗包运，洁净无脏东西，运到指定地点，无损坏
运蚕杆	根	400	运到指定地点，无损坏
洗蚕室第一次	间	1	无死蚕迹、丝网、蛾尿及一切脏东西
洗蚕室第二次	间	1.5	无死蚕迹、丝网、蛾尿及一切脏东西
糊窗子	间	1.5	周到无缝隙
密闭消毒	间	2	打药、升温、点火
蒸气消毒	个	1	300个/班2工。蒸前蚕箔湿润，蒸后运到蚕房，安全用火，节约用煤，达到目的温度
浸给桑架	个	100	充分浸透
洗给桑架第一次	个	60	包洗包运，无死蚕迹、丝网、蛾尿及一切脏东西
洗给桑架第二次	个	80	
抖蚕网	个	500	无蚕沙、死蚕及一切杂物
浸蚕网	个	5000	充分浸透
洗蚕网	个	1500	洗晒收一体，无死蚕迹、丝网、蛾尿及一切脏东西
漆门窗	付	1	均匀周到

（四）作息时间管理

建场初期使用人员少，劳动强度大，桑园由工头按技术员要求管好活派工，监督工人劳动。蚕室内分组不分班，日工作 16 小时，上蔟采茧和制种期每日工作 19 小时，没有固定的作息时间。

新中国成立初期，劳动组合沿袭旧制。1951 年蚕室养蚕期开始实行两班四轮制的“专业流水作业法”，人员分饲育班和调桑班各两个甲、乙两个班，另有一个白昼辅助班。每日分四段，上班时间为：饲育和调桑甲班 2:00—8:00，饲育、调桑乙班和辅助班 8:00—13:30，饲育、调桑甲班和辅助班 13:30—19:30，饲育和调桑乙班 19:30—次日 2:00。辅助班主要负责除沙工作。蚕室技术员为了解蚕室工作全貌，不与工人相同，实行 3—5 日换班一次。桑园根据需要设有组长、记录员、保管员和组员，生产季节运叶量吸收临时工分别到组，由组员安排完成劳动工作。

1956 年，在两班四轮制的基础上，加强管理，建立了交接班制度。

1959 年，蚕室改两班四轮制为两班三轮制，上班时间为：甲班 0:00—7:00，乙班 7:00—15:00，甲班 15:00—24:00。1967 年春季开始实行三班四轮制，正式实行 8 小时工作制，每日仍分四段各 6 小时，一次上班 6 小时，休息 12 小时再上班。轮班规定，甲班 1:00—7:00，乙班 7:00—13:00，丙班 13:00—19:00，甲班 19:00—次日 1:00。

1982 年，开始实行少回育，减轻劳动量，工人改为白班和夜班，一周换班一次。技术员分别与工人同时轮班。

2010 年后，进一步优化少回育技术，日给桑小蚕期仅 2～3 次、壮蚕期 3～4 次，并推广省力化养蚕制种新技术，饲育期和制种期均实行一班制执行至今。饲育期上班时间为：7:00—11:00、14:00—16:00、20:00—22:00，职工、技术员和临时工均不倒班，上班必须准时，下班时间可根据当日工作量完成情况确定，可提前或延后，超时超额则计加班。制种期则根据生产制种实际情况由生产作业小组自行确定上下班时间。

四、生产控制管理

（一）质量控制管理

1. 标准化管理建设 标准化管理是质量管理的重要前提，是实现管理规范化的需要，“不讲规矩不成方圆”。标准分为技术标准和管理标准。技术标准主要沿着产品形成这根线环控制投入各工序物料的质量，层层把关设卡，使生产过程处于受控状态，以产品标准为核心而展开的，都是为了达到产成品标准服务的。管理标准是规范人的行为、规范人与人的关系、规范人与物的关系，是为提高工作质量、保证产品质量服务的。标准化管理，一是要建立健全各种技术标准和管理标准，力求配套。二是要严格执行标准，把生产过程中物料的质量、人的工作质量给予规范，严格考核，奖罚兑现。三是要不断修订改善标准，贯彻实现新标准，保证标准的先进性。

建场初期，本场在定出劳动定额的同时即严格定出饲育期工作质量标准。

新中国成立后，标准化管理散见于不断完善的各项管理制度中。1953 年制定了 7 项制度 151 条。1963 年春在定额管理的基础上，受朱德副主席来场视察的鼓舞，全场开展“十查十比十好”竞赛活动：一是查温湿度，比各龄标准保持好；二是查蚕座，比稀密匀整整洁保持蚕头好；三是查给桑，比厚薄均匀适量好；四是查眠起，比适时加网止桑、饷食好；五是查防病，比室内外清洁无病好；六是查品质，比“五选”贯彻品种纯正好；七是查记载，比精确及时好；八是查用物，比节约爱护好；九是查工作，比协作互助好；十是查制度，比贯彻执行好。并用板报公布成绩，表扬先进。

1983 年 7 月，主管部门四川省蚕业制种公司制订出台《家蚕良种繁育技术操作要点》和《蚕种场桑完管理实施细则》，并于 1992 年 8 月进行了修订完善。1990 年代后期开始，蚕种繁育各项国家标准、行业标准备和地方标准陆续大量出台，如《桑蚕一代杂交种》《桑蚕一代杂交种繁育技术规程》《桑蚕一代杂交种检验规程》《桑蚕一代杂交种保护规程》《桑蚕一代杂交种浸酸技术规程》《桑蚕一代杂交种冷藏技术规程》《桑蚕原种》《桑蚕原种繁育技术规程》《桑蚕原种检验规程》《桑蚕原种产地环境要求》《桑蚕原原种》《桑蚕原原种繁育与母种继代选择技术规程》《桑蚕原原种检验专用帖程》《出口蚕种检验检疫规程》《养蚕消毒技术规程》《桑蚕微粒子病防治技术规程》《桑树肥培管理技术规程》《桑园用药技术规程》等。2014 年，本场根据国标、行标和地方标准，结合本场实际制定出台了《四川省苏稽蚕种场生产技术规范》。这些标准和规范，构成为本场蚕种繁育的各项技术标准，必须得到认真贯彻执行。

此外，长期以来还形成了许多口授习传的规范，都必须遵循。涉及从栽桑、消毒、养蚕、制种，到蚕种人工孵化等加工处理各个环节的方方面面。如：剪桑枝用剪应刀口向上反着握，整形用凿凿口必须由下至上运行反向用力；小蚕期叠叶切桑务必切成正方形，多大的蚕要切多大的叶块，不容丝毫差错；给桑前要先观察蚕座残桑程度，总结上回给桑适度与否，还要先用蚕筷匀整蚕座，撒叶时要从四指间指缝中漏出，不准从拇指缝中撒出，撒桑手距蚕座的高度则要求蚕座大蚕大宜高反之要低，不得随便乱撒，撒桑要先撒四边再及中央，叶块不准成堆，偶有成堆的必用鹅毛剔匀平整，蚕座外的叶块要用鹅毛挑进去而不能平推进去，蚕座边不准堆积厚叶，蚕的疏毛期、少食期、盛食期、将眠期各有明显特征，给桑量务必做到看蚕给桑，用桑多少各有分寸，必须掌握；撒灰、给又要、除沙端蚕箔必须由上至下顺序而不能反着进行；蚕室火缸加炭调温调湿要看当时室温、外温情况，升温、保温、降温各有不同的加炭法，加炭后必须复查室温，不得有误；大蚕期收叶贮桑，务必抖松散热后采用沟埂法贮存，应先贮先用、后贮后用。如此等等，还有很多。

2. **质量监督检验** 本场自建场地以来一直执行比较严格的质量监督检验制度，有效控制和保障蚕种质量。

1936 年，四川蚕丝改良场开始执行统一的母蛾检验标准，规定普通种母蛾微粒子病毒率不合格者应予烧毁。

1940 年，四川蚕种监管事宜由省农业改进所（简称省农改所）接办后，公布了《四川蚕种监管实施办法》，规定各蚕种场从催青至提蛾盒止，按生产阶段派员监督。

1952 年，西南蚕丝公司决定蚕种检验以各种场自检为主。各蚕种场自设品质检验员。

1955 年，西南蚕丝公司规定，一代杂交种应具备的条件是生命力强，病毒少、产量高、茧质好。并提出“五选”即选卵、选蚕、选茧、选蛹和选蛾，作为衡量蚕种品质的标准之一。

1956—1961 年，四川省农业厅指定由南充蚕种场牵头负责全省母蛾镜检。

1963—1964 年，由省蚕桑试验站主持母蛾镜检。

1963 年，按照四川省轻工业厅的布置，坚持 1962 年行之有效的品质检验制度，把加成毛蚁量分龄按比例选蚕淘汰。1964 年，实行全省各国有蚕种场在蚕期互换品质检验员制度，互相监督检验。1967 年，省属场的原原种、原种、普通种的母蛾，各场自检。

1968 年，“文化大革命”时互换品检员中止。

1977 年，恢复互换品检员到 1978 年中止。

1978 年 9 月，四川省农业厅设蚕业制种公司，管理全省蚕种生产和质量监管。

1987 年，四川省对“三级蚕种”分别制定了不同的检验项目与标准。

1990 年 5 月，设立四川省蚕种质量监督检验站，同时由省丝绸公司制定《四川省蚕种质量监督检验实施办法》，对蚕种质量检验范围、检验机构、职责与权限、监督检验、申报与签证、实行蚕种监管员制度、奖惩办法等做了具体规定。

1995 年《四川省蚕种管理条例》颁布实施后，根据要求，四川省蚕种检验由四川省蚕种质量监督检验站统一组织实施，所有原种和省属蚕种场一代杂交种由省站检验，市（州）一代杂交种由省站委托市（州）蚕种质量监督检验站进行检验，形成了蚕种质量检验网络体系。

2000 年 12 月以后，由四川农业厅负责全省蚕种生产和质量监管。

新中国成立前，由省农改所派员驻场对蚕期蚕种质量实施监管，按实绩发给“普通蚕种种茧检查合格证书”，方能制种，否则不能制种。

新中国成立初期，仍沿袭以前做法，1952 年开始蚕种自检，场自设品质检验员。1953 年西南蚕丝公司派监管员驻场，主持预知检查和种茧调查，抽取盛批上蔟一日的毛茧量 4 公斤求得公斤茧粒数，然后取其中千粒剖茧调查死笼茧率；再取其中 200 粒茧调查全茧量、茧层量和茧层率。

1962 年 3 月，按四川省农业厅通知要求，场设专职品检员 1 人，各蚕室设兼职品检员组成品质检验组。当年购显微镜 5 台。

1978 年，根据省蚕桑会议的要求，场成立 5 人品质检验小组，由郭俊熙、杨淑珍、董淑琼、杨百秀、段菊华组成，郭俊熙为负责人。分场内、原蚕两个点。按照省定品质标准，负责全场养蚕制种各阶段蚕种质量的督促检查，发现问题及时报告和处理。此后虽然人员时有变动，但工作职责和任务皆一以贯之。

1990 年，建立生产副场长为组长的防微小组，制定了防微纪律，加强补正和预知检查，加强环境消毒。

1995 年后，《四川省蚕种管理条例》颁布实施，场品质检验组织只负责补正检查和预知检查。生产的蚕种母蛾送四川省蚕种质量监督检验站统一检验。

3. **质量责任制度**　自建场地以来，本场一直重视质量责任制度建设，不断完善和实行比较严格的质量责任制度。

不同时期质量责任制度内容和表现形式虽有一定不同，但基本原则保持不变。坚持管理人员、技术人员、生产人员在质量问题上实行责、权、利相结合的制度。明确在质量问题上各自负什么责任，工作的标准，把岗位人员的产品质量与经济利益紧密挂钩，兑现奖罚。对长期优胜者给予重奖，对玩忽职守造成质量损失的除不计工资外，还处以赔偿或其他处分。还把质量指标作为考核干部职工的一项硬指标，其他工作不管做得如何好，只要在质量问题上出了问题，在评选先进、晋升、晋级等荣誉项目时实行一票否决制。

4. **设置质量控制节点**　蚕种质量控制节点可分为产品质量控制节点和生产过程质量控制节点。产品质量控制节点主要是各级蚕种母蛾检验检疫和成品检疫，主要由监督检验机构按法律法规或者标准进行控制。生产过程质量控制节点一般由生产繁育单位自行设置和控制，是对产品质量控制的保障。本场长期以来逐渐形成了以下生产过程质量控制节点：一是消毒质量控制，包括蚕前消毒、蚕期消毒和蚕后消毒；二是桑园桑叶生产过程质量控制，包括施肥、治虫、桑叶采收等过程；三是各级蚕种繁育过程质量控制，包括收蚁、蚕座处理、选择与淘汰、种茧质量调查与控制等节点。各节点之下还有节点，实行分层设置、分层管理、分层控制。对各个生产制造现场在一定时期、一定的条件下对需要重点控制的质量特性、关键部位、薄弱环节以及主要因素等采取特殊的管理措施和办法，实行强化管理，使各级蚕种繁育处于很好的控制状态，保证规定的质量要求。

（二）成本控制管理

1. 成本控制管理变化　各级蚕种繁育成本分季别和年度核算。春蚕种繁育季 1—6 月，秋蚕种繁育季 7—12 月。一般春季成本低，秋季成本高。年度则以全年成本核算为准。

民国时期，乐山蚕丝实验区不下达成本指标，本场不编成本计划，主要由会计部门管理和控制成本开支。

1952 年起，对成本管理有了重视，成本报表有月报、季报、半年报和年报。年初在西南蚕丝公司编制成本计划，指标有限额，在核定成本计划下达计划时，又有降低率的要求。核算分可比产品和不可比产品，对原材料及主要材料、辅助材料、工艺过程用燃料、生产工人工资、附加工资、车间经费、企业管理费及产品成本项目，按计划价格换算实际成本与计划成本比较，按本期实际成本与上期实际成本比较，计算降低额与降低率，并分析升降原因。由于生产不稳定，1954 年张种成本 1.386 元，1955 年降低为 1.066 元。

1956 年 7 月，按主管部门的要求，重新制定了财务成本管理制度，成本分为种子及种苗、饲料、包装费、调温费、消毒费、冷浸检费、固定资产折旧、固定资产修理、低值易耗品、其他直接费、企业管理费等细目。同年实行小组成本核算，1956 年张种成本再降为 0.957 元。

1957 年，本场全年没有有效生产。1958 年在蚕室、桑园全面推行成本核算，具体做法是：实行定额管理，按饲养品系和桑园土质的不同情况，制定经济定额，以小组成本计划做考核依据，严格执行计划，生产组领用材料、支取现金需经财务部门审查盖章，保管室才发料，出纳才能付款，同时计入小组成本手册和小组成本明细账。有超支计划的项目，通过财务部门认定，以节约项目余款抵支，无法调剂的超计划开支由场长审批。为使成本考核不受价格因素的影响，材料按计划价格，工资按平均数计算。实行小组核算后，在降低成本方面收到一定效果，当年张种成本仅为 0.821 元。但 1959 年因“大跃进”，干部参加劳动，精简下放财会人员，放松了成本管理，同时因超毒烧种合格率下降，蚕种成本骤升为 1.658 元，到 1961 年达到 1.890 元，逐年严重亏损。1962 年张种成本更增长为春 1.914 元，秋烧种达到 7.438 元，当年亏损 58103.130 元。

1964 年，四川省农业厅再次主管后，财会人员重新做了调整，成本管理工作得到加强，恢复了小组成本核算，当年张种成本下降到 1.423 元。1966 年下降到 1.119 元，当年盈利 8126.51 元。

“文化大革命”期间规章制度名存实废，财务工作只记账，不搞核算，不编制计划，成本不断上升而亏损，张种成本1967年为1.360元，1968年1.750元，1969年1.969元，1970年2.040元，1971年2.460元。1973年加强管理，张种成本下降到2.010元，1975再降至1.510元，实现扭亏为盈。

1977年后，行之有效的成本管理制度和小组成本核算得到恢复，蚕种成本趋于正常。由于调整工资，规定职工超收分成进入成本，以及物价变动等因素，带动蚕种成本增长，1977年张种成本为1.880元，1978年为1.650元，1979年1.990元，1980年2.020元，1982年为2.520元，1983年2.470元，1984年为2.700元，1985年达到3.290元。虽然成本增长，但因蚕种销售价格不断提高和生产量扩大，盈利水平也相应提高。

1986年后，因生产新品种和改制散卵，蚕种成本大幅增长，1987年达4.570元。1988年因种茧调价和临时工工资增加等因素，张种成本上升到11.480元，1989年烧种更达到16.220元。1990年蚕种生产以小组承包，小组核算，严格消毒防病，蚕种产、质量提高，成本下降，当年张种成本降至9.960元，1991年又降到9.780元，利润将近50万元。

1994年再次调高种茧收购价格，导致繁育成本增加，当年张种成本增长到17.680元，1995年由于微粒子病大量烧种，张种成本高达45.670元，发生严重亏损。1996年后，由于生产量萎缩，蚕种单张成本仍居高不下，1997年张种成本为23.420元，1998年为22.600元，1999年为19.090元，控制到售价以内，到2000年实现扭亏为盈。2001年后由于多次调资和物价不断上涨，蚕种成本又有大幅上升，但因蚕种价格亦多次上调，因此能或减少亏损或保有微利。2005年以后，由于生产总量急骤下降且不稳定，人工成本占比加大，张种成本急剧上升，2005年攀升到36.240元，2006年达到50.900元，2007年和2008年由于超毒烧种和蚕种大量库余损失，蚕种成本更分别高达80.340元和85.600元，造成较大亏损。

2012年以后，本场加强了防微控微技术和管理措施，蚕种质量显著提升，蚕种合格率提高、库余蚕种损失减少，生产与销售均较稳定，蚕种繁育成本一直控制在较低范围内。

2. 成本控制管理方法　一是制定并不断完善材料消耗定额。二是制定并不断完善劳动定额。三是严格控制成本开支范围与标准。四是加强质量控制管理，严格防微（微粒子病）控微，提高合格率。五是加强销售管理，减少库余损失。

（三）生产责任制和岗位责任制

建场初期职工为雇佣制，蚕室在定出劳动定额的同时严格定出饲育期工作质量标准，职工不分班次地工作，表现不好随时可能被解雇失业。但没有明确制定有生产责任制。

新中国成立后，招收固定职工，职工的工作条件逐步得到改善，实行轮班制工作和记工考勤制度。1953年开始完善场管理制度，制定了7项制度151条，对部分工作按劳动定额考核，开始建立起劳动定额管理制度。

1961年，为调动生产队（组）及职工的积极性，实行“三包一奖”，开始建立健全较为完整的生产责任制，实行定额管理和评工记分相结合的办法：以生产队为包产单位，全面向场包工包产包投资，蚕、桑、副、粮统一承包，统一核算，统一奖赔。包产比例按生产计划的90%承包，超产按超产部分的70%奖给生产队（组），队再以收到的60%奖给作业组，40%以全队的超做工分进行分配；赔则以短产部分的10%赔偿。粮食奖必须在保证桑叶产量完成的基础上，以粮食超产部分的40%奖给生产队，队以不超过平均口粮的10%按工分进行分配；桑叶任务未完成的则不给以粮食奖。将思想政治教育与物质鼓励相结合，提高职工生产积极性。

1964年后，实行优质超产节约奖励（试行）办法，当年4月制定场级、股级领导的工作职责。

1978年后，实行“三定一奖”，即定出勤天数、定劳动时数、定生产任务，超产予以奖励。

1985年1月，制定“四川省乐山蚕种场岗位责任制”，包括各股室责任范围及岗位设置和行政管理制度、党支部会议制度、财务制度、保管制度、卫生制度、安全生产制度、门卫制度等各项规章制度。

1987年，制定联产计酬细则，修订桑园责任制，成本管理试行办法、行政管理制度、公费医疗管理办法、冷库机房制冷若冰霜技术操作规程及其制度。

1989年，制定生产（岗位）责任制方案，包括桑园生产责任制、蚕房生产责任制，各科室岗位责任制、各队组生产责任制、安全管理制度、财务管理试行办法、医疗管理办法、科长（主任）承包责任制（试行）意见等。

1990年，继续按任务完成情况实行超收分成，仍然实行联产工资，比例仍是基本工资的20%；始实行“四定一奖”责任制，即定产量、定质量、定直接费用、定安全生产，超产奖励。蚕种生产以小组承包，小组核算。

1997年，初场制定实施减员、减亏生产责任制方案，实行聘任上岗、优化组合劳动组合制度。

1998年，自有桑园实行大包干经济责任制，以桑园职工工资、津贴分解到公斤桑叶成本内，以定额直接费用收购和桑园管理为包干责任，一定5年不变；蚕种生产实行“六定”生产责任制，即定任务、定人员、定直接费用、定质量、定奖惩、定出勤，将各作业组工资、补贴、福利以及各节假日加班工资进入蚕种成本，并实行分季、分组综合性考核制度。

2001年，强化内部管理，坚持生产承包责任制和工资总额承包的方式，继续双向选择的劳动优化组合，把改善职工生产、生活条件、实现扭亏为盈作为中心来抓。

2004年12月，场制定《用工优化劳动组合（暂行）办法》及《职工离岗待退（暂行）办法》，从2005年5月1日执行。技术干部实行聘用制。

2010年，起执行岗位绩效工资制度，将生产责任制做应调整。坚持“四定一奖”责任制，即定产量、定质量、定直接费用、定安全生产，实行100分制打分，联系奖励性绩效工资的30%定奖惩，2013年后，改为每人每季联系奖励性绩效工资1000元定奖惩，实行至今。

第三节 财务管理

一、财务管理机构

建场初期人员较少，机构设置从简，在总务部内设有会计，负责一应会计事务。新中国成立后总务部改为总务股，内设会计组3人，1953年中层机构设立会事股，1957年后完善人员配备，有会计1人，出纳1人，计划统计1人。

1968年4月，成立场革命委员会，取消会事股，会计人员归入后勤股管理。

1978年3月，取消场革命委员会，恢复专设中层机构计划财务组。1981年6月，四川省农业厅党组批复，同意将场中层机构设置计财股。

1984年9月，四川省丝绸公司批复，同意场内设计划财务股机构，负责场计划财务工作。1987年10月，四川省丝绸公司对省属蚕种场中层科室设置作了统一规定，计划财务股变更为计划财务科（简称计财科），沿袭至今。

账务处理由手工不断向电算化方面发展，1994年购置“宏基”386微机一台，配备打印机一台，并委托西南核物理研究院计算机中心编制“会计账务处理系统”和“工资管理系统”两个软件，从1995年运行到1996年4月，购置财政部科研所推出的“安易”商品软件，手工与计算机并行运用。从1998年起基本采用计算机记账，1999年8月购置“联想天鹅520”Ⅲ微机一台，软件升级为“安易”3·1版本，2006年更添置了便携式手提电脑等，保证了会计电算化的实行。2007年起用用友软件。

自2002年起，联网省财政平台，启用财政授权支付业务，实时接受上级部门监督。

二、财务管理制度

民国时期，本场会计业务直属乐山蚕丝实验区管理，无流动资金，无银行户头，开支用支款凭条由出纳去乐山蚕丝实验区开支票后到银行办理。会计账目设有固定资产、材料、现金、制造费用、场务费用、应收款应付款明细账和总账，用借贷记账法，以传票做记账凭证，每半年结算一次成本，上报资产负债表、蚕种和桑叶成本表、场务费用表、材料收发结存月报表等。会计工作主要是根据会计制度和财务手续，从事账册、报表、记账、算账，没有经济核算和财务管理制度。由于法币不断贬值，物价飞涨，1948 年 8 月法币改为金圆券，不到 3 个月就难以维持局面，再改银圆券，到新中国成立前经济全面崩溃，货币失去使用价值。

新中国成立后，财务工作沿袭旧法，1951 年本场归属四川丝业公司领导，经费改由公司直接汇场，账务上设总公司往来、经费户、财产户、材料户，设立银行存款，成为独立的经济单位。1952 年 4 月，四川丝业公司改名为西南蚕丝公司，由西南蚕丝事业管理局领导。1953 年 9 月，接纺织工业部〔53〕纺密计 154 号文件通知，西南蚕丝公司列为隶属中央公私合营企业，开始采用苏联模式，进行全面计划管理。财务收支，按照国家财务会计制度规定，以确保完成国家下达的生产任务和财务成本指标为核心，认真编好财务计划，把财务计划作为经营管理的一个重要组成部分，对各种资金的确定和管理、各项费用开支与审核、利润分配与解缴，以及财务所产生的各项经济活动进行计划、组织、指导、督促和调剂，促进经济核算，改善经营管理。通过财务管理、经济活动分析，以调动职工积极性，提高劳动生产率，初步建立起财务管理和成本核算制度。为了适应西南蚕丝公司全面汇总，会计科目和报表都套用工业会计制度，对财务工作和报表时间，规定有财务月报、季报、年报。每年召集所属蚕种场、分支公司、丝厂、蚕桑指导站的领导人、计划、会计人员定期开会，通过讨论，按总公司规定指标，编制全年生产、物资、劳动、财务、成本计划，经审查平衡后，正式下达计划执行，强调计划就是法律。

1953 年，进行全面清产核资，并开始独立核算，盈利上缴，亏损由主管部门弥补。在账务上改借贷记账法为增减记账法，改传票制为记账凭单制。

1956 年 2 月起，为了加强库存现金的管理和出纳人员易于随时清查库存现金，不用库存现金科目，按银行核定库存现金数以备用金科目核算，出纳向银行领取现金，以付款凭证为依据，现金收入不得坐支，全部存入银行。

1956 年，本场由四川省农业厅所属蚕桑管理局领导后，经济性质改为国营，在原有会计制度基础上，结合蚕种场生产特点，专门拟定了蚕种场会计制度和成本核算制度，按规定设置总分类账和明细分类账、现金日记账、各种补助登记账。根据记账凭证记账，账据齐全，记账准确，日清月结；每项经济业务都附有原始凭证，按凭证分类编制记账凭账。要有简明扼要的摘要和有关人员的签字与审核；按规定编制会计报表，并有文字分析，数字真实，计算准确无误，内容完整，报送及时，有复审手续；建立财务档案，妥善保管会计凭证、账簿和报表。同年秋蚕期试行小组成本核算。

1958 年后，各项工作要求干部参加劳动，减少财会人员，精简报表。

1961 年后，财务管理工作逐步恢复正常，强调财务成本管理，重新建立起计划管理和成本核算制度，加强定额管理，各生产组用固定工和临工，每天向财务部门交日报表，月中工资表的工时必须与日报统计数字相符。1965 年财务管理工作进一步加强，1966 年实现盈利 8126.51 元。

“文化大革命”期间，在经济领域批判“物资刺激”“利润挂帅”，对各项管理制度视为“管卡压”而名存实无，经济效益下滑，1967 年又开始亏损。

1973 年后财务管理制度逐渐恢复，并加强了小组成本核算，经济效益提高，到 1975 年起扭亏为盈。

1979 年 2 月，国务院批转财政部、国家农垦总局《关于农垦企业实行财务包干的暂行规定》，农垦企业实行独立核算，自负盈亏，亏损不补，有利润自己发展生产，资金不足可以贷款的财务包干制。同年 3 月，四川省农业局、四川省财政局联合下发《关于试行改进农业三场、鱼种站经营管理的几点意见》的通知文件，对事业性质、企业经营的国营良（原）种场、种畜场、蚕种场实行定额补贴，自负盈亏，并重新制定了补贴范围和补贴标准、预拨和结算办法。售给国家肥猪也获得补贴。实行定额补贴后，盈利全部留场用于奖金、建宿舍等设施福利，扩大再生产和留作以丰补歉。支大于收的亏损国家不予弥补。要求建立责任制度，实行“三定一奖”，省主管部门对场定生产任务、定补贴费、定经营盈利；生产组对职工个人定出勤天数、定劳动时数、定劳动定额，克服分配上的平均主义，贯彻各尽所能，按劳分配的奖励办法，完成生产和利润计划，奖金按工资总额提高 10%，平均每人每月少于 4 元的按 4 元计提；超额完成生产计划，盈利又多的可提高工资总额 12%，只完成生产计划的提高 6%，只完成经营利润计划提高 4%，没有完成两项计划任务的不发放奖金。

1980 年，四川省农业局、四川省畜牧局、四川省财政局联合发文通知《扩大场、站自主权和改进经营管理意见》，本场实行定额补贴、财务包干办法，补贴费分别在农、牧事业费中拨给。包干结余建立生产、集体福利、储备、奖励四项基金。退职、退休经费列政策性、社会性支出不计盈亏。

1982年四川丝绸体制改革后，本场由四川省农业厅划归四川省蚕丝公司（后更名四川省丝绸公司）领导。1983年实行经济承包责任制，职工超收分成，不再设奖励基金。经营利润全部留场自用，分别按一定比例形成50%生产发展基金，40%集体福利基金，10%储备基金，未完成生产任务的，不能提取超收分成。专用基金按照"先提后用，计划安排，专款专用"原则，合理分配使用。

1983年12月，开展为期一年的企业全面整顿，实行定人员、定岗位责任制、加强定额管理、整顿劳动纪律、严格考勤制度、落实经济承包责任制，本着三兼顾（兼顾国家、集体、个人）的原则，确定奖惩办法，整顿财经纪律和开展了财经纪律大检查，健全财会制度及各项规章制度。

1984年11月，四川省财政厅、四川省水利电力厅、四川省蚕丝公司联合发出《国营渔场、鱼种站、蚕种场执行〈关于进一步扩大国营农场经营管理自主权的意见〉的通知》，主管部门四川省蚕业制种公司根据文件精神，对省属七个蚕种场实行财务改革，在坚持"定额补贴、财务包干、盈余留用、亏损不补"的制度下，实行经费拨款包干；社会性政策性支出和调资补贴按1984年基数包干拨款，支出大于拨款部分，列入非生产性支出开支；蚕种生产下达指导性计划，生产、销售、分配，由各场自主经营，财务上只下达完成利润指标；工副业、商业原则上实行大包干，独立核算，自负盈亏。同时全面实行承包责任制，场长向主管部门经营承包；企业内部科（股）室、分场、队（组）、职工个人向场部承包。场长具体承包生产任务、质量、利润三大指标，考核以利润指标为主，根据完成情况给予奖惩。场长在承包期间，全权处理全场业务，对企业的经济负完全责任，可以从销售费用中提取一定的经营费，由场长掌握用于业务性的开支。

1986年贯彻国务院《工资基金暂行管理办法》，"各企业、事业、机关团体单位，只能在一个银行建立工资基金专户。""凡属工资总额组成的支出，不论现金或转账，均通过开户银行，从工资基金专用账户中列支。"

1986年12月，财政部、农牧渔业部印发《国营农场财务会计制度》，该制度自1987年1月1日起执行。1987年四川省颁布《四川省国营蚕种场财务会计制度》，实行财务大包干，亏损不补，节余留用，超收分成进入成本，采用完全成本法核算产品成本，从1988年起执行。

1991年，按四川省财政厅川财会68号文件要求，开展"会计工作达标升级"，经一年时间，本场荣获三级达标。

1994 年 11 月，财政部颁发《国有农牧渔良种场财务制度》和《国有农牧渔良种场会计制度》，自 1995 年 1 月起执行。采用制造成本法核算产品成本，严格成本开支范围和开支标准，对每项成本计划完成情况，要定期进行分析，找出原因，提出改进措施，促进成本下降。

1996 年，根据全省统一部署，开展税收、财务、物价大检查。

2012 年 12 月，财政部颁发《事业单位会计制度》（财会〔2012〕22 号），自 2013 年 1 月 1 日起施行。会计要素包括资产、负债、净资产、收入和支出。统一规定了会计科目的编号，以便于填制会计凭证、登记账簿、查阅账目，实行会计信息化管理，事业单位不得打乱重编。要求事业单位在填制会计凭证、登记会计账簿时，应当填列会计科目的名称，或者同时填列会计科目的名称和编号，不得只填列科目编号、不填列科目名称。财务报表由会计报表及其附注构成，会计报表包括资产负债表、收入支出表和财政补助收入支出表。本场自 2013 年 1 月 1 日起执行《事业单位会计制度》。

2016 年，四川省财政厅转发财政部关于全面推进行政事业单位内部控制建设的指导意见的通知（川财会〔2016〕19 号），本场根据文件精神建立健全了一系列内控制度。

2018 年 9 月 25 日，《中共中央 国务院关于全面实施预算绩效管理的意见》正式公布，同年，四川省财政厅印发预算绩效管理工作实施方案，建立以“权责发生制”“收付实现制”为主要内容的预算绩效管理办法，本场亦加强了预算管理制度建设工作。

2019 年 1 月 1 日，会计制度改革，财政部制定印发了《政府会计制度——行政事业单位会计科目和报表》，自 2019 年 1 月 1 日起施行。本场执行《政府会计制度》。

2021 年 4 月，预算一体化系统上线启用。

至 2021 年，场先后执行《关于农垦企业实行财务包干的暂行规定》《关于试行改进农业三场、鱼种站经营管理的几点意见》《国有渔场、鱼种站、蚕种场执行〈关于进一步扩大国有农场经营管理自主权的意见〉的通知》《扩大场、站自主权和改进经营管理意见》《四川省国有蚕种场财务会计制度》《国有农牧渔良种场财务制度》《国有农牧渔良种场会计制度》《事业单位会计制度》《政府会计制度》。

三、资产、资金管理

（一）固定资产管理

本场固定资产投资，主要靠上级主管部门财政拨款、项目拨款，部分靠自我积累。

民国时期，本场的房屋、建筑物、仪器设备、工具器具等在规定限额以上、使用时间较长的列为固定资产，作为进行生产的重要劳动资料和物资技术基础，但所有固定资产没有确切价值。

1951年，把蚕具、农具调为低值易耗品，固定资产划分为房屋、土地、桑株、设备用具、生财家具五项。

1954年，西南蚕丝公司组织进行清产核资，核定本场固定资产126928.12元，其中在用固定资产118954.72元。照工业、企业办法按使用年限提存基本折旧和大修理折旧。使用年限已满尚可使用的继续提取折旧，提前报废要补提折旧费。固定资产房屋建筑占75%，机器设备少，分为生产用、非生产用、未使用、不需用四类。生产用分设为土地、房屋及设备、建筑物、运输设备、其他。非生产用设住宅、公用事业、文化教育卫生、其他等项目。为及时正确反映固定资产组成变化、保管存放情况，监督全面计提折旧和大修理计划的执行，提示未被利用的固定资产，按名称逐项建立固定资产卡片，内容包括使用部门、所在地点、型号、结构、建造单位、建造或购置年月、资金来源、验收日期、计量单位、数量、房屋层次、间数、面积、生产能力、原始价值、使用年限、每年提取折旧和大修理折旧记录。调拨、核算、提取折旧、清理报废变价由财务部门办理，使用保管、提出维修计划由生产部门负责，建设购置、经常维修和大修理由后勤部门实施。

1956年，四川省农业厅主管时，固定资产增为127482.82元，其中在用固定资产为121509.42元。提存折旧改为已满使用年限，尚能使用的不再计提折旧，单价额提到500元以上，使用年限仍为一年以上列作固定资产，但有的主要生产设备单价不到500元也列作固定资产。

1959年，本场固定资产增加到142963.47元。

1960年代前期，因连续几年国家投资修建蚕房，到1966年固定资产净值达到372974.64元，到1971年固定资产增加到482320.40元。

1970年代，由于新建冷库和蚕房、宿舍，1977年固定资产原值增加到1016179.89元，折旧后净值806608.39元。

1980年代，蚕种生产数量迅猛上升和基建不断扩大，固定资产随之大幅增加，1982年固定资产原值1700992.79元，1985年即达到2210540.19元，1987年增加到2558198.92元，1989年即突破300万元为3039419.58元，1990年固定资产原值达到3781203.51元。1991年固定资产原值突破400万达到4071412.84元，折旧后净值3164811.04元。

1990年代后，财政部门规定，固定资产单价额提高到1000元以上。到1997年，固定资产净值增长到 503.57 万元。但由于 1995 年后蚕种生产数量减少和“蚕茧大战”使原蚕区污染，微粒子病暴发造成重大损失，本场负债高达 813.25 万元，其中流动负债 709.05 万元，长期负债 104.20 万元。因经济困难基本建设和设备更新停滞，固定资产增长趋缓，1999 年固定资产原值 5321211.00 元，折旧后净值减少为 2554158.00 元。

2002 年以后，改变部分桑园用途，发展第三产业，2005 年再将部分桑园（218.53 亩）有偿转让，清偿债务，到 2006 年，有固定资产原值 6323238.89 元，折旧后净值 3317259.13 元。

2010 年，本场棚户区项目建设启动，大部分生产用房被拆除，还建生产用房尚未完工交付使用，固定资产显著减少。

2013 年后，随着农业综合发展、良种繁育、中央外经贸发展专项资金、现代农业种业等一批国家投资项目的申请和实施，固定资产逐步增加。2014 年固定资产净值仅为 85.08 万元，2021 年上升至 456.21 万元。

2013 年后，按《事业单位会计制度》有关固定资产管理制度执行。

（二）流动资金管理

民国时期，没有专用流动资金，生产资金由制种部按实际需要向乐山蚕丝试验区领用，年终以蚕种总成本与之结算。

新中国成立后，西南蚕丝公司按原材料收购、生产管理支出、工薪支出、抚恤福利支出四项，拨该公司供应科代付部分、汇现部分，分月计划用款日期拨给经费。

1954 年，实行独立核算，按工业、企业计算流动资金计划定额的办法，以原材料及主要材料、辅助材料、燃料、零星配件、低值易耗品、在产品、自制半成品、待摊费用、呆滞材料等周转额、平均周转期、平均余存额编制年度流动资金定额。如核定年度流动资金定额大于实有流动资金数补拨，小于实有流动资金数则上缴。

1956 年后，四川省农业厅领导时多次下拨流动资金款项，当年底又通知将应缴折旧费转为流动资金。

1957 年，流动资金计划定额，以产畜及役畜、种子、饲料、材料、在产品、待摊费用、产成品四季度占用额为全年计划定额。主管部门多次增拨流动资金。

1974 年，定额流动资金计划改按生产费用基数比例计算，原种、普种 75%，春制春原种、普种另加 50%，冷藏、浸酸、检种 75%，其他工副业 25%，大牲畜 100%，仍按核定年度计划定额大于实有流动资金增拨，小于数上缴。到 1978 年，本场积累有流动资金 248179.40 元。

1979 年，国家对蚕种场实行定额补贴，自负盈亏，盈利留场、亏损不补后，主管部门不再下拨流动资金。由于生产发展，流动资金较为紧张，但因专项资金拨款增多，仍较少向银行贷款。到 1982 年，流动资金增加为 422427.14 元，1985 年为 463029 元，1987 年为 677755 元，1989 年增到 833773.91 元。1990 年增到 1200416 元。1991 年达到 1439915.20 元。

1995 年后，因蚕种发生微粒子病造成亏损，流动资金损失严重，为继续生产，1998 年以桑园土地作为抵押，贷款 330 万元作为生产资金，于 2005 年偿还。

自 2000 年后，因行业不景气，蚕种生产萎缩至 5 万～10 万张，生产流动资金主要用其他专项资金参加周转，故基本未向银行贷款。

2008 年至 2012 年本场处于经济特困时期，拖欠职工工资达 200 余万元。

2013 年后，生产趋于稳定，国家项目投资加大，退休职工退休金剥离管理，流动资金困难不复存在。

（三）低值易耗品管理

民国时期，设备用具、生财家具、蚕具、农具作为固定资产管理，其他低值易耗品与材料管理核算一样，领用时一次计入成本。

新中国成立后，1951 年把蚕具、农具划为低值易耗品，领用时设低值易耗品明细账，根据使用时间长短，在 1～3 年内摊销。1955 年采用五五摊销法，即单价在 200 元以下的，使用年限一年以内的在用工具、器具仪器领用时摊销 50%，报销时摊销 50%；单价在 20 元以下的，无论使用年限长短，一次计入费用。

1956 年按蚕种场多系竹制低值易耗品，为简化手续，一律改为领用时一次列入成本。如一次领用较多，价值过大，影响当年成本，为使产品成本均衡负担，则分两年摊销。在管理方面，实行场、组管理与专用工具分发人头相结合的办法，分上期结转，本期购进，订有交旧领新，修旧利废的制度，每年终进行一次全面清点，分上期结转，本期购进，损坏与结存数量，各栏造具清册送存计财部门，以分清保管、使用人员的责任，了解低值易耗品的损耗情况，作为添置依据。此种做法沿用至今。

（四）专项拨款

专项拨款是指有专门用途的款项，多系包干使用，结余留场或收回，超支不补，形成固定资产价值。历年增加的固定资金、良种补贴、调资调类和工资改革补贴均作以收抵支计算盈亏；退职、退休经费列政策性、社会性支出，不计入盈亏。

新中国成立初期，有零星基建投资拨款。1961—1967 年，四川省农业厅有四项费用拨款：新品种作物试种和动物饲养费、技术组织措施费、劳动安全保护费、零星固定资产购置费。

1962—1965年，修建三栋蚕室，四川省农业厅拨款20多万元。

1972—1973年，生产新蚕品种川蚕三号，由丝厂每张补贴0.50元，1974年由省财政和丝厂每张各补贴0.50元。1975—1978年，省财政继续每张补贴0.50元，丝厂未补贴，1979年改为省财政每张补贴0.30元。售给国家肥猪每公斤补贴0.60元。

1973—1974年，地方财政拨知识青年安置费数万元。

1975—1977年，改建冷库和蚕室，四川省农业厅拨款50余万元。

1977年，四川省农业局拨蚕桑工具改革专款5000元。

1982年后，专用拨款的渠道、项目、数额增多，如基建更新改造拨款，良种补贴，调资调类补贴，桑、蚕品种选育补贴，病虫害防治补贴，精制平附蚕种补贴，散卵制造补贴，原蚕区扶持补贴，救灾费，这些专用拨款在蚕种成本长期高于售价的情况下，对保证生产的顺利进行和发展起到重要作用。1990年代中期以后，投资体制变化，除每年良种补贴和工资改革补贴得以保证并有增加外，其他专用拨款大为减少。

2008—2012年，本场处于经济特困时期，累计亏损近2000万元，被认定为困难农场，2013年，受到困难农场中央和省级财政资金共计370万元支持。其中，投资107.61万元新建桑蚕种质资源开发及加工房一幢866.88平方米，于2015年11月26日开工、2016年8月2日竣工；投资28.37万元整治场区生产生活环境；拟投资250万元在棚改项目“蚕、桑品种基因库家蚕种质资源保育站”裙楼上增建二层约1200平方米，已协议委托市城投公司在棚改项目实施时一并施工，250万元资金已转至乐山市市中区财政局账户，但由于该棚改项目内容至今仍未实施，致该笔资金仍未使用。

2013年、2014年，争取到家蚕良种繁育项目省级财政资金100万元、50万元支持。

2014年、2015年，争取到中央外经贸发展专项资金50万元支持。

2016年，争取到农业综合发展项目资金264万元支持，其中，中央财政支持200万元，省级财政支持64万元。新建催青保种楼一幢1199平方米，制种棚313.6平方米，改建输变电线路2500米，购置新型塑钢蚕架30间、塑料蚕箔6000个，新型温湿度控制设备30套等。

2019年、2020年，争取到现代农业种业发展项目财政资金50万元、80万元支持。

2018年、2019年、2020年，争取到中央救灾资金补贴20万元、40万元，50万元，修建马河口桑园钢筋混凝土防洪河堤、场区排水沟等。

（五）专用基金

专用基金为提存固定资产折旧基金和大修理基金、按工资总额提取的职工福利基金，以及留场利润包干结余。固定资产折旧费部分上缴国库作为国家积累，投资扩大再生产，部分留给单位作房屋、设备更新改造基金。

提存固定资产折旧基金：民国时期，固定资产折旧全部上缴，没有专用基金账户。新中国成立后，提存固定资产折旧，从1951年至1956年全部上缴西南蚕丝公司。1956年7月以后按领导关系全部上缴。1965年改为上缴60%、留场40%，专户存入银行，设专用基金科目和更新改造基金明细账。其后留场比例变动频繁，1966年留场50%，1968年留场30%，1969—1972年留场60%，1973年留场94%，1974年以后全部留场。由于留场折旧费增多，对陈旧的固定资产加强了更新改造，同时也有经过批准投资新建项目与大修理基金合并使用的情况。

大修理基金：民国时期，固定资产的修理费用直接进入成本，未提大修理基金。新中国成立后，1953年开始提取基本折旧的25%为大修理基金，部分留场，部分交西南蚕丝公司代管，在所属企业之间调剂使用。1954年改按年计划支出数提取，其中1958—1961年、1964年未提。1975年后提存基本折旧的30%全部留场，保证了蚕室、桑园、车辆、宿舍、生活福利等设施的定期大修，以达到固定资产预计的使用期限。

职工福利基金：民国时期没有福利基金，职工疾病医药自理，伙食、食堂、茶水、理发等开支直接进入成本费用。1951年，随着西南蚕丝公司所属工业、企业实行劳动保险，按工资总额提取职工福利基金12.%，其中7.5%为职工医药费，包括供养直系亲属半费医疗；5%作厨房、食堂大型用具及茶水、浴室、理发、婴儿室和以收抵支的差额补助及职工困难补助。1958年后，取消供养直系亲属的半费医疗，改按农业场站规定提工资总额11%附加费。由于医药费严重超支，1985年实行医药费包干，超支部分审批报销。1995年5月，场设医务室，一般小病在场内医治，以降低医疗费用。

留场利润包干结余：1977年，四川省农业厅开始对直属蚕种场实行新品种补贴，自负盈亏，核定差额结余留场使用。1980年，扩大企业自主权，实行定额补贴、财务包干、盈余自用、亏损不补的办法，规定包干结余资金建立生产发展基金，用于生产技术措施；集体福利基金用于集体福利设施；储备基金用于以丰补歉；奖励基金用于职工奖金。场有权根据当年包干结余多少，由职工代表大会讨论，划分比例和使用计划，有权将生产基金同基本折旧、大修理费结合使用。

1983年后，实行经济承包责任制，职工超收分成改为三项基金：生产基金占50%，集体福利基金占40%，储备基金占10%，不再设奖励基金。未完成生产任务的，不能提取超收分成。1990年代中期以后，生产实行大包干，不再提取超收分成。

四、税利

（一）税金

民国时期，蚕种交乐山蚕丝实验区销售，桑园土地纳田赋税，房屋交房产税，账簿、单据贴印花税，还代扣职员薪金所得税。

新中国成立后，头两年只交房地产税，贴印花税。1952年蚕种纳工商税2.5%，当年交税1500000元（旧币）；另有丝绵货物税10%，工商税收政策2.5%。桑叶按产叶价值征农业税2%。1953年1月，西南蚕丝公司转西南税务管理局〔52〕税政874号复函，对西南蚕丝公司出售的蚕种，比照农业部门推广优良品种免征营业税问题，暂按西南财政部原解释所定百分之一税率缴纳。同年9月西南税务管理局〔53〕税一字2782号通知，西南蚕丝公司所属蚕种场饲养之蚕种系为推广优良品种，属计划亏损的产品，其纳税环节经报中央国税总局核定，该公司各分支公司、种场、茧庄内部调拨不纳营业税，各单位对外出售时按饲养业修订税率2.5%纳一道营业税。西南蚕丝公司同时规定此项税金由种场负担。1954年开始蚕种由种场自行销售，仍纳2.5%营业税。合同按预约总额贴印花税0.03%，未载明金额一律贴印花税0.50元，与农业生产合作社签订合同免贴。定额借款按贷款总额两月以上贴印花税0.3%，两月以下贴印花税0.1%。当年共纳税7166元（旧币）。

1963年，根据财政部〔63〕税申字160号通知，对农业系统的良种繁殖场在城市郊区和农村的，自有房屋一律免征房地产税。

1964年，蚕种按良种繁育推广，免征营业税。

1965年，农业税按每公斤桑叶0.03元计价纳税6%，附加税1.5%，1967年改按亩稻谷中等产量计价征收。

1972年，丝绵货物税由1952年的10%增为15%，1985年随着丝绸减税又减为10%。精干品、冰糕征低产品税5%。对外冷藏、浸酸征营业税5%。

2001年，财政部、国家税务总局发出《关于若干农业生产资料征免增值税政策的通知》（财税〔2001〕113号），明确农膜、化肥、种子、农药征免增值税。

2006年3月，国务院办公厅下发《关于深化国有农场税费改革的意见》，全面落实取消农业税政策。

（二）利润

民国时期，本场只负责蚕种生产，不管销售，不计算盈亏，属于向乐山蚕丝实验区的报账单位。

新中国成立初期沿袭旧制，1953年第一个五年计划开始，初步单独计算盈亏，在完成清产核资的基础上，1954年实行独立核算，按实际销售上年制的春制春用、秋制春用和本年制的春制秋用种计算盈亏，迄1955年均为亏损，1956年盈利1770.65元。1957年全年未取得有效生产，1958年主业亏损，但粉房盈利3578.40元，上缴利润2317.31元。1959年后连续亏损，直到1966年扭亏为盈，但次年起再度连续亏损，一直持续到1975年扭亏为盈。此后由于蚕种生产量不断扩大，连续二十年实现盈利。1981年计算盈亏办法改按当年生产数量计算收入，1983年仍改为按实际销售计算盈亏。1989年盈利达到20万多元，1990年增长到41万多元。1991年盈利近50万元，之后几年有所下降，盈利40万元左右。从1995年起，因微粒子病烧种，连续几年亏损达数百万元，一直到2000年起再次扭亏为盈，但由于环境恶化，生产仍不稳定，且蚕种生产和销售量大幅减少，职工人员过剩，盈利能力有限，2008年，更因美国金融危机的冲击，国际国内茧丝市场严重下滑，蚕种发放大量减少，造成本场蚕种大量库余，亏损202.96万元，2009年亏损536.48万元，2010年亏损503.65万元，2011年亏损646.84万元，2012年亏损99.19万元，几年累计亏损近2000万元，本场陷入极度经济困难。

2013年起，微粒子病害得到有效控制，生产趋于稳定，开始繁育和销售原蚕种，争取项目资金投入，人员逐年减少，退休职工退休金剥离，本场经济得以持续好转，总体有盈余。

第四节　蚕种市场与推广

一、蚕种销售的组织管理

蚕种销售历来备受重视，长期由场部直接管理，业务副场长亲自负责销售业务。2015年后，改由生产技术科主管销售业务，对场部负责。

二、蚕种销售市场

建场初期，四川省农家均以饲养土蚕种为主，病害严重、质量很差。本场的宗旨是推广改良蚕种，以提高蚕茧产量质量。故均按乐山蚕丝实验区计划，将生产的改良蚕种免费提供给农户，以推广改良蚕种，提高蚕茧产量质量。1940年后，改良蚕种受到农民欢迎，由政府定价销售。

新中国成立后，改良蚕种得到普及，农家土蚕种逐渐绝迹。本场的宗旨是制造优质足量的蚕种，保障国家蚕茧生产的需要。

新中国成立后至1978年前，国家实行计划经济政策，蚕种的生产与销售均由上级主管部门实行严格的指令性计划管理。本场蚕种生产的品种、数量、时间与供应地区均由上级主管部门确定。

1979年后，国家实行改革开放政策，出台多项政策扩大蚕种场经营自主权，蚕种生产与销售逐步由计划经济向市场经济过渡，国际茧丝市场持续向好，蚕种产需两旺，特别是20世纪80年代中期至90年代初期的“蚕茧大战”期间，全省蚕种市场十分庞大，蚕种生产量由1979年的300万余张上升至1992年的970万余张的历史最高值，蚕种生产单位（蚕种场）亦由1979年的50家上升至1992年的127家的历史最高值，许多乡镇办、民办蚕种场异军突起，蚕种生产与销售呈数量型增长方式，部分劣质蚕种流入市场，蚕种销售竞争以数量为主。

1996年后，国际茧丝市场急剧疲软，特别是受2008年世界金融危机严重影响，蚕种生产严重过剩，市场转为买方市场，蚕种质量开始受到重视，竞争激烈，一大批乡镇办、民办蚕种场纷纷停产、转产。

2013年后，国际茧丝市场趋于稳定，四川茧丝向高质量发展，茧丝质量位居全国前茅，蚕种供需基本平衡。至2021年，全省一代杂交种产销量在120万张左右，蚕种生产单位10余家。

三、蚕种销售价格与销售量

（一）蚕种销售政策、价格及其变化

蚕种销售价格历来为国家制定，本场建场初期只管生产不管销售，生产的改良蚕种，均无价赠送当地农村饲养，以推广改良蚕种。1940年，由省建设厅公告定价，当年秋种售价为28蛾框制种与33蛾平附种每张2元（法币，本段内同），50蛾平附种每张3元。1941年调高售价，28蛾框制种与33蛾平附种每张3元，50蛾平附种每张4.5元。

1942年，因物价猛涨，蚕种成本增加，四川蚕种价格不断上涨，政府不能控制。1943年，普通种春季每张售价330元，秋季因缺种，每张秋种黑市价高达500元。1946年春种每张400元，秋种800元。1947年春种涨至2400～4000元，秋种涨至

8000 元。省府建设厅无力控制局面，对蚕种价格无法规定，各蚕种场与蚕农自由买卖。

新中国成立后，由省统一规划安排，主要实行地区平衡。蚕种由政府定价，价格比较稳定。1950 年，普通种每张售价 0.9 元，1954 年调为 0.95 元。

1955 年 3 月蚕种价格调为 1.1 元，1956 年春再次调价，春蚕种每张调为 1.3 元，1956 年秋调至 1.47 元。

1959 年 10 月，四川省农业厅下文调整蚕种价格，由于每张蚕种的卵量由原 10 克（克）增加到 12 克（克），经省物价委员会批准同意，相应调整蚕种价格，由 1950 年代中期省物价委员会制定的 1.47 元调整为 1.76 元，从 1960 年春用蚕种执行。

1972 年 10 月，四川省农业局、四川省财政局、四川省轻工业局联合下文通知，对推广新品种“川蚕三号”蚕种予以补贴，由当地收购蚕茧单位（丝厂）按种场实发“川蚕三号”蚕种数，每张种补贴蚕种场 0.50 元。1973 年本场生产“川蚕三号”12314 张，1974 年达到 21272 张。

1974 年春，每张种售价调至 2 元，对繁殖新品种，其成本高于老品种部分由省财政补贴。

1979 年 2 月四川省农业局下文，从当年春季蚕种发售起，提高蚕种价格，一代杂交种为 3 元，原种为 10 元（1954 年定的 7.5 元）。每张蚕种出场价一代杂交种 2.8 元，原种 9 元。差价部分一代杂交种张种 0.15 元、原种 1 元，作为蚕种生产主管部门的经营管理费，按蚕种场的隶属关系，省属场的缴交省蚕种公司，地、县、社办场的缴交地区农业局（或地区农业局指定的主管单位），其余每张一代杂交种 0.05 元，作为领发种单位的手续费，可由各领种单位在领种时扣回。

1980 年后，全省对蚕种场的产、销由指令性计划改变为指导性计划，由蚕种场每年直接与用种单位签订合同，以销定产，产销结合至今。

1980 年代中后期，因全部繁育新品种，繁育系数低；加之改制散卵，费用增加。1987 年 2 月，四川省丝绸公司、四川省物价局联合下发《关于调整蚕种销售价格的通知》，规定普种（散卵）由现行每张售价 3 元调整为：绫 3·4×锦 5·6、781×7532 每张售价 5 元；781×（782×734）、（川 26×春 42）×（753×731）、（辐 36×636）×751、东钟×（武七苏×782）每张售价 4.7 元；（苏 3×秋 3）×（苏 4×苏 12）每张售价 4 元；东 34×（603×苏 12）、（东肥×671）×中华每张售价 3 元不动。原种由 10 元调整为 12 元。平附种不分品种，销售价格不做调整。调整后的价格，从当年春季发种执行。原有财政补贴的每张良种 0.3 元和丝厂补贴的每张良种 0.5 元取消。当年 3 月，四川省丝绸公司下文，调整蚕种改良费，每销售一张上交原种由 1 元调为 1.20 元，普种由 0.15 元调为 0.20 元。原规定每售一张普种按 0.05 元缴领种单位的手续费仍继续执行。

1987 年，国家调整丝茧收购价格。为保持历史上形成的种、茧的合理比价，四川省于 1988 年 4 月再次调整种价。1988 年 7 月 28 日，四川省丝绸公司、四川省物价局转中共四川省委传真电报通知提高种茧收购价格，在原规定平均价格每公斤不超过 9.5 元的基础上，从春茧起调整为 12 元。种茧收购价格调高后，从秋季发种起，蚕种对农民的销售价格不分品种每张相应调高 1 元。

1989 年 1 月，为增强蚕种场自我改造能力，解决当时蚕种供不应求的矛盾，全省再次调整蚕种价格。原种调整到 40 元，普种苏字号调到 11 元，其他品种调到 15 元。3 月，四川省丝绸公司发文调整普种冷藏、浸酸、检种等收费标准；冷藏（春、夏用种，净种）0.20 元/张，秋用种冷藏（毛种）0.16 元/张；浸酸（毛种）0.19 元/张（冬季浸酸脱粒也按此标准执行）；检种（毛种）0.06 元/张；浴种（净种）0.08 元/张；保种（毛种）0.10 元/张；整理装盒（净种）0.07 元/张。

1994 年 5 月，四川省物价局、四川省丝绸公司联合下文通知，调整原蚕种茧收购价格，一等茧为 18.50 元/公斤；二等茧 17.50 元/公斤；三等茧 17 元/公斤；四等茧 16.50 元/公斤；所有收购的原蚕种蚕价平均为 17.50 元/公斤。7 月，根据全省蚕种生产成本上升和省外蚕种价格调整情况，四川省物价局和四川省丝绸公司联合发文，再次调整蚕种价格为原种每张 68 元，一代杂交种苏字号出场价每张（盒）16.8 元，对蚕农售价 17 元；其他品种出场价每张（盒）19.8 元，对蚕农售价 20 元。

对其他相关费用也做了调整：①上缴蚕种改良费原种由 2 元调为 4 元，普种由原 0.40 元调为 0.60 元。②设蚕种价格风险基金，原种 5 元，普种 0.60 元。③有关费用，越年种冷藏费由 0.20 元调为 0.30 元；秋种冷藏费由 0.16 元调为 0.25 元；浸酸费由 0.19 元调为 0.30 元（含即时浸酸和冬季浸酸脱粒）；检种费普种由 0.06 元调为 0.10 元、原种由 0.48 元调为 0.80 元；浴种整理费由 0.15 元调为 0.20 元（包括干燥风选调查整理封口入库）；保种春制越年种由 0.10 元调为 0.25 元、秋制越年种由 0.10 元调为 0.20 元；成品质量检疫费 0.04 元不变；新增成品质量检验费 0.02 元。

2005 年 4 月，四川省物价局发文通知调整蚕种冷藏浸酸等服务收费标准，冷藏费调为 0.50 元/张，秋用冷藏费 0.45 元/张；浸酸费 0.40 元/张；保种费春制种 0.25 元/张；秋制种 0.20 元/张；浴种 0.20 元/张；整理装盒 0.10 元张。同年 11 月，四川省物价局发文通知，调整蚕种价格，原种每张由 60 元调整为 90 元，普种由 19.8 元调整为 21.5 元，对蚕农售价 23 元。

2006 年，由于工资和物价上涨，蚕种成本大幅增长，据全省 20 个蚕种场调查，直接成本从 21.49 元到 50.89 元不等，平均为 29.18 元。四川省物价局当年再次发文调整蚕种价格，一代杂交种每张（盒）出场价调整到 23.5 元，向农民销售价格调整到 25 元（包括运输、催青、技术服务等费用）。

2007 年，四川省物价局发文（川价发〔2007〕66 号）将蚕种价格调整为出场价每张（盒）26 元，向农民销售价格为每张（盒）28 元，原种每张由 90 元调整为 110 元。并决定从 2007 年起建立蚕种价格与国际国内生丝价格、丝茧价格、种茧价格联动的价格形成机制。桑蚕一代杂交种出场价和销售价格根据上年生丝、丝茧、种茧价格波动及市场供求情况上下调整，实行一年一定。此举是为了进一步适应国际国内茧丝市场的变化形势，确立了蚕种价格市场定价机制，打破了长期由政府定价的机制。但未明确价格联动实施责任主体，故可操作性较差，此后几年并未真正建立起价格联动机制。

2012 年，四川省发改委颁布川发改价格〔2012〕331 号，将一代杂交种价格调整至出场价 38 元/张。

2017 年 7 月，四川省蚕业协会召集蚕种生产、经营单位召开蚕种生产经营会商会，会议首次以会商会纪要的形式商议出蚕种建议价格：桑蚕原种出场价格为每张 120 元；桑蚕一代杂交种出场价为每张 48 元，较难繁育的新蚕品种川山×蜀水、芳·绣×白·春出场价上浮不超过 10%。

2018 年 6 月，四川省蚕业协会再次召开蚕种生产经营会商会，商议出蚕种建议价格：桑蚕原种出场价格为每张 120 元，新蚕品种川山、蜀水、芳绣、白春出场价格为每张 140 元；桑蚕一代杂交种出场价为每张 55 元，较难繁育的新蚕品种川山×蜀水、芳·绣×白·春出场价上浮不超过 10%；蚕种冷藏加工等费用分别是：越年蚕种冷藏费0.9 元/盒、秋用蚕种冷藏室费 0.8 元/盒、浸酸费 0.8 元/盒、春制越年蚕种保护费 0.5 元/盒、秋制越年蚕种保护费 0.4 元/盒、浴消盐比费 0.4 元/盒、整理装盒费 0.4 元/盒。会商会还讨论通过了《蚕种市场价格协商办法》，主要内容是：每年 6 月上中旬召开一次蚕种生产经营会商会，商议出桑蚕原种、桑蚕一代杂交种、蚕种冷藏加工等费用建议价格。桑蚕一代杂交蚕种出场建议价格由生产成本和经营利润构成。其中：生产成本：原种分雄成本＋原蚕共育补贴分摊成本＋种茧分摊成本＋工资分摊成本＋物资费用＋能耗＋加工费用＋其他费用（副产物分摊收入）。经营利润按照估算成本的 10%计算。对于繁育困难、成本较高的优良品种出场建议价格可上浮 10%以内，允许上浮的具体品种每年一定。原种出场建议价格根据品种知识产权和生产加工成本议定。蚕种冷藏加工建议价格按照加工服务成本议定。蚕种运输、催青等费用，由各蚕种经营（供应）单位根据运行成本和对蚕农的服务情况合理确定。蚕种生产、经营单位应按照协会协商的建议价格履行蚕种供需合同，严禁恶性竞争，对于扰乱蚕种经营流通秩序的，由省蚕业协会通报批评；对于违反蚕种管理、价格管理有关规定的，相关管理部门依法查处。自此，四川省蚕种价格联动机制建成运行。

2019 年至 2021 年的每年 6 月，蚕种生产经营会商会均如期召开并商议出蚕种建议价格，但均保持 2018 年商议出的蚕种建议价格未变。

（二）蚕种销售数量

本场繁育的蚕种用于销售的只有普种和原种，原原种、原原母种和品保蚕种、试验蚕种一般只作自用均不进入市场。

以普种销售为主，普种包括一代杂交种（改良种）、土种和本场改良选育的改×土杂交种，销售给蚕种经营单位供蚕农生产蚕茧。据不完全统计，自 1954 年独立核算至 2021 年，累计销售普种 4700693 张，其中一代杂交种 4678616 张占 99.5%，土种 19682 张，改×土杂交种 2395 张。1954 年至 1968 年，年销售量均在 3 万张以下，其中 1957 年因微粒子病严重停产致使 1958 年无种销售。1969 年至 1983 年，随着茧丝市场的好转，销售量稳中有升，1969 年突破 3 万张，1970 年突破 4 万张，1974 年突破 5 万张，1979 年突破 10 万张，1983 年突破 20 万张。1984 年至 1989 年，由于生产不稳定，销量呈振荡下行趋势，1989 年仅 7 万多张。1990 年至 1995 年，销量在高位运行，年销量均在 15 万张以上，1992 年更是达到 26 万多张的历史最高值。1996 年至 2012 年，受茧丝行情疲软和微粒子病害双重困扰，年销量急剧振荡下行，最高年份 2001 年为 98000 张，最低年份 2012 年仅 5237 张。2013 年至 2021 年，年销量趋于稳定，均在 3 万张左右（2016 年较低、为 18577 张）。

原种生产和销售分为两个时期，1974 年至 1978 年为第一个时期，2007 年至 2021 年为第二个时期，其中 2007 年至 2014 年自产自用，2015 年始对外销售，供普种场生产一代杂交种之用。累计对外销售原种 20848 张，其中包括 1963 年对外销售的土蚕原种 308 张。具体情况见表 3-4 和图 3-1、图 3-2。

表 3-4 历年蚕种销售量（单位：张）

年别	普种				原种		
	普种	土种	改×土	小计	原种	土原种	小计
1954 年	22021	—	—	22021	—	—	—
1955 年	27180	—	—	27180	—	—	—
1956 年	25674	—	—	25674	—	—	—
1957 年	7688	—	—	7688	—	—	—

（续）

年别	普种				原种		
	普种	土种	改×土	小计	原种	土原种	小计
1958年	0	—	—	0	—	—	—
1959年	18709	—	—	18709	—	—	—
1960年	21617	—	—	21617	—	—	—
1961年	15395	—	—	15395	—	—	—
1962年	10609	—	2395	13004	—	—	—
1963年	11080	—	—	11080	—	308	308
1964年	11892	—	—	11892	—	—	—
1965年	8846	2439	—	11285	—	—	—
1966年	13674	5636	—	19310	—	—	—
1967年	16087	5100	—	21187	—	—	—
1968年	25380	2306	—	27686	—	—	—
1969年	31931	1718	—	33649	—	—	—
1970年	42545	1055	—	43600	—	—	—
1971年	38874	—	—	38874	—	—	—
1972年	38904	908	—	39812	—	—	—
1973年	39264	—	—	39264	—	—	—
1974年	56295	—	—	56295	367	—	367
1975年	46423	—	—	46423	1312	—	1312
1976年	88466	520	—	88986	773	—	773
1977年	88846	—	—	88846	1730	—	1730
1978年	61360	—	—	61360	2000	—	2000
1979年	100831	—	—	100831	—	—	—
1980年	161190	—	—	161190	—	—	—
1981年	140189	—	—	140189	—	—	—
1982年	143660	—	—	143660	—	—	—
1983年	202253	—	—	202253	—	—	—
1984年	144455	—	—	144455	—	—	—
1985年	131706	—	—	131706	—	—	—
1986年	114643	—	—	114643	—	—	—
1987年	148767	—	—	148767	—	—	—
1988年	136879	—	—	136879	—	—	—
1989年	74621	—	—	74621	—	—	—
1990年	152160	—	—	152160	—	—	—
1991年	165592	—	—	165592	—	—	—
1992年	262441	—	—	262441	—	—	—
1993年	191164	—	—	191164	—	—	—
1994年	224514	—	—	224514	—	—	—
1995年	150290	—	—	150290	—	—	—

（续）

年别	普种				原种		
	普种	土种	改×土	小计	原种	土原种	小计
1996年	48900	—	—	48900	—	—	—
1997年	72500	—	—	72500	—	—	—
1998年	76800	—	—	76800	—	—	—
1999年	73686	—	—	73686	—	—	—
2000年	91400	—	—	91400	—	—	—
2001年	98000	—	—	98000	—	—	—
2002年	96200	—	—	96200	—	—	—
2003年	61900	—	—	61900	—	—	—
2004年	63300	—	—	63300	—	—	—
2005年	87900	—	—	87900	—	—	—
2006年	65500	—	—	65500	—	—	—
2007年	32400	—	—	32400	—	—	—
2008年	49800	—	—	49800	—	—	—
2009年	29400	—	—	29400	—	—	—
2010年	32100	—	—	32100	—	—	—
2011年	34900	—	—	34900	—	—	—
2012年	5237	—	—	5237	—	—	—
2013年	25628	—	—	25628	—	—	—
2014年	26383	—	—	26383	—	—	—
2015年	20206	—	—	20206	1526	—	1526
2016年	18577	—	—	18577	1356	—	1356
2017年	20693	—	—	20693	835	—	835
2018年	34651	—	—	34651	2830	—	2830
2019年	35095	—	—	35095	1457	—	1457
2020年	31804	—	—	31804	2952	—	2952
2021年	31541	—	—	31541	3402	—	3402
合计	4678616	19682	2395	4700693	20540	308	20848

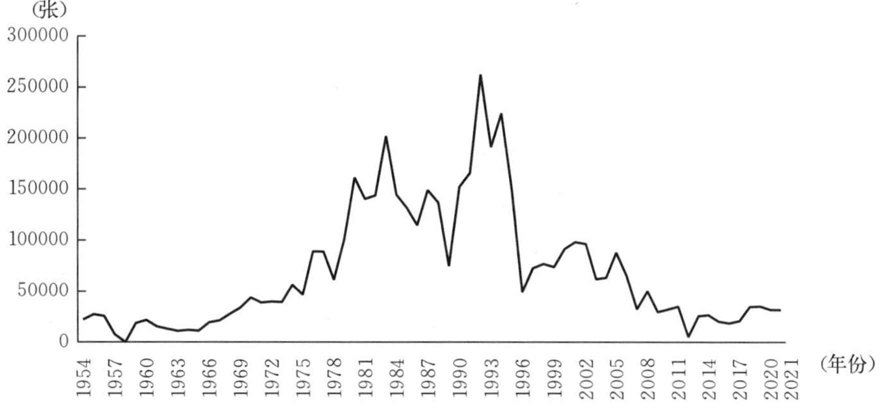

图3-1　历年普种销售量

图 3-2　历年原种销售量

第五节　科技管理

一、科技管理机构

1940 年 3 月，四川省农业改进所在本场设立川面研究室，开展柘叶育蚕试验，接受四川省农业改进所管理。

1954 年，场创办了当时全国唯一一个柘蚕土选试育组，进行食柘叶土蚕种的选种试验研究，至 1970 年终止，由省农科院蚕试站管理。

2013 年 12 月，场增设“桑蚕种质资源研发中心”，负责科技管理工作。

其他时期的科技管理工作，没有设立专门的管理机构，由制种股、栽桑股或生产技术科（股、组）负责。

二、科技管理工作

2014 年，本场制定实施《科研项目管理暂行办法（试行）》。同年，场部成立科技工作领导小组和科研项目决策委员会，积极鼓励和协助广大科技人员申报科研项目，开展科研活动和技术革新，推进“科技兴场”建设。

2016 年，本场制定实施《科研经费管理办法》《科研成果奖励办法（试行）》《科研成果管理办法》《科研成果鉴定、评审实施细则》，规范科研经费、科研成果和成果奖励管理，调动科技人员从事科研活动积极性。

2019 年，本场制定实施《科技人员行为规范》，明确倡导行为和禁止行为范畴，促进科技人员健康成长，形成良好科技活动氛围，促进科技活动健康发展。

第六节 后勤保障管理

一、后勤保障管理机构

民国时期，设总务课（部、股），新中国成立后设总务股，1968年4月成立场革命委员会时设后勤股，1978年3月取消场革委时复设总务股，1987年10月设后勤科，负责物资、设施设备维修维护、土建工程等后勤保障管理工作。

二、物资管理

（一）采购供应

民国时期，物资采购由总务部负责，对其重要的生产物资如蚕连纸，消毒用品福尔马林、升汞等由实验区代购，杠炭、维修基建用的木材等其他材料在当地市场购买。竹制蚕具每年冬季向附近农村篾工订购。特制切桑刀、桑剪、锄头等在苏稽集镇购买或在铁匠铺订制。

新中国成立后，基本沿用旧法。1956年本场归口四川省农业厅领导后，生产资料中的蚕连纸、消毒药品、二类机电产品和钢材、木材、水泥、化肥须在每年的10月前报送下年度计划，四川省农业厅分配下达指标后，按指定地点提货。

1958年，下放乐山地区领导后，除蚕连纸、钢材、木材、水泥由省计划供应外，消毒药品等由本地物资部门计划供应。1960年代回归四川省农业厅领导后，省属企事业单位由上级下达指标再由当地物资部门组织供应。

1978年以后，大宗物资由后勤股采购，小型农具、日常用品由生产组自行购买，并进一步完善了材料采购制度。

1980年代中期以后，为降低成本，减少物资进价，如漂白粉、盐酸、牛皮纸等均直接到生产厂提货，杠炭则直接赴产地购买。

（二）收发保管

从建场起，场总务股（后勤科）设有专职保管员，负责材料收发保管工作，记载材料明细账，造具材料收发报表。每个蚕期结束后，生产组剩余物资即办理退料手续，年终清查库存。

场制定有严格的材料收发保管制度，如保管员责任心不强，造成物品短少或损坏变质，将负赔偿责任。

三、设施设备及维修维护

1954 年，投资 629200 元（旧币）对生产用房进行了大维修。

1964 年，建消毒池、洗涤池各一个共 200 平方米。

1984 年 12 月，二蚕房发现裂缝，投资 16503.24 元进行了加固处理。

1987 年，改建了消毒蒸汽灶。

2001 年 6 月，对上场一、三蚕房，下场一、二蚕房共 8200 平方米进行了加固处理。

1964 年以前，本场没有电，全场生活、生产均使用清油、煤油照明。

1963 年，利用乐山市农机局在五区修建排灌配电站的机遇实施电灯安装工程，经四川省农业厅批准并拨资金 12500 元支持，总投资 29141.89 元。1963 年开始布线，1964 年完成电灯安装，蚕室共安 40W 日光灯 100 支，25W 电灯 200 支，结束了生产用清油、煤油照明的历史。

1975 年 4 月，增配电房 60 平方米。

2005 年，争取基础建设资金 30 万元、自筹 20 万元，更换主线电缆约 11722 米，支线电缆约 305 米，改造主水道 402 米，支管 540 米，全场 5 个配电箱、变压器和配电屏全部更新，水、电系统全部实施地埋。对生产、生活用电、用水系统进行了彻底改造。

2012 年 2—5 月，棚改还建于蚕种场下场的附属设施时，敷设 700 米主水管和 1500 米电力主线路，新建 250KVA 箱变配电房和发电机房并购置 150kW 发电机组一台套。

2020 年 3 月，新建进屋主干线电缆 180 米。

1975 年前，全场生活、生产用水使用钻井人力抽取地下水，不仅费力，而且水质很差。

1975 年 4 月，投资 24630 元建成投产上下场的水井、水塔各一座，使用电力抽取地表层水、水塔贮水、水管送水，全场生活、生产用上了自来水，结束了人力取水的历史。

1991—1992 年，为改善全场生活生产用水质量，保障职工生活用水安全健康，新建了上、下场深井、泵房各一座，上场井深达地表下 150 米、下场井深达地表下 100 米，并在上场迁建了倒锥形水塔一座，容积达 80 立方米，投资 25 万，其中省补助 10 万元、自筹 15 万元。

2005 年，改造主水道 402 米，支管 540 米。

2012 年 6—8 月，苏稽自来水管网接入苏稽蚕种场下场。

2020 年 3 月，棚改项目建主水管 150 米。

排水系统亦逐年进行了完善改造。

1980 年代初，为解决外购生产用蜂窝煤含硫高煤质差易引蚕儿中毒事故问题，场修建了 298 平方米蜂窝煤加工房一座，自购优质煤炭、蜂窝煤机具一台套加工生产蜂窝煤，保障了生产用蜂窝煤和职工生活用蜂窝煤的需要。

1944 年，修建木架单竹壁旱水公用厕所 2 处共 52.7 平方米。1964 年投资 6400 元建旱水公用厕所 2 间、浴室 1 间共 160 平方米。1991—1992 年改建旱水公用厕所三座，2012 年改建旱水公用厕所为抽水厕所一座，2019 年 4 月投资 85977.00 元新建中小学研学实践教育基地抽水公用厕所一座，面积 60.9 平方米。

1970 年代以前，场区内主辅道路多为泥沙路面，无硬化地坝，生产生活极为不便，消毒难于彻底。

1970 年代以后，场区内主辅道路、生产生活用地坝开始逐步用水泥砂石硬化，至 2010 年末，全场有路面、地坝硬化面积约 5000 平方米。2010 年棚户区改造项目实施后，上场路面、地坝撤毁，下场路面、地坝开始改造。2012 年棚户区改造项目还建硬化地面 2500 平方米，改建 5 米宽场区主干道 500 米左右，2020 年完成地面硬化 1500 平方米，进一步改善了生产生活条件。

本场历来重视场区生态绿化建设，场区内栽植有大量花草树木，绿树成荫、鸟语花香、环境优美。1995 年被乐山市市中区命名为园林式单位。

为了保障本场生产生活设施设备的正常运转，自 1970 年代起，设置了机修组，固定有 1 至 3 名职工，主要负责全场生产生活用电、用水、各类机器设备正常运转，在生产量大时还设置有一名木工岗位，主要负责全场生产竹木器具的维护修与加工，聘用有专人负责场区内花草树木的维护管理。

四、项目工程管理

民国时期，本场生产设施设备极其简陋，将庙宇、农房等改作蚕房，无重大建设项目。新中国成立初期，本场虽合并了嘉阳蚕种场、互惠农场等，但亦无重大建设项目。

本场较大规模的建设项目始于 1962 年。1962—1965 年在国家投资支持下修建了三栋蚕房，完成了电灯照明安装工程；1970 年代，完成了蚕种冷库的迁建项目，完善了水电设施改造项目；1980 年代至 1990 年代前期，改、增建了蚕房，冷库散卵制造设施，进一步改善了水电设施，新建了催青室、保种室、检种室，新建、改建了职工住房；1990年代中后期至2010年处于经济极度困难时期，没有大的项目工程建设。2010年以来，一是启动了垦区棚户区改造项目，二是争取了贫困农场、良种繁育、外经贸发展、现代种业等以国家投资为主的项目建设，极大地改善了生产设施设备条件，改善了职工住房等生活条件。

本场重大建设项目的管理，历来采取委托第三方实施、合同管理的方式进行，包括建设工程设计、工程招标、工程咨询、工程勘察、工程施工、工程监理、建筑材料及工程配套设备采购等内容，本场委派现场施工监理人员监管确保质量与进度。例外的是垦区棚户区改造项目，采取政府主导管理、政府出资方式实施，旧房撤除、工程设计、工程招标、工程咨询、工程勘察、工程施工、工程监理、建筑材料及工程配套设备采购等均由政府主导实施，本场主要按协议履行出让国有土地使用权等义务。

第七节　安全管理

民国时期，仅强调防火防盗，修筑有简易围墙，不讲安全生产。

新中国成立后，国家重视抓安全生产，1951年场成立治安保卫委员会和义务消防队，添置了消防器材，建立了安全保卫制度，工作重点是防火、防盗、防特、防灾害事故。1952年又在国庆节后的10月4日进行全场安全大检查。

1970年代，成立以场长为组长的安全生产领导小组，加强安全生产教育管理。

1971年3月17日夜，保管室旁草堆起火，烧草4000公斤。同年7月6日，四蚕室因火缸升温发生火灾，烧毁蚕箔330个（计人民币500元）和蚕架、蚕杆、蚕网、玻璃等物，共损失2190元。

1979年，投资8323.60元增建围墙147米。

1980年5月，本场40亩桑园约8000公斤桑叶被盗。

1985年，在开展企业整顿中，进一步完善和出台了场安全生产制度。坚持“安全第一，预防为主”的方针，常抓不懈。

1988年，本场汽车发生交通事故，由交通部门和保险公司共同处理。

1990年以后，蚕种生产实行“四定一奖”责任制，将安全生产纳入“四定”中，和产量、质量和成本一起作为考核奖惩的依据。坚持“谁主管，谁负责”原则，管生产同时必须管安全。

1991年，再次修订安全管理制度。

1994年12月，设立保卫科，负责安全管理工作，与办公室合署办公，牟成碧为保卫科科长。

1995年设社会治安综合治理领导小组，由场长任组长，副场长任副组长，办公室、保卫科负责人为成员。

2002年，自筹资金2万元，对冷库液氨制冷蒸发器更新，消除隐患。2006年投入20多万元，更新改造使用30多年的变压器及配电屏、供电、供水系统配套设备。

2005年，改造围墙100多米，自筹资金1万元，更换消防灭火器70具以及消防器材。2010年改建下场围墙与大门，2012年增建下场围墙，2018年沿围墙顶部绕全场周围布线设置多处摄像监控探头，门卫室建有电子监控室。

截至2021年，全场实现40年“三无”（无火灾，无重大伤亡，无重大交通事故），44年“二无”（无火灾，无重大伤亡）。

第八节 场务管理

一、场务管理机构

建场初期人员较少，机构设置从简，场务工作归总务课（部、股）管理。

新中国成立后，仍沿旧制，场务工作仍归总务股管理。

1968年4月，成立场革命委员会时，总务股撤分为后勤股和副业股，场务工作归后勤股管理。

1978年3月，取消场革委时，撤销后勤股和副业股，合并恢复为总务股，场务工作回归总务股管理。

1981年6月4日，四川省农业厅党组批复，同意将场中层机构设置一室三组调整为一室三股，即办公室、生产技术股、计财股、总务股。首次成立办公室，场务工作归办公室管理。

1987年10月20日，四川省丝绸公司对省属蚕种场中层科室设置做了统一规定，场内部机构设置由“三股一室”改为“四科一室”，即：办公室、生产技术科、计财科、后勤科、政工科。将原办公室撤分为办公室和政工科（与办公室二块牌子，一套班子），场务工作归办公室管理。

2000年7月，本场划归四川省农业厅管理后至今，场务工作仍一直归办公室管理。

二、场务管理工作

（一）公务文书管理

自民国时期至1970年代，本场所有接收、上报的公务文书几乎均是手书文书加印章形式，上报公文一般均由领导完成。自1970年始接收有铅印式文书。1970年代，上报文书开始使用蜡纸刻字形式，将蜡纸放在表面涩滞富有磨砂质感的钢板上，用铁笔在蜡纸上刻字，刻好后再油印。1989年本场始配有上海打字机厂出品的双鸽牌机械式箱铅台式打字机一台，由滚筒、字盘、机盒与字锤等部件组成，滚筒用来贴卷蜡纸，字锤下面是字盘，字盘上2450个铅字，拉动与机盒、字锤连接的手柄，即可上下左右自由滑动，滑动到字盘上所需要的字时按下手柄完成在蜡纸上打字，打好后再油印，上报文书一般由领导手书后交打字员打印。2000年，办公室购买了一台台式电脑和针式打印机，打字机和油印机被抬进仓库弃用。2010年，办公室又添置了复印机，几年后复印机又换成了数码型的，大大提高了公务文书的质量与效率。2015年后，场部及各职能科室主管技术员均配置了电脑、打印机，许多材料也不必一份份印制，只要用邮件或微信群发，立即就传送到位，极大地方便了信息传递。上报正式文书，一般由业务科室制作文稿，经主管领导审核同意后，由办公室按规范要求制作成标准格式文书，打印、盖章、签发，通过特定渠道报送。外来公文，由办公室签收、编号登记，填制文件传阅笺，阅办后及时归档管理。

2021年8月18日，制定出台了《四川省苏稽蚕种场公文处理流程》。

（二）档案管理

本场档案材料始于1938年筹建时期，当时仅有少量公务文书档案。1983年以前，档案主要由各科室自行收集与保管。1987年9月《中华人民共和国档案法》颁布实施，1989年12月本场成立了综合档案室，对种场场部档案由办公室实行统一管理，拥有专门档案室库房。现有档案室库房面积45平方米，移动档案架16排，空调机一台，电脑一台，打字复印一体机一台，配备有防光窗帘、防火、防盗、防虫、防尘、防潮等设施设备。

本场档案现分为六类：一是行政管理类，主要包括公务文书、大事记、年鉴、计划、总结、报告、管理规章制度等，以及治安、土地证、房屋所有权证、法人证书、组织机构代码证、许可证等内容。二是财务会计类，包括会计凭证、账簿、报表、报告等，以及审计、统计类材料，财务会计类公务文书等。三是政工类，主要包括党建、群团组织活动、会务等等方面的档案材料。四是人事劳资类，主要包括人事任免文书、人事劳动个人档案、聘用合同、调资文书及材料等档案材料。五是生产技术与科研类，主要是计划、统计资料、报表、总结、责任制、岗位人员、技术措施、管理措施、检验检疫报表与报告、特殊气象记录、自然灾害、生产与科研设施设备、科研项目申报与实施情况等档案材料。六是基本建设类，包括申请与批复文书、预决算报表与报告、变更文书、工程图纸、招投标文书、竣工验收报告，设备、材料采购文书、质量保证书、使用说明书等档案材料。

档案材料的形成、积累、整理、归档，本场实行部门立卷制度，即由各职能科室或项目负责人在办公室的指导下归档立卷。办公室档案室负责人按立卷单位接收档案，按照规定的分类编号方法进行统一分类、编目、排架等，对档案的收进和移出、案卷数量、利用等情况进行登记与统计。档案室按规定向本场和社会开放档案。

档案室管理人员历来由办公室人员兼任。

2021 年 8 月 18 日，制定出台了《四川省苏稽蚕种场档案管理制度》。

（三）公务用车管理

本场拥有公共事务用车始于 1978 年。1978 年购置核载 2.5 吨武汉牌汽车 1 台（1986 年经四川省蚕种公司同意处理）、核载 5 吨罗马达克汽车 1 台（1983 年处理），1980 年由省统一组织购日本三菱核载 7 人面包车 1 辆，价值 12400 元，1994 年 8 月处理。1981 年购丰田核载 2.5 吨汽车一辆，价值 22216 元，1986 年经四川省蚕种公司同意处理。1983 年上半年接收四川省蚕种公司分配 1 辆核载 2.5 吨丰田载重汽车，价值 11921 元，1992 年 9 月处理。1987 年购置环都—122 牌核载 1.5 吨双排座汽车 1 辆，价值 32256 元，1992 年 1 月处理。1988 年购日野载重汽车一辆，价值 110862.1 元，2001 年 11 月报废处理。1992 年 1 月，另购国内组装“五十铃”核载 1.5 吨双排座汽车 1 辆，原价 131078.44 元，2000 年 1 月报废处理。1992 年 9 月购北京- 130 汽车 1 辆，价值 85000 元，2005 年 9 月报废处理。1994 年 8 月购桑塔纳小车一辆，2005 年 11 月报废处理。1997 年，5 辆大小车辆，除桑塔纳小车和一辆面包车外，其他车辆均作报停。1998 年，全场仅保留桑塔纳小车一辆。其他车辆或承包或报停。2005 年 11 月 10 日购“别克君威”2.0SGM7200 轿车一辆，原价 217962 元，2013 年 10 月处理。2007 年 9 月购“金杯阁瑞斯”7 座车一辆，原价 178885 元，现仍在用。2014 年 1 月，购置“北京现代”牌 5 座 SUV 一辆，现仍在用。截至 2021 年末，在用车辆仅此两辆。

本场公共事务用车主要用于本场蚕种运输、种茧运输、蚕需物资运输和人员公务活动运输等，在运力过剩时采取个人承包经营等方式进行管理。

运营车辆多时设有 3 名专职驾驶员，运营车辆少时设有 1～2 名专职驾驶员。

1981 年修建了修车房，1988 年修建设了简易停车棚。

制定有公务用车管理办法，遵循统一管理、定向保障、经济适用、节能环保的公务用车管理原则。严格公务用车使用时间、事由、地点、里程、油耗、费用等信息登记、审批和公示制度。严格执行回单位或者其他指定地点停放制度，节假日期间除工作需要外应当封存停驶。实行公务用车定点保险、定点维修、定点加油制度，建立健全公务用车油耗、运行费用单车核算和年度绩效评价制度。建立公务用车管理台账，加强相关证照档案的保存和管理。

（四）会务管理

多年来本场形成的例会主要有办公会、支委会、职工大会、党员大会等，形成的专题会议主要有生产动员会、生产总结会、培训会、技术报告会、述职报告会以及临时性紧急会议等，其他会议主要有工会活动会（包括庆祝“三八”国际妇女节、建军节等）、年终团拜会以及上级通知参加的各种会议等。

办公会主要讨论研究布置落实日常管理工作事项，由办公会成员（场级领导和部门负责人）及业务科室主要经办人参加，由场办公室承办，一般每月至少召开一次。支委会主要负责贯彻落实党的路线、方针、政策，执行上级党委、主管部门的工作部署，讨论研究“三重一大”事项，由支委成员参加，必要时场级班子其他成员列席，由场支委会承办，一般每周召开一次。职工大会每半年召开一至两次，主要由场领导做工作报告或专题报告、传达上级会议精神、宣布本场重大决议事项和管理制度等，以及对涉及职工切身利益事项的民主讨论与论证，由场办公室承办。党员大会按党章要求组织召开，由支委会承办，一般每月召开一次。生产动员会一般每个蚕期（春、秋）开始前召开一次，主要布置生产工作任务、技术措施、管理措施，由生产技术科组织和承办，全体生产人员和场级领导出席。生产总结会一般每个蚕期（春、秋）先结束后召开一次，主要是对当季生产工作进行总结，包括任务完成情况、技术与管理措施得失情况，由生产技术科组织和承办，全体生产人员和场级领导出席。培训会、技术报告会、述职报告会以及临时性紧急会议、其他会议等的召开，按实际情况确定参会人员、时间、地点和承办者。

凡本场组织的各种会议，均规定应当有明确的议题、目的，按规定程序报批后由承办者以口头、书面、即时通信软件、电话等方式提前通知参会人员，参会人员不得无故缺席，遵守会议纪律，做好笔记，形成会议签到表、会议记录、会议纪要、会议决议等会议材料。会议涉及经费开支时必须遵守有关规定本着勤俭节约的原则严格控制经费开支。

（五）公务接待管理

本场地处乡镇郊区，远离城市，公务接待十分不便且简约。但因自营有蚕种冷库对内对外加工处理蚕种，蚕种冷库是蚕种的最重要的集散地，常有蚕种生产单位、蚕种经营单位送、取蚕种业务的人员需要接待，还有上级机关领导、省内外单位来访、考察、检查工作的亦需要接待。接待内容包括住宿、工作用餐及接待、公务用车等。

本场接待工作一般由场办公室统一管理并具体承办接待工作。上级机关领导、省内外单位与各科室联系工作需要接待的，原则上对等、对口接待。蚕种生产单位、蚕种经营单位送、取蚕种业务的人员需要接待的，一般由蚕种冷库、生产技术科或蚕种销售业务员负责接待。区别不同接待对象，确定在本场食堂、招待所或苏稽镇或乐山市中区签约的不同宾馆（饭店）接待，需安排在其他饭店就餐的，须经主要领导或办公室主任同意。所有接待事项，必须事先按规定的审批程序报批，未经批准的接待费用不得报销。接待工作既要热情周到，礼貌待客，又要厉行节约，严格控制经费开支，杜绝奢侈浪费。1983 年，经四川省丝绸公司批准，投资 6 万元建设建筑面积为 595 平方米的招待所一座（2011 年因棚户区改造项目撤除），内部设施设备均较简陋，一般用作蚕种生产单位、蚕种经营单位送、取蚕种业务人员的接待。

为规范接待管理，1970 年代开始，本场即制定了接待管理办法。后经多次修订完善，2019 年 12 月最近一次修改时，增加了必须使用公务卡结付招待费用、只能按规定标准安排一次工作餐接待，以及住宿只能经批准后接待合作社、民营单位等非全民所有制性质的人员等内容。

（六）印章管理

本场印章是代表场组织权力的标志，须经上级主管机关和公安机关批准刻制和使用。民国时期使用“乐山蚕丝实验区苏稽蚕桑场”方形印章，新中国成立后先后使用过“四川丝业公司苏稽蚕种制造场”“四川蚕丝公司苏稽制种场”（方形印章）“四川省乐山苏稽蚕种繁殖场”“乐山专区蚕种繁殖场”“四川省农业厅乐山蚕种场”“乐山县蚕种场”“四川省轻工业厅乐山蚕种场”“四川省乐山蚕种场革命委员会”“乐山地区蚕种场”“四川省乐山蚕种场”“四川省苏稽蚕种场”印章。

2007 年 6 月起，本场按公安机关要求将公章、财务专用章、法人名章进行了入网防伪处理，并建立健全了印章管理制度。

本场印章主要用于以本场的名义印发的各种公文（红头文件）、报表，以本场名义签署的对外合作协议、合同，以本场名义出具的介绍信、函等。本场印章、法定代表人印章由办公室负责保管、按相关规定使用。

本场财务专用章由计财部门保管和使用。其他部门印章一般只对内使用，未经许可不得擅自对外使用。

（七）合同管理

改革开放以前，本场社会经济活动等受计划经济政策影响，合同较少，缺乏统计管理。改革开放以后，本场作为事业法人单位，积极参与社会经济活动，常作为一方当事人与自然人、法人或者其他组织之间设立、变更或终止民事权利义务关系，而订立各种合同、协议，产生民事法律关系，合同管理日显重要，制定了一些管理制度，但不够全面和规范。

2013 年 12 月，本场制定出台了《合同管理办法》，对合同的订立、审批、履行、变更、解除、纠纷处理等活动依据合同法等进行了规范。自此，本场基本建立起了以“统一领导，归口管理，分级负责”为原则的合同管理体制。场办公室负责学校综合性合同事务的管理，政工科负责员工聘用合同、劳务合同等涉及人力资源与人事管理等合同的管理，生产技术科负责原蚕饲养合同、蚕种销售合同、蚕种运输合同等涉及蚕种生产与技术的合同管理，计财科负责建设工程造价咨询、工程竣工财务决算审计和财务专项审计等合同的管理，桑蚕种质资源研发中心负责各类科技合同包括专项科技项目、科技合作合同、专利合作申请等合同的管理，后勤科负责物资采购合同、货物运输合同、设备类固定资产（含家具）的采购、招标、租赁、维修、处置、捐赠、服务（物业服务除外）及大宗实验材料、软件采购等合同，土地、房屋固定资产使用和处置、对外出租出借的租赁合同，房屋修缮、楼宇设施设备维修、公共设施零星应急抢修、部分绿化养护委托等合同，以及工程建设合同，包括基本建设工程设计、工程招标、工程咨询、工程勘察、工程施工、工程监理、建筑材料及工程配套设备采购等合同的管理。所有合同的审核、印章、备案、档案等由办公室负责。加强合同风险防控，严格合同责任追究制度。

第四编

党　建

中国农垦农场志丛

第一章　中国共产党组织

第一节　组织机构沿革

1954年，本场始有中共党员，1957年始建立党支部，发展至今共产生了15届支部委员会。

1953年以前，场没有中共党员，1954年5月蒲国福从军队转业到本场工作，始有中共党员。1955年军队转业干部李荣到本场任副场长，有中共党员2人。

1956年后，组织得到发展，到1957年有中共党员5人，始建立党支部，李荣任首届支部书记，金学成、谢志良为支委。到1959年5月，有中共党员9人，支部书记仍为李荣，支委谢志良、何清海。

1960年2月李荣调回原籍，杨富盛任支部书记，支部党员12人。

1962年8月杨富盛返乡，9月由四川省三台蚕种场调本场工作的王正才任支部书记。

1963年6月支部改选，中共乐山地专直属机关农业总支委员会批复场第二届党支部成员为：王正才任支部书记，陈林任支部副书记兼纪律监察委员；彭汉光任组织委员兼保卫保密委员；潘素清任妇女委员兼生产委员；谭大全任宣教委员兼青年委员。支部下设2个党小组，共有党员13人。

1965年有中共党员15人，支部书记王正才，副书记陈林。

1966年2月党支部改选，中共四川省农业厅政治部任命1月从重庆调场工作的曹连启为场党支部书记，免去王正才支部书记职务。3月中共乐山地专直属机关委员会批复，曹连启任第三届支部书记，王正才任支部副书记，陈林、彭汉光、潘淑清为支委。

1972年3月，乐山地革委同意场建立整党建党领导小组，曹连启任组长，王正才任副组长，彭汉光、谢登廷、刘萱蓉为成员。7月，党支部换届选举，本月26日，中共乐山地区委员会批复，场党支部由曹连启、王正才、彭汉光、徐玉章、刘萱蓉五人组成，曹连启任支部书记，王正才任支部副书记。当年党员15人。

1976年詹凤高任第四届支部书记，王正才任副书记。当年3月，中共乐山地委组织部任命郭俊熙为党支部副书记。

1977 年 12 月支部副书记王正才离休。同年有中共党员 19 人，其中男性 15 人，女性 4 人。

1980 年 5 月 14 日，中共乐山地委组织部下文通知，张清福任场党支部副书记（列郭俊熙之前）；陈文玉为委员。同年 6 月，党支部书记詹凤高退休。

1982 年 11 月，支部副书记张清福病退。

1984 年 3 月，支部换届选举，同月 26 日，中共乐山地委组织部批复，欧显模、彭汉光、彭扬武、郭俊熙、邹如章为第五届支部委员会，欧显模任书记。

1987 年 2 月 10 日，中共四川省丝绸公司分党组任命欧显模为场党支部书记（副县级）。8 月 11 日，中共四川省丝绸公司分党组《关于中共四川省委苏稽蚕种场支部委员会选举结果的批复》，经研究，并征求中共乐山市委组织部的意见，同意欧显模、杨淑珍、彭扬武、彭汉光、邹如章组成第六届支部委员会，欧显模任书记。

1991 年 10 月 19 日，中共四川省丝绸公司党组《关于中共四川省苏稽蚕种场支部委员会换届选举结果的批复》，经研究，同意欧显模、邓学铭、彭扬武、张茂林、胡宝珍为中共四川省委苏稽蚕种场第七届支部委员会委员，欧显模任书记。

1995 年 3 月支部换届选举，4 月 3 日，中共乐山市委组织部《关于中共四川省委苏稽蚕种场第八届支部委员会选举结果的批复》，市委同意本场支部选举结果。邓学铭、张茂林、欧显模、胡宝珍、魏成祥为委员，欧显模任支部书记。1995 年末全场有党员 27 人。

1999 年 5 月 21 日，《中共乐山市委组织部关于中共四川省委苏稽蚕种场第九届支部委员会选举结果的批复》，欧显模任党支部书记。1999 年末全场有党员 26 人。

2000 年 4 月 21 日，《中共乐山市委组织部关于调整四川省苏稽蚕种场党组织隶属关系的通知》，经研究，决定将支部的组织关系调整隶属于中共乐山市农村工作委员会机关党委，日常党建工作由中共乐山市农村工作委员会机关党委管理。

2002 年 1 月支部换届选举，正式党员 26 人，其中有 6 人在各级领导岗位上。根据《中共乐山市委农工委直属机关委员会关于四川省苏稽蚕种场第十届支部委员会选举结果的批复》，牟成碧、李树林、欧显模、段菊华、张茂林为委员，欧显模任支部书记。

2005 年 12 月支部换届选举，时有正式党员 30 人，其中在职党员 18 人（退伍暂挂党员 1 人）、退休党员 12 人。报经中共乐山市委农工办直属机关委员会批复同意，第十一届支部委员会由 5 人组成，欧显模任支部书记，牟成碧任支部副书记，张茂林、段菊华、李树林为支部委员。2006 年 4 月，省农业厅直属机关委员会批复同意欧显模任书记，牟成碧任副书记。

2008年12月，支部书记欧显模到龄退休，2009年1月，根据《中共乐山市委农工办直属机关委员会关于省苏稽蚕种场党支部选举结果的批复》，场第十二届支部委员会委员由张茂林、牟成碧、李树林、严敏、章文杰组成，张茂林任书记，牟成碧任副书记。

2011年12月22日，支部书记张茂林病逝。张茂林病重期间到2012年4月由副书记牟成碧主持党务工作。

2012年8月30日，召开党员大会进行支委换届改选，时有正式党员32人，其中在职党员16人、退休党员16人。2012年12月，根据《中共乐山市委农工办直属机关委员会关于中共四川省委苏稽蚕种场支部委员会换届选举结果的批复》，场第十三届支部委员会委员由李俊、牟成碧、李树林、严敏、段菊华、章文杰、梁雪梅组成，李俊任书记，牟成碧任副书记。

2016年4月25日，召开党员大会进行支委换届改选。2016年6月2日，根据中共乐山市农业局直属机关委员会《关于同意中共四川省委苏稽蚕种场支部委员会选举结果的批复》，场第十四届支部委员会委员由李俊、梁雪梅、丁小娟、章文杰、王水军组成，李俊任支部书记。

2019年9月支部换届选举，并报经中共乐山市委农工办直属机关委员会批复同意，第十五届支部委员会由李俊、梁雪梅、丁小娟、章文杰、王水军组成，李俊任支部书记，王水军任纪检委员、梁雪梅任组织委员、丁小娟任宣传委员、章文杰任安全委员。

第二节　历次主题教育

开展党内集中教育活动是解决党内存在的突出问题、加强党的自身建设的重要措施。种场支部按照上级组织的统一安排部署，开展了多次主题教育，保证了党的方针政策正确贯彻落实、种场事业的顺利发展，收到了良好效果。

一、整顿作风，加强纪律、纯洁组织

1983年10月，中共十二届二中全会作出《中共中央关于整党的决定》。这次整党以“统一思想、整顿作风、加强纪律、纯洁组织”为基本任务。场党支部按照上级组织要求和部署，前期通过学习文件，开展批评与自我批评，广泛听取党内外群众意见等方法，提高认识，纠正错误；中期以整顿以权谋私歪风和官僚主义作风为重点；后期进行党员登记和组织处理。自1984年初至1986年3月，历时两年多时间，完成这次教育活动。1986年

3月8日，《关于乐山蚕种场整党结束的报告》通过上级组织检查验收，同意党支部对18名党员予以登记的决议，宣布整党结束。通过这次整党，种场全体党员在思想、作风、纪律、组织方面取得较大进步。

二、“三讲”学习教育活动

2001年初，党支部组织了“三讲”学习教育活动，以“讲学习、讲政治、讲正气”为主要内容的党性党风教育，并于10月23日召开了总结大会。通过“三讲”学习教育活动的开展，领导班子及成员达到了提高思想水平、改进工作作风、密切党群干群关系，增强班子团结的目的，振奋了广大干部职工搞好“两个文明”建设的精神。

三、“三个代表”学习教育活动

2003年，场党支部组织开展了“三个代表”学习教育活动。教育活动分学习培训、对照检查、整改提高三个阶段，采取正面教育、自我教育为主，着重于提高领导班子成员的整体素质，特别是思想政治素质，坚持学习教育和推动种场工作相结合，上下结合、综合治理、标本兼治的原则。活动通过专题学习、征集意见、自我总结、制定落实整改方案等关键环节，切实发现和解决了当时种场在改革、发展中面临的突出问题。

四、保持共产党员先进性教育

2005年，按照上级组织的总体安排，本场党支部组织开展了“保持共产党员先进性教育”活动。活动以学习实践“三个代表”重要思想为主线，坚持正面教育、自我教育为主，理论联系实际，坚持教育活动与生产工作“两不误、两促进”的原则，对全场党员进行了一次集中教育，基本实现了提高党员素质、加强基层组织、服务人民群众、促进各项工作的目标。活动开始前，支部积极筹备，先后召开了党员大会、职工大会，退休干部座谈会，对党员队伍情况、需要解决的突出问题进行了摸底和梳理。同年7月活动正式启动，采取自查即改、民主评议整改等措施，对照党章要求，开展了为期半年的“保持共产党员先进性教育”活动，同年12月召开了总结大会。活动取得显著成效：一是广大党员干部提高了对保持共产党员先进性的认识，增强了体现先进性的自觉性；二是牢固树立了保持共产党员先进性的信心；三是初步建立了保持共产党员先进性的长效机制。同时，本场支部结合实际确定了党员干部先进标准，建立和完善了党员目标管理制度。

五、忠诚教育

2007年，本场党支部开展了忠诚主题教育。党支部结合自己行业特点，将忠诚主题教育融入实际岗位中，制订学习教育活动计划，采取抓全面教育、抓党内全员教育的形式，既打造了共同的价值观，也凝聚了全员的力量。通过学习教育活动，进一步提高了领导班子成员遵纪守法意识，也增强了全面履行党风廉政建设责任制的自觉性，使党员干部充分认识到党章的地位和作用，严格按党章办事，认真履行党章义务。

六、深入学习实践科学发展观教育实践活动

2009年3月到8月，按照上级组织的统一部署，本场党支部组织开展了为期半年的深入学习实践科学发展观教育实践活动。党支部以本次活动为契机，支委成员深入干部群众中调研，围绕种场发展方向、发展方针，如何科学发展等突出问题，积极开展建言献策活动，广泛收集干部群众意见，查摆突出问题，制定落实整改方案。通过学习实践活动，切实达到了“党员干部受教育，科学发展上水平，人民群众得实惠”的总要求，更加密切了干群关系，明确了发展方向，增强了发展信心。

七、开展党的群众路线教育实践活动

2013年7月10日，按照上级组织的统一部署，本场党支部组织开展了为期半年的党的群众路线教育实践活动。活动要求，进一步突出作风建设，坚决反对形式主义、官僚主义、享乐主义和奢靡之风；以领导班子和领导干部为重点；以贯彻落实中央八项规定为切入点；按照“照镜子、正衣冠、洗洗澡、治治病”的总要求，自上而下开展。以“为民务实清廉”为活动主题，以“反对四风、服务群众”为重点，深入学习党的十六届三中全会精神、习近平总书记一系列重要讲话精神，个人撰写学习心得体会，查摆问题、整改问题，为群众办实事，增强党性观念、公仆意识和廉政意识，制订廉洁制度，贯彻落实中央“八项规定”和四川省委省府“十项规定”。领导班子撰写调研报告，发现问题，整改问题。

八、“三严三实”专题教育活动

2015 年 6 月 16 日，按照上级组织的统一部署，本场党支部组织开展了“三严三实”专题教育活动。领导带头践行“严以修身、严以用权、严以律己、谋事要实、创业要实、做人要实”的要求，联系种场工作实际，联系党的十八大以来中央抓作风建设的实际，联系自身执行中央八项规定的实际，联系严格教育管理家属子女和身边工作人员的实际，进行党性分析，开展批评和自我批评，总结党支部在党的十八大以来作风建设的实践，研究制订加强党风廉政建设、加强党支部自身建设的措施。

九、“两学一做”学习教育活动

2016 年 5—12 月，种场支部按照上级组织的统一部署，开展了第一批“两学一做”教育活动。采取集中学习与个人自学的形式，学习了党章、纪律处分条例、问责条例和廉洁自律准则，学习了习近平总书记系列讲话和对四川工作重要指示批示精神，学习了兰辉、王艳惠、李乾安等先进典型。每位党员形成了问题整改清单、签订了《党风廉政建设责任书》。开展了“重温入党志愿、重温入党誓词”主题党日活动和主题党课活动。召开了民主生活会和组织生活会。提高了做合格党员的自觉性和争做先进党员的积极性。

十、“不忘初心、牢记使命”主题教育

2019 年 9 月 9 日，本场党支部召开党员大会，按照上级组织安排，正式启动了“不忘初心、牢记使命”主题教育。支部组织党员干部认真学习了《习近平新时代中国特色社会主义思想学习纲要》和上级组织文件精神，按照“守初心、担使命，找差距、抓落实”总要求，集中收视了《初心不忘一辈子——记达州离休党员周永开》《力量——新时代青春之歌》两个宣传短片，达州离休党员周永开、广西扶贫青年优秀党员黄文秀的感谢人事迹，深入开展了革命传统教育、形势政策教育、先进典型教育和警示教育，聚焦解决思想根子问题，强化理论武装，自觉对表对标，列出问题整改清单。发动党员干部深入基层调研，广泛听取意见，认真检视反思。

2019 年 12 月 10 日，召开了“不忘初心、牢记使命”专题民主生活会。支部书记李俊代表支部对支委作了自查整改报告，主要问题一是学习不够深入理解不够深透，二是担

当精神不够、攻坚克难不够，三是贯彻执行中央八项规定、省委省府十项规定未完全到位，四是深入基层调研不够，五是贯彻落实一岗双责还不到位。随后，全体党员逐一进行了个人对照检查发言与民主评议。支部和党员干部自觉对表对标，以刀刃向内的自我革命精神，广泛听取意见，认真检视反思，找实问题、挖深根源，明确努力方向和改进措施，立查立改、即知即改。

通过这次主题教育，广大党员干部加深了对新时代中国特色社会主义思想和党中央大政方针的理解，增强了贯彻落实的自觉性和坚定性，提高了运用党的创新理论指导实践、推动工作的能力。进一步坚定了理想信念和“四个自信”，增强了“四个意识”、政治责任感和历史使命感。更加坚守人民立场，树立以人民为中心的发展理念。更加自觉保持为民务实清廉的政治本色，做到“两个维护”，清清白白为官、干干净净做事、老老实实做人。基本达到了“理论学习有收获、思想政治受洗礼、干事创业敢担当、为民服务解难题、清正廉洁做表率”具体目标。

十一、党史学习教育

2021 年 3 月 19 日，按照上级组织的统一部署，本场党支部正式启动了党史学习教育。同日成立了庆祝中国共产党成立 100 周年活动暨党史学习教育领导小组。4 月 1 日，组织党员干部参加了乐山市农业农村局党组的党史学习教育专题辅导会，会议学习了开展党史学习教育的重大意义，系统回顾了中国共产党百年奋斗的光辉历程，展现了大量生动的人物故事和党史案例，观看了主题教育电影《迟来的告白》和爱国电影《黄大年》。6 月 18—20 日，组织党员干部赴遵义开展了“传承红色基因、弘扬遵义精神”党史学习教育。7 月 1 日，组织全体党员集中收看了中央电视台庆祝中国共产党成立 100 周年大会实况直播，为老党员颁发了“光荣在党 50 年”纪念章，表彰了优秀共产党员、优秀党务工作者，两名预备党员光荣转正，全体党员重温了入党誓词。支部书记和纪检委员为全体党员分别上了题为《四川在红军长征中的贡献和意义》和《学党史 跟党走 扛起历史责任》的主题党课。7 月 20 日，组织党员参观了乐山市庆祝中国共产党成立 100 周年“光辉历程 壮丽华章”的主题展览。8 月 12 日，召开党史了学习教育专题组织生活会，人人讲学习体会、收获提高，讲差距不足，开展批评和自我批评，列出问题整改清单，明确整改事项、整改措施和整改时限，做出整改承诺，一项项改进提高。支部书记李俊交流了《学习党史和“七一”讲话的体会》微党课。党史学习教育使广大党员干部受到了全面深刻的政治教育、思想淬炼、精神洗礼，历史自觉、历史自信大大增强，党组织的创造力、凝聚力、战斗力大大提升。

第三节　党的建设和日常工作

一、党员大会

场支部党员大会是场党支部全体党员参加的会议，在场党支部中享有最高决策权、选举权和监督权。场支部党员大会坚持定期与不定期召开制度，听取支部委员会的工作报告，讨论、决定本支部的重大问题，履行对支部委员会工作进行审查和监督的权利；坚持及时传达、学习党的路线、方针、政策和上级党组织的决议、指示，制定本单位贯彻落实的计划、措施制度；履行选举新的支部委员会，增补和撤销支部委员权利；讨论接收新党员和预备党员转正，讨论提出对党员的奖励和处分的意见，决定职权范围内地对党员的表彰和处分；坚持发扬党内民主，积极开展批评与自我批评，保障党员权利，充分开展讨论，按照少数服从多数的民主原则做出决议。

1985 年 11 月 15 日，党员大会讨论通过了《四川省乐山蚕种场改革方案》：①建立新的领导体制，在经济体制改革中，认真贯彻执行《三个条例》。根据党委集体领导，职工民主管理，厂长行政指挥的原则，在完善责任制过程中，建立三个工作系统，推进场长负责制。②加强经营管理，提高经济效益。1986 年积极推行全面质量管理。做好物资消耗的定额管理限额发放，加强定员生产、考勤制度。加强经济核算，严格财务制度，定期召开核算分析会。③继续总结完善责任制。把 1985 年落实到各科室的岗位责任制，按三个工作系统和已试行的经济责任制进一步完善起来，彻底打破“大锅饭”。④加强思想政治工作。一是从场部到基层建立起一支以政工干部和管理干部为主体的思想政治工作队伍，充分发挥工会、共青团、妇女等组织作用。二是继续解决党要爱党的工作。三是关心群众生活，注意工作方法。四是加强对职工的思想教育。

1991 年 1 月 9 日，党员大会讨论通过了《中共四川省委苏稽蚕种场支部委员会三会一课制度》《中共四川省委苏稽蚕种场支部委员会民主生活制度》《中共四川省委苏稽蚕种场支部委员会民主评议党员制度》。对党员大会、支部委员会、党小组会和党课的内容和要求做出了规定。党员大会每 3 个月召开一次，支部委员会、党小组民主生活会每半年进行一次，以多种形式不定期上党课，至少每 3 个月一次。每年年终或次年初在党员大会上报告全年工作总结，每届支委会届满前报告工作总结。党员民主生活会每年至少召开一次，认真开展批评与自我批评，坚持民主评议党员制度。

1995 年 3 月 25 日，党员大会讨论通过了《中共四川省委苏稽蚕种场第七届支部委员会工作总结》。肯定了第七届党支部的工作，一是在省公司党组和乐山市委双重领导下，党支部认真组织学习了邓小平同志南行讲话、文选和十四大以来的各项方针政策，并积极认真贯彻执行；二是克服了九三年度蚕种销售市场在失控和混乱，九四年度蚕茧大战等等带来的困难，使生产任务，经营利润尽可能地减少损失；三是每年超额完成了省公司下达的蚕种生产、经营利润任务。

2008 年 12 月 4 日，党员大会讨论通过了《中共四川省委苏稽蚕种场支部委员会第十一届支部工作总结》。肯定了第十一届支部的工作：在组织、制度建设，充分发挥党支部工作在经营管理、经济发展中的核心作用，领导干部廉洁自律、发挥群团作用，活跃职工文化生活方面和党费收缴等做出了成绩。

2012 年 10 月 10 日，党员大会讨论通过了《中共四川省苏稽蚕种场支部委员会第十二届支部工作总结》。肯定了第十二届支部的工作。

2021 年 3 月 19 日，场党支部组织召开了党员大会。会议学习了省农业农村厅 2021 年度党建工作要点、2021 年度党风廉政建设和反腐败工作要点、十九届五中全会精神、十九届中央纪委五次全会精神和省纪委十一届五次全会精神，传达了农业厅近期会议精神。会议对全体党员干部参加党史学习教育进行了动员，产生了我场庆祝中国共产党成立 100 周年活动暨党史学习教育领导小组成员，制定了活动方案。

二、组织建设

（一）干部队伍建设

广大党员干部是党的事业的骨干力量。种场支部始终如一地贯彻落实党的干部队伍建设政策，严格按照“党管干部”的总原则，坚持干部的“四化”和“德、能、勤、绩”的标准，结合自身实际选拔任用干部。党的十八大以来，为了有效应对挑战、化解风险，种场支部立足增强本领，全面加强干部队伍能力建设，自觉坚持以能力提升为核心，不断增强干部队伍能力建设的针对性和实效性建设。

坚持以德才素质为核心，把好干部队伍进口关。坚持五湖四海、任人唯贤，开阔人才选拔视野，建立科学公正的用人机制，促使优秀人才脱颖而出。坚持德才兼备、以德为先的用人标准，实行考试与考核相结合，把合适的人用到合适的职位上。坚持注重实绩、群众公认的原则，重点考察干部的思想政治素质和实际工作能力，使人的素质、能力和职位需求相匹配，使各方面优秀干部充分涌现、人尽其才、才尽其用。

坚持以实际业绩为核心，完善干部考核评价机制。完善干部考评办法，科学考评干部实绩，让干部的能力素质通过实绩考评显现出来。一是以合理的考核内容引导干部能力发挥。根据不同区域、不同层次、不同类型领导班子和领导干部的特点，确定各有侧重的干部能力考核内容和考核指标体系，注重从履行岗位职责、完成重大任务、关键时刻表现等方面考核干部的德才表现。二是以科学的考核方式促进干部能力发挥。坚持定性与定量、平时与定期、领导与群众相结合，综合运用述职测评、民意调查、实地考察等方法，增强干部业绩考核评价的准确性和实效性。三是以公正的结果运用激励干部能力发挥。建立健全考核结果反馈制度，以实绩论奖惩，凭德才用干部，褒奖那些能力突出的干部，诫勉那些无所作为的干部，约束那些投机钻营的干部，真正发挥考核在干部队伍能力建设中的导向、评价和监督作用。

坚持以能力业绩为导向，加大竞争性选拔干部力度。竞争机制催人进，不用扬鞭自奋蹄。破除论资排辈、求全责备等观念，讲台阶而不拘泥于台阶，论资历而不唯资历，为优秀干部发挥聪明才智提供广阔舞台。坚持能力竞岗、业绩竞岗，采取公开选拔、竞争上岗、公推比选、竞争任职等方式，使优秀干部脱颖而出。坚持用什么考什么、干什么考什么，重点测试竞争者的实际能力，确保用好的制度选好的人、选有能力的人、选有实实在在业绩的人。改进竞争方法，科学确定竞争选拔干部的范围、对象、比例、方法和程序步骤。通过改革创新和实践探索，着力提高竞争性选拔工作的科学性，引导干部在扎实工作中提高竞争实力，在参与竞争中提高工作能力。

坚持以增长才干为导向，强化干部实践锻炼。实践是干部履行职责、施展才华的舞台，也是干部锻炼和提升能力的课堂。教育引导干部到改革发展的主战场、服务群众的最前沿砥砺品质、提高本领、成长进步。对有培养前途、有发展潜力的干部，推动他们到急难险重的工作岗位接受锻炼，在攻坚克难、应对复杂局面中增强党性、磨炼意志、增长才干。积极创建干部实践锻炼的机制，以提升宏观管理和业务能力为目标，选调干部到上级机关挂职锻炼；以拓宽视野、更新观念、借鉴经验为目标，选调干部到经济发达地区挂职锻炼；以了解基层、磨炼意志为目标，选派干部到基层挂职锻炼；以丰富阅历、积累经验为目标，有计划地推进干部轮岗交流，培养多方面的工作能力。

坚持以能力建设为核心，深化干部教育培训。牢牢抓住能力建设这一主题，把培训目标、培训内容、培训方法和干部能力提升紧密结合起来，切实提高干部教育培训的针对性和实效性。初任培训，重点提高新录用人员的适应能力；任职培训，重点提高晋升领导职务人员的胜任能力；业务培训，重点提高干部的业务工作能力；在职培训，重点促使干部更新知识、开阔视野、紧跟时代。以需求为导向，坚持缺什么学什么、需什么补什么。培训内容坚持“要精、要管用”原则，贴近中心工作，贴近干部能力提升实际，适应经济社会发展需要、政府管理需要、干部职业发展需要。把改革开放和现代化建设中形成的新鲜经验及时补充到培训内容中，使培训成为干部学习新知识、开阔新视野、拓展新思路、倡导新理念、增加新能力的重要平台。创新培训方式方法，把学习理论与专题讨论、分析案例、研究政策、解决问题、交流经验、实地考察、网上互动结合起来，把培训课程与干部自我探索、自我思考、自我研究、自我创造有机结合起来，调动干部学习的积极性和主动性，增强培训的吸引力，确保学有所获、学有所成。

建场初期，本场人员较少、机构从简，主要干部由主管部门乐山蚕丝实验区直接任免。

新中国成立后至1957年本场建立中共组织前，主要干部任免仍由主管部门决定。

1987年12月1日，种场支部出台了《中共四川省委苏稽蚕种场支部委员会严格按照党的原则选拔任用干部的贯彻执行意见》，要求：一、领导干部必须模范遵守党的原则，维护组织人事工作纪律。二、严格按照选拔任用干部的有关规定办事，（一）必须严格按规定程序选拔任用干，（二）必须充分走群众路线，（三）必须严格进行考察，（四）必须坚持集体讨论决定，（五）加强后备干部队伍的建设，（六）选拔干部必须经过实践锻炼，（七）严格按规定报送干部任免有关材料，（八）必须维护组织人事工作纪律。三、加强政工部门建设，充分发挥参谋和助手作用。

（二）党员队伍建设

党员是党的肌体的细胞和党的活动的主体。党员队伍建设包括发展党员，对党员进行教育、管理、监督和服务等内容，党员队伍建设是党的建设基础工程。在新的历史条件下，种场支部始终如一地坚持认真落实全面从严治党要求，按照控制总量、优化结构、提高质量、发挥作用的总要求，努力建设一支信念坚定、素质优良、规模适度、结构合理、纪律严明、作用突出的党员队伍，不断保持和发展党的先进性和纯洁性。

1954年5月始有军转党员蒲国福一人，1955年增加党员军转干部李荣，有两人。1957年有党员5人，始建立党支部。1959年有党员9人，1960年有党员12人，1963年有党员13人，1965年有中共党员15人，1972年有党员15人。1977年有中共党员19人，其中男性15人，女性4人。1979年，有党员21人，其中男性17人，女性4人。此期党员多来自军转或上级调派人员，在工人中发展了少数党员。

1985年8月13日，支部出台了《四川省乐山蚕种场一九八五年至一九九〇年在知识分子中发展党员的规划》，开始重视发展知识分子入党。

1986年有党员18名，1995年末全场有党员27人，1997年有正式党员26人，在各级领导岗位上的有 7 人。1999 年末全场有党员 26 人，2002 年末有党员 26 人，其中党员干部 8 人，工人党员 6 人，退休党员 12 人。2003 年党员数仍为 26 人，其中在职党员 13 人，退休党员 13 人。2004 年有正式党员 26 人，预备党员 4 人，其中在职党员 14 人（退伍暂挂党员 1 人，即组织关系暂时留任部队，还未转出），退休党员 12 人。2005 年 12 月有正式党员 30 人，其中在职党员 18 人（退伍暂挂党员 1 人）、退休党员 12 人。2006 年有党员 31 人，其中：正式党员 30 人、预备党员 1 人，在职党员 18 人、退休党员 13 人。2007 年有党员 31 人，在职党员 18 人、退休党员 13 人。2008 年末有正式党员 31 人，在职党员 18 人，退休党员 13 人。2009 年末有党员 31 人，在职党员 16 人，退休党员 15 人。2010 年末有党员 32 人（含 1 名预备党员），在职党员 16 人，退休党员 15 人。2012 年有正式党员 32 人，其中在职党员 16 人、退休党员 16 人。2014 年末有正式党员 34 人，积极分子 1 人。

截至 2021 年末，共有正式党员 43 名，占职工（含退休职工）人数的 25%，在各级领导岗位的有 14 人，占党员总数的 33%；其中在职党员 24 人，退休党员 19 人；具有高级职称 9 人（其中：正高级职称 2 人，副高级职称 7 人），中级职称 12 人，初级职称 4 人；2 名研究生，14 名本科，5 名专科学历。

（三）党员目标管理

自 2013 年起，场党支部运用定性和定量分析相结合的方法，依据党章对党员的有关规定和要求，结合各自工作岗位责任实际，每年制定出党员在各自工作岗位上应当承担和完成的责任、任务等目标，同时相应地提出具体的数量、质量和时间要求，签订目标责任书，建立一定的奖惩约束机制，围绕目标进行控制、管理和检查评定，调动和激励党员充分、有效地发挥先锋模范作用，锻炼和提高党员队伍的整体素质和功能，把党的建设与经济工作、业务工作有机地结合起来，最终实现党员和党组织的目标任务。促进了党组织的自身建设，提高了党员管理水平。

第四节　党风廉政建设

一、廉政教育

种场支部始终认真贯彻落实历次中纪委、省委和上级组织有关党风廉政建设会议精神，按照“标本兼治、综合治理、惩防并举、注重预防”的方针，以开展反腐倡廉教育为切入点，抓好源头治理，集中开展了党纪条规教育、警示教育和党员干部廉洁自律教育。

在抓好日常教育的基础上，每年还集中一段时间，组织开展以党风廉政建设为专题的宣传教育活动。

一是抓源头教育。组织场党部委员成员特别是领导班子成员经常性开展“学党章，做表率，落实科学发展观”主题实践活动，集中学习《中国共产党党内监督条例》和《中国共产党党纪处分条例》等党内法规，开展社会主义荣辱观教育活动，牢记“两个务必”等。

二是抓党纪条规教育。组织全场党员干部开展集中学习与个人自学相结合、对照查摆问题与整改相结合，条文学习与知识测试、撰写心得体会相结合等方式的再学习、再教育活动，引导党员干部按照“为民、务实、清廉”的要求，树立和落实科学发展观，坚持正确的改革观和政绩观，使党员干部纪律观念和接受监督的意识得到提高。

三是抓长效机制教育。种场支部结合开展党员先进性教育等实践活动，把党风廉政建设和反腐教育融入各次教育实践活动之中，不断制定完善党员领导干部先进性标准和普通党员先进性标准，使之成为一面镜子和长效性机制，不断提高广大党员干部的政治素质、党性观念和服务意识。

四是抓警示教育。利用重大典型案例或身边典型案例经常性开展警示教育，提醒全场党员干部特别是党员领导干部要“常修为政之德，常思贪欲之害，常怀律己之心”，要在思想上把握底线，在行动上严禁触犯党纪国法的“高压线”。

1994 年 4 月 1 日，党员大会讨论通过了支委会《关于在经营管理活动中，开展纪检监察工作情况汇报》，总结指出党支部 1993 年在纪检、监察工作中，着重做了以下几方面动作：一、坚持不懈地贯彻执行党的各项方针政策和规章制度的实施，积极万神了规章制度，“桑园农药使用管理办法（试行）”和《工资管理办法》。二、继续坚持集体领导和领导分工责任制的工作方法。凡是遇到重大问题：生产计划、财务计划、劳动人事、干部任免、经济合同、承包合同、基建工程以及住房分配等，分别由党支部、场部全方位地广泛征求意见，做好群众思想工作，在调查研究基础上经场部办公会集体研究决定后严格落实。三、积极智力投资，想尽一切办法解决职工后顾之忧。为普遍提高职工思想素质和文化素质，使蚕桑生产的发展后继有人，1990—1993 年共委托省蚕丝学校、乐山工业学校、绵阳市丝绸技工学校培训职工子女 25 人。在学习期间发给生活费现已达到每人每月 26 元，培训费则由场部和职工各承担 50%，已有四人毕业回场工作，1994 年又有 6 位毕业生踏上工作岗位为蚕桑事业作贡献。另外一部分职工子女就业问题，积极与当地就业管理局联系，有 2 名参加了其他行业工作，最后剩 1 名已解决了招工指标，具体工作正在落实之中。四、由于各级领导带头深入生产实际和加强党风廉政建设，惩治腐败，党员起到了先锋模范作用，全场职工团结一心，取得了经营管理工作中的好成绩：生产合格蚕种219645张，完成生产任务的137.28%，利润完成252346.81元，完成利润的105.14%，安全生产方面连续六年创“三无”的可喜局面。

2007年12月6日，党员领导干部认真学习了十七大中纪委关于党员干部廉政建设方面的重要文件，坚持把党员作风建设和反腐败斗争作为党、政领导干部长期的思想教育。坚持贯彻为民、务实、清廉的要求。把勤政、廉政作为干部任职资格考察的一项重要内容，2008年我场党、政干部无违规违纪现象发生。

2017年11月9日，党支部出台了《中共四川省委苏稽蚕种场支部关于加强廉政风险防控机制建设的整改实施方案及措施》，为进一步做好本场廉政风险防控工作，深入推进惩治和预防腐败体系建设，制定本方案。成立由支部书记、场长李俊为组长，副场长刘守金、王水军为副组长的整改工作领导小组，负责整改工作的组织、协调、指导和督办工作。成员由政工科、计财科、后勤科、生产技术科等部门负责人组成。

2020年7月27日，中共四川省委苏稽蚕种场支部委员会组织全体在职党员在四楼会议室进行“守纪律、讲规矩”警示教育月活动党纪党规测试。

2021年3月19日，省苏稽蚕种场组织在职党员和退休党员召开党员大会。会议学习了省农业农村厅2021年度党建工作要点、2021年度党风廉政建设和反腐败工作要点、十九届五中全会精神、十九届中央纪委五次全会精神和省纪委十一届五次全会精神，传达了农业厅近期会议精神。会议对全体党员干部参加党史学习教育进行了动员，宣布了我场庆祝中国共产党成立100周年活动暨党史学习教育领导小组成员。

二、“三重一大”相关制度的建立和执行

“三重一大”是指重大事项决策、重要干部任免、重大项目安排和大额资金使用。多年以来，种场党政为了从源头上治理腐败，加强内部管理和监督，规范决策行为，确保决策的合法性和民主化、科学化，依据《中国共产党党内监督条例（试行）》等有关规定，遵照主管部门有关文件精神，制定了相关决策管理制度并严格执行。

2016年12月22日，种场党政联合出台了《四川省苏稽蚕种场“三重一大”事项集体决策暂行办法》，共3章10条。坚持“依法决策、科学决策、民主决策”的集体决策原则，决策主体为场领导班子，决策形式为场党支委员会和场办公会会议。明确了重大事项、重大项目、重要干部任免和大额资金使用的具体内容和范围，规范了决策程序、执行程序，并进一步制定了相关配套制度，如财务管理制度、财务监督办法、财务预算管理制

度、收支业务管理制度、公务卡管理办法、差旅费管理办法、工程项目管理制度、建设项目业务管理办法、合同管理办法、干部选拔任用办法、物资采购管理办法、政府采购管理办法、行政管理制度、会议议事制度、分级授权制度、权力运行机制管理制度、领导权力清单、建立决策权管理权执行权监督权“四权分立”机制制度、加强内控管理的规定等。

坚持以场务公开为基本形式抓好“三重一大”的落实。凡涉及职工切身利益的重大决策、党风廉政建设重大问题、重大建设项目投资、重要人事任免等均要进行广泛调研充分听取群众意见，经党支委会和场办公会集体充分讨论、集体民主科学决策。

三、党风廉政建设责任制落实情况

种场党支部始终把《建立健全教育、制度、监督并重的惩治和预防腐败体系纲要》作为种场党风廉政建设责任制考核的内容。每年年初，将党风廉政建设工作与经济工作一起部署、一起落实、一起检查、一起考核，并由种场党政主要领导与各部门负责人签订《党风廉政建设责任书》，强调“一岗双责”的责任机制。同时，种场支部将党风廉政建设责任制纳入领导班子议事日程，结合党政领导班子成员和各部门科室的职责分工，对党风廉政建设责任制任务进行分解，落实到每个班子成员。

1995年9月9日，种场支部和行政完成了《关于贯彻企业领导干部廉洁自律规定开好专题民主生活会的专题报告》。

1995年9月13日，省丝绸公司监察处张延龄处长亲自来场准时召开了场级领导干部专题民主生活会，场长、书记欧显模结合工作情况回顾总结了实行场长负责制后继续深化改革、建设有中国特色的社会主义、加速市场经济的发展，为蚕桑事业、苏场的兴旺不断发展和取得好的经济效益，为全场职工生存和福利，带领全场干部和职工，兢兢业业地工作，取得的成绩得到了上级领导和当地政府以及外单位的一致共识和好评。在省公司的扶持下，投入最大的资金进行固定资产技术改造，危房改造，基本改善了生产条件和生活条件。积极推行房改政策，职工住房包括退休职工住房都按乐山市政府房改办政策规定实行了租用或购买，使国家房改政策得到全面落实。子女就业就读问题全部解决。

1993年起执行了农村职工子女就读技校的政策，共委培学生35人，已就业16人，主动与外单位联系接纳和再结合本单位接收原则全部参加了工作。解决了职工的后顾之忧。

2015年起，种场党风廉政建设责任制重点突出落实党支部的主体责任和纪检员的监督责任，行政领导突出“一岗双责”。

通过落实责任制，基本形成了党支部统一领导、党政齐抓共管、纪检组织协调、部门各负其责、依靠群众参与的党风廉政建设和反腐败斗争的领导机制和工作机制，形成了一级抓一级，层层抓落实的工作局面。

2018 年 3 月 5 日，四川省苏稽蚕种场党支部书记、场长李俊与农业厅签订了 2018 年党风廉政建设工作目标责任书。

第五节　荣誉与表彰

1992 年 3 月 21 日，张茂林、彭光全、李文明获场支部 1991 年度先进党员称号。

1995 年场被乐山市市中区人民政府评为园林式单位。

1999 年 4 月 23 日，四川省苏稽蚕种场被评为乐山市市中区 1998 年社会治安综合治理安全文明单位。

2001—2002 年，场支部被乐山市农工委党委评为先进基层党组织。2003 年度获乐山市农工委党委所评先进基层党组织二等奖。

2013 年 1 月 6 日，场党支部荣获中共乐山市委农工委直属机关委员会 2012 年党建工作先进单位。

2001 年 6 月 20 日，李文明、胡宝珍被中共乐山市委农工委直属机关委员会评为 2000 年度优秀党员，牟成碧被评为 2000 年度优秀党务工作者。

2001 年 12 月 27 日，李树林、彭光全、魏成祥、胡宝珍、杨茂清、刘斌被场支部评为 2001 年度先进党员。

2001—2003 年，支部有 13 名党员被评为乐山市市级、市农工委先进党员和先进党务工作者。

2002 年 9 月 15 日，欧显模、牟成碧、杨茂清、胡宝珍出席中共乐山市委农工办直属机关委员会第二次党员代表大会。

2003 年 12 月 4 日，杨茂清、胡宝珍、彭光全被场支部评为 2003 年度先进党员。

2004 年 12 月 3 日，谢国庆、牟成碧、胡宝珍被场支部评为 2004 年度先进党员。

2005 年 6 月 22 日，场党支部被中共乐山市委农工办直属机关委员会评为 2003—2004 年和保持共产党员先进性教育活动中取得突出成绩的先进基层党组织，李树林、谢国庆、魏成祥、彭阳武被评为优秀党员，胡宝珍被评为优秀党务工作者。

2006 年 12 月 7 日，邵建红、章文杰、杨茂清、胡宝珍、郭俊熙被场支部评为 2006 年度先进党员。

2006年12月30日，场党支部被中共乐山市委农工办直属机关委员会评为2006年度机关党组织工作先进单位，场妇委会被评为2006年度妇委会工作先进单位，场工会被评为2006年度工会工作先进单位。

2007年12月6日，胡宝珍、郭俊熙、章文杰、邵建红、彭毅胜被场支部评为2007年度先进党员。

2008年6月25日，彭光全、邵建红、胡宝珍被中共乐山市委农工办直属机关委员会评为优秀共产党员，牟成碧被评为优秀党务工作者。

2008年12月25日，场党支部被中共乐山市委农工办直属机关委员会评为2008年度机关党建工作先进单位。

2009年12月17日，胡宝珍、杨淑珍、谢国庆、丁小娟、邵建红、彭光全被场支部评为2009年度先进党员。

2017年1月13日，梁雪梅、胡宝珍、杨茂清被场支部评为2016年度先进党员。

2018年1月9日，李俊、王水军、丁小娟、邵建红、李树林被场支部评为2017年度先进党员。

2019年度先进党员：丁小娟、章文杰、潘海军、雷秋容，先进党务工作者：李俊、梁雪梅。李成阶被中共乐山市农业农村局直属机关委员会评为优秀党员、丁小娟被评为优秀党务工作者。

2020年度先进党员：丁小娟、章文杰、潘海军、雷秋容，先进党务工作者：李俊、梁雪梅。

2021年度先进党员：李俊、王水军、丁小娟；先进党务工作者梁雪梅。

第二章　群团组织

第一节　工　　会

工会是中国共产党领导的职工自愿结合的工人阶级群众组织，是中国共产党联系职工群众的桥梁和纽带。工会负有组织和教育职工依法行使民主权利，发挥主人翁作用，代表和维护职工合法权益，发动和组织职工完成生产任务和工作任务，组织职工参加民主管理、实行民主监督，提高职工思想政治素质和文化技术素质等多项职责。多年来，本场工会在党组织的领导下，紧紧围绕本场改革发展与稳定的大局，按照“维权要到位，服务要做实、发展要全面”的工作要求，认真履行职责，积极争先创优，忠实服务职工，服务事业发展，构建和谐劳动关系，提升职工素质，加强自身建设，为促进本场事业转型升级、创新发展作出了积极贡献。

一、组织机构沿革

本场工会组织始于新中国成立后，“文化大革命”时期和本场2008—2015年经济困难时期两度中断。

民国时期，本场没有建立工会组织。

1950年，场依据中央人民政府颁布的《中华人民共和国工会法》始建工会组织，工会主任周仲荣，场职工多为会员。工会主任系工人兼职（不脱产），并参与职工调资等民主管理工作，维护职工利益。工会定期进行职工经济收入、供养人口、平均生活水平调查，每年定期对困难职工予以经济补助。

1954年，工会组织依法改选，主任为童清云，女工代表董淑琼。

1956年12月，工会会员有43人。

1964年，工会组织依法改选，主席彭汉光，副主席童清云，王淑华、潘淑清为生产委员，杨俊州为财务委员，董淑琼为劳保委员，陈华森为宣教委员。

1966 年“文化大革命”开始后，工会组织中断活动。

1973 年 11 月，本场成立工会整建小组，恢复工会生活。原工会会员 42 人，恢复 40 人，新吸收 21 人为会员，共有会员 61 人。经民主选举，选出新一届工会委员会，由 6 人组成，工会主席改称工会主任。1974 年 1 月 8 日，乐山地区革委政工组通知，批复同意谢登廷为场工会主任，徐玉章、董淑琼为副主任（二人不脱产），工会主任始为专职脱产。

1975 年，工会会员进一步发展到 95 人，工会小组 5 个。

1976 年 1 月，谢登廷调出离场，工会主任缺任。

1983 年 8 月，四川省蚕丝公司任命郭俊熙为工会主席，自是工会主任改称主席。

1985 年 6 月，四川省蚕丝公司分党组任命彭汉光为工会主席，免去郭俊熙工会主席职务，改任调研员。

1987 年 2 月，四川省丝绸公司分党组免去彭汉光工会主席职务。以后工会主席长时间缺任。

2003 年 3 月 27 日，场工会会员民主选举，选出张茂林、段菊华、杨茂清 3 人为场工会委员，张茂林为兼职主席。工会制定了组织活动的管理制度，规定每年开展“三八妇女节”“九九”重阳节和每季度 1 次退休职工、慰问生病住院职工等活动。同月，建立场退休职工俱乐部和工会活动室，刘桂荣为主任，潘玉容、刘永顺为副主任，负责俱乐部和工会活动室各项具体工作。俱乐部和活动室添置了棋牌、麻将等娱乐器材，每年订 2 份老年报刊。开放了健身房、棋牌娱乐室，场按每月 100 元对管理人员予以补贴。

2008 年后，本场进入经济困难时期，工会组织中断活动。

2016 年 6 月 13 日，本场向乐山市市中区工会申请恢复成立工会组织。9 月 12 日，乐山市市中区总工会同意成立乐山市市中区四川省苏稽蚕种场工会委员会，王水军任新一届工会委员会主席，丁小娟经审会主任，梁雪梅任女工委主任。

2017 年 3 月 9 日，工会决定会员每人每月缴纳工会会费 10 元，从 2017 年 3 月起施行。

至 2021 年末，共有会员 59 人，占在职职工总数的 100%。

二、工会工作

（一）组织职工参与民主管理和民主监督

本场工会主要通过场务管理委员会和职工代表大会、职工大会参与民主管理。职工代表大会是实行民主管理的基本形式，是职工行使民主管理权力的机构，依照法律规定行使职权。

新中国成立后本场即设有场务管理委员会，由场级和中层干部及一定数量的工人组成，商讨生产计划、经费开支、基本建设、职工福利等重大事项。1966 年“文化大革命”后，停止了这一组织形式。

1984 年，开始进行企业整顿活动，11 月 5 日，根据国家《国营企业职工代表大会暂行条例》，成立职代会选举委员会，由彭汉光、欧显模、郭俊熙、彭扬武、邹如章 5 人组成，选举出职工代表 20 人，其中工人 12 人，干部 8 人；召开了第一次职工代表会议，彭汉光致开幕词。会议通过了场制定的规章制度，住宅分配方案，财务预、决算报告等事项。

1987 年 3 月 4 日，召开第一届职工代表会议第二次会议，参加会议的正式代表 19 人，特邀代表 10 人。会议审议了副场长李树民做的工作报告，计财股副股长侯乐雅作的财务预、决算报告，通过了场经营管理各项制度。

1997 年 8 月 12 日，召开场第一届职代会第三次会议，参加会议的正式代表 12 人，特邀代表 9 人，胡宝珍致开幕词。会议审议了办公室副主任牟成碧作的第二次房改方案实施情况，计财科科长严敏作的 1997 年上半年财务预、决算情况和 1997 年 1—6 月业务招待费使用情况报告，欧显模致闭幕词。

（二）维护职工权益

场选举女工代表或妇女委员会，维护女职工权益。

1954 年，工会组织改选时选出女工代表董淑琼。

2003 年 3 月 12 日，场支部委员会研究决定，场妇女委员会由段菊华、陈玉华、邵建红三人组成，段菊华主持工作。

2018 年 1 月 31 日，经中共乐山市农业局直属机关委员会同意，梁雪梅任第三届妇委会主任。

2020 年，为丰富和活跃群众性活动，单位拿出资金约 1.72 万元作为群团组织的活动经费，指导妇联组织开展了“三八”节的活动和职工群众性健身活动。继续开展了退休职工每季度集体组织活动的安排，组织开展了重阳节、“八一”建军节座谈会等活动。为推动职工健身体育活动，在生活区安装了室外运动器械。

（三）积极开展、丰富职工文化活动

1987 年 11 月，工会组织职工参加省属场第一届职工运动会，参与篮球、羽毛球、乒乓球、象棋比赛等项目。

1989 年 11 月，工会组织职工参加省属场第二届职工运动会，共有 30 名职工参加男女篮球、男女羽毛球、男女乒乓球、歌咏比赛等项目。

1993 年，工会在生产期间开展劳动竞赛（以后每年开展），成功举办场内职工运动会和卡拉 OK 演唱大赛。

1995 年，工会组织职工开展与青神县丝绸公司的联谊运动会，慰问遭受洪灾的职工和职工家属，探望和慰问患病住医院的职工。

1996 年，工会组织开展劳动竞赛，春节前和场办公室共同召开退休职工和转业军人座谈会，探望患病职工。

2018 年 1 月 8 日，四川省苏稽蚕种场《关于开展冬季运动会和消防环保安全等培训会的通知》，场办公会及工会研究决定于 2018 年 1 月 15—16 日开展冬季趣味运动会、消防、环保安全生产培训及先进党员、先进个人工作表彰会。

2019 年 3 月 16 日，本场工会组织全体职工开展登山活动。开展冬季健身趣味运动会。

2020 年 10 月，本场受邀派出雷秋容、丁恒、易先华 3 人参加重庆市第三届蚕桑行业“巴渝工匠”杯职业技能竞赛，单位荣获“优秀组织奖”，雷秋容荣获个人三等奖一项。

2020 年 12 月 25 日，为了倡导“健康第一”生活方式，养成“快乐运动”良好习惯，树立“终身体娱”健身思想，同时也为了增强广大职工的集体荣誉感，调节紧张的工作气氛，做到劳逸结合，达到“团结、和谐、友谊、快乐、温馨”的目的，工会组织全体在职职工在场区举办趣味运动会，此次运动会由全体职工组成的 4 支队伍参加，共进行了 2 个项目的比赛。

2020 年 12 月 25 日，为丰富单位职工业余生活，激发职工工作热情，调动工作积极性，以竞赛方式带动生产部门开展技能练兵活动，培养生产技能高手，提高生产部门整体操作水平，省苏稽蚕种场组织职工开展 2020 年“爱岗敬业展风采”生产技能竞赛活动。竞赛内容为补种，共有 28 名选手参加竞赛，分别来自生产技术科、计财科、政工科和后勤科。比赛项目贴近蚕种场实际生产，与选手们的日常工作息息相关，深受职工欢迎。

2020 年 12 月 25 日上午 9：00，场部工会组织全体在职在岗职工在四川省苏稽蚕种场场区举办畅享激情，运动快乐接力投篮，球拍传球穿木桩接力的趣味运动会。全体职工积极参与，增强了团结、和谐、友谊的目的。

2021 年 2 月 1 日，《四川省苏稽蚕种场关于开展“动手你就行”2021 年研学蚕桑 DIY 竞赛的通知》，为弘扬丝绸文化，传承“丝绸之路”文明，展示职工创新能力，经办公会研究决定：契合乐山市打造苏稽古镇、新区，为蚕桑研学制造氛围，生产一线干部职工在 2021 年 3 月份之前以蚕、桑、丝、绸为基本元素，自由发挥审美创新水平，每人制作蚕桑工艺品至少一件，由蚕种场对外展示，装点丝绸韵味，每件工艺品由蚕种场蚕桑工艺评审小组核定价值，给予制作人奖励。后勤、办公、桑园、冷库人员可主动参与。本次竞赛全场职工精心准备，积极参与，截至2021年3月9日，共收到参赛作品40件。通过四川省苏稽蚕种场“动手你就行”2021年研学蚕桑DIY竞赛评审小组成员严格的评比，其中36件作品脱颖而出，获得奖励。四川省苏稽蚕种场工会委员会研究决定对此次竞赛共设四个奖项分别为一等奖（3件），二等奖（5件），三等奖（8件），参与奖（20件）进行奖励。

2021年11月26日，为了进一步推动全民健身活动，增强职工体质，交流健身心得，场工会举办职工秋季健步走活动。从望江楼出发，沿峨眉河风景道至水口步行道为终点，全体职工圆满徒步全程。2021年12月13日，场工会举办2021年工会健步走竞技活动，组织职工从乐山绿心路南停车场统一出发，沿绿心环线一圈至起点，全程10.16公里。此次竞技活动设一、二、三等奖，激励职工积极投身健步走竞技活动。

（四）深入开展送温暖活动

2003年1月春节期间，场行政、党支部、工会联合对困难职工的进行慰问，四川省农业厅拨慰问金3000元人民币，慰问场困难职工5人；场拨慰问金1100元，慰问困难职工3人，共计8人。

2005年1月，春节慰问困难职工6人，用慰问金4000元，其中2500元为四川省农业厅下拨，场支出为1500元。

2006年春节，省农业厅和场行政、党支部、工会联合对困难职工进行慰问，对11位长期生病住院、家庭确有困难的职工予以经济补助，补助金4300元。对4个特病职工及家属困难补助5000元。春节召开复员、退伍、转业军人及军人家属座谈会，28人参会，发放慰问金3300元。

2007年1月春节期间，场行政、党支部、工会联合慰问困难职工，发放慰问金5800元。

2008年5月12日下午14:28分，汶川县发生特大地震，波及乐山地区，2008年5月19日上午场内开展抗震救灾募捐献爱心活动，个人捐款共21872元。

2008年建军节，场工会组织复、退、转业军人座谈会，参会复、退、转业军人，退休职工复、转业军人14人，在职复、转业军人10人，现役军人家属2人，发放慰问金约4000元。

2008年重阳节，场工会组织离退人员活动，参加活动职工97人，除离退人员以外还包括离岗待退人员12人，使用慰问金共8600元。

2018 年本场职工参加了乐山市市中区总工会开展的职工住院医疗互助保障计划，保费每人每年 110 元，一年一保。

2021 年春节即将来临之际，本场党支部和工会推选单位生活困难职工、确定 80 岁以上的退休老工人以及退休场级干部被慰问对象，由场领导和工会主席上门慰问，传达党组织和工会的关怀。

2021 年 2 月 1 日，《四川省苏稽蚕种场关于在职在编在岗员工职业健康体检的通知》为控制职业病危害，保障员工健康，经办公会研究，我场工会组织全场在职在编在岗员工进行两年一次的职业健康体检，由个人根据自己身体状况从 2021 年 1 月 1 日—2021 年 10 月 31 日到指定医院：乐山市人民医院、乐山市中医医院、乐山市市中区人民医院（原乐山市红十字会医院）、乐山市市中区苏稽镇中心卫生院体检。

第二节 其他群团组织

一、共青团

1950 年代中期以后，开始有团员和团支部组织。1955 年有团员 4 人，到 1960 年有团员 14 人，1962 年有团员 21 人，团支部书记刘永顺，副书记苟国珍。

1964 年 5 月，团员章树清获共青团乐山地专农业总支委员会评选的“五好青年”称号。

1965 年 9 月，团支部换届改选，共青团乐山专区地专直属委员会批复，刘永顺为团支部书记，苟国珍为团支部副书记兼组织委员，陈华森为宣教委员。

1966 年，部分额龄团员退团后，有团员 9 人，其中男性 6 人，女性 3 人。

1972 年部分新工人进场，团员增至 18 人，其中男性 10 人，女性 8 人。至 1974 年 12 月，团员变化为女性 12 人，男性 3 人，共 15 人。

1973 年 3 月开展整团建团运动，经中共乐山地区直属机关委员会批复，同意建立“共青团乐山地区蚕种场支部委员会”，团支部由刘萱蓉、周春风、黄中俊三人组成，刘萱蓉任团支部书记。

1974 年 9 月场团支部改选，经共青团乐山地委批复，刘萱蓉任支部书记，郭惠任副书记，代晓梅、邓淑容、何国忠为支委。

1975 年 4 月，团支部书记刘萱蓉调离后，共青团乐山地委同意，增补沈乐兮任团支部书记，张茂林为支委。随着青年工人进场增多，团员人数增长，到 1976 年 12 月，有团员34人，其中女性23人。

1979年3月，团支部改选，马道蓉任团支部书记，张茂林、黄华任团支部副书记，郭娜霞、李建、彭光全、徐明涓为委员。

1985年有团员15人。

1990年代中期以后，由于行业不景气，场基本不招收新工人，原团员皆超龄退团，团支部工作停止。

2018年12月20日，经中共四川省委苏稽蚕种场支部研究决定，恢复成立共青团组织，由罗暕煜任书记，舒天培任干事，有团员6人。

2019年12月，共青团支部组织召开了“只争朝夕，不负韶华”主题演讲比赛活动，2020年3月共青团支部赴井研县周坡镇开展了“走进新农村”主题培训活动。

历届团支部正副书记皆不脱产，多为工人兼职。

二、民兵组织

1960年代初本场已有民兵组织，18～28岁为基干民兵，29～35岁为普通民兵。1964年2月，本场刘永顺等12名基干民兵，参加了当地新桥镇民兵训练7～10天。

1966年“文化大革命”开始后民兵活动一度中止。1970年开始恢复民兵组织。随着青年工人进场增多，民兵组织扩大，到1973年有基干民兵37人，普通民兵16人。

1974年基干民兵扩大到66人，占全场131人的45.8%，建制为1个连2个排6个班，有连干部4人，排干部4人，班干部12人。当年冬季与驻地解放军雷达站12分队一起搞冬季短训和军民联防。

1975年冬，场民兵连开展跑步、队列、投弹及各种国防教育体育活动。

1976年，场民兵连开展整组工作，请当地驻军进行形势战备教育，开展冬季训练等。

民兵连干部均不脱产。1980年代以后，随着形势的发展和原有民兵年龄老化、新职工补充极少，民兵组织基本无活动。

第五编

职　　工

中国农垦农场志丛

第一章　职工队伍

第一节　干部队伍

一、专业技术干部

民国时期，建场伊始，专业技术人员全部来源于因抗战内迁的江苏省立女子蚕丝学校和新生活运动妇女委员会成立的“乐山蚕丝实验区”（两块牌子、一套人马），专业技术人员占比和专业技术水平均很高，技术力量雄厚。行政管理事务多由专业技术人员代为处理，无专职行政人员。嗣后，逐渐接纳了少量本省蚕桑专业学校毕业的技术人员，如1942年7月江苏省立女子蚕丝学校在乐山办学期间的毕业生敖学松，1942年7月大专毕业于苏州蚕桑专科学校的周俊我，1945年大专毕业于苏州蚕桑专科学校的肖佑琼、杨玉蓉，1949年6月毕业于国立中央技艺专科学校（乐山技艺专科学校）的陈林。1946年抗战胜利江苏省立女子蚕丝学校回迁江苏时，本场大部分专业技术员随校回迁离任，如费达生、孙君有、章和生、庄崇蕊、徐秀霞、邹祖燧、陈绍和等。

新中国成立后至1968年，本场鲜有蚕桑专业技术人员进入，且有一批专业技术人员调离，如周俊我、肖佑琼、陈林等人先后调离。此期专业技术人才奇缺，1952年有蚕桑专业技术人员8人占职工总数的13%，到1957年则只有蚕桑专业技术人员4人、仅占职工总数的5%。

1968年7月，毕业于西南农学院蚕桑专业的李树民、唐秀芳被派来场从事专业技术工作，成为本场接收的第一批新中国成立后培养的蚕桑专业大学毕业生。

1969年，接收乐山水电校毕业生13人，但因专业不对口，随后多数调离。

1975年，接收四川省蚕丝学校毕业生4人、1976年再接收3人。

1980年后，陆续接收四川省蚕丝学校毕业生近20名，西南农学院毕业生数名。

1984年7月，选送4名青年职工到四川省蚕桑学校职工中专班脱产带薪学习，三年毕业后回场工作，担任技术员。

1996 年后，蚕茧行情疲软、蚕种生产任务锐减，人员过剩，停止进人。专业技术人员流失严重，职工总数和专业技术人员逐年减员。

2010 年后，本场专业技术人员呈现青黄不接现象，遂陆续通过考核、公开招聘等形式招收了一批蚕桑专业和非蚕桑专业技术人员。

2020 年末，由工勤岗位转为专业技术岗位 2 人。

至 2021 年末，在职蚕桑专业技术人员共有 32 人，占职工总数的 53%。其中，正高级农艺师 2 人，高级农艺师 8 人，农艺师 12 人，助理农艺师及以下 10 人。有蚕桑专业大中专以上学历背景的共 17 人，占比 53%。

二、行政管理干部

建场初期，人员较少，无专职行政管理人员，行政管理事务多由专业技术人员代为处理。

新中国成立后，本场逐渐扩大，设置行政管理岗位，开始接收军队转业人员，军队转业干部成为行政管理干部的主要来源之一。新中国成立以来，军队转业干部担任场级干部的先后共有 13 人，占比 56.5%；担任正职期限累计年限为 48 年，达三分之二以上。军队转业干部中，有南下干部 2 人、团级干部 4 人，营级及以下干部数十人。

2010 年以后，行政管理岗位多由专业技术人员双肩挑。

第二节　其他职工队伍

建场初期，人员较少，全场人员仅 20 余人，主要技术干部皆从江苏派遣过来，工人则从本地临时雇佣。嗣后，逐渐接纳少量本省专业学校毕业的技术人员。

新中国成立后，合并嘉阳蚕种场等农场，开始招收正式工人和接收军队转业人员，职工队伍不断壮大。

1950 年 1 月，全场有职工 41 人，其中干部 17 人，工人 24 人。工人多为小学以下文化程度，干部中行政管理人员比例较大。

1952 年 12 月，本场职工增长到 60 人，其中管理人员 5 人，技术人员 8 人，工人 39 人，职员 4 人，劳杂 4 人。

1957 年 12 月，全场职工增加到 74 人，其中干部 12 人、固定工人 62 人。干部中蚕房技术员仍仅为 4 人。

1958 年后大量招工，到 1960 年 10 月，共有职工 115 人，其中干部 9 人（业务干部 5 人）。

1961 年根据乐山地委压缩人员的指示，将 1958 年来场的农村劳力全部下放回农村，另由专区农业局调来专区农科所附中停办的学生 30 人补充，职工队伍仍有所扩大，共有职工 118 人，其中干部 13 人。

1962 年初接收盐源农场调来军工 20 人，5 月乐山地委调来龙池铜矿技工与普工 24 人，转长期临工 1 人，从三台蚕种场调来干部 1 人，年中职工总数达 164 人，为历史峰值。当年随后精简压缩 52 人，自然死亡 2 人，年末职工总数减至 110 人。

1963 年 9 月，四川省轻工业厅抽调本场 22 名工人到川棉一厂工作，到年底全场职工总数减至 84 人，其中干部 14 人，工人 72 人。

1965 年，贯彻国家亦工亦农工人轮换精神，压缩 14 人。年末职工 71 人，其中干部 15 人。

1968 年，开始接收大专院校蚕桑专业毕业生。当年固定职工减少至 65 人，另有合同工 46 人。

1969 年，接收乐山水电校毕业生 13 人。

1970 年，职工 80 人，其中干部 18 人，工人 62 人。

1971 年，按国家知识青年上山下乡政策，始招收主要来源于乐山县的知识青年等青工 15 人，当年固定职工 96 人，其中干部 17 人。随着部分大中专毕业生和大量初、高中文化程度青工的进场，职工文化水平与素质逐年提高。

1972 年，再招收部分青工进场，同时水电校毕业生因专业不对口多数调走，当年有职工 101 人，其中干部 21 人，工人 80 人。干部中大学生 5 人，中专生 4 人。

1975 年，接收四川省蚕校毕业生 4 人，职工总数增加到 128 人，其中干部 23 人，工人 105 人。干部中技术干部 14 人，占干部的 60%。

1976 年，再接收四川省蚕校毕业生 3 人，并接收安排军队转业人员等多人，职工总数增长到 159 人。

1978 年，职工总数达 152 人，其中干部 34 人，工人 118 人。干部中大中专科技人员 24 人，占干部总数 70%。

1979 年，有职工 155 人，其中行政 12 人，技术员 17 人，工人 113 人，其他 13 人。

1980 年后，再陆续接收四川省蚕丝学校毕业生近 20 名，西南农学院毕业生数名。专业技术人员占比开始扩大。

1983 年，全场有职工 152 人，其中大专以上文化程度 7 人，中专 24 人，从事蚕桑专业技术的 26 人。

1984 年后，逐年推荐文化程度较高、表现优秀的职工和职工子女报考省蚕校和绵阳技工学校，毕业后回场工作，提高全场的职工的文化水平和业务素质。

1987 年，贯彻国家“关于适当放宽对家居农村的老工人照顾范围的通知”，招收部分家居农村老工人适龄未婚子女进场工作。

1988 年 6 月，四川省丝绸公司聘任本场技术职称中级职务 6 名，初级职务 20 名。12 月再聘中级职务 1 名。

1995 年末，职工总数为 147 人，其中干部 39 人，工人 108 人；干部中高级职称 1 人，中级职称 17 人，初级职称 13 人。

1996 年始，由于蚕种业务量萎缩，开始停止招人，实行自然减员。推行优化组合、聘任上岗制度强化管理，出现部分职工歇岗和离岗待退现象。人员逐步减少。

2000 年末，有全场在职职工 130 人，其中干部 31 人，工人 99 人。

2008 年末，全场在职职工 94 人，其中干部 27 人，工人 67 人。

2010 年后，本场专业技术人员呈现青黄不接现象，遂陆续通过考核、公开招聘等形式招收了一批蚕桑专业和非蚕桑专业技术人员。职工整体文化程度显著提高，平均年龄有所下降。

至 2021 年末，全场在职职工 59 人。其中：专业技术岗位共有 32 人，占职工总数的 54%；工勤技术岗位 23 人，占职工总数的 38%；管理岗位 1 人（未包含双肩挑人员）；另有见习期人员 4 人。取得研究生学历、硕士学位的 3 人，大学本科学历 19 人，大学专科学历 13 人，中专学历 2 人，高中或技工校学历 15 人，初中学历 5 人，小学学历 2 人。大学本科及以上学历共 22 人，占 37.3%，大专和中专学历共 15 人、高中或技工校学历 15 人，各占 25.4%，初中及以下学历 7 人，占 11.8%。男职工共 41 人占 69.5%，平均年龄 44.1 岁，女职工共 18 人占 30.5%，平均年龄 37.1 岁。

第二章　文化建设

第一节　教育培训

一、职工教育培训

（一）思想政治教育

新中国成立初期，场没有中共党组织，上级主管部门专门明确一个副场长抓职工的管理教育、政治学习。1950年代至今，建立起中共党支部，负责全场职工思想政治教育，订有学习制度，利用蚕闲和晚上时间，结合业务学习，组织职工学习马列主义、毛泽东思想、邓小平理论、“三个代表”重要思想、科学发展观、习近平新时代中国特色社会主义思想等理论，以及时事政治、英雄模范事迹等，贯彻党的路线、方针、政策，增强职工主人翁责任感，推动工作任务的完成。场级干部还不定时派出到各级干部学校、党校学习提高，回场后为职工学习做辅导。

（二）业务技术培训

从建场起即重视职工业务技术培训，每年蚕前和蚕闲期间，有针对性地对工人进行桑、蚕基础知识学习培训，主要由本场精通业务实践经验丰富的干部为职工讲课，内容为栽桑、养蚕各个环节的技术处理，此做法沿袭至今。

2015年起，每年至少一次不定期举办专业技术讲座。

职工业务骨干还不定期派往省内外蚕业专门机构学习和培训，不断提高职工业务素质。如先后派出多人，参加四川省蚕种公司举办的“微粒子病检验”和“散卵改制”等技术培训班。1987年4月，省丝绸公司举办会计专业技术培训，本场候乐雅、魏莉华、涂敏辉三人经培训获会计证。以后每年从事会计工作人员均参加省上组织的继续教育培训。1992年本场派2人去浙江省学习蚕业生产技术，派23名职工到南充市省蚕研所进行短期培训。同时还组织职工到兄弟蚕种场学习先进经验。场内大部分职工参加了各种培训，提高了科技水平和业务能力。

多次派遣专业技术骨干参加全国性的学术交流会议、活动。

（三）文化培训

新中国成立初期，重视职工文化程度的提高，在冬春季节办职工业余夜校，聘请教师为新参加工作的职工识字，补习文化，扫除文盲。

1983 年 1 月，经学习培训，47 名职工参加乐山地区文化统考。当年 12 月，全场青壮年职工参加“双补”（文化补课、技术补课）80 人。

2016 年 11 月 30 日至 12 月 1 日，聘请王娴教授和杨善罗教授对我场在职职工进行为期两天的企业文化、职业道德、礼仪礼节、国学等内容的系统培训。

（四）学历教育培养

学历教育培养始于 1980 年代中期。1984 年 6 月，场推荐 6 名年轻职工报考省蚕桑学校职工中专班，张茂林、青志勇等四人考取被录取，脱产带薪学习，三年毕业后回场工作，担任技术员。

1990 年 9 月和 1991 年 9 月先后选送职工子女青娟、雷小江、陈苏桥等 6 人报考绵阳市技工学校，考取入学三年，5 人毕业后回场工作。学习期间费用场适当补贴。

1992 年，选送 9 名职工子女去绵阳技工学校学习，录取入学三年，毕业后回场工作。学习期间费用场适当补贴。

1994 年 9 月再选送 5 名职工子女报考绵阳技工学校，录取后学习三年，毕业后回场工作。学习期间费用场适当补贴。

2006 年和 2007 年，场先后选送青娟、梁雪梅、雷秋容三人报考四川省农业干部管理学院，录取为蚕桑技术专业，学习毕业后为国家承认的大专学历。

2016 年选送贾晓虎考取西南大学在职带薪推广硕士研究生学习，2020 年毕业。

（五）职工考级培训

1996 年 3 月，职工参加由四川省人事厅组织的机关、事业单位技术工人技术等级岗位考核，经培训后考试，全场 107 人参考合格获证，其中高级工 39 人，中级工 46 人，初级工 22 人。其中：蚕业工 62 人：高级 15 人，中级 27 人，初级 20 人；桑园工 28 人：高级 13 人，中级 14 人，初级 1 人；汽车驾驶 4 人：高级 2 人，中级 1 人，初级 1 人；制冷工 5 人：高级 3 人，中级 2 人；中式烹调 5 人：高级 3 人，中级 2 人；病案员 1 人：高级；客房服务员 1 人：高级；电工 1 人：高级。

1999 年 10 月，职工参加全省统一组织的机关、事业单位技术工人技术等级岗位培训和考核，合格获证共 18 人，其中蚕业工 14 人：高级 6 人，中级 3 人，初级 5 人；桑园工 4 人，均为高级。

2001 年 10 月，24 名职工参加 2001 年度全省机关、事业单位技术工人技术等级岗位培训和考试，全部合格获证。

2003 年 11 月，场 8 名职工参加 2003 年度全省机关、事业单位技术工人技术等级岗位培训和考试，全部合格获证。

2005 年 6 月，场 15 名职工参加乐山市组织的机关、事业单位技术工人技术等级岗位培训和考试，13 人合格获证。

2006 年 3 月，本场首次实行工人技师考聘，有 2 名工人参加考聘，均被批准为技师。

2007 年本场参加技术工人等级考试蚕业技师 2 人和中式烹饪技师 1 人，经省人事厅批复于 2008 年 12 月正式取得技师资格。经厅人事处批准，聘任期从 2008 年 12 月至 2011 年 11 月；10 名工人参加晋级考试合格，其中高级工 3 人，中级工 7 人。

2008 年后，凡职工符合职级晋升条件、参加职级晋升考试时，均组织学习培训和考试。

（六）普法教育

1985 年，中共中央、国务院决定，从 1986 年起，用 5 年时间，在全体公民中普及法律常识，同时开展法制宣传教育，到 2005 年共进行了“四五”普法教育。场先后购买了有关书籍资料发放职工，组织职工学习《中华人民共和国宪法》《中华人民共和国刑事诉讼法》《中华人民共和国民法》等国家法律。1991 年至 1995 年的“二五”普法教育期间，组织职工学习普及《中华人民共和国农业法》《中华人民共和国农业技术推广法》等，1995 年《四川省蚕种管理条例》出台后，场更重点进行了宣传贯彻，全面提高了职工懂法守法依法的法律意识和法律素质。

二、职工教育经费

建场初期到新中国成立后较长时间未明确职工教育经费开支来源和范围，1981 年，财政部下发《关于职工教育经费管理和开支范围的暂行规定》，明确了职工教育经费管理和开支范围。1982 年 2 月，财政部发文《〈关于职工教育经费管理和开支范围的暂行规定〉的补充通知》，对 1981 年“财企字第 212 号”《关于职工教育经费管理和开支范围的暂行规定》中第三部分经费来源修改为“可在工资总额 1.5%范围内掌握开支，直接列入生产成本（流通费），实报实销，不提取基金。如果工资总额 1.5%不敷需要，可以从企业基金、利润留成、包干结余或税后留利中拿出一部分用于职工教育。”“原规定由企业成本或营业外开支的有关职工教育的经费，都改在工资总额 1.5%的范围内开支，营业外不再列支。”“行政、事业单位职工教育经费，可在标准工资 1.5%的范围内，由行政、事业费开支。”此规定执行至今。

第二节　文化生活

民国时期，职工与蚕种场是雇佣关系，无文化生活。新中国成立后，场成立工会，由工会具体组织领导开展各种文体活动，广大职工积极参与，活跃了职工生活。

一、文体活动

新中国成立后场工会在组织职工学习文化的同时，教唱革命歌曲，节假日组织职工宣传队表演文娱节目，开展职工体育活动等。

1987 年 11 月，工会组织职工参加省属场第一届职工运动会，参与篮球、羽毛球、乒乓球、象棋比赛等项目。

1989 年 11 月，工会组织职工参加省属场第二届职工运动会，共有 30 名职工参加男女篮球、男女羽毛球、男女乒乓球、歌咏比赛等项目。

1990 年场投资 3600 元，购置音响一套，用于职工开展文娱活动。

1993 年，工会利用蚕闲时间，成功举办场内职工运动会和卡拉 OK 演唱大赛。

1995 年，工会组织职工开展与青神县丝绸公司的联谊运动会。

2003 年 3 月，场工会制定了组织活动的管理制度，建立了场退休职工俱乐部和工会活动室，俱乐部和活动室添置了棋牌、麻将等娱乐器材，每年订 2 份老年报刊。开放了健身房、棋牌娱乐室。

2005 年以后，场工会、妇联坚持开放退休职工俱乐部的同时，组织职工开展跳健身舞活动等娱乐活动。

2006 年在坚持开放健身房、棋牌娱乐室的同时，挤出资金 8800 元，开展三八、重阳、八一节文娱活动。

至 2008 年，场有文体娱乐室 60 平方米，有报刊数十种、象棋 10 副、弹子棋 10 副、扑克牌 10 副、乐山“二七十”牌 20 副、麻将 10 副、篮球 10 个（篮球场 2 个，建筑面积 800 平方米）、羽毛球拍 10 副、乒乓球拍 10 副、乒乓球桌 4 个，并设有专职管理员 1 人。

2013 年后，多次组织开展趣味运动、郊游、徒步等活动。如 2020 年 12 月 25 日，在职职工在场区举办趣味运动会，进行了“接力投篮”“球拍传球穿木桩接力”2 个项目的比赛。同日，还组织开展了“爱岗敬业展风采”生产技能竞赛活动。以模拟原种挖补实际操作技能竞赛的内容，共有来自生产技术科、计财科、政工科和后勤科的28名选手参加。比赛项目贴近蚕种场实际生产，与选手们的日常工作息息相关，比赛深受职工欢迎。

二、图书室

1976年，为活跃职工业余文化生活，提高职工文化素质，本场办起了图书室，购世界各国文学名著及各类文艺作品1000册左右，报刊100种，设专人管理，每周定时向职工开放借阅，年借阅量达数千人次。之后每年视情况不断调整增、减书刊。1990年代以后，随着职工生活条件的改善，电视机的普及和文化生活的多元化，于1993年末停办图书阅览室。

三、文体设施设备

先后修建了篮球场、羽毛球场、乒乓球场、健身房等文体设施，添置了相应设备。

第三章　生活福利

第一节　工资待遇

本场职工工资是职工及其家庭的主要经济来源，是职工及其家庭成员的生活基础和保障，是调动职工积极性的重要经济手段。本场职工工资具有政策性强、受国家经济发展水平和本场生产经营状况制约、不断增长的特点。

新中国成立前，职员和长工为月薪制，短工系日给制。场长的工资由乐山蚕丝实验区决定，职员工资标准由场长提请乐山蚕丝实验区审定。长工工资由直接管理人员提出经场长批准，短工在场里规定的范围内由管理人员决定。员工工资差别很大，一般为 8～60 倍。由于物价不断上涨，币值多变，工资也不时随物价而动。

新中国成立后，职工工资标准由国家统一制定，1950 年 3 月下旬，实行折实单位，即按当地人民银行颁布的当月市场大米、白布、煤、菜油、盐的牌价半月计发一次工资。同年 8 月为缩小待遇差别，适当调减干部工资，调高工人工资，工人所得工资比新中国成立前增加两倍多。

1951 年 8 月，国家再次调高职工工资。

1953 年 8 月，实行企业等级工资制，对职工工资做大面积调整，场成立了调资评议委员会，成员由行政、工会、各部门负责人共 7 人组成，按照德才兼备、反对平均主义、实行按劳分配付酬的原则，经民主评定，场领导审定，报西南蚕丝公司批准实施。全场技术员平均在原工资上增加 14%；行政人员平均在原工资上增加 12.2%；工人平均在原工资上增加 15.7%。另外，全体职工在原工资基础上增加 5%的“变向工资”（相当奖励工资）；工人中栽桑、制种工另增加 2%的蚕期星期天加班工资。

1956 年工资改革，实行按劳分配原则，克服平均主义，干部执行全国统一的行政、技术人员标准级别。评定条件按职务高低、工作繁简、技术管理能力强弱；工人分技术高低、劳动强度、贡献大小为依据，经民主评定后报上级批准实行。

1960 年秋，采取评工记分办法，实行考勤计件工资，大、小队长在工资上给予补贴不致降低原工资水平，职工有超工分照发，短工分不补。这样每月工资升降幅度较大，常突破工资总额计划，工人的收入不固定，劳力强者增收，弱者不能保住基本工资，职工矛盾增多，工作质量也不能保证。

1963 年 7 月，国家下达对 40%的职工调升工资，全场 104 人（干部 14 人，工人 90 人），属升级范围的 36 人，平均升一级 4.05 元，其中工人 3.69 元，干部 6.13 元。另按政策对 1958 年前参加工作的工人 44 人（占工人的 47.8%）的工资做了调整。调资前干部平均工资 51.13 元，工人平均工资 25.48 元，总平均 2979 元；干部最高 76 元，最低 31.08 元；工人最高 52.20 元，最低 17 元。调资后平均工资 33.50 元，平均每人增 3.71 元，增加面 92.2%；最高增 13.42 元，最低增 0.35 元，一般增资 2～5 元。保留工资不动的 8 人（原本工资较高）。

1966 年粮食提价的同时，国家对职工实行粮食差价补贴，家居农村的职工每月补贴 1.50 元；家居城镇的职工月补贴 3 元，家庭平均生活费不足 15 元的按月补足 15 元。

1970 年 12 月，根据四川省革命委员会文件，改年终综合奖为附加工资，每月人均 1.75 元随工资发放。

1972 年 4 月，按国务院“关于调整部分工人和工作人员工资、改革临时工制度”的通知，在提倡讲贡献、讲干劲、讲团结、讲进步的前提下，对全民所有制企事业单位和国家机关中 1957 年底以前参加工作的 3 级工、1960 年底以前参加工作的 2 级工、1966 年底以前参加工作的 1 级工和低于 1 级的工人以及与上述工人工作年度相当、工资等级相似的工作人员和中专毕业生调升 1 级至 2 级。全场职工 102 人，调级 24 人，占 23.52%；另有转正定级 27 人，临时工转固定工 5 人，填平补齐（补级差）16 人，共 72 人。调资前人平工资 33.97 元，调资后人平工资 36.88 元，增长 8.57%。从 1971 年 7 月起执行。

1973 年 10 月起实行夜班补贴，对下夜班工作的职工每次补贴 0.20 元。

1977 年 9 月，按乐山地区农林局、劳动局乐地农林〔77〕106 号、乐地劳牧〔77〕88 号文件“关于国营农林、牧、渔、茶场工人工资标准的通知”，调整工资标准，补级差 81 人，共增资 294.81 元。同年 10 月，按国务院国发〔1977〕89 号文件《关于调整部分职工工资的通知》，根据“各尽所能，按劳分配”的原则，对工作多年工资偏低的职工按政治表现、劳动态度、技术高低和贡献大小为条件，对 1971 年底前参加工作的 1 级工、1966 年底前参加工作的 2 级工调升 1 级工资；同时对其他工作年限相同、工资偏低的职工调整 40%。全场调资 36 人，月增资共 187.50 元；“坐车”26 人，全场月增资额共 77.50 元。

1978 年 10 月，进行工资调查，全场 156 人，月平均工资 35.04 元，其中干部 35 人，平均月工资 43.08 元；工人 121 人，月平均工资 32.84 元。工人工资中，最高 50.50 元，最低 31.00 元。

同年 12 月，四川省农业局转发四川省劳动局〔78〕531 号文件《关于贯彻执行国家劳动总局“关于给工作成绩特别突出的职工升级的通知”的通知》，全场按 2%指标升级 3 人。

同年底，按规定发给人平年终综合奖金 10 元。

1979 年 3 月，四川省农业局、四川省财政局联合下发《关于试行改进农业三场、鱼种站经营管理的几点意见》的通知文件，对事业性质、企业经营的国营良（原）种场、种畜场、蚕种场实行定额补贴，“实行定额补贴后，场、站应自负盈亏；年终执行结果，收大于支的盈利，留场使用；支大于收的亏损，国家不予补贴。”“贯彻执行‘各尽所能，按劳分配’和有奖有惩，以奖为主的原则，从 1979 年起，场、站试行奖励制度。奖金的提取和来源，农业三场和鱼种站地完成良种生产计划和经营利润计划指标的前提下，奖金总额按在场、站的固定职工和计划内三月以上临时工标准工资总额的百分之三十计提（提取金额每人每月少于四元的，可按四元计提）。对超额完成良种生产计划、盈利又多的场、站，奖金总额可按百分之十二计提。只完成经营利润计划的按标准工资总额的百分之四计提；没有完成两项计划任务的，不得提取奖金。”“奖金的分配，要认真贯彻按劳分配的原则，多劳多奖，少劳少奖，劳动不好不奖的原则。”当年上半年提取奖金 3650 元，下半年省农业局批复奖金 5488 元。

同年 11 月，副食品提价，国家规定职工每人每月增发副食补贴 5 元，临时工 2.50 元。

1980 年初，根据 1979 年国务院《关于职工升级的几项具体规定》精神，给 1978 年底以前参加工作的职工根据“劳动态度、技术高低、贡献大小”并以贡献大小为主要依据择优升级，升级面为职工人数的 40%。工人以百分制考工评议，劳动态度 20 分，技术高低 30 分，由场根据各等级工人出题考核应知应会知识；贡献大小 50 分，由群众评议领导小组审议，三榜定案报批。3 月，四川省农业局川农业计（80）053 号文“关于下达职工升级指标的通知”，下达场调资升级指标 71 人，其中干部 21 人，工人 50 人，从 1979 年 11 月起执行。

同年，按照国务院国发〔1980〕317 号“国务院批转关于提高中等专业学校毕业生定级工资水平的请示”文件，中专生转正定级由原行政 25 级调整到行政 24 级。

1983 年初根据国务院国发〔1982〕140 号、劳动人事部劳人薪（82）58 号、四川省调资办川调发（82）004 号和 138 号等文件，按事业单位对 1982 年底在册 1978 年底以前参加工作的职工普遍调高一级工资，全场 127 人调资升级，其中干部 33 人，工人 94 人，月增资额共 771.25 元，从 1982 年 10 月起补发。

同年，根据劳动人事部、财政部“关于提高职工退休金、退职生活费最低保证数的通知”，从 1983 年 8 月起，职工退休金、退职生活费的最低保证数在现行标准的基础上提高 5 元，即：年老和因病完全丧失劳动能力退休的，由 25 元提高到 30 元；因工致残完全丧失劳动能力退休的，由 35 元提高到 40 元；年老和因病丧失劳动能力不够退休条件而退职的，由 20 元提高到 25 元。

1984 年 10 月，四川省人民政府以川府发〔1984〕115 号文件下发《关于提高我省部分企业偏低的工资标准的通知》，对四类区一级工工资低于 31 元的提高到 31 元，其他按级差系数照加，不搞评议。省属蚕种场按四川省丝绸公司印发蚕种场调整偏低工资标准表调整。全场 101 人调整工资标准，其中干部 3 人，工人 98 人，月增资额共 741.16 元，人平 7.338 元。

同年 10 月，根据四川省丝绸公司意见，实行干部岗位补贴，场级领导每月 15 元、副场级 13 元，科级 11 元，副科级 9 元、办事员和技术员 6～8 元，执行至 1985 年 7 月调资时废止。

同年，四川省劳动人事厅以川劳人险〔84〕86 号文件下发《关于对退休职工给以适当补贴的通知》，退休职工凡 1952 年底前参加工作的，工龄满 30 年，在原领退休金 75%的基础上加发生活补助费 20%；工龄已满 20 年不满 30 年的加发 10%；1952 年后工作满 20 年不满 30 年的加发 5%。

1985 年 6 月，中共中央、国务院下发《关于国家机关和事业单位工作人员工资制度改革问题的通知》，改革现行工资制度，实行以职务工资为主要内容的结构工资制，将现行的标准工资加上副食品价格补贴、行政经费节支奖金，与这次改革增加的工资合并在一起，按照工资的不同职能，分为基础工资、职务工资、工龄津贴、奖励工资四个组成部分。工人可实行以岗位（技术）工资为主要内容的结构工资制，也可以实行其他工资制度。全场参加工改 149 人，月增资额 2330.51 元，加上转正定级等，月增资额 3129.51 元。工资改革后原职工附加工资全部抵减，各工种工人统一划为技工和普工标准，同时对退休职工也按新套改工资金额添够比例。

同年 5 月，对退休职工每月人均增发生活补助费 17 元。

同年 9 月，执行四川省机关事务管理局关于对省级行政机关职工实行燃料费、书报费、洗理费补贴的试行办法，燃料费每人每月 4 元，书报费每人每月 3 元。

1985 年后场完善各项生产责任制，实行联产工资，超收分成。联产工资的比例是本人基本工资的 20%，完成任务后全额补发，超产部分按所定比例分成，完成任务差按比例扣减工资，实行至今。

1989年3月，四川省丝绸公司下达场14人机动升级指标，解决工人工资中的突出矛盾。同年10月，职工普调工资，全部在原基础上上调一个级差，全场135人，月追加工资1653.81元。离、退休人员相应增加离、退休金。

1992年12月，根据四川省人事厅川人工〔1991〕28号文件调整事业单位职工新增奖励工资（奖金），每人增加15～40元不等。离退休人员按国务院国发〔1991〕74号文件调整待遇。

1993年10月，全场142人提高一个工资等级，月增资共1015.83元。当年末国家再次进行工资制度改革，全场143人参加工改，月工资总额达到55445.00元，月增加工资额13739.34元；50个离、退休人员月工资额18453.73元。

1994年5月，四川省丝绸公司印发《省直属蚕种场津贴发放暂行办法》，明确职务（岗位）津贴与工作质量、责任大小、工作任务、岗位劳动强度挂钩，贯彻多劳多得、少劳少得、不劳不得，按0.5～2.5的指数分配，合理拉开差距。

1996年2月，按国家规定以1995年9月30日在册人员正常晋升一级工资（一个工资档次），但必须是1994和1995年考核称职（合格）人员。离退休人员相应增加离退休（职）费。同月，场出台了《关于职工留职停薪的规定》，职工自愿申请经批准可停留职停薪，与场签订合同，每年缴纳办理养老保险、医疗保险等个人负担的费用。

1997年7月，按规定正常晋升工资，全场150人调高工资档次，月增加工资总额3528元，其中固定工资2122元，活工资1406元。离退休职工51人月增1020元。

1998年7月首次进行3%晋升工资，全场8人调高工资一个档次。

1999年9月，全场137人调标增资，月增资额共17272元，其中职务工资10279元，津贴（活工资）6841元，岗位津贴152元。离退休人员增离退休金5850元。

2000年4月，本场开始按干部在县城以下（区、乡）从事农业技术推广的政策规定，每满8年晋升一级工资。

2001年1月，全场131人正常晋升工资一级，月增资额14680元，离退休人员65人月增资5550元。同年4月，执行国务院国发〔1983〕74号文件，事业单位地处县级以下的工作人员，享受第一线的农林科技干部浮动一级工资待遇，全场32人。同年10月开展工资标准调整，全场130人月增资10233元。

2002年1月全场123名职工正常晋升工资档次，其余17人考核年度为2001和2002年，于2002年10月正常晋升工资档次。另有3%晋级的7人，其中越级晋升2人，提前晋级5人。退休人员月增资20元，退职人员月增资15元。此后国家明确正常晋升工资标准为二年一次一级。

2004 年 3 月，开展两年一次的正常工资晋升，全场 115 人，另有 7 人越级和提高晋升一级工资，8 人考工晋级。离退休人员工资相应调整提高。同年 3 月，场改革收入分配方法，上岗人员实领工资＝总工资－活工资×40%（活工资 60%部分作为联产工资，完成任务后返还）。每年 1—2 月全体人员一律按 320 元待岗费计发，8—12 月歇岗人员按固定工资部分计发，参加浴消、冬管人员执行两个月的上岗工资，值班人员仍按上岗工资计发。

2006 年 3 月进行职工工资正常晋升，全场 92 人，月增资 3888 元；退休职工 78 人，月增资总额 1545 元。

2006 年 12 月，根据四川省人事厅川人发〔2006〕47 号《四川省事业单位工作人员收入分配制度改革实施意见》和川人发〔2006〕48 号《关于机关事业单位离退休人员计发离退休金等问题的实施意见》，以及川人发〔2006〕360 号《关于公务员工资制度和事业单位工作人员收入分配制度改革若干问题的处理意见》等文件，全场职工重新确定新的工资标准和增加退休（职）费。

2008 年 1 月，本场出台关于提高职工学历、技术职务、工考等晋级晋升实行补贴标准的暂行办法（苏场〔2008〕字第 1 号文），执行时间 2008 年 1 月 1 日，2007 年的工考人员不执行此条款。5 月，根据苏场（2004）字第 12 号《关于职工参与筹建和应聘到我场参股公司的工资待遇（暂行）管理办法》的规定，经 2008 年 5 月 21 日经场务会议研究决定，在该《管理办法》总原则不变基础上，对到参股公司的职工享受其他待遇进行调整如下：①从 2008 年 6 月 1 日起到参股公司的职工享受本场计发的有毒有害津贴，按行管、后勤人员发放标准计发并列入工资总额。②到参股公司的职工不享受本场节假日工资和奖金。

2008 年 9 月 24 日，省农业厅、人事厅批复本场执行农业专业技术人员固定和浮动一级工资。根据川人工函〔2001〕11 号《关于西充、苏稽蚕种场职工实行浮动、固定工资的复函》文件精神，本场已列入执行农、林、水利一线浮动固定工资范围，保留 2000 年 7 月执行的浮动一级工资，于 2008 年 7 月起对仍在工作岗位的农业专业技术人员再次浮动一级工资。

2008 年 10 月，场执行川府管发〔1996〕89 号文件“从 1997 年 1 月份执行职工适当补贴 76 元”规定，但 1997 年 1 月至 2008 年 10 月因本场经济困难而不再补发。

2011 年 12 月 8 日，根据省人社厅关于事业单位绩效工资年人均基准线和总量控制等相关规定，结合主管部门对绩效工资分配的指导性意见，并参照全额拨款事业单位基础性绩效工资与奖励性绩效工资分配比例的基本原则，制定了《四川省苏稽蚕种场事业单位绩效工资分配方案（暂行）》，实行基础性绩效工资与奖励性绩效工资分配比例为70：30的分配形式。

2012年12月，经省人社厅、省财政厅核定，本场2012年绩效工资总量为2113512元。基础性绩效工资占绩效工资总量的70%（1479458.4元），奖励性绩效工资占绩效工资总量的30%（634053.6元）。本场按此规定核发了2012年度绩效工资。

2013年1月，经支委会和办公会讨论决定，增设行政管理人员职务工资，标准为：场长600元/月；副场长、科长550元/月；副科长500元/月，以调动行政管理人员工作积极性

2013年7月，执行提高省直其他事业单位绩效工资水平政策，按属地管理原则相应予以提高，本场按乐山属地标准，年人均增加4800元，从2011年1月起执行，补发两年半的资金。按《四川省苏稽蚕种场事业单位绩效工资分配方案（暂行）》执行分配。

2014年3月13日，办公会讨论通过《四川省苏稽蚕种场2014年绩效工资目标管理责任制考核办法》，从2014年3月起执行。

2014年9月，执行四川省再次调高绩效工资总量及退休人员补贴标准相关文件精神，并补发了2013年7月至2014年8月绩效增资。

2014年10月，执行国家新的机关事业单位离退休人员离退休金制度。

2015年7月，执行省人力资源社会保障厅、财政厅调整后的机关事业单位工作人员工资基本标准和增加机关事业单位离退休人员离退休金标准，自2014年10月起执行。同时执行调整后的省直其他事业单位绩效工资及退休人员补贴标准。同月，执行国发〔2015〕2号文件规定，个人缴纳基本养老保险费为本人缴费工资的8%的比例，职业年金按本人缴费工资的4%缴费。

2016年1月起，进一步规范在职职工有毒有害保健津贴发放，统一为每人每月65元。严格按省人社厅基金标准发放有毒有害保健津贴。

2016年12月，根据《国务院办公厅转发人力资源社会保障部财政部关于调整机关事业单位工作人员基本工资标准和增加机关事业单位离休人员离休金三个实施方案的通知》（国办发〔2016〕62号）文件精神，在职职工工资再次调高标准。

2016年9月，根据国发〔2015〕2号、国办发〔2015〕18号及人社部发〔2015〕28号、《四川省人民政府关于机关事业单位工作人员养老保险制度改革的意见》（川府发〔2015〕16号）等文件精神，在职职工单位养老保险和职业年金上缴省社保，缴费工资范围口径按川人社发〔2016〕25号文件要求执行。同月，退休职工养老金改由省社保发放。

2017 年 3 月，根据川人社办发〔2016〕11 号《四川省人力资源和社会保障厅 四川省财政厅关于转发〈人力资源社会保障部 财政部关于调整农业有毒有害保健津贴和畜牧兽医医疗卫生津贴的通知〉的通知》文件精神和四川省人力资源和社会保障厅关于享受农业有毒有害保健津贴和畜牧兽医医疗卫生津贴审批意见，我单位在职在岗职工于 2017 年 3 月起按岗位科室工作人员按每月 420 元，生产一线工作人员按每月 440 元标准发放有毒有害津贴，待财政拨款下来即补发 2016 年 1 月至 2017 年 2 月有毒有害津贴。

2017 年 4 月，根据四川省人力资源和社会保障厅四川省财政厅关于调整省农业厅所属其他事业单位绩效工资总量的函（川人社函〔2017〕214 号）文件精神，再次调整执行绩效工资标准。

2017 年 9 月，专项核发省直事业单位 2016 年度绩效奖励和退休人员一次性生活补助，在职职工年度考核合格及以上人员按年人均 12000 元标准执行。

2017 年 12 月，乐山市社保局根据四川省人民政府川府发〔2015〕57 号文件规定，对本场参保职工 2014 年 9 月 30 日之前的个人账户余额进行了清退，凡属于国家和省认定的连续工龄将转换为视同缴费年限。

2018 年 12 月，专项核发省直事业单位 2017 年度绩效奖励，在职职工年度考核合格及以上人员按年人均 12000 元标准执行。同月，根据国办发〔2018〕112 号《国务院办公厅转发人力资源社会保障部财政部关于调整机关事业单位工作人员基本工资标准和增加机关事业单位离退休人员离退休金三个实施方案的通知》文件精神，自 2017 年月起执行新的基本工资标准。

2019 年 1 月，调整在岗职工有毒有害津贴：一线岗位职工每月 450 元，科室岗位职工每月 430 元。同月，专项核发省直事业单位 2018 年度绩效奖励和退休人员一次性生活补助，在职职工年度考核合格及以上人员按年人均 12000 元标准执行。

第二节 职工生活

一、衣

民国时期，广大员工生活清贫，初衣简布、常衣不蔽体。

新中国成立后的 1950 年代，男女老幼服装颜色以玄（黑）、青二色为主。普通人家的衣服，大多是自己纺织的土布制成，男性服装为对开短襟，女性多为斜襟，男性裤子和老年女性多穿“团团裤”，女性多穿便裤，男女裤子均无门襟。一般人家，穿衣“新三年，旧三年，缝缝补补再三年”，添件新衣视为稀罕。

1960年代和1970年代，男子穿中山服、列宁装的逐渐增多。中、青年女子的衣服，则由斜襟改为对襟，衣料多为卡其、斜纺、的确良、灯芯绒等，色彩也趋多样。“文化大革命”期间，中老年男性以穿蓝灰色的中山服为多，青年男女则以穿草绿色军装为荣。

1980年代起，衣质、颜色、款式呈现多种多样，日新月异。面料讲高档，流行毛、呢、皮料和丝绸、羽绒。颜色讲美观，呈现黄、红、蓝、白、黑、紫、灰多样化。款式讲新颖，追求新潮，年年添新衣。

进入二十一世纪，男女老幼服装追求休闲舒适、美观大方，上班穿着职业装。四季不同装，个性化明显。

二、食

主食为大米，一日三餐。民国时期，职员收入低、连年战乱、货币贬值，常食不果腹。

新中国成立后，种场职工翻身做主人，国家对种场职工粮油实行配额供给制，凭票低价购得，职工生活有保障。

1980年代后，国家实行改革开放政策，粮油供给日渐充足，市场供给制逐渐取代配额供给制。杂粮逐渐从饭碗中消失，菜肴品种日益增多，质量普遍提高，荤菜逐步占据主位，鸡、鸭、鱼、肉成为一般家庭日常菜肴。

进入二十一世纪后，追求健康饮食成为主流，讲究营养搭配、色香味美。

民国时期，职员多以桑枝、秸秆为燃料。1980年代以前，以煤（蜂窝煤）、桑枝、秸秆为燃料。2010年前，以电、罐装煤气为主要燃料。2016年棚户区改造项目实施后，家家户户使用上了天然气、自来水。

三、住

民国时期，本场无专用家属住房，少数管理、技术人员有单间宿舍安置。工人住木架单竹壁简易集体宿舍，家属不能住场。1944年在上场修建有木架单竹壁简易工友宿舍116.5平方米、砖木结构宿舍51.2平方米，1945年再建木架单竹壁简易工友宿舍53.6平方米。

新中国成立后，职工家属可以住场，但没有专用住房，普遍散住于经过临时改造的简易房屋内，生活设施皆不完备。

1953年，场有寝室1547.4平方米。

1962年，用废旧木料建职工宿舍5间131.25平方米。

1963年，将1946年建的蚕室改为宿舍。

1976年10月，始新建一幢住宅1425平方米，1977年2月竣工。

1981年，完善场内200多平方米套间宿舍，以改善职工住房困难的局面。

1984年，重建住宅一幢1410平方米，1985年有职工宿舍5288平方米。

1987年，四川省丝绸公司批复同意拆除下场宿舍1744平方米，重建1700平方米楼房住宅，自筹投资17万元。同年12月投资3万元在青神县蚕桑站修建种茧收购点房产和两套宿舍。

1988年，再建一幢职工住宅1456平方米。

1989年，职工宿舍达到7715平方米，除单身青年职工外，职工基本上都住上了套房，基本解决了职工住房问题。

1989年12月，场按国家要求成立房改领导小组和办公室，启动住房福利性分房改为货币化分房的制度改革。本场三幢住宅81套住房、建筑面积4319.60平方米参加房改。按乐山市住房制度改革领导小组办公室对参改房屋的评估价进行部分产权出让，全场110名职工参加了房改。评估价为：新房优惠售价150元/平方米，综合价350/平方米；旧房优惠售价122.90元/平方米，综合价325元/平方米。

1990年，场投资68604.35元，为职工装修宿舍阳台300平方米，并安装有线电视等设施。

1992年，国家推行住房商品化改革，公房产权进一步出让，本场按照乐山市市中区人民政府印发的《乐山市市中区城镇住房制度改革实施办法》开始进行住房制度改革。全场购房职工115户。同年12月，通过房改回收资金，再建集资房5993.98平方米。

1996年，进一步深化住房制度改革，全场有住房135套，住房产权根据自愿原则全部出让给职工个人，购房职工117户，租房户5户。

2003年，本场依据《关于深化城镇住房制度改革的决定》（国发〔1994〕43号）等文件精神，开始为职工缴存一度中断的住房公积金。

2005年，场筹资对住宅生活用电、用水系统线路彻底改造。

2008年，全场职工住宅面积10865.52平方米，其中10313.58平方米经房改其产权已为职工全部购买。

2010年7月，根据国家、省、市、厅文件精神，蚕种场农垦农场启动棚户区改造工程。由市土地储备中心收储蚕种场国有土地101亩，全部撤除地上建筑物及附属物，在收储地中划出21亩修建职工还房小区共计189套住房和单位办公房、培训中心和门面房约9880平方米。剩余土地由市政府安排使用。职工安置还房按乐山市中心城区棚户区改造拆迁补偿安置的各项优惠政策执行，主要有：一是无房职工可享受单位500元/平方米量化面积45平方米/人，参与棚户区改造，二是还建设面积按1比1.15优惠，三是对在高层建筑安置还房并实际居住的原始住户（出售、转让、赠予、出租、借住等除外），免交5年物业服务费及电梯运行电费，四是安置住宅房超面积部分实行梯度优惠政策，五是享受临时安置补偿费、搬迁补助费、过渡安置费等。公有房屋由市棚改办负责完善配套设施及房屋产权登记，对新建办公房、培训中心使用的土地，按出让方式，办理房屋产权登记。还建资金由市棚改办全额出资，职工安置还房按乐山市中心城区棚户区改造拆迁补偿安置的各项优惠政策执行。2011年6月，本场及职工与乐山城市建设投资有限公司（以下简称城投公司）正式签订房屋拆迁补偿安置协议书。2011年10月至2012年2月由城投公司完成危旧房撤除，共拆除单位生产技术科研办公和住房24263.84平方米，拆除职工住房7331.73平方米。2012年8月棚改一期工程（棚改职工住房）开工建设，2015年4月竣工，地下一层为防空和停车用房，一层为门面房，2至16层为住宅房共195套，总建筑面积约23560平方米，189户棚改住户陆续收房入住，门面房、防空和停车用房尚不具备交付使用条件。

四、行

旧时上班、外出，多靠步行。即使领送蚕种到峨眉山冷库，山路崎岖、路程长达二十余公里，依靠职工星夜兼程步行完成，其困难程度是现代年轻人难以想象的。

1980年代初，自行车逐步进入职工生活，上下班、原蚕区到农户家技术指导、短距离外出等都以自行车代步。长途外出，则可乘坐公共汽车等交通工具。

1980年代后期，摩托车开始进入职工生活，1990年代电动单车亦进入职工生活，成为中青年职工的首选代步工具。

2010年代后，家用汽车开始进入职工生活，职工出行质量显著提高。到2021年末，拥有家用汽车的家庭和个人分别达80％、50％以上。

五、通讯

旧时对外联系全靠书信、电报等。

1980年代，场购有电视机供职工收看电视，装有有绳电话机。

1990年代后期，始有职工购买使用BB机，少数家装有有绳电话机。

2000年代后，始有职工购买使用无绳电话机、电脑。

2010年后，手机、电脑逐渐普及。至2021年末，职工人人用手机、电脑，使用微信、QQ等软件，建有各种工作群、生活群，成为职工工作、生活的重要组成部分。

第三节　集体福利

一、职工食堂

民国时期，本场要上场和下场均办有职工食堂，共368.14平方米，伙食费用由乐山蚕丝实验区供给，职员高于工人并分灶就餐，由于物价不断上涨，每日规定的伙食费标准吃不好也吃不饱。

新中国成立后，本场职工食堂一直沿用，两处有木架单竹壁食堂100多平方米（其中南华宫处48.0平方米），采取职工集体就餐，8人一桌，伙食费用自理，月底按日平摊付款。以后不断扩建食堂面积，改善条件和环境卫生。1960年代改为计划伙食，职工按本人粮食定量标准在各食堂购饭票，超吃自付，菜票自购不限。每年在桑园间种瓜菜补充生活，对职工收取成本费用。

食堂要求保本经营，不要求盈利，上月结余的钱粮用作下月周转，亏损则力争下月平衡。场对伙食团管理人员和炊事人员建立了定期考核制度，听取职工意见，评比检查，交流经验，技术培训，提高伙食及服务质量。

1977年再次投资18270.88元改建食堂，到1990年代，两处食堂面积达492.2平方米，其中上场食堂340平方米，下场食堂152.2平方米。1998年，由于蚕种生产数量锐减，工人就餐较少和物价上涨造成直接经济损失成亏损等原因，停办职工食堂。

二、公共浴室

民国时期，本场建有简易公共浴室，可供职工提水洗澡。

1953年，场有洗澡间3间、85.26平方米，1963年修建连带厕所的浴室42.1平方米，1964年建连带厕所和浴室160平方米。1977年投资753.45元安装开水锅炉一台。1982年

12月在上场改建浴室82平方米，1987年投资876元再安开水锅炉一台。至2008年全场有浴室两处共178平方米（上场82平方米，下场96平方米）。

1960年代，职工在总务部门购票洗澡，每次0.05元，1980年代后每次0.10元，1990年代后为免费。1990年代后期，职工住房改善，普遍住进套房，公共浴室逐渐弃用。

三、公费医疗

民国时期既无医疗设备，也无医务人员，职工生病就医一律自理。

新中国成立后，国家实行劳动保险，享受医疗保险待遇，职工生病到指定医院就诊，医疗费用全额由单位报销。1951年开始对职工供养直系亲属实行半费医疗报销制度，至1958年中止，1975年恢复，到1983年后因按事业单位规定不享受半费医疗报销待遇。

由于医疗费用年年超支，单位难以承受，1987年制定出台公费医疗管理办法，控制医疗费用。1989年再次制定出台公费医疗管理办法补充规定，按工龄段明确医疗费用包干标准为，1～10年工龄者每月6元，11～20年工龄者每月8元，21年以上工龄者每月10元，特殊重大疾病按一定比例报销。

1995年，为进一步控制医疗费用，场调入医生于5月设立医务室，规定：一般疾病在场医务室治疗，重大疾病由医务室证明经场同意后转院医治。

1998年，国务院发布《关于建立城镇职工基本医疗保险制度的决定（国发〔1998〕44号）》，国家实行公费医疗制度改革，实行医疗统筹保险制度。基本医疗保险费由用人单位和职工共同缴纳。其中用人单位缴费率控制在职工工资总额的6%左右，职工缴费率一般为本人工资收入的2%。退休人员被要求参加基本医疗保险，但个人不缴纳基本医疗保险费。

本场自2002年1月起，撤销了医务室，参加了乐山市职工基本医疗保险，基本医疗保险费按国家政策执行。自2003年起，参保了住院医疗补充保险，费用由单位和个人分担。

四、幼儿园

1977年，为解决职工的后顾之忧，本场兴办一个幼儿园，招收职工学龄前子女上学。

幼儿教师1人，在青年女工中选拔担任。1981年因上学子女不多而停办。

第四节　劳动保护

一、防护用品

民国时期，无劳动保护用品，职工防护用品自行解决。

新中国成立后根据特需和资金情况，商业部门以货源多寡不定期配售劳保用布、雨鞋等。1950年代桑园工配发草帽、雨鞋和布手套，蚕室职工发白布帽、拖鞋、围腰和口罩等，冰库工另配有公用棉大衣。

1960年代，随着工种增多，本场工种细分有桑园工、养蚕工、厨房工、粉房工、猪房工、冰库工、木工、泥水工、电工、汽驾工、拖拉机工、饲料加工、消毒工；劳动防护用品有围腰、防护服、套袖、防护口罩、线手套、防护帽、胶靴、棉衣等。

职工个人防护用品发放标准有两种，一种是常年发放给个人保管使用，如围腰，另一种是备用防护用品，不发给个人，如打药用的长筒胶靴、防毒面具等，随用随领，用后归还。发放给个人的，除第一次领用外，继后均按本工种个人使用防护用品的年限期满后，凭原旧破烂用品换整或调新（如草帽、工作服、毛巾、围裙、袖套、拖鞋等）。

1971年开始大量原蚕区养蚕收茧制种后，赴农村职工增发配备雨伞、挎包、手电筒等。

1976年后，执行四川省农业局文件，《关于试行农牧水产业主要工种职工个人防护用品发放标准的通知》（1975年12月23日）通知按照“同工种、同劳动条件同标准”的原则，明确了桑园工、桑蚕制种工、兽医、饲养员、粉条淀粉制造工的劳动防护用品发标准，从1976年1月1日起执行。同年1月，四川省商业局、四川省农业局下达《关于国营农业场（站）劳保用品分配供应的联合通知》，分配本场用布指标172米，购买后制作围腰、袖套等发放给有关工种职工。

1980年11月，四川省农业厅、商业厅、劳动局、农科院联合签发《关于发放农牧企事业单位个人防护用品的通知》，规定本场正式纳入国家发放劳动用品的单位，并明确了发放标准和范围。

1990年代以后，职工劳动防护用品的发放形式更趋灵活，个人使用的劳动防护用品一般采用按相应金额发放个人自制，或数年一次由场统一订制工作服等，场严格控制总金额不使超支。

二、防暑、防寒、防毒

（一）防暑

民国时期无防暑降温措施，新中国成立后夏秋季集体饮用茶水或盐茶开水。1970 年代曾改发茶叶、白糖等物，1980 年代改发清凉饮料费每人 8 元，由个人按需自备。临时工集体饮用茶水。

1980 年代后陆续在各科室、会议室及食堂安装吊扇或台扇防暑降温。

1990 年代开始在会议室、蚕室等配备空调。

2000 年代后按国家政策规定发放高温补贴。

（二）防寒

新中国成立前后仅行政办公室用杠炭取暖，1950 年代末至 1970 年代初因炭源不足，只规定法定假日轮班守夜职工取暖。1980 年代起在 12 月至翌春 2 月期间坚持工作的职工按标准发放取暖费，凡病、事、生育、探亲等假期扣发。

（三）防毒

新中国成立前后使用福尔马林消毒购置防毒面具，桑园杀虫用剧毒农药 1605、1059 必戴口罩，用药后以肥皂清洗消毒。

1979 年 1 月，四川省农业厅下发《关于农业企事业单位试行保健津贴制度的通知》，规定对使用 1605、1059、敌敌畏、六六六、滴滴涕、西力生、赛力散、升汞等有毒有害健康作业工种实行保健津贴，每日发给 0.26 元。

1989 年从 5 月 1 日起，调整有毒有害工种保健津贴标准，每人每月 12 元，每天 0.47 元。

1990 年代再次调整到每天 2.5 元，按出勤天数计算。

2001 年 3 月，经四川省农业厅批准，调整有毒有害保健津贴标准，由原 2.5 元/天增加到 3 元/天，按出勤天数计算。

2004 年 5 月，执行新的政策提高有毒有害保健津贴，由原每人每月 30 元的提高到 60 元；原每月 35 元的提高到 70 元。

2016 年，国家人力资源和社会保障部、财政部颁发《关于调整农业有毒有害保健津贴和畜牧兽医医疗卫生津贴的通知》，自 2017 年 3 月起本场执行新的有毒有害保健津贴标准：生产一线工作人员每人每月 440 元，科室工作人员每人每月 420 元。2019 年调整为生产一线工作人员每人每月 450 元，科室工作人员每人每月 430 元。

第五节　劳动保险

一、离休、退休

民国时期没有职工退休制度，年老无力工作即失业回家。新中国成立后，1953 年本场执行《中华人民共和国劳动保险条例》，实行“老有所养”，退休养老均按国家劳保条例规定发给退休金。1964 年 2 月，本场首次实行职工退休制度，工人骆银山年满 71 岁，经乐山县工会联合会批准同意退休，并发给退休证书。以后职工退休年龄按国家规定干部为男性 60 岁，女性 55 岁；工人男性 60 岁，女性 50 岁。1977 年 12 月，新中国成立前参加工作的支部副书记王正才离休，按月发给本人标准工资百分之百的离休金。

1978 年 6 月，按国务院国发〔1978〕104 号文件规定职工退休金改为本人标准工资的 75%，在这之前退休的职工均按规定补发了退休金。本年四川省劳动局以川劳险（78）15 号文《关于批准实行劳动保险的通知》，再次批准同意本场恢复执行于 1957 年因故中断执行的《中华人民共和国劳动保险条例》，从 1979 年 1 月 1 日起实行。

1983 年 3 月，根据主管部门四川省蚕丝公司决定，场从 1983 年 4 月 1 日起完全改按国家机关、事业单位现行的福利待遇执行。

1983 年 8 月国家劳动人事部、财政部下发《关于提高职工退休金、退职生活费的最低保证数的通知》，规定退休金每月不足 30 元的发给 30 元，退职费不足 25 元的发 25 元，因公致残完全丧失劳动能力退休的，由每月 35 元提高到 40 元。同年四川省人民政府规定：从 10 月份起凡 1952 年底前参加革命工作满 30 年者按本人原标准工资增发 20%，20 年以上不满 30 年增发 10%，不满 20 年增发 5%。

1978 年国务院国发〔1978〕104 号文件又规定，男职工年满 60 周岁，女职工年满 50 周岁退休时补一名子女当工人，干部年龄不够退休条件和病退的工人不予顶补子女参加工作。1984 年又改为工人满年龄退休可顶补子女，干部不能顶补，以上规定本场均遵照执行。

1993 年实行工资改革后，每次工资普调，离、退休人员工资皆相应增长。

1996 年 5 月，本场按规定参加机关事业单位工作人员基本养老保险。2003 年开始缴存一度中断的住房公积金，为职工办住院医疗补充保险。

2005年起，本场按政策规定，实行特殊行业第一线职工提前5年退休的制度。即一线工勤职工男职工年满55周岁，女职工年满45周岁可以退休。

2006年，除继续为职工办理基本养老保险、医疗保险和工伤保险外，于6月执行新的住房公积金工资标准，个人缴纳比例为个人工资7%。

2014年10月，执行国家新的机关事业单位离退休人员离退休金制度，国家制定出台机关事业单位工作人员新的退休金计算公式。2014年9月30日以前退休的，称为老人，退休金计发办法按原办法执行。2014年10月1日至2024年9月30日退休的，称为中人，退休金由基础养老金、个人账户养老金和过渡性养老金构成，基础养老金＝退休时全省（或者统筹地区的市）上年度在岗职工月平均工资×（1＋本人平均缴费工资指数）÷2×缴费年限×1%。个人账户养老金＝退休时本人基本养老保险个人账户累计储存额÷计发月数。过渡性养老金＝退休时全省（或者统筹地区的市）上年度在岗职工月平均工资×本人视同缴费指数×视同缴费年限×过渡系数。“视同缴费指数”根据本人退休时的职务职级（岗位）和工作年限等确定。2024年10月1日以后退休的称为新人，按新办法计发退休金。

2015年7月，本场根据国务院办公厅《机关事业单位职业年金办法》建立职业年金制度。从2014年10月1日起实施机关事业单位工作人员职业年金制度，发挥机关事业单位基本养老保险的补充作用。实行单位和个人共同缴费，采取个人账户方式管理，由单位代扣代缴。单位缴纳职业年金费用的比例为本单位工资总额的8%，个人缴费比例为本人缴费工资的4%。单位缴费按照个人缴费基数的8%计入本人职业年金个人账户，个人缴费直接计入本人职业年金个人账户。

二、伤残、死亡抚恤

民国时期，对职工伤残、死亡抚恤没有明文规定，一般是酌情补助，常因人而异，职员优于工人。

新中国成立后，职工因公负伤，其医疗费、住院费以及住院期间费用及路费等全由场方负担，工资按本人标准全额照发。非因公伤残则按规定自付少部分医疗费用，发给一定生活和困难补助费。

职工死亡抚恤均按劳保条例办理，发给一次性丧葬费和抚恤金。1983年改按国家机关、事业单位现行的福利待遇执行，对没有经济收入的配偶和未成年子女予以补助。1985年四川省人事局、四川省财政厅下发的《关于贯彻执行民政部、财政部关于〈国家机关、事业单位工作人员死亡后遗属生活困难补助暂行规定〉的通知》规定，单位可根据“困难大的多补助，困难小的少补助，不困难的不补助”原则，给予定期或临时补助。居住在县和县以下城镇，每人每月补助20～25元，居住农村17～20元。

1986年2月，劳动人事部下发《关于国有企业离休退休职工死亡后，其生前所领取的生活补贴费如何发给的通知》规定，因工死亡，每户每月发给相当于死者生前领取的50％生活补贴费；因病或非因工死亡的，一次发给相当于死者生前领取的三个月、四个月或六个月生活补贴费。

以后随着工资调整和物价上涨，国家又多次调整补助标准。抚恤金调整为本人生前10月标准工资。

2008年11月18日，经场办公会讨论决定，从12月份起遗属生活费在原来生活费基础上每人每月增加30元。

2012年1月，经场办公会讨论决定，从2012年1月起增加遗属生活补贴，在原基础上月增加150元。农村户口遗属生活费补贴增至每月293元，居民户口遗属生活费补贴增至每月306元。

2020年出台《关于单位工作人员与离退休人员死亡一次性抚恤金和丧葬费发放办法的通知》（苏场〔2020〕8号），从2020年1月起：事业单位工作人员和离退休人员死亡一次性抚恤金烈士为本人生前80个月基本工资或基本离退休费；因公牺牲为本人生前40个月基本工资或基本离退休费；病故为本人生前20个月基本工资或基本离退休费。死亡丧葬费用标准按本人逝世当月的基本工资额或基本离退休金额计发10个月。

2020年2月27日，本场根据有关政策出台了《关于遗属生活补助费规定的通知》（苏场〔2020〕9号），根据实际情况，按照有关政策给予定期或临时补助。

三、婚、育待遇

民国时期，女季节工在怀孕和生育期间，因不能胜任工作而随时解雇失业，因此许多女工为求生活而隐瞒真情。

新中国成立后，职工结婚有婚假3天（后改为7天），女职工产前产后给假期56天，工资照发。夫妇分居两地每年可享受探亲假一个月，往来路费报销，仍工资全发。

1959年开始计划生育宣传动员，提倡节育，但具体措施不力，故收效不多。1979年国家实行提倡“只生一个小孩”和“晚婚晚育，优生优育”等政策，规定男27周岁、女26周岁为晚婚，1980年规定男26周岁、女24周岁为晚婚，休假3天；1980年后规定男

25 周岁、女 23 周岁为晚婚，休假 10 天、产假 70 天。同时规定了严格的结婚登记制度，对非婚同居怀孕生育者，根据情节、态度和影响给予批评教育和处分，非婚生育子女不享受劳保待遇。1982 年起，场严格贯彻执行国家计划生育国策，对职工进行晚婚晚育教育，对未婚青年进行晚婚登记，并对已生育一个孩子的育龄夫妇，采取节育措施，制定了严格的奖励和处罚制度。对领取独生子女证书者，除发给一次性奖金外，每月发独生子女保健费 5 元（如男女两方皆为本场职工，独生子女保健费减半），至子女 16 岁为止（2000 年后延至 18 岁）。全场职工自觉遵守计划生育政策，1980 年代末期整体达到“三无”要求（无计划外生育、无大月份引产、无多胎生育），独生子女领证率达 100％。

第六编

人　　物

中国农垦农场志丛

第一章　人物传记

一、费达生传

费达生，女，1903 年 10 月 1 日出生于江苏省吴江县。父亲费璞安，曾留学日本，长期从事教育工作；母亲杨纫兰，早年从事幼儿教育。费达生自幼受到良好的家庭教育，14 岁入江苏省立女子蚕业学校学习，受到蚕丝教育家郑辟疆（郑辟疆的事迹载入《中国科技专家传略·农业卷》）的熏陶，在五四运动的影响下，她立志献身祖国蚕丝事业。1920 年夏，从女蚕校毕业，学校选派她去日本留学，次年考入东京高等蚕丝学校（东京农工大学前身）制丝科。

1923 夏，费达生从日本回国，在女蚕校工作，追随郑辟疆，坚持教育与实践相结合，长期深入农村，从事桑蚕丝绸科学技术的推广。她于 19 世纪 20 年代开始组织蚕业合作社，推广科学养蚕制丝。1929 年，她创建了吴江县开弦弓村生丝精制运销合作社，成为我国较早的乡村工业。

1937 年日本发动侵华战争，女蚕校、蚕丝专科学校校舍以及校办制丝实验厂大部被毁，开弦弓村生丝精制合作社及震泽、平望、玉祁制丝所都焚烧殆尽。1938 年费达生与一部分技术人员辗转跋涉到重庆，把散居各地的师生、校友集中起来，创造复校条件，并发展蚕丝生产支援抗日战争。四川丝业公司委任她为制丝总技师，并拨出一幢房屋，专为接待入川师生和校友。次年，郑辟疆率领逗留在江苏、上海等地的师生也到了四川，江苏女蚕校和蚕丝专科学校在四川乐山复课。

1938 年，“新生活运动妇女指导委员会”下设的生产事业组由女教育家俞庆棠担任组长。她计划在四川展开蚕丝技术改造，聘请费达生主持这一工作。费达生受聘后即去川南乐山一带调查，看到川南的自然条件很好，开发蚕桑的潜力很大，这里的桑叶比苏南的湖桑叶大得多，且气候宜人，她认为只要有好蚕种和技术指导，蚕丝业一定可以发展。从乐山回到重庆，向俞庆棠汇报了视察情况，经妇女指导委员会和四川省政府洽商决定以乐山、青神、眉山、峨眉、井研、犍为、夹江七县为川南蚕丝实验区，任费达生为实验区主任。

川南蚕丝实验区成立后，费达生开展了如下工作：

1. 创办苏稽蚕种场，推广改良蚕种 在乐山城北的苏稽镇，买地130亩，建立制种场和桑园。1940年即开始养蚕制种，把江苏带去的优良原种、原原种制成杂交蚕种推广使用，成绩很好。后又在海拔3000多米的峨眉山上，历尽千辛创建蚕种冷藏冰库和浸酸池，推广夏秋蚕茧生产，为川南之始。

2. 指导科学养蚕 在乐山、青神、汉阳坝设立蚕业指导所，采用江苏多年的经验，指导蚕农组织蚕业合作社，实行科学养蚕，蚕茧丰收，获得蚕农的信任，后又将科学养蚕技术推广到川南七个县。

3. 改进土法缫丝 把中小丝厂组织起来，指导缫丝技术，提高土丝品质，将内销丝提升品质转为外销丝。

4. 防治白僵蚕病 川南当时流行白僵蚕病，采取严格消毒和蚕室封闭等措施，经几年努力，基本上防治了白僵蚕病。

5. 改造旧式丝厂 华新与凤翔是乐山两个规模较大的丝厂，但设备陈旧。费达生同学校教师先后为两个厂设计制造“七七”式木制多条缫丝机，改坐缫大车为复摇式小丝车，使两个厂的生产显著提高。

6. 创办大后方唯一的蚕丝学术刊物——《蚕丝月报》 抗战胜利后，费达生回到江苏，受中国蚕丝公司委托，协助接收日商苏州瑞纶丝厂。她进厂后，把该厂改名为苏州第一丝厂，经过一个多月紧张工作，即恢复生产。接着又进行了技术和管理上的改革。此后，她又到处奔走，历尽辛苦，使女蚕校制丝实验厂重新建立，恢复生产，资助了复校资金。

新中国成立以后，蚕丝业在党和国家领导、支持下，获得前所未有的发展。费达生在中国蚕丝公司任技术室副主任。她以蚕校实验丝厂为基地，向全国推广制丝新技术，推动了各厂的技术革新和增产节约运动。1956年，她任江苏省丝绸工业局副局长，主持制定了“立缫工作法”，向各地推广，还领导无锡市各丝厂，将坐缫改为立缫，提高生丝的产量和质量。

1958年，她任苏州丝绸工业专科学校副校长，1961年任苏州丝绸工学院副院长，主持把日本定粒式缫丝机改为定纤式缫丝机，提高了工效。在此基础上，又组织联合攻关，于1962年试制成功D101型定纤式自动缫丝机。这是中国第一台自行设计的自动缀丝机，经纺织工业部定型鉴定，推广到全国十多个省市。

1978年，她被任为苏州丝绸工学院顾问。这时她已75岁高龄，视力与听力均已衰退，但她仍坚持下乡下厂，深入调查研究。1984 年，费达生成为第一个受到中国农学会表彰的为农业科研、教育推广工作做出杰出贡献的女专家。

费达生先后发表有《我们在农村建设中的经验》《复兴蚕丝业的先声》等论文，尤其是于 1985 年 3 月 9 日在《经济日报》上发表的《建立桑蚕丝绸的系统观点》产生很大反响。她在文中提出了蚕丝业的系统观点，认为普通所说的蚕丝业实际上包括："植桑、制种、育蚕、烘茧、缫丝、织绸、印染、剪裁、缝纫直到制成人们直接消费品等一系列的生产活动。其中一环扣一环，形成一个前后环节相互依存的系统。这个系统总的说来可以区划成农业和工业两部分，又由于各环节的分工专业化，节节都能独自经营，它们之间的生产关系注入了流通的因素，所以又联上商业。用当前通用的话来说是农、工、商一条龙。各个环节的从业者不仅应关心本环节的事，而且还应当有胸中有一条龙的看法，就是我说的桑蚕丝绸的系统观点，以避免各自打算，互相扯皮，影响蚕丝业整体和本环节生产事业的发展。"论文的发表对促进全行业的协调发展，起了重要的促进作用。

费达生 1956 年加入九三学社。1989 年 3 月，以 86 岁的高龄加入中国共产党，实现了她一生的夙愿。她是江苏省第一、二、三、四、五届人大代表，1979—1988 年，先后担任苏州市妇联副主任、顾问，苏州市第六、七届政协副主席，江苏省九三学社顾问。费达生一生坚持着她的事业，她严以律己，公而忘私，助人为乐，全心全意为人民服务，就像春蚕一样，把最后一根丝，全部奉献给祖国和人民。

2005 年 8 月 12 日费达生在苏州逝世，享年 103 岁。

二、彭汉光传

（一）自学成才，成绩突出，从童工到场长

彭汉光（1927—2004 年），男，中共党员，1927 年 10 月 27 日出生于四川省仁寿县彰加区铁牛乡熊家村。此地丘陵起伏，土地薄瘠，水源奇缺，贫穷落后，时逢兵荒马乱，环境条件异常艰苦。彭汉光的童年非常悲苦，生母早逝，不到 8 岁、身高不及锄把的他，每天同大人一样起早摸黑、日晒雨淋下地干农活。1939 年 3 月，为了寻找出路，他泪别亲人，独自来到乐山牟子乡毛池塘丝厂当学徒，学习取丝技术。学徒生活更为清苦，要想学到手艺，学到真本事，必须起五更熬半夜地勤学苦练，同时还要孝敬师傅，尽许多义务，根本不能讲价钱、说报酬，否则随时都会被赶退回家。1942 年 4 月他学满三年出师，为了谋生，四处漂泊，居无定所，先后在乐山付溪乡、夹江县城、乐山铜河碥义口丝厂帮人取丝。十几岁的他，每天工作 10 多个小时，完成跟大人一样的工作量。1947 年 7 月他经

人介绍到乐山缫丝厂打工糊口。1947年8月到乐山蚕丝实验区做工。1949年12月16日乐山解放，乐山蚕丝实验区被政府接管，他1951年5月调到四川省苏稽蚕种场当桑园工。

“艰难困苦，玉汝于成。”彭汉光小时候因贫困无缘读书识字，吃了不少没有文化、没有知识的苦头，新中国成立后政府开展扫盲运动，他积极报名参加扫盲班学习，废寝忘食、如饥似渴地学习识字，进步很快，求知欲越来越强，还阅读了许多理论和文艺书籍，同时不断钻研蚕桑生产业务技术。

彭汉光事业心强，干什么工作都是认真负责，勤勤恳恳，干一行，爱一行，钻一行。1957—1960年担任场总务工作时，为了让职工吃饱吃好，他千方百计想办法，不断变化伙食花样，且物美价廉，受到职工广泛好评。1959年6月22日，彭汉光加入中国共产党，实现了一直以来的夙愿。

刻苦地学习和实践探索，使彭汉光很快成为栽桑、养蚕生产技术精湛全面的专业技术人员，甚至连副业方面的粉房、猪房、丝棉生产他都十分熟悉。他善于理论联系实际，实践经验十分丰富。如治理桑树的“老木虫”（桑天牛幼虫）他就有一套绝活，只要贴近树干看一看，就知道老木虫在树干中的具体位置。有次，一位桑园青年工人同他打赌，青工按照他“诊断”划定的记号，用铁锤和凿子打开树干的木质部位，一条又肥又大的老木虫立刻呈现在眼前，老木虫居然毫发未损，青年工人不由惊叹钦服。桑园人工捕虫，如果比赛谁逮到的桑天牛数量多，那多数人都要输给他，因为他完全掌握了桑天牛的繁殖季节和生活习性。

1961年起，彭汉光担任蚕桑生产的技术员，成绩突出。他工作计划性强，吃苦耐劳，兢兢业业完成生产任务，以后又担任了生产技术股股长。1967年场成立革命委员会，他被选为革委会副主任、党支部委员，主抓蚕种生产。1983年5月，上级经过全面考察和广泛征求职工意见后，任命彭汉光为场长。

（二）无私奉献，全心全意为集体

当场长后，彭汉光更加全身心投入到生产和工作中。他加强经营管理，主副业生产并重，增收节支，杜绝浪费，生产效益快速提高；努力提高职工文化素质和业务素质，圆满完成上级下达的工人“双补”（文化和技术）任务；他尊重知识，尊重人才，经常同有经验的技术工人和技术人员交朋友、打交道，共同探讨业务技术和生产经营管理中的问题；他大胆培养、选拔业务骨干，使单位各项事业蓬勃发展。

彭汉光的妻子长期生病卧床，他们又无儿无女，彭汉光既要照顾妻子，又要忙工作，每当下班回家看到凌乱的家和需要护理的病妻时，他的心就十分难受。反复权衡，他把工作放在了首位，每天早早起床，打扫卫生，整理物品，安排好妻子的一天生活后，提前进入工作岗位，天天如此，几十年如一日。

每年的养蚕制种季节是彭汉光最繁忙最辛苦的日子，不分白天黑夜，没有周末和节假日。全身心投入、夜以继日地工作是他的家常便饭。如果在单位的路上碰见他，看见他眼瞠发黑，两眼充血，面容憔悴，不用问，就知道他又熬通宵了。他为了上班节省时间，生活一切从简，能在伙食团打饭，就绝不做饭，有零食吃就不动火烟。时间长了他总结出一种应付饥饿的简便方法：一次性煮熟几十个鸡蛋放在家里，上班如果饿得慌，就回家剥两个鸡蛋充饥，然后又匆匆忙忙去上班。有次他煮好的几十个鸡蛋因工作忙忘了吃坏了，最后全部扔掉。从 1967 年至 1987 年彭汉光主管生产（1985 年彭汉光任工会主席，仍协助抓生产）工作期间，在全场干部职工的共同努力下，生产蚕种 2023743 张，生产桑叶 5684589 千克；完成财务经营利润 1141517 元，完成计划任务的 166.8%。

1985 年，在彭汉光接近退休年龄时，组织上为贯彻干部“四化”方针，及时培养年轻干部，派人征求他的意见，拟将他改任工会主席，彭汉光深明大义，毫不计较个人得失，爽快答应退居二线。任工会主席后，他的工作热情不减，继续发挥自己的专长，仍然像过去一样，深入实际，深入生产第一线，认真搞好调查研究，发现问题及时反馈解决；他大力扶持新任领导，维护新班子领导成员之间的团结；同时积极组织开展丰富多彩的职工文化体育活动，努力争取并改善职工的生产、生活和娱乐条件。1987 年任副县级调研员时，他仍然经常深入群众，调查研究，掌握全场职工思想动态和生产、工作迫切需要解决的问题，为单位时任领导班子决策提供科学依据，当好参谋助手。1987 年 11 月退休后，因单位生产急需，重新聘请他回场担任生产和管理工作的“顾问”，他不假思索，乐意接受，继续回场为蚕桑生产效力。1990 年单位在千里之外的西昌市养原蚕，60 多岁的彭汉光在那里一待就是近两个月的时间，每天跋山涉水走几十里路下乡指导农户按技术操作规程养蚕，工作又苦又累，当地农村的伙食又差，他的全部待遇仅仅是补齐退休金扣除的 5%而已，但他毫无怨言，尽心尽力地做好工作，直到后来眼疾发作，实在无法工作，才正式回家休息、治病。

（三）高风亮节，崇高品德人称颂

彭汉光终生把全部的心思和精力都放在了工作上，生活极其简单朴素，不求美食美服，烟酒茶是低档廉价的，一日三餐饭菜能果腹就心满意足。他带头执行国家的财经纪律和单位财务管理制度，厉行节约，把有限的资金全用在刀刃上。1970 年代至 1980 年代，蚕种场事业拨款严重不足，生产举步维艰，单位财务开支经费非常紧张，且招待经费开支没有政策规定，没有开支渠道（那时外来人员皆吃单位伙食团，每顿饭饭后交三两粮票二角五分钱），场里来了友好合作单位的客人他就用自己的工资买来好酒好菜单独招待。客人以礼相待送来的土特产品如烟酒茶等，他都放在办公室保存起来，等下一批客人来时招待他们。

彭汉光一生严于律己，廉洁奉公，只讲付出，讲奉献，不图回报，不求索取。他工作几十年，除年纪大了有次请求组织解决养女工作便于照顾多病的妻子外，从未向组织伸过手。彭汉光的家庭很不幸，由于从小颠沛流离，他 30 多岁时，才于 1958 年春节与比他大近 7 岁的本场原制种股股长杨玉蓉结为夫妇，杨玉蓉是因抗战避难从江苏搬到乐山的江苏省立蚕业专科学校的大专毕业生，对他的影响很大，帮助他学文化、学技术，使他的事业长足进步。但婚后不久妻子精神失常，无法根治，一直拖了几十年。发病时彻夜吵闹，家里的东西四处乱甩乱放，一片狼藉。他们没有儿女，彭汉光又要照顾妻子又要忙工作，他想方设法合理安排，起早摸黑辛苦自己两不耽误，直到相濡以沫的妻子不治去世。

彭汉光为人正直宽厚，办事公道正派，十分关心职工生活。他时刻把职工装在心上，物资匮乏年代肉食稀少，节假日青年工人值班，不能回家与亲人团聚，他就把家里珍藏的老腊肉拿出来煮好一起吃，慰劳孤独在外的青年工人，共度佳节。在单位里，不管哪个职工有红白喜事或有人生病住院，他都要带上礼物前往表示祝贺或表示慰问。凡是涉及职工分居两地或照顾父母亲，需要调动工作，或招工、转正、提干、调资、分房、工作变动等关系到职工切身利益的事情，只要政策允许，条件成熟，班子研究能通过，他都予以方便，极力促成其事。“政者，正也，子率以正，孰敢不正。”彭汉光用自己的人格魅力、自觉行动和无声语言，潜移默化影响和感染着每个职工，在他任职期间，单位政通人和，干部、工人上下一心，同心同德，爱岗敬业，积极进取，生产、工作和各项事业蒸蒸日上，单位面貌为之一新。

彭汉光多次被评为劳动模范、优秀工作者或先进生产者，其中 1953 年曾光荣出席川南劳动模范表彰大会，受到表彰。1983 年他高票当选为乐山市（现为市中区）人民代表。

2004 年 8 月 22 日，彭汉光因病去世，享年 77 岁。

第二章　人物简介

一、历任正职领导简介

费达生：女，中共党员，江苏吴江人，我国著名的蚕桑教育家、改革家。1903 年 10 月出生，14 岁入学江苏省女子蚕业学校，18 岁留学日本东京蚕丝高等学校。1923 年 4 月留学归来，一生从事科学养蚕制丝的教学、科研、推广工作。抗战后于 1938 年受聘于"乐山蚕丝实验区"任主任，携孙君有、庄崇蕊、章和生、胡园恺等人在乐山苏稽以南购置土地、房屋拟开办蚕桑场，1941 年正式开办成立"苏稽蚕桑场"，亲任场长，同年，在当地蚕农的建议下在峨眉山初殿旁建天然蚕种冷库、在清音阁建蚕种浸酸场，推广改良蚕种、蚕种人工孵化，是本场的主要创建者，1946 年末随江苏蚕专回迁离职，2005 年 8 月逝世。

庄崇蕊：女，1921 年生，1930 年 7 月中专毕业于苏州蚕桑专科学校，1941 年 7 月任主任技术员，1943 年任场长，1944 年任蚕桑技师。1946 年末随江苏蚕专回迁离职。

章和生：男，1943 年任栽桑课长，1944—1945 年任场长，1946 年随江苏蚕专回迁离职，在中国农业科学院蚕桑研究所退休。

徐秀霞：女，1920 年 7 月初蚕毕业于苏州蚕桑专科学校（系费达生同学），1946 年任场长，1946 年末随江苏蚕专回迁离职。

周俊我：女，1942 年 7 月大专毕业于苏州蚕桑专科学校，来本场从事蚕桑专业技术管理工作，1947 年至 1950 年任场长兼任主任技术员，后调至西南农学院（今西南大学）工作至退休。

肖佑琼：女，1945 年大专毕业于苏州蚕桑专科学校，来本场从事蚕桑专业技术管理工作，1946 年任主任技术员，1950 年至 1953 年 9 月任场长，1953 年 9 月调至四川省北碚蚕种场（现重庆市蚕业科学技术研究院）工作至退休。

何希唐：男，四川盐亭人，1910 年出生，早年留学日本国立上田蚕丝专门学校，回国后主要从事蚕种繁育与改良技术推广工作，1953 年调入本场，1953 年 11 月至 1956 年 8

月任副场长，主持工作。1956年8月调至贵州省农业厅从事新建蚕种繁育场工作。

李荣：男，河北徐水人，中共党员，军转干部，1914年出生，1938年3月参加工作，1955年4月从军队转业至本场任副场长，1956年8月至1960年2月任场长，1957年至1960年2月任首届党支部书记，1960年2月调回原籍河北徐水县工作。

杨富盛：男，中共党员，四川乐山人，初中学历，军转干部，1951年3月参加工作，1960年2月调入本场，1960年9月至1962年8月任场长，1960年2月至1962年8月任党支部书记，1962年8月申请返乡生产获准。

王正才：男，中共党员，山东泗水人，小学学历，军转干部，1917年11月生，1947年2月参加工作，1950年军转业，1962年9月由四川省三台蚕种场调入，1962年9月至1968年4月任副场长，主持工作。1963年6月至1966年2月任党支部书记，1966年3月至1977年12月任党支部副书记，1977年12月离休。

曹连启：男，中共党员，江苏盐城人，小学学历，军转干部，1925年2月生，1948年10月参加工作，1966年1月经中共四川省农业厅政治部由重庆江北粮站调入，1968年4月至1976年任革委会主任，1966年2月至1976年任场党支部书记。

詹凤高：男，中共党员，四川乐山人，小学学历，军转干部，1921年9月生，1950年10月参加工作，1976年调入，1976年至1978年3月任革委会主任，1976年至1980年6月任党支部书记，1980年7月退休，1984年1月逝世。

陈文玉：男，四川峨眉人，初中学历，中共党员，军转干部，1929年7月生，1949年12月参加工作，1973年调入，1976年至1978年3月任革委会副主任，1978年3月至1982年3月任场长。

彭汉光：男，中共党员，四川仁寿人，初识字，1927年10月生，童年做童工，1951年5月由乐山嘉阳蚕种场调入本场做桑园工，1958年6月以工提干，1960年至1968年4月任栽桑股股长，1968年4月至1978年3月任革委会副主任，1978年4月至1983年4月任副场长，1983年5月至1985年5月任场长，1985年6月至1987年1月任工会主席，1987年2月至1987年10月任调研员，1987年11月退休，2004年8月逝世。

李树民：男，四川眉山人，1945年5月生，大学本科学历，蚕桑专业，1968年9月参加工作，1981年6月至1985年6月任生产技术股副股长、股长，1985年6月至1988年11月任副场长，主持行政工作。1988年12月调离。

欧显模：男，中共党员，四川沐川人，在职函大大专学历，经济师。1948年11月生，1968年4月至1973年4月参军，历任副排长，1973年4月至1983年6月沐川县幸福堰工程指挥部、五里乡、金星乡工作，历任乡长、党委副书记、党委书记，1983年7月调入本场，1984年3月至2008年12月任书记，1988年8月至2008年12月任场长。2009年3月退休，2018年7月逝世。

张茂林：男，中共党员，四川井研人，在职中专学历，蚕桑专业，农艺师。1953年12月生，1974年8月参加工作，1992年12月至2000年4月任生产技术科副科长，2000年4月至2004年6月任场长助理，2004年6月至2008年12月任副场长，2008年12月至2011年12月任场长。2011年12月逝世。

李俊：男，中共党员，四川三台人，大学本科学历，蚕桑专业，正高级农艺师。1964年5月生，1986年7月参加工作，2012年4月由四川省三台蚕种场调入本场任场长、书记至今。公开发表科技论文数十篇，获四川省科技进步三等奖4项、乐山市科技进步三等奖1项。多次获得“先进工作者”“优秀党员”“先进党务工作者”等称号。

二、历任副职领导简介

孙君有：1938年随费达生在乐山苏稽以南购置土地、房屋拟开办蚕桑场，1941年正式开办成立“苏稽蚕桑场”，任副场长，是本场的主要创建者之一，

陈林：女，中共党员，四川乐山人，1922年生，1949年6月毕业于国立中央技艺专科学校（乐山技艺专科学校，1954院系调整时蚕丝专业调入西南农学院），1949年7月参加工作，先后从事教师、政府部门工作，1961年8月由乐山专区农水局调入本场，1961年8月至1966年3月任生产副场长，1966年3月调回乐山专署农业局工作。

郭俊熙：男，中共党员，四川仁寿人，1933年6月生，军转干部。1976年3月转业来场，1976年至1984年1月任党支部副书记，1976年至1978年3月任革委会副主任，1978年3月至1983年8月任副场长，1983年8月至1985年6月任工会主席，1985年6月至1993年10月任调研员，1993年11月退休，2016年逝世。

李生军：男，中共党员，中专学历，蚕桑专业，1982年3月由省农业厅下派本场任副场长锻炼一年。

张清福：男，四川乐山人，中共党员，初中学历，军转干部。1930年10月生，1951年4月参加工作，1979年11月由乐山地区清华瓷厂（任厂长、党支部书记）调入，1979年11月至1982年11月任副场长，1980年5月至1982年11月任党支部副书记，1982年11月病退，1991年5月逝世。

彭阳武：男，中共党员，小学文化，军转干部。1933年1月生，1981年12月从59182部队后勤农场（场长职务）转业来场，1982年7月至1985年6月任副场长，1985

年6月至1993年4月任调研员，1993年5月退休。

唐秀芳：女，四川南充人，大学本科学历，蚕桑专业，高级农艺师。1944年9月生，1968年9月参加工作，1983年8月至1999年11月任副场长，1999年12月退休。

段菊华：女，中共党员，四川仁寿人，中专学历，蚕桑专业，高级农艺师。1954年2月生，1975年8月参加工作，1988年1月至1989年3月任生产技术科副科长（主持工作），1989年3月至2004年6月任生产技术科科长，2004年6月至2008年12月任副场长，2009年3月退休。

刘守金：男，中共党员，四川仁寿人，大学本科学历，蚕桑专业，高级农艺师。1964年12月生，1986年7月参加工作，2004年6月至2006年1月任场长助理并主持生产技术科工作，2006年1月至2011年3月任场长助理兼生产技术科科长，2011年3月至今任副场长。2005年获得四川省蚕业管理总站质检先进个人，2018年、2019年分别获得场部和四川省农业厅颁发的先进工作者荣誉称号。

牟成碧：男，中共党员，四川乐山人，中师学历，政工师。1954年11月生，1974年4月参加工作，1994年调入本场工作，同年12月聘为保卫科科长，1996年2月任办公室副主任兼保卫科副科长，1999年3月任办公室主任兼政工科、保卫科科长，2013年4月至2014年11月任副场长，2006年4月至2014年11月任场党支部副书记，2014年12月退休。

王水军：男，中共党员，四川仁寿人，大专学历，会计专业，农艺师。1968年10月生，1990年7月参加工作，从事财务、统计工作，2000年1月至2011年2月，借调到四川省丝绸进出口公司、四川省农业生产资料集团公司任计财科长、财务经理、财务总监、财务负责人等职。2011年3月回场任办公室副主任、政工科副科长，2013年4月任办公室主任，2016年6月至2019年8月兼任乐山聚能再生资源有限公司总经理，2016年8月至今任副场长兼任办公室主任。

三、部门负责人和科技人员简介

邹祖燧：男，1932年7月中专毕业于苏州蚕桑专科学校，1944年任制种课课长。

陈绍和：1944年任栽桑课课长。

王季桐：男，四川南充人，1918年2月生，初中学历（1935年3月在四川蚕丝改良场专修班毕业），民国时期历任阆中蚕业区蚕桑指导员、阆中蚕种场栽桑股股长、民营蚕种场场长等职，1950年6月调本场工作，1950年至1951年、1955年任栽桑股股长。1978

年退休，2009 年逝世。

翁志恒：女，重庆荣昌人，1919 年 1 月生，高中学历，1946 年来场，1949 年 11 月参加工作，1950 年至 1960 年任总务股股长、副业管理员。

李渊琴：男，重庆合川人，1919 年生，1946 年 7 月专科毕业于苏州蚕桑专科学校，民国时期曾任南充高级蚕丝学校助教，苏稽蚕桑场技术员，从事栽桑、蚕种冷藏等工作，1952 年至 1954 年、1956 年至 1959 年任栽桑股股长。

杨玉蓉：女，乐山五通桥人，1921 年 4 月生，1945 年大专毕业于苏州蚕桑专科学校，1946 年 6 月到苏州蚕桑专科学校附属乐山嘉阳蚕种场任技术员，1950 年乐山嘉阳蚕种场并入本场后，从事蚕桑专业技术与管理工作，1950 年至 1960 年任制种股股长，后因长期患精神病无法工作，1980 年 8 月病退，1987 年逝世。

焦家碧：女，中共党员，重庆人，1929 年 3 月生生，初中学历（蚕桑），1950 年 3 月参加工作，1952 年以工提干，先后在北碚蚕种场、乐山县农水局工作，1959 年调入本场，1960 年至 1975 年 10 月任制种股股长，1975 年 11 月调出到四川省南充蚕丝学校。

邹如章：男，中共党员，四川眉山人，初中学历，军转干部，1935 年 4 月生，1951 年 6 月参加工作，1977 年转业来场工作，1978 年 3 月至 1981 年 6 月任生产技术组组长，1981 年 6 月至 1995 年 6 月任办公室主任，1995 年 7 月退休。2009 年逝世。

杨伯秀：女，四川阆中人，初中学历（1941 年在四川丝业公司训练班毕业），1926 年 11 月生，民国时期先后在阆中、盐亭、南充等地从事蚕种繁育工作，1953 年 6 月参加工作，主要从事蚕种繁育、蚕种冷藏浸酸工作，1978 年 3 月至 1980 年 10 月任生产技术组副组长。1980 年 11 月退休，1990 年逝世。

张凤林：女，四川乐山人，1954 年 11 月生，高中学历，1974 年 8 月以知识青年上山下乡身份来场参加工作，1978 年 3 月至 1981 年 6 月任办公室副主任，1980 年 9 月调至乐山碱厂工作。

沈乐兮：女，四川乐山人，1954 年 6 月生，高中学历，1974 年 8 月以知识青年上山下乡身份来场参加工作，1978 年 3 月至 1981 年 6 月任计划财务组副组长，1981 年 6 月至 1983 年 3 月任计财股副股长，1983 年 3 月调至四川省蚕业制种公司从事计财工作。

徐玉章：男，中共党员，四川乐山人，1922 年 5 月生，1950 年 4 月参加工作，主要从事栽桑工作，历任桑园队长，1978 年 3 月至 1982 年 5 月任总务组副组长、股长，1980 年 11 月病退。

凌畦：女，四川乐山人，大学本科学历，蚕桑专业，1956 年 1 月生，1982 年 7 月参加工作，1984 年 12 月至 1988 年 1 月任生产技术股副股长，1988 年 12 月调离。

邓学铭：女，中共党员，四川乐山五通人，中专学历，水电专业，经济师，1948 年 6 月生，1968 年 9 月参加工作，1978 年 3 月至 1987 年 12 月任蚕房三队队长，1988 年 1 月至 1996 年 2 月任政工科副科长兼办公室副主任，1996 年 2 月至 1998 年 11 月任办公室主任兼保卫科科长，1998 年 12 月退休。

赵大定：男，四川犍为人，中专学历，水电专业，工程师。1949 年 7 月生，1968 年 9 月参加工作，1988 年 1 月至 1998 年 11 月任后勤科科长，1998 年 12 月退休。

宋毅：男，四川成都人，中专学历，蚕桑专业，1954 年 9 月生，1980 年 4 月参加工作，1988 年 1 月至 1992 年 12 月任生产技术科副科长，1992 年 12 月调离。

魏莉华：女，重庆酉阳人，苗族，中专学历，蚕桑专业，1956 年 6 月生，1980 年 7 月参加工作，1982 年 2 月从涪陵调入，1988 年 8 月至 1992 年 12 月任计财科科长，1992 年 12 月调离。

侯乐雅：女，四川乐山人，1955 年 3 月生，高中学历，1974 年 8 月以知识青年上山下乡身份来场参加工作，1988 年 1 月至 1992 年 12 月任计财科副科长，1992 年 12 月调离。

严敏：女，中共党员，山西人，在职大学专科学历，七级职员。1962 年 9 月生，1982 年 1 月参加工作，1991 年调入本场工作，1992 年 12 月至 1996 年 2 月任计财科副科长，1996 年 2 月至 2005 年 12 月任计财科科长，2005 年 12 月至 2017 年 9 月派任乐山聚能回收利用有限公司副总经理，2017 年 10 月退休。

李树林：男，中共党员，四川西充人，中专学历，蚕桑专业，高级农艺师，1955 年 7 月生，1976 年 9 月参加工作，1992 年由四川省西充蚕种场调入，1999 年 3 月至 2006 年 1 月任计财科副科长，2006 年 1 月至 2015 年 7 月任计财科科长，2015 年 8 月退休。

吴仲坤：男，四川仁寿人，中专学历，工程师。1946 年 1 月生，1971 年 7 月参加工作，1991 年调入本场工作，1999 年 3 月至 2005 年 12 月任后勤科副科长，2005 年 12 月至 2006 年 11 月任后勤科科长，2006 年 12 月退休。

章文杰：男，中共党员，四川仁寿人，大学专科学历，工业电气自动化专业，农艺师。1971 年 9 月生，1992 年 7 月参加工作，2010 年 5 月至 2011 年 3 月任后勤科主任科员，2011 年 3 月至今任后勤科科长。

张秀英：女，中共党员，四川仁寿人，大学本科学历，蚕桑专业，高级农艺师。1965 年 1 月生，1987 年 7 月参加工作，主要从事蚕种繁育工作，2011 年 3 月任生产技术科副科长，2013 年 4 月至 2020 年 8 月任生产技术科科长，2020 年 8 月免去生产技术科科长职务。

丁小娟：女，中共党员，云南沾益人，在职大学专科学历，会计专业，农艺师。1973年9月生，1994年9月参加工作，2011年3月至2016年3月任计财科副科长，2016年3月至今任计财科科长，多次获得“先进工作者”“优秀党员”“先进党务工作者”等称号。

梁雪梅：女，中共党员，四川乐山人，在职大学本科学历，蚕桑专业，高级农艺师。1976年11月生，1997年6月参加工作，2011年3月至2013年4月任政工科副科长，2013年4月至今任政工科科长，多次获得“先进工作者”“优秀党员”“先进党务工作者”等称号。

李成阶：男，中共党员，四川盐亭人，大学本科学历，蚕桑专业，正高级农艺师、律师。1962年5月生，1985年7月参加工作，1988年4月由四川省三台蚕种场调入本场工作，1997年至2011年兼职执业律师工作，2013年4月任生产技术科副科长，2013年12月兼任桑蚕种质资源研发中心副主任，2018年3月主持生产技术科工作，2020年至今任生产技术科科长兼桑蚕种质资源研发中心副主任，公开发表科技论文数十篇。

杨忠生：男，中共党员，广西临桂人，大学本科学历，蚕桑专业，高级农艺师。1969年2月生，1992年7月参加工作，先后在中国科学院蚕桑研究所、华神集团（崇州）资源昆虫生物技术中心、汉源县新生态农业有限公司任技术员、执行总经理，2010年3月入职本场，2013年12月至今任桑蚕种质资源研发中心主任，主要从事家蚕种质资源保护、家蚕遗传育种工作，获乐山市科技进步三等奖（排名第一）1项，公开发表科技论文数十篇。

雷秋容：女，中共党员，四川乐山人，在职大学专科学历，蚕桑、会计与计算机应用两个专业，高级农艺师。1977年8月生，1997年7月参加工作，主要从事蚕种繁育工作，2017年7月至2018年12月挂职四川省凉山彝族自治州冕宁县农牧局副局长参加“精准援彝”扶贫攻坚工作，2020年8月至今任生产技术科副科长。多次获得“先进工作者”“优秀党员”等称号。

贾晓虎：男，中共党员，四川简阳人，在职硕士研究生学历，蚕桑专业，高级农艺师。1986年9月生，2010年3月参加工作，主要从事家蚕种质资源保护、家蚕遗传育种工作，2019年10月至2020年12月在阿坝藏族自治州黑水县麻窝乡木日窝村担任农技员参加扶贫工作，2020年8月至今任桑蚕种质资源研发中心副主任。多次获得“先进工作者”“优秀党员”等称号。

毛林迪：男，四川乐山人，中专学历，蚕桑专业，高级农艺师。1957年1月生，1975年3月参加工作，主要从事蚕种繁育、蚕种冷藏浸酸工作。2017年2月退休。

秦盛和：男，四川犍为人，中专学历，蚕桑专业，高级农艺师。1953年2月生，

1976 年 11 月参加工作，主要从事蚕种繁育、蚕种检验、蚕种保护工作，2013 年 3 月退休。

刘君成：男，四川仁寿人，中专学历，蚕桑专业，高级农艺师。1958 年 9 月生，1981 年 7 月参加工作，主要从事蚕种繁育、桑园管理工作，2018 年 10 月退休。

青志勇：男，四川省南充人，在职中专学历，蚕桑专业，高级农艺师。1963 年 3 月生，1981 年 10 月参加工作，主要从事蚕种繁育、蚕种冷藏浸酸工作。

郭建军：男，四川仁寿县人，在职中专学历，蚕桑专业，高级农艺师。1965 年 8 月生，1983 年 5 月参加工作，主要从事蚕种繁育工作。

曹惠芝：女，四川荣县人，中专学历，蚕桑专业，高级农艺师。1962 年 11 月生，1982 年 7 月参加工作，主要从事蚕种繁育工作，2017 年 12 月退休。

马小苏：女，四川乐山人，在职中专学历，蚕桑专业，高级农艺师。1963 年 6 月生，1980 年 9 月参加工作，主要从事蚕种繁育、蚕种检验、蚕种保护工作，2018 年 7 月退休。

第三章　人物名录

一、荣誉获得者名录

场1991年度先进集体：办公室、计财科、桑园三组、桑园四组、桑园六组、瑞丰原蚕组、青南城原蚕组、春季蚕一组、冷藏浸酸组、冷库机房组。

场1992年度先进集体：冷库机房、高台原蚕组、罗湾原蚕组、蚕二队春季组、青南城春季原蚕组、瑞丰秋季原蚕二组、桑园三组、桑园五组、冷藏浸酸组、质检组、办公室、政工科、计财科、后勤科、生产技术科。

1991年度，计财科会计达标升三级。

1995年，场获乐山市市中区园林式单位称号。

1999年4月，场被评为乐山市市中区1998年社会治安综合治理安全文明单位。

1964年5月，章树清获共青团乐山地专农业总支委员会“五好青年”称号。

陈华森获四川省丝绸公司1988年度蚕种生产先进工作者。

陈华森、杨淑珍获四川省丝绸公司1990年全省蚕种工作先进个人。

张茂林、毛林迪获四川省丝绸公司1991年度蚕种生产先进个人。

李俊、李成阶、罗暕煜、雷秋容获2018年度省农业农村厅先进工作者。

李俊、刘守金、雷秋容、潘海军获2019年度省农业农村厅先进工作者。

丁小娟、王水军、章文杰、贾晓虎获2020年度省农业农村厅先进工作者。

郑晓丽、丁恒、雷秋容、潘海军获2021年度省农业农村厅先进工作者。

场1991年度先进工作者：彭汉光、邹如章、邓学铭、彭光全、李文明、魏成祥、涂敏辉、赵大定、吴仲坤、陈一中、李泽军、田祥林、黄建华、曾桂清、谭永才、潘玉容、张永清、彭绍松、陈泽清、丁莉、左宗容、郭建军、黄加惠、彭毅梅、钱洪玉、胡宝珍、向垣美、张建平、李太成、雷惊蛰、青志勇、王小丽、张茂林、毛林迪、宋毅、童应鳌、陈华森、罗荣华、卫华京、谢阆生、蒋星海。

场1992年度先进工作者：涂敏辉、陈一中、谭永才、潘玉容、黄建华、李泽军、吴仲坤、曾桂清、郭建军、张建祥、但术华、邵建红、王建军、黄菊华、钱红玉、青志勇、秦胜和、刘守金、左宗容、毛林迪、项文进、张秀英、詹素英、王小平、胡宝珍、李太成、李成阶、王小丽、雷惊蛰、邱有道、罗荣华、谢国庆、陈华森、黄光跃、牟成碧、彭光全、李华洲、邹如章、邓学铭、严敏、赵大定、段菊华、张茂林、唐秀芳、彭汉光。

2008年年度考核优秀人员为本场职工：张秀英、彭光全、丁小娟、李树林、刘守金、段菊华、彭毅胜、青娟、高敦孝、章明洪、彭毅梅、邵建国、马永毅、雷小江。

2009年年度考核优秀人员为本场职工：彭光全、丁小娟、刘君成、马小苏、秦胜和、彭毅胜、易平容、高敦孝、邵建国、雷小江、杨志勤、魏涛、夏蓉、陈一中。

2012年度优秀人员：刘君成、青志勇、章明洪、冷毅、谢国庆、彭光全、李泽军、雷小江、张建祥、朱瑾。

场2015年度先进工作者：潘海军、丁小娟、雷秋容、陈惠蓉、易平容、邵建国、冷毅、梁雪梅、雷小江。

场2016年度先进工作者：陈惠蓉、青志勇、雷芳、段汝吉、雷秋容、章明洪、潘海军、罗暕煜。

场2017年度先进工作者：潘海军、罗暕煜、郑晓丽、王永祥、马小苏、邵建国、曹俊新、吴娟、谢刚。

场2018年度先进工作者：刘守金、章文杰、潘海军、雷小江、彭彩霞、易平容、曹俊新、丁恒、陈惠蓉。

场2019年度先进工作者：刘守金、郑晓丽、贾晓虎、夏蓉、彭彩霞、易平容、舒天培、易先华。

场2020年度先进工作者：邵建国、郑晓丽、罗暕煜、章明洪、冷毅、黄鸣、丁恒、陈惠蓉、段汝吉。

场2020年度先进工作者：陈惠蓉、易先华、章明洪、蒋俊波、罗文平、杨雪梅、曹俊新、丁小娟、章文杰。

二、2021 年在职职工名录

表 6-1 2021 年末在职职工花名册

姓 名	性别	出生年月	学历	岗位	现任职务	技术职称
李俊	男	1964 年 5 月	大学	专业技术、管理	场长、书记	正高级农艺师
刘守金	男	1964 年 12 月	大学	专业技术、管理	副场长	高级农艺师
王水军	男	1968 年 10 月	大专	专业技术、管理	副场长	农艺师
李成阶	男	1962 年 5 月	大学	专业技术、管理	生产技术科长、研发中心副主任	正高级农艺师
章文杰	男	1971 年 9 月	大专	专业技术、管理	后勤科长	农艺师
丁小娟	女	1973 年 9 月	大专	专业技术、管理	计财科长	农艺师
梁雪梅	女	1976 年 11 月	大学	专业技术、管理	政工科长	高级农艺师
杨忠生	男	1969 年 1 月	大学	专业技术、管理	研发中心主任	高级农艺师
雷秋容	女	1977 年 8 月	大学	专业技术、管理	生产技术副科长	高级农艺师
贾晓虎	男	1986 年 9 月	研究生	专业技术、管理	研发中心副主任	高级农艺师
青志勇	男	1963 年 3 月	中专	专业技术		高级农艺师
罗暕煜	男	1993 年 7 月	大学	专业技术		农艺师
贾平	女	1972 年 12 月	大专	专业技术		农艺师
张秀英	女	1965 年 1 月	大学	专业技术		高级农艺师
郭建军	男	1965 年 8 月	中专	专业技术		高级农艺师
郑晓丽	女	1972 年 6 月	大学	专业技术		农艺师
潘海军	男	1986 年 11 月	大学	专业技术		农艺师
段汝吉	男	1974 年 10 月	大专	专业技术		农艺师
陈惠蓉	女	1978 年 8 月	大专	专业技术		农艺师
雷芳	女	1974 年 12 月	大专	专业技术		农艺师
朱霞	女	1992 年 9 月	大学	专业技术		农艺师
胡丹	男	1992 年 10 月	研究生	专业技术		农艺师
吴佩霜	女	1990 年 3 月	大学	专业技术		助理农艺师
舒天培	男	1995 年 10 月	大专	专业技术		助理农艺师
刘万巧	女	1994 年 6 月	大专	专业技术		助理农艺师
李应菊	女	1997 年 6 月	大专	专业技术		助理农艺师
郑梦骄	女	1993 年 7 月	大学	专业技术		助理农艺师
曹雪	女	1994 年 3 月	大学	专业技术		助理农艺师
汪文祥	男	1992 年 8 月	大学	专业技术		助理农艺师
余昕萌	女	1998 年 3 月	大学	专业技术		技术员
丁恒	男	1975 年 6 月	技校	专业技术		技术员
易先华	男	1979 年 4 月	技校	专业技术		技术员
邵杰	男	1995 年 10 月	大学	专业技术		见习期
方可人	男	1998 年 5 月	大学	专业技术		见习期

（续）

姓　名	性别	出生年月	学历	岗位	现任职务	技术职称
宛秋兴	男	1995 年 9 月	研究生	专业技术		见习期
何金强	男	1998 年 1 月	大学	专业技术		见习期
谢国庆	男	1967 年 10 月	高中	工勤		技师
马永毅	男	1970 年 7 月	初中	工勤		技师
冷毅	男	1971 年 7 月	高中	工勤		技师
邵建国	男	1971 年 10 月	初中	工勤		技师
刘学东	男	1972 年 2 月	初中	工勤		技师
曹俊新	男	1973 年 3 月	初中	工勤		技师
雷小江	男	1974 年 11 月	技校	工勤		技师
彭毅胜	男	1967 年 10 月	初中	工勤		技师
陈苏桥	男	1972 年 12 月	技校	工勤		高级工
苏智勇	男	1974 年 10 月	技校	工勤		高级工
马志忠	男	1969 年 7 月	小学	工勤		高级工
章明洪	男	1970 年 1 月	小学	工勤		高级工
魏涛	男	1976 年 7 月	技校	工勤		高级工
易平容	女	1974 年 7 月	技校	工勤		高级工
谢刚	男	1978 年 9 月	技校	工勤		高级工
蒋俊波	男	1977 年 12 月	技校	工勤		高级工
黄鸣	男	1972 年 11 月	技校	工勤		高级工
罗文平	男	1972 年 8 月	技校	工勤		高级工
谭伟	男	1978 年 2 月	技校	工勤		高级工
谢晓虎	男	1976 年 9 月	技校	工勤		中级工
陈苏	男	1990 年 7 月	大学	工勤		初级工
吴紫玉	女	1994 年 10 月	大专	工勤		初级工
杨雪梅	女	1997 年 5 月	大专	工勤		初级工

附　录

一、文献

（一）苏稽蚕种场今昔

邹如章

四川省苏稽蚕种场由新生活运动妇女指导委员会乐山蚕丝实验区创建于民国 27 年（1938 年）冬，由郑辟疆、费达生先生亲自指导筹建。苏稽蚕种场位于乐山城西 11 公里处新桥（苏稽）镇峨眉河畔。桑园均属坝地，土地肥沃，属泥土夹沙地质，土层深厚，保水保肥力强，雨量充沛，日照时长，无大热大冷，春早冬迟，早霜期在 11 月中旬，终箱期则为 12 月末，霜期甚短。年平均气温 17.65℃。年平均降雨量 1365.6 毫米。

抗日战争爆发后，民国 26 年（1937 年）秋，江浙沦陷。蚕校、丝厂被毁，一批蚕桑技术人员，陆续撤往四川重庆。郑辟瓢，费达生先生就是其中之一。新生活运动妇女指导委员会亦由武汉撤退至重庆曾家岩技精中学内，由宋美龄任指导长，具体业务由两名干事负责，一名张蔼贞，一名陈纪宜。俞庆棠任生产事业组组长。民国 27 年（1938 年）10 月，俞庆堂邀费达生参加工作，并派她来川南乐山县调查，选择创办蚕丝实验区的地点。根据调查报告，于民国 27 年（1938 年）秋，新生活运动妇女指导委员会和四川省政府洽商，决定以川南的乐山、青神、眉山、井研，犍为、央江、峨眉七县为蚕丝实验区，办理川南的蚕丝改进推广事宜，俞庆棠推荐费达生先生为乐山蚕丝实验区主任，郑辟疆为顾问，蚕丝实验区办事处设在乐山县城武圣祠，（今市中区嘉定南路市中区烟草专卖局）旋即开展养蚕，制种、制丝等筹备工作。

在苏稽南郊，购买南华宫，禹王宫房产为基地，并在附近购置土地 130 余亩种植桑林，建立简易蚕室，命名为“苏稽蚕种场”。由费达生、孙君有兼任场长、副场长，负责制造改良蚕种，从根本上提高蚕种质量，民国 28 年（1939 年）春，开始养蚕，当年制成“蚕峨牌”改良蚕种儿百张。民国 29 年（1940 年）猛增到三四万张，推动了土种蚕向良种蚕的转变，这是蚕种变革的一次飞跃，很快为蚕农接受，同时在峨眉山腰的初殿，创建了峨眉山天然冷库，每年10月后开始下雪，积雪数尺，收雪冷藏蚕种，至翌年二、三月才逐渐化冻。该冷藏库可容10余万张蚕种冷藏，继又在峨眉山清音阁利用从老峡谷缓缓下流的飞泉建立浸酸池，同时建凉种室一幢，可供职工食宿。是蚕种浸酸的理想场地。

乐山蚕丝实验区是以推广科学养蚕为宗旨的事业机构，在生产过程中，通过由桑而蚕而丝的手段，经由点而线的方式，实现改进技术增加产量的目的。具体做法是：

一、指导农民科学养蚕。素来蚕农都用自制土蚕种间养，孵化早，三眠后即上蔟，以食柘叶为主，上蔟前大都改食桑叶，饲养期较改良种为长。蚕农不讲科学，病毒蔓延，听天由命。养蚕技术不改进，丝的产量、质量也很难上去。当年把江苏多年积累的养蚕经验应用于川南地区，组织蚕农成立养蚕生产合作社，开始在乐山、青神、汉阳坝设立指导所，向蚕农传授科学养蚕技术，宣传推广应用改良蚕种。推广范围包括：1. 配发改良种，2. 指导消毒；3. 共同催青，4. 稚蚕共育，5. 巡回指导，6. 养蚕示范；7. 养蚕训练。指导员每日不停地风里雨里巡回指导，嘱咐各个时期的注意事项，直到上蔟采茧为止。结果蚕茧丰收，蚕农高兴，养蚕技术得到顺利推广，在川南七县相继建立了蚕桑指导所。配备的指导员有：沈长达、李殿梅、周荣椿、刘宝琛、孙静华、陆素行等。除指导养蚕外，对育苗、栽桑、配发实生苗，嫁接苗等都进行了指导，这对提高川南蚕桑技术，起到了巨大的推进作用。

二、建立学校培养人才。民国28年（1939年）在乐山由郑辟疆负责筹办蚕丝学校，王干治、陆辉俭、胡元恺等人负责专业教育，曾岳生任会计，亚以王干治为教育长、陆辉俭为实习场长。建校之初，借用乐山蚕种场为校址，招收女蚕和蚕专学生各一班，附设制丝养成班一班。民国30年（1941年）在乐山嘉乐门外白扬坝自建校舍。校园基地10亩，苗圃及桑园基地20余亩，在郑辟疆校长的率领下，全校师生艰苦创业，修建校舍，培植桑园，当年施工，当年竣工投入使用。到民国34年（1945年），共培养蚕桑专业三年制专科学生264人，中专三年制蚕丝科学生113人，为川南培养了第一批蚕丝技术人才，对促进乐山地区蚕桑事业的发展起了积极的作用。

新中国成立后，人民政府非常重视蚕桑事业，于1950年3月5日正式接管苏稽蚕种场，由官商改为国营，废除工头制，建立民主制度，工人参与管理。当时有干部17人，工人24人，由肖佑琼任场长，杨玉蓉任技术主任，开始恢复蚕桑生产，1951年就制种4442张。1954年，中共中央发出“大力发展蚕桑生产”的指示后，出现了大规模的育苗栽桑高潮，苏稽蚕种场的蚕种生产开始兴旺，桑叶亩产58444千克，总产量达132026千克，制种30386张。1956年5月，苏稽蚕种场由西南丝业公司转属四川省农业厅领导，

1957年省农业厅宣布恢复苏稽蚕种场“蚕蛾牌”的蚕种商标。后又新建一批蚕种场，但大都无商标。因此，从次年起，有商标的蚕种场也停止使用，按统一规定，凡四川省蚕连纸，正面均印场名，背面印养蚕制种要点。

在生产良种蚕的同时，从1954年开始，利用柘树进行土种蚕试验，当时收集土种蚕几百个品种，经过纯化培育，保留35个品种。这些品种均具有全茧量、茧层量、茧层率、茧丝长、克蚁收茧均好于原土种蚕的优点，但由于改变了原土种蚕的特性，不好饲养，单产量仅有10～15千克，蚕农不欢迎，因而停止推广。从1962年起，只进行保种试验，每年制少量不发出去的土种蚕，年年造成库余损失。1969年库余土种蚕1360张，农村柘树亦逐年减少，已无继续试验的价值，乃停止试验。

白僵病，是川南流行的蚕病，中药材有名的“川僵”就出在乐山地区，是养蚕大敌之一。大力宣传白僵病的危害，积极采取防治措施，能密闭的蚕室，用福尔马林消毒，不能密闭的蚕室，用硫黄烟熏，同时采取病蚕隔离等防治措施。经过几年的努力，才把白僵病基本消灭。

微粒子病，则是桑林发展的大敌，在川南地区，高温湿润，阴天多于晴天。南充蚕丝学校的教科书上说：“乐山的微粒子又肥又大”。提高蚕种品质，扑灭微粒子病毒至关重要。为此不断提高全场职工的政治觉悟和主人翁责任感，严格各种制度，先后将蚕室蚕具密闭消毒，蒸汽消毒，环境消毒，逐步扩大到桑园和蚕区的千家万户，并派出技术人员具体指导，然后逐个抽样镜检，直到无毒为止。经过多年实践、总结、再实践、再总结的循环验证，微粒子病毒已得到有效控。到1975年，制种84195张，从此结束了苏稽蚕种场长期亏损的局面。

1982年8月3日，省人民政府决定，对现行的蚕桑丝绸管理体制进行改革，建立四川省丝业公司和中国丝绸公司四川省分公司（一套机构，两块牌子），这两家公司，是省属农工商贸结合的全民所有制经济实体。同年11月24日，按省人民政府办公厅通知，省蚕种公司及省属北蚕种场，西里种场，南充蚕种场，三台蚕种场，阆中蚕种场，苏稽蚕种场划归省丝绸公司领导，属事业单位。

自党的十一届三中全会以来，在“巩固基础，狠抓质量管理，更新改造设备，改进技术措施，提高经济效益”的过程中，通过全场职工的不懈努力，实现了领导班子年轻化，专业化，加强了对党员，干部和职工队伍的管理。全场实行了经济承包责任制和岗位责任制，狠抓产品质量和经济效益，出现了全场职工为建设“四化”发展蚕桑事业努力奉献，奋发图强的喜人景象。现在苏稽蚕种场的现代化生产设备已初具规模，技术力量比较雄厚，职工队伍的素质有明显提高。据1990年统计，全场141名职工中，有共产党员23

名。从文化结构上来看，有大中专毕业生 23 名，其中已评定中级技术职称的 4 名，初级技术职称的 25 名。近年来还选派部分职工到南充蚕丝学校和西南农学院进行专业技术培训，总人数达 18 名。通过培训，技术力量有了明显的增强，对今后高质量的蚕种生产起到非常重要的作用。现在的苏稽蚕种场拥有桑园 385 亩，通过道路改造，挖沟排水，老树更新，已基本达到了良桑化；建筑面积 26962 平方米，其中生产用房 22100 平方米；发电机组 2 套，发电量 41 千；空气调节器 9 台；吸湿器 14 台；磨蛾机 2 台；显微镜 16 部；大小汽车 4 辆，固定资产总额 378 万元，年生产蚕种 15 万张以上，人均制种 1300 张。同时，坚持“一业为主，多种经营”的方针，办起了粉房加工，利用粉渣养猪，利用猪肥养桑的良性循环生产格局，全场人均产值 2 万元，人均利润 300 元。

原文刊载于《乐山市市中区文史资料选辑（第五辑·苏稽专辑）》，1991 年 12 月出版。

（二）费达生与苏稽蚕种场

赵 敏

苏稽蚕种场位于苏稽镇乐峨路与苏沙路交会处，是事业性质企业管理的家蚕良种繁殖场，承担着蚕种生产繁育、冷藏浸酸和科研任务，隶属四川省农业厅及下属四川省农场管理局领导。

苏稽蚕种场于1938年由宋美龄女士创办，距今已有72年历史。说到苏稽蚕种场的创办，不得不提到一个人，我国著名的蚕桑教育家、改革家，曾被称为“当代的黄道婆”“中国乡镇企业之母”苏稽蚕种场的首任场长——费达生。

1903年10月，费达生出生在江苏省吴江同里镇，她是费璞安、杨纫兰夫妇的第二个孩子。费家共有5个孩子，长子费振东毕业于上海交大，新中国成立后曾任政务院华侨事务委员会宣教司副司长；次子费青，毕业于东吴大学法学院，北大教授，新中国成立后曾任政务院法制委员会委员等职；三子费霍，新中国成立后在上海城建局担任工程师；四子费孝通，全国人大原常委会副委员长，我国著名的社会学家、人类学家、民族学家和社会活动家。费达生从小接受良好的教育，学习刻苦用功。14岁那年，费达生考取了江苏省女子蚕业学校，18岁时被选派到日本东京蚕丝高等学校留学。1923年4月，费达生留学毕业归来，回到母校“蚕业推广部”工作，开始了她一边从事教学、科研，一边深入农村推广科学养蚕制丝的工作。

1937年抗日战争爆发，女校大部分校舍、厂房被日机炸毁，“蚕丝推广部”在吴江县、无锡县的一些实验制丝所也都被日寇焚毁殆尽，费这生和女蚕校校长郑辟疆商量决定迁移到四川，保护青年技术人才去大后方为抗战服务。1938年，费达生先行入川，来到重庆，在这里她遇上了有着“民众教育保姆”之美誉的著名教育家渝庆棠女士。而在这一年5月，以宋美龄为会长、指导长的“新生活运动妇女指导委员会”经庐山妇女谈话（5月25日结束）确定，为适应抗战形势需要，改组扩大组织，“动员妇女，服务社会”，设立了生产事业组。渝庆棠时任“新生活运动妇女指导委员会”下设的生产事业组组长，正计划在四川展开蚕丝技术改造，她力邀费达生参加川南蚕丝实验区的考察、选址、建设工作，同时四川丝业公司委任她为丝业公司制丝总技师，并拨出一幢房屋，专为接待入川师生和校友之用。

受聘后，费达生即去川南乐山一带调查。当时的四川地区养的都是土蚕种，病蚕死蚕极多，结茧率不高。一次她来到川南的青神县汉阳坝，她看到当地的桑树高大葱郁，叶片大如葵花叶，兴奋异常地问当地百姓，这是什么桑树？当地百姓告诉她，这叫“沱桑”。她充满信心地对当地百姓说：“有这么好的桑叶，一定能养好当地的蚕”。她立即采摘数片桑叶带回宿舍，给同事看，又提笔给上海租界内的郑辟疆写信，兴奋之情溢于白纸：“乐山桑叶大如席，请我师速来!”。新生活运动妇女指导委员会和四川省政府决定，由中央农村部拨款，在乐山建立乐山蚕丝实验区，区域包括乐山、青神、眉山、峨眉、井研、犍为、夹江七县，任命费达生为实验区主任。9月14日，实验区成立，机关设在乐山嘉乐门外半边街五圣寺内。次年，郑辟疆率领散在江苏、上海等地的师生也到了四川，江苏女蚕校和蚕丝专科学校在四川乐山复课。蚕丝实验区与西迁的江苏省女子蚕业学校为两块牌子、一套班子，学校为实验区的培训机关，实验区则是学校的实验推广区。

乐山蚕丝实验区成立后，费达生在郑辟疆的帮助下，迅速在七个县分设蚕业指导所，在乐山等三县设大小桑苗圃七处，建蚕种制造场两所，当时任务是推广蚕桑及制丝，苏稽蚕种场为该实验区改良杂交种的制造场所，主管机关为新生活运动妇女指导委员会生产事业组。

1939年，费达生、孙君有由中央农林部拨款，在苏稽购置南华宫、雨王宫房产为基地，建立简易蚕室；购置土地130余亩为苗圃种植、推广桑苗，定名为“乐山蚕丝实验区苏稽蚕桑场”，性质是公立蚕业推广改进机关，设立了原种部、普种部生产改良杂交种，同时保育女子蚕校的改良蚕品种。当年春开始养蚕，制改良蚕种几百张。蚕种质量由四川省农业改进所检验把关。由于改良种孵化整齐，蚕体健壮，茧色白净匀称，茧丝质量明显优于土种，因而大受欢迎，次年生产量猛增到1万多张，1945年达到2万多张，带动了当地土种向改良种的转变。

1941年7月，苏稽蚕桑场正式登记许可建立，有桑园130余亩，房屋30多间，场长、副场长由费达生、孙君有兼任，主任技术员庄崇蕊，设立栽桑课（部、股）、制种课（下设原种部、普通部、试验部）、总务课（部、股），年制框制种10000多张。费达生把她在江苏培育的优良原种，制成杂交蚕种在农村大量推广使用，效果很好。为了让四川同江苏一样能够饲养秋蚕，充分利用夏秋期生长的桑叶，提高蚕茧产量，当年夏天，费达生听取养蚕农民的建议，到较低的峨眉山考察可行后，由蚕校在峨眉山半山腰初殿修建了冰库并在清音阁建浸酸池，每年冬天搜集冰雪，堆放在库房内起冷冻作用，以利蚕种保护，并通过浸酸处理，变蚕种自然孵化为人工人孵化推广了秋季养蚕。

他们在乐山建立蚕实验区，把从江南带来的蚕种进行适应性试养，培养适合川南地区的新蚕种，在制丝方面，他们就地取材设计了七七式木制立缫车，进行示范推广。1942年，实验区还派出技术人员，为乐山的华新丝厂安装了他们研制的复摇式丝车，用来生产定级的高级生丝，使该厂的产品质量和生产效率明显提高，丝厂的面貌也大为改善。1945年8月抗日战争胜利后，江苏女蚕校江苏蚕丝专科学校的师生们，又分批回到被毁的旧址，重建学校和实习工厂。

原文刊载于《乐山市市中区文史资料选辑（第二十四辑）》，2010年12月出版。

（三）嘉定大绸与柘蚕土种

李成阶

乐山古称南安，为旧嘉定府所辖，位于四川盆地的西南地带，青衣江、大渡河在乐山合流入岷江，地势险要，交通发达，境内大佛是著名的旅游胜地。气候温吸，雨量充沛，土地肥沃，茧丝绸业累世兴盛，可谓川西南丝绸业的中心。嘉定大绸曾是乐山的著名特产，在四川丝绸史上占有一定地位。

嘉定大绸以乐山苏稽一带为中心产地，清代以邓、阳两家所出最为有名。同治《嘉定府志》载："有宽至二尺余者，贡绸；其不及二尺者，曰土绸，土绸之佳者，俗谓之邓阳绸"，邓阳绸发展提高就成为著名的"嘉定大绸"。因苏稽为其主产地，故又名"邓阳苏绸""嘉定上方绸"。

嘉定大绸以当地柘蚕丝为原料，上机工艺特殊，采用传统"水织法"以木机织成。该绸紧密绵软，透气凉爽，一袭在身，清爽舒适。不但省内风行，亦畅销省外及南洋各地，到近代远销香港、澳门、缅甸以至欧美各国，曾是四川的著名特产。1915年，嘉定大绸参加巴拿马万国博览会获奖。名声更远及他乡，四川多数老百姓都知道乐山出嘉定大绸，有钱的人都喜欢穿乐山的嘉定大绸。

柘蚕丝是以当地能吃柘树叶的土蚕种经饲养结茧缫制而成的蚕丝。柘树是多年生木本植物，树矮叶茂盛，柘树叶是乐山地方柘蚕土种的主要饲料之一。旧时乐山境内的山坡、地角、河边盛产野生的柘树。柘蚕土种是当地农民长期自然选择的土蚕种。柘蚕土种孵化的柘蚕，在四龄以前吃柘树叶，四龄以后食桑叶，上蔟营茧，称柘蚕茧或土茧。茧似小指头大，茧色淡黄，也有深黄色，少数为淡绿、白色。鲜茧在大铁锅内煮，用手添脚踏的木机缫制土丝，亦称柘蚕丝或素丝，缫丝汤温约80～85℃，每车缫1～2绪，每绪添45～55颗，缫成的土丝纤度约111～166dtex。

柘蚕丝采用传统"水织法"以木机织成嘉定大绸。织机的安装，后梁要高于前梁，工人操作时，经丝张力必须加得很大，丝筘用力向织口撞击，任其水花飞溅，织出的坯绸才能光泽玉润。嘉定大绸用木机织造，手拉（打梭）脚踏（经开口），纡管用水浸泡，筘、缘框等均为竹木制作，牵经、摇纡也全部用木机。织物结构有双经双纬、三经三纬、三经四纬几种，织地为平纹。纬线卷成纡子后，放入冷水中煮沸，然后再浸入冷水后晾起。织造时，要连续刷水，不让筘门（织口）发白，织绸工人有句口头禅："上撑不刷水，刷水不上撑"。

嘉定大绸用当地青衣江水炼染。青衣江水质较佳，以该江水炼染后，具有细密软绵、软中带挺、色泽鲜美、易洗快干、清爽舒适、冬暖夏凉的特点。

嘉定大绸兴于清朝，乾隆、嘉庆时期乐山苏稽一带“家家养蚕忙，户户织梭声”，所产“嘉定大绸”畅销各地，成为全国著名黄丝产区。晚清顾印愚《府江棹歌》诗道：“映江十万女桑枝，桑女蚕筐正及时。日对澄江剪江练，嘉州争市邓阳丝。”反映出当时嘉定大绸生产的红火景象。

民国时期达到鼎盛，主要集中在苏稽、水口和城区的柏杨坝一带。苏稽位于青衣江流域，百姓在田边地头遍种桑树，境内的山坡、地角、河边盛产野生的柘树，饲养柘蚕土种历史悠久，蚕桑丝绸产业兴旺。嘉州水波绫、乌头绫在唐宋时期已成为贡品。到清代乾隆年间已是邓阳苏绸、嘉定上方绸的主产区。据民国时期统计，全境有600余家机户，织机2500余台。据《乐山工业志》记载，1934年，在苏怀乡（今苏稽）5202家农户中，兼以织绸生产的达3000余户，几乎家家有织机，户户出大绸，年产约十万匹左右。史书记载苏稽场当时是“沿街皆织绸缎，户户机杼声”，有乐山“丝绸之乡”之称。

抗战爆发，祖国半匹山河沦为日占区，江浙大量丝绸纺织企业迁入乐山，乐山发达的蚕桑丝绸业逐渐被以四大家族为代表的官僚资本集团控制。

1938年，国民政府空军降落伞厂普益经纬公司迁到乐山县，用乐山柘蚕丝为原料制作军用降落伞，伴随空军将士浴血疆场抗日报国，此举为乐山1000多年的丝绸业留下了光辉的一页。同年，宋美龄以新生活运动委员会的名义，辟乐山、夹江、青神、眉山、峨眉、井研、犍为七县组建“乐山蚕丝实验区”，在乐山设立办事处，开办苏稽、嘉阳两制种场，设苗圃，培育桑苗；设推广部，在乡间推广桑蚕白茧改良种、缫制改良丝，因产量高、丝质好而受到欢迎。当地的柘蚕土种被逐渐淘汰，野生的柘树遭到砍伐，柘蚕茧产量逐年下降，嘉定大绸受困于原料匮乏而走向衰落。

新中国成立后，在国家恢复发展蚕桑生产总方针的指导下，嘉定大绸原料柘蚕茧产能有所提升，1952年的产量达到1617担（每担为50公斤），与改良茧持平，是自抗日战争爆发以来的历史最高点。1950年代后期由于受经济发展战略极“左”路线和三年自然灾害的影响，蚕茧生产产量总体下降，柘蚕茧下降更甚，1960年嘉定大绸原料柘蚕茧的产量又跌至历史最低谷。此后虽有恢复，但产量和占比一直很低，至1972年彻底绝产。

坐落在苏稽场峨眉河畔的苏稽蚕种场，在推广改良蚕种的同时，为保留“嘉定大绸”，曾对柘蚕土种按新法进行过改良提高努力。

1940年3月，苏稽蚕种场在四川省农业改进所的领导下设立川南研究室，开展柘叶育蚕试验，后由于战乱中止。

新中国成立后，党和政府十分重视地方“嘉定大绸”百年品牌的保护传承工作。1954年西南蚕丝公司在苏稽蚕种场创建全国唯一一个柘蚕土选试育组，由省农科院蚕试站管理，从农村收集柘蚕土种开展试验，收集到数百个土种，当年即派人在夹江种场开展试育，保优去劣，经纯化培育保留35个品种，年底撤回场。

1955年安排土选经费计划6518.64元继续柘蚕试验。1957年开始将实验室选育的杂交种发放到农村饲养开展大样试验，品种有华十正义×井研、华九锡×富五、华十正义×柘十二、华十正义×柘廿、华九锡×柘廿二、华九锡×柘卅。

1958以试验以选育改×土食柘叶蚕为主要目标任务。1959年，为加快选育进度，土选工作春、夏、秋、晚秋一年四季均开展杂交试验研究、纯种比较试验研究，同时开展改种交土种的农村大样试验。并先后栽植柘园100多亩，为柘蚕养殖提供柘叶。

到1962年已搜集、选育出160多个品种（品系），原种既供应本省，还远销安徽、江苏、浙江、黑龙江等省供研究或推广使用。

1966年起，苏稽蚕种场柘蚕土选试育组工作改由南充蚕试站领导管理。当年土选组小样试验仍有20个品种，杂交试验的品种有华十×夫五、苏19×夫五、柘廿×苏17等。1969年后选育试验转以改交柘和柘交柘两个方向为试验目标，改交柘的品种有华志×夫五、华志×柘廿、苏17×夫五、苏17×柘廿。柘交柘品种有夫五×柘廿、柘廿×夫五。但终因改变了原有生态环境，与桑蚕白茧相比，没有明显优势，难于应用推广。与此同时，柘蚕丝采用传统“水织法”以木机织绸的工艺因成本太高亦难于与先进的铁织机工艺相比美，而铁织机工艺所织绸又无法达到嘉定大绸的品质，虽经双江丝厂、嘉定绸厂等单位多次改良亦收效不佳。鉴于此，四川省农业厅于1970年决定中止柘蚕试验。

至1972年，柘蚕茧彻底绝产，乐山著名特产嘉定大绸历尽沧桑，从此销声匿迹。“嘉定大绸”百年品牌成了苏稽人乃至乐山人永远的记忆。苏稽蚕种场收集、保存、开发的柘蚕土种亦随之遗失，柘蚕土种已成为苏场人的回忆。

（四）乐山桑叶大如席

余广彤

费达生在王志莘的帮助下来到了山城重庆。因为有王志莘一封举荐信，第二天，四川丝业公司一位副经理坐了小汽车到旅馆拿出红帖子聘书，聘请她担任公司的制丝总技师，还给她预备了一套房子。一向在农村、工厂奔跑的费达生突然受到这样优厚的待遇真有点受宠若惊哩！

费达生是闲不住的人，没有事情做最感到难受。她要求到工厂去看看。副经理总是说："不忙，不忙！你好好休息！"再一问，才知道除了一个丝厂在磁器口外，其余的都散布在四川各地。在她再三催促下，副经理陪同她出来视察了。出了门有汽车，下了车要坐"滑竿"——长长的两根竹竿，中间一个供人躺的椅子，前后各有一人抬，到了工厂里，前呼后拥的许多人奉陪，摆酒设宴，猜拳行令，要占大半天工夫，到生产车间去的时间很少。费达生对官你、商人那种阿块奉承，虚意应酬一套作风很看不惯。

有天，她接到王志莘先生的电话，问她情况，费达生苦恼地说："我在这里做官，我不习惯呀！"

"有官做还不好吗?"王志莘开玩笑说。接着又说："你先干下去，再想办法吧！"

四川丝业公司下面有十个丝厂，费达生去看过六个，设备都比较落后。比较好的一个厂购进几十部她参加研制的女蚕式立巢车尚待安装，工厂使用的原料还是土萤，说明蚕丝业改进也要从养蚕抓起。

费达生在重庆街上不断遇到从下江逃难来的蚕校教师、学生，为他们在丝业公司安排了工作。但蚕校搬迁到四川来，丝业公司却不愿接收。她又到昆明去看弟弟费孝通，顺便了解一下蚕校能不能迁到云南。从弟弟口中得知，清华大学、北京大学搬到大后方尚未安定下来，小小的蚕校当然更难安排了。

正在这时，新生活运动妇女指导委员会设立了一个生产事业组，组长是女教育家俞庆棠（俞庆棠先生在1949年出席了中国人民政治协商会议，中央人民政府成立后，任教育部社会教育司司长，不久即病故，被誉为人民教育家）。她计划在川南乐山建立蚕丝实验区，托人来找费达生，想请她出任主任。

俞庆棠先生也是江苏妇女中的一位豪杰，她早年留学美国，回国后在无锡创办了教育学院，并设立了研究实验部，推行民众教育当费达生在苏南农村开展蚕丝改良时，俞庆棠在无锡农村建立了许多实验区，在农民中普及教育文化，名扬省内外。

俞庆棠比费达生大几岁，高高的个子，椭圆形的脸庞，戴副金边近视镜，一派学者的风度。但她并没有书生气，办事很干练。费达生在一位学生陪同下，到她在重庆的临时住所去看她。她开门见山地说：

“现在处于抗战时期，男女同胞都要为抗日出力，前线兄弟流血杀敌，后方姐妹要挥汗做工。我也不懂生产，欢迎你们这些专家来参加生产事业组工作。”

费达生心想：我到大后方来，就是想为抗日出力呀！随口说：“我也不懂什么，这些年就是在蚕丝上……”

话未落音，俞庆棠接过去说：

“我们就是想成立一个蚕丝实验区！你在苏南开展蚕丝改良不是很有成绩吗?”

“川南农村没有去过，不知可适合发展蚕丝?”

“你可以先去看看。”

俞庆棠和郑辟疆同是黄炎培先生创办的中华职业教育社的理事．她问起郑先生的近况。费达生说他还在上海，也准备到大后方来。

俞庆棠爽快地说：他来了请他担任我们生产事业组顾问。

这次愉快的会见之后，费达生便由四川蚕业改进社一位同学陪同到川南实地考察。当时重庆到乐山的交通十分不便，水路乘木船需七八天，陆路坐滑竿、人力车要六天，费达生走的陆路。一路上看到农民生活十分贫困，常以野菜稀汤充饥，小孩冬天不穿鞋、赤脚，老百姓吸毒的很多，抬滑竿的走半天路程也要吸了大烟再走，他们说：“白饭不吃可以活，黑烟不吸不能走路!”每天晚上，费达生住在门口贴着“未晚先投宿，鸡鸣早看天”的村野小店里，臭虫多极了，一把一把抓起放到洗脸盆里用纸头烧。睡觉时随身带的提包要用绳子捆在手腕上，以防被人偷走。

川南的丝业也很落后，然而自然条件很好、发展潜力大。

她们到了青神县汉阳坝，路旁田坎上，山坡上一行行，一排排绿葱葱的桑树吸引住了费达生的目光．她走到桑树下细细看，这里的桑树和湖桑不同，不但树干高，而且柔叶比湖桑大得多，简直如同葵花叶子一般。她问道：这是什么桑树，长得这么好?

“这里叫‘沱桑’。”

“有这么好的桑树，只要蚕种好，一定能养好蚕!”费达生兴奋地说。

她在桑树下，越看越喜爱，攀住树枝，采摘下一束鲜嫩的桑叶。她觉得乐山是继续从事蚕丝工作的好地方，比在丝业公司当“官”虽然艰苦，可是更有意义。她把桑叶带回重庆，像鲜花一样插在玻璃瓶里，放在桌子上。她拿起笔给郑先生写信，忽然，李白的诗句“燕山雪花大如席”涌到脑海中来，于是，纸上落下这样一行字：“乐山桑叶大如席，请我师速来!”

郑先生他们从上海到重庆要绕道香港，越南海防，先乘轮船再乘火车、汽车，辗转万里，到重庆已经过去了两个多月。费达生一见他们，就谈在乐山设立蚕丝实验区的事，并且拿出了那一束“沱桑”。那桑叶放了两个月已经干枯了，失去了鲜嫩的颜色。郑先生拿在手里仔细看看，也很喜爱，笑着说：“唔，乐山桑叶大如席呀!”费达生看了眼郑先生，会心地笑了。

一束“沱桑”从这个人手里传到那个人手里，像什么稀罕物件似的。是的，哪有一个从事蚕丝工作的人不喜爱桑叶的呢?

大家谈起从上海来时一路的情况，费达生又讲了这样故事：她来时是经长沙，武汉走的，当时国民党政府机关正在往重庆迁移，她到武汉航空公司售票处去买票，他们说到重庆三天之内的票都售完了。好说歹说，他们也不肯解决。她灰心丧气地走出了售票处，刚好碰上从重庆回来的王志莘先生。王志莘听她一说，便说：我进去联系一下！经过王先生的交涉，航空公司才同意当天一班飞机取下一个邮包把她装上。

郑先生听完伸出一个指头点着她，逗笑说：“你呀，正好抵一个邮包!”

大家看看费达生小巧轻盈的身材，又想到她几个月来东奔西跑，哈哈笑了起来，然而，从内心深处感激她给大家找到了一个“国难期间”可以落脚的地方。

但是，他们面前又出现了一道难题。一批毕业生已经散开了，就剩下几个教职员，要挂出蚕校的牌子，必须教育部承认，拨给经费，因为当时教育部掌握在国民党CC派的手里，郑先生不是他们的人，所以他们借口这个学校原是江苏省的，拒绝给经费补助，大家商议后，只好先去两人到乐山打前站，郑辟疆，费达生等留在重庆继续与教育部办理交涉。

有天早饭后，朝雾散去，蓝天飘着片片白云，是重庆少有的好天气。他们正要出门，忽然，山头上紧急警报“呜呜”呼叫起来，费达生扶着郑先生走出房间，空中传来轰隆隆的马达声，成群日本飞机已飞到头顶上，费达生顾不得朝空中看一眼，拉着郑先生急忙往院子中间的防空洞钻。刚进洞口，“轰隆”一声响，一颗炸弹在附近爆炸开来，强烈的气浪把他俩冲倒了。

外面敌机在狂轰滥炸，大施淫威。当他们从防空洞出来时，一眼看到街上墙倒屋塌，遍地瓦砾，有的木板房屋还在燃烧冒烟，东倒西歪的电线杆上挂着半截人腿，血水一点点滴下来……

敌机连日实施大轰炸，城内在动员疏散。郑先生和费达生等在化龙桥江对面的农村中找了户人家暂住下来，每天利用敌机轰炸的间隙，派人过江到教育部去讨经费，软磨硬要，过了几个月，教育部终于答应每年给5000元经费。于是他们动身向乐山进发。

乐山地处岷江、青衣江、大渡河三条江河的汇流处，城外凌云山大佛是闻名全国的古迹。抗战以来，外地逃难来的人很多，武汉大学也搬迁到此地。这个偏远的小县城一时变得繁荣、热闹起来。

费达生刚去时，从四川丝业公司讨来了一批茧壳。她和程瑜、杨志超等技术人员带领工人做丝棉卖。因为做成的丝棉被套质量好，很畅销，从中赚了一笔钱，补充了开办经费。

蚕校与蚕丝实验区是两个牌子，一套人马。学校为实验区实训机关，实验区是学校的实验推广区。郑辟疆和费达生住在嘉乐门外半边街五圣寺的实验区机关内，领导着两个单位的工作。

蚕校初去租住平江门内的旧绸厂房屋。因为城区不断遭到日寇飞机轰炸，便疏散到城外牛耳桥蚕种场授课，在白羊坝购地建校舍。在1939年秋天先招收了蚕科一个班，随后又受四川丝业公司委托开设一个制丝班。师生克服困难，自己动手，修建房屋，开辟桑园。教师们吃住、备课挤在一间房屋里，自编自印讲义，自制教具，基础课请武汉大学教师兼课，使教学能正常进行。同时，开展科学研究，把从江南带来的蚕种，进行适应性试养，培育适合川南地区的新蚕种。制丝方面，在抗战中因日寇封锁，日本及江浙的立缫车无法运到四川．他们就地取材，设计了七七式木制立缫车，进行示范推广，还编辑出版了大后方唯一的蚕丝学术刊物《蚕丝月报》，印刷费用全靠郑先生、费达生等人捐献出来的一部分工资。

乐山蚕丝实验区包括乐山、青神、眉山、犍为、峨眉、夹江七个县，由于过去四川几派军阀割据一方，四川省丝业公司也控制不了川南的蚕丝业，所以这里养的蚕还是土种，有两个丝厂一年只开工几天。实验区成立后，在七个县设立了蚕业指导所，在乐山等三县设大小桑苗面七所，蚕种制造场两所，在农村大量推广改良蚕种，并帮助乐山的两个丝厂进行了技术改造。

费达生曾向四川丝业公司要求辞去制丝总技师的职务，对方没有同意。但她的主要精力放在了实验区的事情上，又像在苏南一样，常年奔波在农村。

在川南指导养蚕遇到两大难题。一是当地气候潮湿，白僵病流行。蚕已成长到快吐丝的时候，忽然发病，蚕体僵化，身上一层白色的粉末，而且传染很快。但是当地老百姓并不怕，因为“川僵蚕”是中药中有名的药材，能祛风解疼，化痰散结，对小儿惊风、中风癫痫、咽喉肿痛、风疹瘙痒均有疗效，可以拿到中药铺卖钱。养蚕指导所成立后，大力向群众宣传，能密闭的蚕室用福尔马林消毒，不能密闭的蚕室用硫黄熏，同时实行隔离等防病措施，使白僵病基本消灭。再是当时四川实行蚕丝统制，改良蚕茧不准私卖私缫，压价收购，每值茧汛期，大批“缉私队”横行乡间，有的地方激起蚕农反抗，群起把茧庄捣毁，郑先生和费达生多次向妇指委会反映，利用国民党内部派系矛盾，终于废除了阻碍生产发展的蚕丝统制政策。

有年夏天，费达生在青神县汉阳坝指导养春蚕结束的时候，有位姓帅的中年农民听她常讲在江苏饲养秋蚕，便指着茂密的桑叶说：“费先生，你不能帮助我们也养秋蚕吗?”

费达生摇摇头说：“没得办法。你们这里没有冰雪，没法修建冷库呀!”

这位对科学养蚕十分热心的农民却不以为然，说：

“费先生，我们到峨眉山上去修，山上有雪!”

提到饲养秋蚕，应该说明这也是郑辟疆先生的一大功绩。从前我国农村只养一季春蚕，蚕种靠自然解化；而要饲养秋蚕，蚕种必须经过冷藏，然后取出来在盐酸池中浸过，叫作人工孵化。郑辟疆和费达生在抗战前曾请日本一位专家来帮助，在许墅关学校内修过一个冷库，并带领学生到江阴、无锡农村去宣传、推广秋蚕，这样夏秋生长起来的桑叶得到了利用，使蚕茧产量大增。那时的冷库没有用阿莫尼亚的制冷机，就靠冬天把水塘里结的冰块搬放到里面去，起冷冻作用，到四川他们也想过推广秋蚕，只是这地方气候暖和，冬天不见冰雪，蚕种冷藏问题解决不了。谁知这位对科学养蚕十分热心的农民却出了这个主意，费达生回来一汇报，大家觉得是个好办法，就请这位农民领路到峨眉山去勘察。

经过实地勘察，决定由蚕校负责在半山腰初殿旁边修建冰库，浸酸池修在清音阁附近。

冷库房屋建好已经到了冬天，峨眉山上，白雪皑皑。树枝弯弯下垂，上面堆着雪，下面结着一条条冰凌，形成晶莹如玉的一道道冰帘，在灿烂的阳光照射下，万树银花，色彩变幻不定，蔚为壮观。

费达生顾不得欣赏峨眉山的雪景，和工人们一起把山坡上的冰雪一块块搬进冰库堆积起来，她见冷藏库内的几个台阶上撒了些冰屑，路滑，工人背着冰块很难走，就站在几个台阶中间，一手抱住一根柱子，伸出另一只手把工人一个个往上拉，助一臂之力。房间里空气有点闷人，干了一降子，她额上出汗了，仍坚持着干，等到搬完，她往外走时，觉得浑身疲软，气喘吁吁，胸膛发闷。她扶住门口一棵大树，嗽了两下，一股黏液涌上喉头，脚下出现两口鲜红的血痰……

同事扶她坐下来休息了一会，要送她下山，她仍坚持者看到把冰雪堆好，才下了山，到苏稽蚕种场去休息。

郑辟疆到重庆去联系工作刚回到学校，一位女教员就告诉他：“郑先生，费先生吐血了，你去看看她吧!”

“啊! 怎么搞的呢?”郑先生猛吃一惊。

“听说在山上吐了两口血，可能是肺结核哩!”那时候肺结核还是一种令人恐怖的恶疾。

郑先生一听，急得坐立不宁，恨不得立即飞到她床前去看望。

逃难到四川后，郑先生想起几十年来呕心沥血在苏南开创的事业一下都毁于战火，一度心情不好，经常叹气，加上对川南气候不习惯，成天感到头脑发胀，不舒服，费达生见他年过六十，孑然一身，对他体贴照顾更周到了，他俩的感情更增强了，但郑先生自己规定过女蚕校教师不准与学生谈恋爱，自己和一位女学生结婚，外界会产生什么影响呢? 年龄悬殊这样大，而且又在战争时期，怎么能沉湎在爱情中去呢? 所以，他把这种感情深深埋藏在心底里，不曾表露过。然而，只有他自己知道，这种感情像沉寂的火山里面的熔浆，不是在熄灭，而是在与日俱增地蕴积着。

——后来郑辟疆曾经对费达生这样说:“在四川一段时间我蛮寂寞，想把结婚的事提出来，又想到别人会说我们是为了私情，就压下来了。”费达生回忆此事时说:“他是很能控制自己的感情的!”

第二天，郑先生乘一辆黄包车来到了苏稽蚕种场。这里几个工作人员都是从江苏逃难来的女蚕校毕业的学生，她们把老校长领到费达生住得楼上的房间里。

费达生躺在一张小板床上，身上盖着床浅蓝印花面被子，面色蜡黄，短发披散，显出恹恹病容，看见郑先生进来，才披衣靠墙坐了起来。

郑先生见她黄瘦憔悴的样子，心中涌起怜爱之情，亲切地问道:

“你感觉怎么样?”

“没啥，就是当时有些难过。”费达生见郑先生来了很激动。其实，她敬慕郑先生，也看出郑先生对自己有种特殊的感情。

“你平时不大咳嗽，是肺结核吗?”

“谁知道怎么搞的，搬了一会冰，有些难受，就吐血了!”

“那是在山上累坏啦。”郑先生像教育小孩子似的说，“做什么事都要量力而行，适可而止，过度了反而损伤身体、于事无补! 你就是那样，做起事来不顾一切……”

“也没有做什么事呀!”费达生说。

“你就在这里休养吧，这里安静些。不要回办事处去，那边事务杂乱，休息不下来!”郑先生又对蚕科场一个工作人员说:

“你们平时好好护理，不要叫她下床! 过一个月，我要看看你们的成绩!”

“你放心，郑先生！我们对她像月婆子一样侍候哩！”蚕种场工作人员笑着说。她知道费达生是郑先生的得意门生和得力助手。

工作人员下楼去了。费达生问起学校情况，郑先生说，前几天有个四川学生夜里被国民党便衣抓走了。学校在乐山打听不出下落，派人到成都去，才打听到的消息是成都特务机关来人抓的，这个学生常给报纸写文章，他们说他是共产党。学校费了很大劲，把他保释出来了。

费达生在妇女指导委员会开会时，见过共产党的代表，印象蛮好。问道：“那保出怎么办呢?”

“我们让他和与他接近的同学都避开了。”郑先生说。

“啊……”费达生松了一口气。

郑先生虽然平日不多谈论政治，但他已经清醒地看出了国民党的腐败。教育部要求中等专科学校校长必须是国民党员，把入党表发到学校。办事人员问郑先生怎么办，他回答说：“先放在那里！”始终没有填写交上去。当然，他对抗战的中坚共产党、八路军了解也还不深。现在谈到在重庆和黄炎培先生见面情形，他说：

“任之准备到延安去看看。听说那里官兵平等，军民融洽，农民对共产党、八路军很拥护……”

郑先生站在床前，费达生也特别感到愉快，话头不断，两人亲热交谈着不觉已到晌午，郑先生又安慰了几句，才依恋不舍地走出房门。

费达生听着木板楼梯上咚咚咚沉稳的脚步声渐渐消了，接着是郑先生和工作人员说话的声音：

“多给她买些鸡吃！……一天一只！啊？……”

费达生微微笑了，一股暖流从心头流过……

……冰库建起了，明年可以下乡推广秋蚕了！

摘自《蚕丝春秋》，余广彤 著　南京出版社 1990 年 9 月。

（五）江苏蚕专恩泽遍川南

张在军

从20世纪20年代开始，江苏蚕专（女蚕校）就着力推动的蚕丝业改进事业，已经在蚕校周边的吴江、无锡等地区造就了一条新蚕丝业的产业链。从吴江弓弦村指导养蚕为肇始，蚕校先将指导工作着眼于旧蚕种的改良和新蚕种的推广，使得蚕农得以从根本上生产出优质的蚕茧，为蚕丝业其他环节的发展提供稳定而优良的原料，形成一整套的蚕丝业养殖、生产和加工体系。从而在根本上改变了中国蚕丝业发达的蚕校周边地区生产状况，使得中国近代的蚕丝生产在真正意义上实现了近代化，并取得了可以和日本蚕丝业相竞争的自信和实力。但是到了三十年代后期，中国遭受了日本的全面侵略，江南蚕丝发达地区沦陷，蚕校的蚕丝改进活动被迫停止，许多刚刚取得的改良成果都被无情地战火所毁灭。但即使这样，蚕校人进行蚕丝改进事业的决心并没有任何的动摇，在他们辗转迁移的路途中，将新的改进事业推进到中国的大西南——四川地区。

蚕专校长郑辟疆先生被聘为生产事业组顾问，教员费达生被聘为实验区主任，为丝绸业的发展做了大量工作。1990年11月，著名的社会学家费孝通在《纪念郑辟疆先生并赠家姊达生》一诗中写道："丝结同工茧，劬劳近百年。蚕桑为兴国，育才志不迁。事属千秋业，功在万民间。恩泽遍乡里，立像崇先贤。"

费达生

两枚炸弹落在蚕校

江苏省立蚕丝专科学校的前身，源于报业大王史量才先生所创办的私立上海女子蚕业学堂。该校创建于1903年，校址设在上海高昌庙桂墅（现上海市南郊）。1911年，私立上海女子蚕业学堂改归公立，称江苏省女子蚕业学堂，勘址于吴江县浒墅关。1912年由江苏省政府批准，成立江苏省立女子蚕业学校（简称女蚕校）。女子蚕业学校初期，系初级职业学校性质。设养蚕科，修业四年。1918年，史量才先生向江苏省教育司司长黄炎培推荐，请郑辟疆出任校长。

郑辟疆（1880.11.21—1969.11.29），被日本蚕业专家誉为"蚕业界的圣人"。吴江县盛泽镇人，父亲为落第的儒医。1900年考入当时中国第一所蚕桑学校——杭州蚕学馆学习，以第一名成绩毕业留校任教。1903年去日本考察，回国后立志为振兴中国的蚕丝事业奋斗终生。此后在山东青州蚕桑学堂和山东高等农业学堂执教多年，后任浙江省原蚕种场主任技术员。自从出任江苏省女子蚕业学校校长后，一直担任该校校长凡五十余年，直到生命终结，真正验证了“春蚕到死丝方尽”的古语。后人整理他手稿时，发现了他在临终前写下的一首光照后人的遗诗：“生存到止境，好比灯油尽；油尽灯自灭，永别无须惜。遗体付火化，灰烬一扫光；寿丧是喜事，大家要欢欣。一生无贡献，未尽人民责；徒餐三百石，无以报农人。”

郑辟疆担任校长后，为了振奋学生的事业精神，邀请费迈枢为女蚕校做校歌歌词，季镜西谱曲。歌词如下：

宁沪苏常，淮海徐扬，膏腴壤，地理辟蚕桑。女红无害，农事无伤，实业教育此提倡。阳山之阳，我校恢张，济济兮乐于一堂。英才蔚起，成绩昭彰，振振兮，名播四方。

经纶天下，衣被苍生，古文明，功业创西陵。意、法、日本，继起竞争，挽回利权谁之任？勤则能进，诚则能成，勉兮哉，校训服膺。愈研而精，愈振而兴，盛矣哉，蒸蒸日上。

同时提出校训，“诚、谨、勤、朴”四字，寓意深刻，使学生铭记在心，逐步形成优良的学风。

1922 年全国学制变更，中等学校施行三、三制后，女子蚕业学校改设高级养蚕科（招收初中毕业生）修业三年，中级养蚕科（招收小学毕业生）修业二年（自 1927 年起延长一年），1924 年校名更改为江苏省高级蚕丝科职业学校。

1927 年 7 月江苏实行大学区制，屡易校名，先称第四中山大学苏州女子蚕业学校，至 1929 年秋大学区制取消，仍用江苏省高级蚕丝科职业学校原校名。1930 年学校开始增设了高级制丝科（中专），起初二年制，从 1931 年起改为三年制。同时中级养蚕科改为中级蚕丝科，各科每年招生一个班，每班三十人。

蚕业学校的组织机构，除与普通中学相同外，最初多一个实验蚕桑场，办理养蚕、栽桑实习的有关事宜。1921 年设立原种部与试验部，至 1923 年增设推广部，专司蚕丝业的改良推广工作。到 1930 年增设实验制丝工厂。至此，学校比普通中学在机构上增加了实验蚕桑场、实验制丝工厂、实验部、推广部四个主要部门。

由于蚕丝事业的改进范围日广，蚕丝业的理论与技术亟须提高，蚕丝界人士深感缺乏高级蚕丝技术人才，举办高等蚕丝教育为当务之急。遂于 1934 年向江苏省政府提出申请，利用女蚕校现有制丝、蚕桑的专业师资与制丝设备，兼办高级制丝专修科（大专程度），并请省教育厅在 1935 年的经费预算中列入专修科的项目；同时，得到全国经济委员会蚕丝改良委员会的补助，乃于浒墅关下塘建筑校舍，于 1935 年 8 月，招收制丝专修科学生一个班，初订学制二年。同年 12 月，得省教育厅 2907 号训令称：“为奉部令，专修科应改为专科学校”。1936 年教育厅 566 号训令：“派郑辟疆为江苏省立制丝专科学校主任兼代校长"。1937年增设养蚕专科，并于当年招生一个班，改校名为江苏省立蚕丝专科学校。学生的修业年限，均为三年。郑辟疆任江苏省高级蚕丝科职业学校（女蚕校）与江苏省立蚕丝专科学校校长。

1938年"八一三"事变之后，战火烧到了长江下游地区。很快，日寇开始了对苏州、无锡等地的轰炸。9月上旬，敌机袭扰吴江平望镇，两枚炸弹落在女蚕校的制丝所内，炸毁了烘茧机房和煮茧车间，幸未造成人员伤亡。11月12日，便沿长江西进，开始进攻苏州。校长郑辟疆带领留校的部分职工，携带几十箱蚕种和贵重教学仪器坐船进入太湖的马迹山避难，同时组织部分学生先后在光福和马迹山等地设立临时学校，尽力维持教学。震泽制丝所经理费达生在处理完所里事务后，与家人躲避到浙江天目山，后又随难民撤退到皖南屯溪。11月19日，女蚕校的校舍和实习丝厂全部被炸毁，震泽的制丝所被烧毁，留下看守厂房的老工人也被残忍地杀害了，而所有临时学校也全部停办，学生遣散回家，学校的教学工作完全瘫痪。

1938年春，经过几个月的避难，郑辟疆始终担忧学校的工作，便秘密潜回浒墅关处理学校的许多善后事宜。费达生得知消息后，也前来会合。他们与当时女蚕校留守的教职员商议后，决定首先解决三件事："（一）为便利于处理一切应办事宜，立即在沪设办事处；（二）为保护青年技术人员，应立即设法打通后方服务的路线；（三）为照顾蚕农的生活和生产，对指导下之合作社未了事项，不论如何困难，必须予以结束；代为预定之蚕种，要负责领到发清，劫余之共干茧，宜协助其出售，聊以减少损失。"其中，第一件事由郑辟疆负责办理，带领部分教职员前往上海，筹设办事处，通知部分学生到沪复课，并继续处理女蚕校及推广部的未尽事宜，同时负责组织和帮助部分师生向后方转移。第二件事由费达生负责。费达生通过原江苏省农业银行王志莘的帮助先行入川，并在沿途设法帮助女蚕的学生进入四川。在进入四川后，随即着手为女蚕校在后方的复校进行准备工作。至此，女蚕校暂时分为上海和四川两个部分，各自发展，以期共同度过战争中的危险岁月。

1938年夏，女蚕校在上海设立办事处，借用南京西路大夏大学的教室作为上课的地点，召集高年级学生回校复课，以便补完课程毕业。同时，学校在上海当时租界内爱文义路（现北京西路）觉园5号设蚕丝专科学校沪分校。沪分校利用上海租界相对便利的条件，积极采购教学所必需的图书和仪器，以尽可能地在战争期间保证教学质量。1941年12月7日，日本偷袭珍珠港后，太平洋战争爆发。12月8日，沪分校被迫停办，所有教职员辗转前往四川。

沪分校招收的第一批养蚕和制丝两班随即结束学业，进入上海、江苏等地各丝厂和种场作毕业实习，定于1942年7月毕业。第二批招收的两班学生合并为养蚕科一个班，转移到大有蚕种场实习并继续补习课程到1943年7月。该班的学生大多在各地蚕场和丝厂从事技术工作，只有少部分人入川。

俞庆棠请费达生“出力”

费达生（1903.10.3—2005.8.12），江苏吴江县同里人。父亲费璞安，母亲杨纫兰。他们夫妇有子女五个，长子费振东，次女费达生，三子费青，四子费霍，五子费孝通。个个学有专长，卓有成就。幼年的费达生先后在同里丽则女校、吴江爱德女校就读。1916年入江苏女子蚕业学校，至1920年毕业。费达生毕业后不久，女蚕校的校长郑辟疆（早年曾与费达生父亲同在山东青州蚕桑学堂任教）来到费家，给她带来省里给了学校两个赴日留学名额的好消息。除费达生外，女蚕校派遣的另一名留学生是费达生的同班同学、校长郑辟疆的妹妹郑蓉镜。1920年8月，费达生赴日本东京高等蚕丝学校制丝教妇养成科学习，三年后毕业回国。1924年春节前后，由郑辟疆带领费达生到吴江震泽宣传蚕丝改革，4月到开弦弓村建立蚕业改进社，蚕丝改良由此开始。顺便一提的是，日后成为著名社会学家的费孝通在姐姐帮助下到养蚕缫丝改革的起点——开弦弓村调查，写出了成名作《江村经济》。几十年来，“江村”已闻名中外，成为社会学界观察中国农村发展变化的一个窗口。

费达生与弟弟费孝通

1925年，费达生开始担任女蚕校推广部主任，历时十多年。1929年，费达生亲自设计、帮助建立的开弦弓机械丝厂于8月5日正式投产。1930年8月，女蚕校设立制丝科，费达生兼任主任。1935年，女蚕校增设高级制丝班，费达生兼教员，讲授工厂管理。1936年，任震泽制丝所经理。同时筹建吴江平望制丝所，任经理。费达生回到苏州继续蚕桑事业。1950年3月12日，在三十九周年校庆晚会上，七旬的郑辟疆老校长郑重宣布，与费达生结婚。黄炎培先生在北京得闻喜讯，欣然挥毫作诗奉贺：“真是白头偕老，同宫茧是同心。早三十年结合，今朝已近金婚。”

却说1938年5月，费达生抵达重庆。因有王志莘先生的举荐信及其在蚕丝业的声誉，第二天，四川丝业公司副经理亲临旅馆来看她，拿出红帖子聘书，聘请她担任公司的制丝总技师。还给她预备了一套房子。一向在农村、工厂奔跑的费达生突然受到这样优厚的待遇，真有点受宠若惊哩！

四川丝业公司下面有十个丝厂，费达生看过六个，设备都比较落后。磁器口的一丝厂购进几十部她参加研制的女蚕式立缫车，尚放在库房里。费达生指导工人进行安装，试车投产。丝业公司决定在阆中建丝厂，她参与了勘察设计。她感触很深的是这里各工厂使用的原料还是土茧，说明蚕丝业改进也要从养蚕抓起。

费达生在重庆街上不断遇到从下江逃难来的蚕校教师、学生，为他们在丝业公司和下属工厂安排了工作。但蚕校搬迁到四川来，丝业公司却不愿接收。她又到昆明去看从英国留学归来的弟弟费孝通，顺便了解一下蚕校能不能迁到云南。从弟弟口中得知，清华大学、北京大学搬到大后方尚未安定下来，小小的蚕校当然更难安排了。

正在这时，新生活运动妇女指导委员会设立了一个生产事业组，组长是女教育家俞庆棠。她计划建立一个蚕丝实验区，托人来找费达生，想请她出任主任。

俞庆棠（1897—1949），字凤岐，出身于江苏太仓名门，是著名教育家唐文治先生的长媳，毕业于美国哥伦比亚大学。她看到中国广大劳苦大众和他们的子女为生活所迫，享受不到教育，因而提出大力推行民众教育的主张。她创办了江苏教育学院，并兼任教授和研究实验部主任，在无锡及附近地区创设了许多民众教育实验区。她倡导的民众教育经验从江苏推广到河南、广东等地，被人们誉为“民众教育的保姆”。

当费达生在苏南城乡开展蚕丝改革时，俞庆棠的民众教育也正搞得热火朝天。她从中华职业教育社负责人黄炎培和银行界知名人士王志莘处了解到，郑辟疆在上海拒绝日伪的封官许愿，已派费达生到重庆，准备在内地复校，兴办蚕丝教育事业。于是即约费达生到她在重庆的临时住所，两人初次见面，都由衷高兴，紧握着双手久久不放。俞庆棠开门见山地说：男女同胞都要为抗日出力，前线兄弟流血杀敌，后方姐妹要挥汗做工，我不懂生产，你是专家，欢迎你参加我们的工作。费达生说：“我到大后方来，就是想为抗日出力，干些实实在在的事。”俞庆棠接着说：“我们想建立一个蚕丝实验区，能否请你先到川南农村去看看，可先去乐山。”俞庆棠和郑辟疆同是中华职业教育社的理事，她问起郑先生的近况，费达生说他还在上海，也准备到大后方来。俞庆棠爽快地说：“郑校长来后请他担任我们生产事业组的顾问。”

尔后，费达生由四川蚕业改进社一位同学陪同赴川南乐山一带实地考察。

乐山栽桑养蚕，历史悠久。《蜀故》云：“古蚕丛氏、青衣教民蚕桑，嘉定州治南，有青衣神庙焉。”《华阳国志》曰：“（南安）邑中养蚕三眠以前皆饲柘叶，故丝质柔韧而耐久，较川北燥劣之品，诚故过之无不及也。境内，气候清嘉宜蚕，土脉膏腴宜桑。”《嘉定府志》引《寰宇记》说：“水波绫、乌头绫、绢绵俱嘉州土产。”可见，乐山实属我国最古老栽桑养蚕区之一。其栽桑养蚕的历史，距今约有两千年以上了。

乐山有宜桑宜蚕的自然条件。乐山蚕农在长期的生产实践中，培育出四海驰名的良桑品种——“嘉定桑”。经过相关部门鉴定确认了四大品类：（一）黑油桑，（二）乐山花桑，（三）大红皮，（四）沱桑。

却说费达生一行来到乐山紧邻的青神县汉阳坝。路旁田坎上，山坡上，一行行，一排排绿葱葱的桑树吸引住了她的目光。她走到桑树下细细看，这里的桑树和湖桑不同，不但树干高，而且桑叶比湖桑大得多，简直如同葵花叶子一般。

她问当地蚕农："这是什么桑树，长得这么好?"

"这里叫'沱桑'。"

"有这么好的桑树，只要蚕种好，一定能养好蚕!"费达生兴奋地说。

她在桑树下，越看越喜爱，攀住树枝，采摘下一束鲜嫩的桑叶。她觉得乐山是继续从事蚕丝工作的好地方，虽然比在丝业公司当"官"艰苦，但是可以大有作为，意义更大。她把桑叶带回重庆，像鲜花一样插在玻璃瓶里，放在桌子上。她拿起笔给远在上海的郑辟疆校长写信，忽然，李白的诗句"燕山雪花大如席"涌到脑海中来，于是，纸上落下这样一行字："……乐山桑叶大如席，请我师速来!"

郑辟疆入川复校

1939 年春天，郑辟疆一行人从上海绕道香港，辗转万里，到达重庆。费达生一见他们，就谈在乐山设立蚕丝实验区的事，并且拿出了那一束"沱桑"。那桑叶已经干枯了，失去了鲜嫩的颜色。郑辟疆拿在手里仔细看看，也很喜爱，笑着说："唔，乐山桑叶大如席呀!"费达生会心地笑了。

一束"沱桑"从这个人手里传到那个人手中，像什么稀罕物件似的。是的，哪有一个从事蚕丝工作的人不喜爱桑叶的呢?大家看了看费达生，都从内心深处感激她给大家找到了一个国难期间可以落脚的地方。

但是，他们面前又出现了一道难题。一批毕业生已经散开了，就剩下几个教职员，要挂出蚕校的牌子，拨给经费。郑辟疆不是一个道上的人，所以他们借口这个学校原是江苏省的，拒绝给经费补助。大家商议后，只好先去两人到乐山打前站，于是他们动身向乐山进发。郑辟疆经过一段时间的软磨硬要筹集到一定资金。

费达生刚到乐山时，从四川丝业公司讨来了一批茧壳。她和程瑜、杨志超等技术人员带领工人做丝棉出售。费达生把她在日本学的做丝棉技术传授给工人。用两口大铁锅煮茧，然后抽出丝绪均匀地缠绕在木架上。因为做成的丝棉被套质量好，很畅销，从中赚了一笔钱，补充了开办经费。

蚕校与蚕丝实验区是两个牌子，一套班子。学校为实验区培训机关，实验区是学校的实验推广区。郑辟疆和费达生住在乐山嘉乐门外半边街武圣祠（今嘉定南路烟草专卖局所在地）的实验区机关内，领导着两个单位的工作。

1939 年 7 月，蚕校初到乐山便租下平江门内富新绸厂作为临时校舍，蚕丝专科学校的养蚕学科及特设四川丝业公司制丝技术人员养成班，和女蚕校的高级蚕丝科均先后于8月15日、16日，8月25日，9月5日、6日分别招收一年级新生。在武汉大学任教的叶圣陶日记载：“（1939年7月30日）前日见报载吾苏省立蚕桑学校迁来续办。因与二官偕往索章程，明日再往报名。二官欲循序入大学，此校非其所喜也。”

蚕校正式复校上课了，但是，当时四川全境已经进入日寇的轰炸范围，乐山自然不能幸免，在8月19日这天被三十六架日机炸得面目全非。乐山城内已经无法安全授课，学校被迫组织学生疏散到城外牛喯桥乐山蚕种场（嘉阳蚕种场）继续上课。在这种艰险的环境中，蚕校为了能够在乐山尽快复校，并开展蚕丝业的改进活动，进行了卓有成效的复校准备工作，使得蚕校在入川之后能够继续保证教学工作的顺利开展。其主要工作包括下面两个方面：

首先建筑校舍。蚕校在进入川南之后，很快便在位于乐山城外不到三华里的“白岩镇购买了地基45亩”，作为建筑校舍用地。此地处于乐西公路东端，地势平坦，土地肥沃，气候温和，水源充足，交通条件方便，距乐山城仅一箭之遥，非常利于今后教学和实习工作的开展。1941年7月初，校舍建筑次第完工，全校在8月迁入新校舍。“校舍全是简陋的平房，四周围以竹墙。教室、寝室、办公室、操场等一应俱全。校门悬有一块白底黑字：‘江苏蚕丝专科学校’的校牌。”1942年春，学校在与乐山蚕丝试验区合办嘉阳蚕种制造厂的过程中，得到中国农民银行的贷款一百万元，从而继续扩建学校教学建筑，分别修建了蚕室、上蔟室、贮桑室、雌雄鉴别室各一幢。这样，既保证了蚕丝的生产，也为学生实习提供了必要环境。综合学校入川以来的建设成果，到1943年，女蚕校在四川可使用的校舍计为：“教室四、办公室六、食堂一、男女宿舍十三、厨房二、门房一、会客室二、工人宿舍三、贮茧库一、制丝工厂一、煮茧工厂一、烘茧灶一（乐山蚕丝试验区设置）、蚕室七、上蔟室九、贮桑室七、贮藏室二，合计七十余间。此外尚有乐山蚕丝试验区所备白岩镇办公室一幢，必要时亦可商借使用。”另外，学校种植桑园三所，共有36亩，还利用校的空地植桑大约10余亩。桑园除栽种白皮湖桑，红皮湖桑供学生养蚕、制种实习用外，另辟桑树品种标本园。栽种良桑品种多种。

其次，添置教学设备与图书。关于女蚕校的仪器设备，“机械制丝方面有铁制多条缫丝车两部（乐山蚕丝实验区设置）、木制多条缫丝及座缫车各一部、煮茧灶一副、复摇车十部、黑板检查一副、梭尺器四具；养蚕方面有足供制造蚕种一万张之设备，并有显微镜四架、解剖器三十余组、比重计、温度计各一；桑蚕标本、栽桑方面有实验用具三十余副，足覆学生研习之用；体育方面有排球场一、篮球场一、台球台一，可供给各级学生运动之用”。至于蚕校的图书，经过战乱迁徙几乎散失殆尽，只从上海带来了沪校复课后所购买的部分图书。但是，由于当时日本的蚕丝业非常发达，所以蚕校原本使用的蚕丝方面教学参考书大多为日文书籍，在后方是根本无法购得这方面的新书籍的。因此，蚕校入川之后购置的图书大多为中文或者西文图书，还有一部分是盟国相关人士捐赠的图书，总数大约2000余册，杂志大概有30余种。

在基础建设和教学设备得以保证之后，蚕校复校最重要的条件就是经费问题。当时，女蚕校在迁入四川之后，原本所有的经费来源都已经断绝，要想继续办学，就必须依靠当地各方相关单位、团体和人士的支援。但是仅有各方的支援并不能从根本上解决学校的经费问题，学校的复校工作一直受到经费支出的困扰。1940年底，为扩充苏稽蚕种场、冷藏库的建筑费，费达生到重庆求援，这时，俞庆棠先生已经离开。生产事业组新的负责人讲经费困难，要他们自筹解决。费达生再三说明理由。这位负责人越听越不耐烦，板着脸质问道："你们在江苏能向银行借款，为什么现在常来要钱?"费达生听了真是哭笑不得，怎能和在江苏的情况相比呢？为了乐山蚕丝实验区事业的发展，仍坚持要求，而那位负责人硬是不肯批。相持不下，同意给一部分经费，但又说："只这一次，以后要你们自己解决，不能再靠会里经费了。会里经费都是国外捐来的，不是容易使用的。"

1943年，蚕校因为后方物价飞涨，致使学校各项经费超支三十余万元，所幸学校利用自身优势与乐山蚕丝实验区合办嘉阳蚕种场，学校的教职员工均在蚕种场内担任各项工作，因此可以解决教师职员们的部分薪金问题，而学校其他的一些杂支消耗以及工役工食也均由蚕种场开支。凭借着此种方式，学校暂时渡过了难关。

女蚕校和蚕专在乐山复校时，其中，蚕专暂设三年制养蚕科专科班一级，学生入学资格为高中毕业生，男女兼收，第一班录取50人。至于制丝科，因限于师资与设备暂未开设，而受四川蚕业公司委托，开设了一个蚕丝制丝技术人员训练班。女蚕校则以高级养蚕科一年级，共有三级。

1940年秋，两校因各科级校舍尚未建成，所以没有招收新生。1941年夏，专科三年级生派赴各农蚕机关进行校外实习；制丝技术人员训练班毕业后，全部派赴四川丝业公司服务。同时，招收专科一年级新生一班。1942年秋，女蚕校和蚕专校招收新生各一班。1943年秋，仅招专科一年级新生一班。9月，以两校已设班级而言，蚕专校有制丝专科一、二、三年级三班，女蚕校有二年级一班。有资料显示，到1945年止，共培养蚕桑专业三年制专科学生264人，中专三年制蚕丝科学生113人，为川南培养了第一批蚕丝技术人才，对促进乐山地区蚕桑事业的发展起了积极的作用。

女蚕校和蚕专校恢复教学后，尽量按照教学的原有要求开设课程。先后任教的老师有陆辉俭、管守孟、王天予、董达四、张书绅、俞筠黼、胡元恺、阳含熙、李国材、林心佛、顾佛影、王宝琳、郑桂媞等。学校利用大量高校内迁四川的条件，邀请国立武汉大学的徐哲东、陈尧成、钟兆璿、公立华、何翘森、张迺卿等老师前来任教基础课，弥补了基础课教师不足的缺陷。叶圣陶日记中就有这么一条：“（1940 年 1 月 10 日星期三）：夜，去蚕桑学校，为文艺组之同学讲一个小时。大意谓且不言文艺而言文字，文字既有造诣，即渐至于文艺矣。八时半归。”

1942 至 1945 年就读蚕专的胜云鹤、王景田古稀之年双双回忆往事，深情地写道：

要从四指间指缝中漏下，不准从拇指缝中撒出。撒桑手的距蚕座高度，也有定章，蚕大老校长郑辟疆先生率全校师生艰苦办学，凡学杂、膳宿诸费全包，学生还每月领取若干资金，以为购买肥皂之类零物之用。虽岁月峥嵘，但师生如同亲人，相亲相爱，融融陶陶，亲密无间。当时无课本，教材由各位教师自编。专职教师还自刻蜡纸，一字一句均由老师亲手刻写。如王干治、管守孟、陆辉俭等诸位老师都是白天授课，晚上刻印腊板，每每深夜不息，学生们都深受感动，故都勤学不倦，以报师恩。兼课老师，不发讲义，课堂口授，学生自记笔记，以备考试复习之用，故都静心听讲，课堂秩序井然。学校为了节约开支，基本不设助教，实习、试验均由课堂老师亲自操作、带领学生实验。养蚕实习，教授充当技术员，带领学生养蚕。教我养蚕的是王干治老师，从切桑叶到架火缸，都是手把手地教。如叠桑叶，用刀切叶，都有定章，细说细讲，叶片务必切成正方形，多大的蚕要切多大的叶块，不容丝毫差错。火缸加炭要看当时室温，升温和稳温有不同的加炭法，不得有误。加碳后还需一小时内复查室温，观察温度变化情况，如有不当，及时措施。给桑也有一套程序，给桑前先要观察蚕座残桑程度，总结上回给桑适度与否，逐一评判指导，提出当回给桑要求。给桑前先用蚕筷匀整蚕座，撒桑叶蚕座大宜高，反之要低，不得随便。撒桑先撒四边，叶片不准成堆，偶有成堆的，必用鹅毛剔匀平整，蚕座外的叶片，用鹅毛挑进去，不让平推，蚕座边不准堆积厚叶。用鹅毛是给桑的最后一道工序，不准再使用蚕筷了，否则会挨说。蚕的疏毛期、少食期、盛食期、将眠期，各有明显的特征，不厌其烦地实地详解指明。给桑量务必要按蚕的发育程度，用桑厚薄各有分寸，不得含糊。以上只略述一、二例。整个实习期事事处处都有成章，都有一丝不苟的要求。其他老师都是如此。如陆辉俭先生教授育苗、嫁接、栽桑等，从播种、削穗、插穗到定植、定株、用刀、使剪都有一套严密细致的操作手法，不得乱套。这么严格的要求，老师们付出了极大的精力，学生们受到了极大的收益，一生用之不尽，一生铭记不忘。

在乐山期间，蚕专还编辑出版了大后方唯一的蚕丝学术刊物《蚕丝月报》，内容分论著、研究、译述及蚕丝情报四部分。办刊宗旨，希望借刊物的传播，引起金融界、企业界的注意与合作，共同拓展蚕丝事业；希望引起科学家对蚕丝科学研究的兴趣，加入蚕丝队伍，共同推进蚕丝科学的进展；希望能发展成为一种完善的蚕丝刊物。从1939年9月创刊至1941年5月，共出版21期（从1卷1期至3卷5期）。刊物印刷费用全靠郑辟疆、费达生等人捐献出来的一部分工资。

1939年春，女蚕校在四川省丝业公司的帮助下，在乐山地区重新复校。与此同时，女蚕校在新的地区继续开始推进蚕丝业的改进事业。凭借着在苏南地区蚕丝改进事业的丰富经验，女蚕校在四川的蚕丝改进事业很快就运转起来。

四川地区气候温和，土质肥沃，是栽桑养蚕的天然宝地，自古以来就与苏浙和珠江三角洲地区并称为三大产丝区域。四川蚕业在“民国十五、六年间，极为发达。二十年后，受世界经济不景气之影响，颓败衰退，状极凄惨”（《四川蚕业改进史》）。而女蚕校所在的乐山蚕丝实验区设于川南乐山县，由全国新生活运动促进总会妇女指导委员会与四川省政府商洽决定，以乐山、青神、眉山、犍为、井研、峨眉、夹江七县为指导区。四川省的蚕丝业在四川丝业公司统一掌握以后，由于地方势力的矛盾，对川南只能放弃，不能纳入蚕丝改进的范围。因此，在川南地区养蚕还是依靠土种，而当地丝厂大都已经关闭，个别企业也只是一年之中开工几天而已。此时，女蚕校于乐山地区复校，正好可以将乐山地区优越的自然条件和女蚕校先进的蚕丝技术相结合，加之女蚕校师生均具备丰富的蚕丝改进推广事业的经验，因此乐山蚕丝实验区的设立，极大地有助于川南地区蚕丝业。1939年3月上旬，在重庆妇指委举行的庆祝“三八”妇女节大会场，举办了松溉纺织实验区和乐山蚕丝实验区展览会，展出了两个实验区的图表、照片和师生们生产劳动的成果。极表满意。国际友人及社会各界人士也有许多人去参观。实验区的工作赢得了各界的赞誉，也吸引了新闻界的采访与报道而轰动一时。

女蚕校根据在苏南地区进行蚕丝改进推广事业所积累的经验，为乐山蚕丝实验区制定了详细的蚕丝改进计划。其主要包括以下几个步骤：

首先，利用川南地区丰富的桑树资源，女蚕校在乐山等七县设蚕业指导所，并在乐山、青神、夹江三县设大小桑苗圃7所，栽培优良桑树，计划五年内产苗660余万株，以保证改良蚕种所需要的桑叶供应量。在蚕业指导的过程中，女蚕校了解到川南地区养蚕一直存在两大障碍。一个是白僵病，另一个是缉私队。所谓白僵病，是指在幼蚕成长到快吐丝的时候，由于川南地区气候潮湿，蚕会突然发病，蚕体僵化，并且迅速传染。蚕业指导所从消毒上入手，根据不同蚕室的密闭情况，利用福尔马林或硫黄进行消毒，并且严格隔离染病的蚕体，从而基本上消灭了白僵病。而所谓缉私队，是指四十年代四川地区实行蚕丝统制，改良的蚕茧不准私自贩卖和缫丝，必须由地方政府派出的缉私队统一征收，而缉私队便利用此种机会敲诈蚕农，致使蚕农怨声载道，有时甚至激化为武装反抗，造成蚕丝的大量损失。费达生将此种情况多次反映到妇女指导委员会，最终在四川废除了阻碍蚕丝业发展的蚕丝统制政策。

蚕种改良得以顺利开展后，女蚕校便在乐山设立嘉阳和苏稽两个蚕种制造场，其中嘉阳种场由女蚕校全面负责办理。苏稽蚕种场“位于乐山城西 11 公里处新桥（苏稽）镇峨眉河畔”，并“在苏稽南郊，购买南华宫，禹王宫房产为基地，并在附近购置土地 130 余亩种植桑林，建立简易蚕室”，“由孙君有任场长，负责制造改良蚕种，从根本上提高蚕种质量，民国 28 年（1939 年）春，开始养蚕，当年制成‘蚕蛾牌’改良蚕种几百张。民国 29 年（1940 年）猛增到三四万张，推动了土种蚕向良种蚕的转变，这是蚕种变革的一次飞跃，很快为蚕农接受。”

乐山蚕丝实验区在得到女蚕校技术上的全力支持后，改良蚕种的生产工作进展迅速。起初，“在乐山、青神、汉阳坝设立指导所，向蚕农传授科学养蚕技术，宣传推广应用改良蚕种。推广范围包括：配发改良种，指导消毒，共同催青，稚蚕共育，巡回指导，养蚕示范，养蚕训练。指导员每日不停地风里雨里巡回指导，嘱咐各个时期的注意事项，直到上蔟采茧为止。结果蚕茧丰收，蚕农高兴，养蚕技术得到顺利推广，在川南七县相继建立了蚕桑指导所。配备的指导员有：沈长达、李殿梅、周荣椿、刘宝琛、孙静华、陆素行等。除指导养蚕外，对育苗、栽桑、配发实生苗，嫁接苗等都进行了指导，这对提高川南蚕桑技术，起到了巨大的推进作用。”

女蚕校根据苏南地区推广秋蚕缩短蚕丝生产周期的办法，决定也在乐山地区实行秋蚕培育计划，但碍于有限的资金，仅能在苏稽蚕种场修建一所冷藏库，不能满足整个川南地区的秋蚕使用需要。有年夏天，费达生在青神县汉阳坝指导春蚕结束的时候，有位姓帅的中年农民听她常讲在江苏饲养秋蚕，便指着茂密的桑叶说：“费先生，你不能帮助我们也养秋蚕吗?”费达生摇摇头说：“没得办法，你们这里没有冰雪，没法修建冷库呀!”这位对科学养蚕十分热心的农民却不以为然，说：“费先生，我们到峨眉山上去修，山上有雪!”饲养秋蚕的关键是蚕种必须经过冷藏。那时的冷库没有用阿莫尼亚的制冷机，就靠冬天把水塘里结的冰块搬放到里面去，起冷冻作用。到四川他们也想过推广秋蚕，只是这地方气候暖和，冬天不见冰雪，蚕种冷藏问题解决不了。谁知这位农民却出了这个主意。费达生回来和大家一商量，都觉得是个好办法，就请这位农民领路到峨眉山去勘察。

经过实地勘察，决定由蚕校负责在半山腰初殿旁边修建冷库。可容十万余张蚕种冷藏的冷库房屋建好已经到了冬天。峨眉山每年十月后开始下雪，积雪数尺，收雪冷藏蚕种，至翌年二、三月才逐渐化冻。

峨眉山上，白雪皑皑。树枝弯弯下垂，上面堆着雪，下面结着一条条冰凌，形成晶莹如玉的一道道冰帘，在灿烂的阳光照射下，万树银花，色彩变幻不定，蔚为壮观。

费达生顾不得欣赏峨眉山的雪景，“和工人们一起把山坡上的冰雪一块块搬进冰库堆积起来。她见冷藏库内的几个台阶上撒了些冰屑，路滑，工人背着冰块很难走，就站在几个台阶中间，一手抱住一根柱子，伸出另一只手把工人一个个往上拉，助一臂之力。房间里空气有点闷人，干了一阵子，她额上出汗了，仍坚持着干。等到搬完，她往外走时，觉得浑身疲软，气喘吁吁，胸膛发闷。她扶住门口一棵大树，咳嗽了两下，一股黏液涌上喉头，脚下出现两口鲜红的血痰……同事扶她坐下来休息了一会，要送她下山。她仍坚持着看到把冰雪堆好，才下了山，到苏稽蚕种场去休息。”

初殿冷藏库建好之后，继又在峨眉山清音阁利用从老峡谷缓缓下流的飞泉建立浸酸池，同时建凉种室一幢，可供职工食宿。这里是蚕种浸酸的理想场地。

1942 年，在蚕种生产得到保障之后，女蚕校便开始着手帮助乐山地区的丝厂进行生产工艺的改良和提高。乐山地区原本有两家丝厂，分别是华新和凤翔丝厂。其中，华新丝厂早已停产，院内荒草丛生。财产抵押给四川丝业公司，为丝业公司第六丝厂。凤翔丝厂也仅是在勉强支撑，每年开工不长的时间。女蚕校经过和四川蚕业公司和贸易委员会的协商，准备首先从华新丝厂开始进行改造，在 1942 年派出技术人员，帮助安装了学校研制的复摇式丝车。因为改复摇后，可以实行生丝检验，制造定级的高级生丝，所以在管理上也进行了一些改革，实行纤度赏罚制度。但在开始施行时，工人不理解，差一点引起罢工。原来当技术人员宣布要实行纤度赏罚制度时，工人中就议论纷纷。技术人员的江浙口音，解释了半会，工人也没有全懂。有的说：“厂里欺骗工人，要减少工资了！”有的说：“干一个月看看，发了工资再说吧！”到了月底工资算出来，确有一部分人因做出的生丝质量差而受罚。他们情绪激动，找到工会要求罢工抗议。厂方报告了当地政府和女蚕校实验区，由乐山县政府主持召开各方代表参加的调解会。

费达生和乐山实验区副主任王天予代表实验区出席了调解会。会议开始，工人代表指责厂方想方设法扣减工人工资。他气呼呼地说：“现在厂里产量增加了，生丝质量好了。可是工人工资不但不增加，还要往下减，这公道吗?”费达生耐心解释说：“实行纤度赏罚制度目的是促使技术向上，提高生丝质量，并不是要降低工资。这个制度过去在江苏实行过，对促进技术进步有明显效果。现在一丝厂、四丝厂也实行了。”接着技术人员也拿出了当月实际执行的结果，说明得到了奖赏的人多，受罚的人少，工资总额是增长的。“现在物价飞涨，我们就拿那么一点钱，还要七折八扣，一家人怎么过活吗?”一个女工代表可怜巴巴地说。费达生听了心里一震，过去只是从有利于技术进步着想，而对工人群众生活的考虑太不够了！当即表明态度：“丝厂工资我们实验区无权处理。至于赏罚办法，如果大家认为有不妥当处，我们可以修改!”经过半天的协商，工人代表的情绪缓和了，表示同意继续执行这个制度；同时，厂方也接受工人的意见，对赏罚条件做了修改，扩大奖赏面，减低处罚的金额。经过技术改造后，这个厂的产品质量和生产效率明显提高。

凤翔丝厂的厂主看见华新丝厂面貌大为改观，亲自来到实验区，请费达生和郑辟疆到厂里去，商量技术改造计划。至此，四川南部地区，特别是乐山蚕丝实验区内的栽桑、养蚕、制丝以至蚕茧收购形成了完善的体系，各环节可以在新的技术层面上配合进行，整个川南地区的蚕丝生产面貌焕然一新。虽然后来华新丝厂仍由厂主收回自办，实验区希望女蚕校帮助创建一所新丝厂以补充制丝加工之不足，女蚕校迁回原址而搁浅。

1945 年 12 月中旬，郑辟疆先行返回浒墅关蚕校原址，而在四川本校的学生则分为两个部分，女蚕学生于 1946 年并入四川南充农校，蚕专学生返回浒墅关。从此，两校预算独立，而设备仍如前合用，郑辟疆仍然兼任两校校长。蚕校所遗乐山校产，则由校友朱朝文等人全部买下，开办“嘉阳蚕种场”。

1946 年 1 月，蚕校曾呈文四川省政府和乐山专员公署，希望将他们办的蚕丝科职业班改为四川省立，或乐山专区区立（或乐山县立）蚕丝科高级职业学校，令人遗憾的是，乐山专员公署以经费不敷为由婉拒。

（节选自张在军《发现乐山》，福建教育出版社，2016 年版）

（六）发挥科普教育基地作用　助力青少年健康成长

徐显龙

位于乐山市中区苏稽镇境内的四川省苏稽蚕种场是1938年由宋美龄女士倡导，由我国著名的蚕桑教育家、改革家，苏稽蚕种场首任场长——费达生（全国人大原常委会副委员长费孝通的姐姐）创办的。占地面积100余亩，其中桑园面积60多亩。场内建有“蚕博园”科普教育基地，设有丝绸之路板块；桑树系列品种和蚕的一生系列图展；蚕卵、蚕宝宝、蚕茧、蚕蛹、蚕蛾系列实物标本；墙壁悬挂着与蚕有关的科普知识。同时有可容纳近100人的多功能放映厅。“蚕博园”现保存有8个桑种的种质资源计300多份；现保育蚕种质资源600余份；西南大学家蚕基因组国家重点实验室和省蚕业管理总站委托保育的优质资源98份。四川省苏稽蚕种场是经省农业厅批准的四川省桑蚕品种遗传资源保护单位，拥有四川省最大的桑蚕遗传资源库。

四川省苏稽蚕种场2018年被四川省教育厅命名为四川省中小学生研学实践教育基地；2019年7月苏稽蚕种场关心下一代工作委员会成立，同时该场被市中区关工委命名为市中区青少年科普教育实践基地。2020年11月，被乐山市关工委命名为乐山市青少年社会实践教育基地；被乐山市科技工作者协会、乐山市科技关工委命名为青少年科技体验基地。

近几年来，该基地不断强化硬件和软件建设，基地功能进一步完善，作用进一步得到发挥。用中小学生喜闻乐见的方式开展中小学生课外研学实践教育，科普蚕桑知识、传承蚕丝文化，注重体验，通过学习，了解蚕、桑生物学知识和蚕桑文化历史知识，培养学生热爱祖国情怀，自觉爱护环境的意识，关爱中小学生健康成长。

开设课程有：蚕的一生及丝绸之路视频、桑蚕资源实物标本及图片参观；

古代养蚕、制丝、织绸及现代缫丝工艺；桑园采摘、养蚕体验、显微镜观察蚕宝宝胚子、抽丝剥茧、真假蚕丝识别、蚕茧DIY等，深受中小学生喜欢。

市中区青少年科普教育实践基地建立以来，先后与市中区境内的14所中小学校建立了合作关系。

从2019年基地建立以来的三年间，已经累计接待中小学生5493人次（其中2019年2435人次；2020年因受疫情影响停止对外接待；2022年3058人次）。

孩子们在基地可以动脑筋思考、动手亲自操作体验，还可领养蚕宝宝，充满了无限乐趣。

近日，乐山市中区关工委执行主任弋泽继一行通过听汇报、看环境、查资料并召开座谈会等形式，对该场关工委创“六好”工作进行了实地考核。最终，苏稽蚕种场关工委以总分 99 分的好成绩顺利通过了创“六好”考核验收。

苏稽蚕种场关工委负责人表示：将以考核验收为契机，继续深入学习习近平总书记关于关心下一代的重要批示精神，贯彻落实省、市关心下一代工作会议精神，坚持党建带关键，巩固、拓展创“六好”成果，把市中区青少年科普教育实践基地进一步做大做强做优，谱写新时代关心下一代基地建设新篇章。

发表在网络上

二、重要文件

（一）新生活妇女指导委员会组织结构图（有缺损）

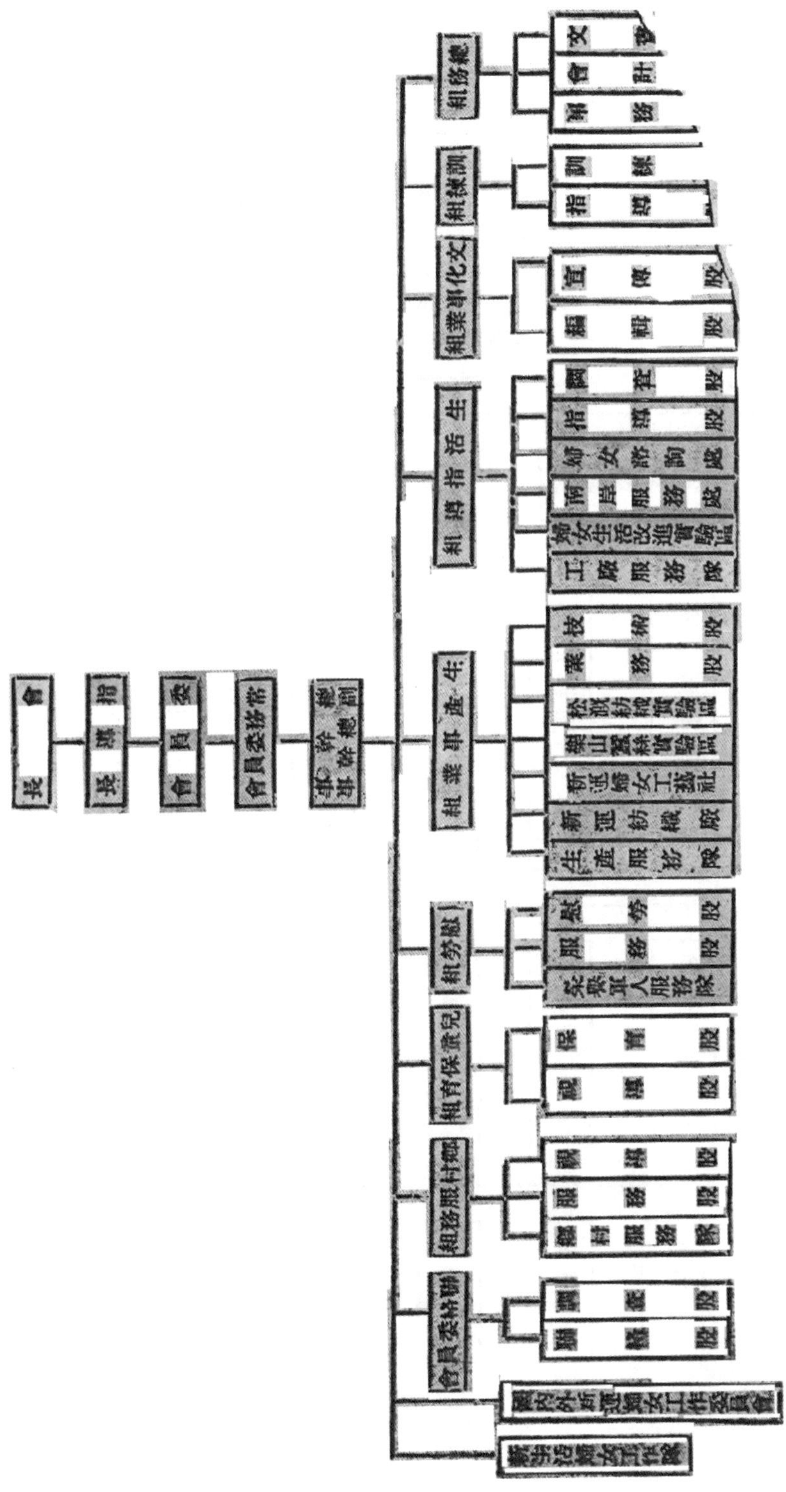

（二）苏稽蚕桑场与新生活妇女指导委员会隶属关系

新生活妇女指导委员会组织系统表

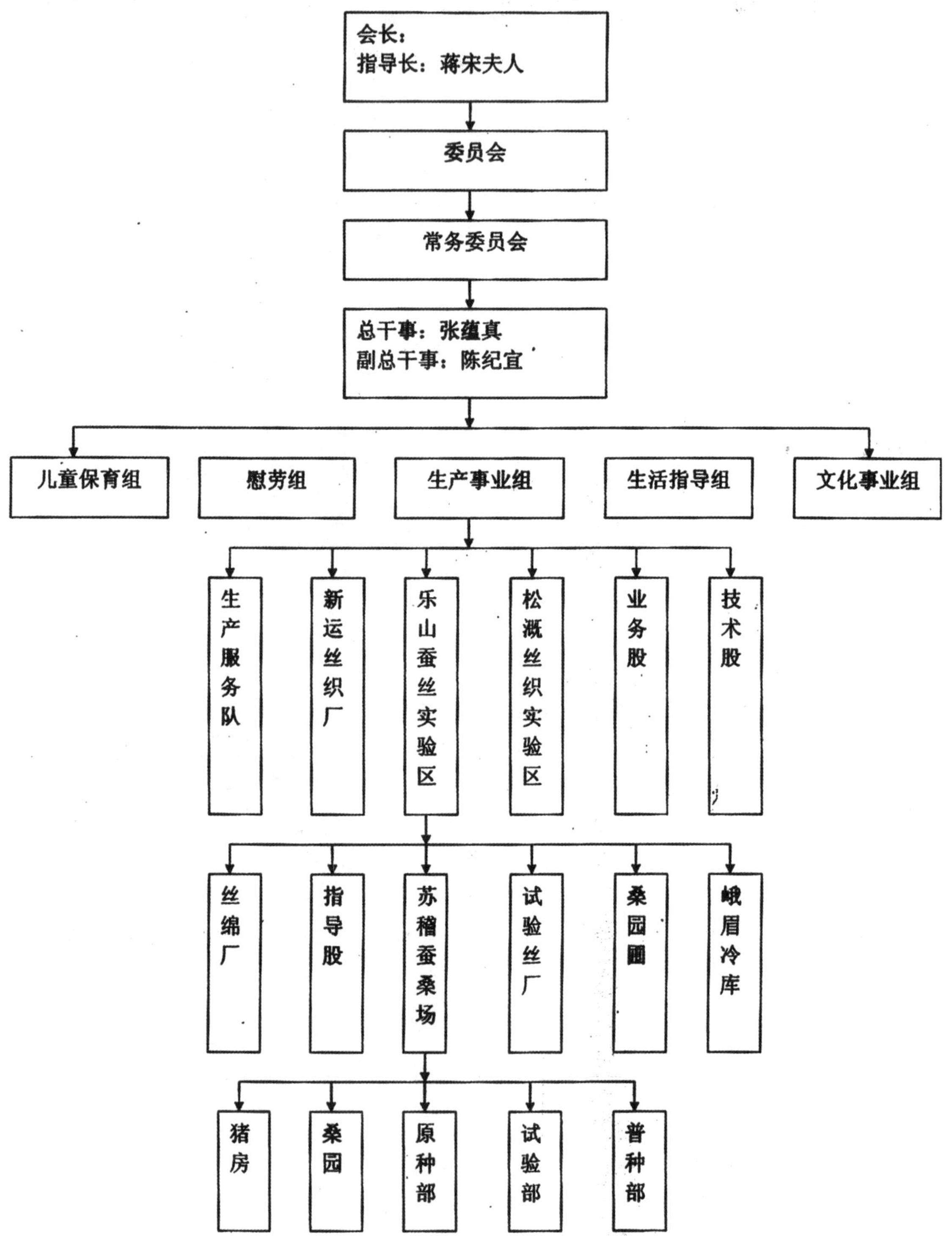

（三）首次进行蚕种冷藏报备呈文（四川省农业改进所乐山蚕种制造场呈文）

蠶絲組

收文 3 1105 8

四川省農業改進所樂山蚕種製造場呈文

樂字第 四 號

中華民國三十年六月二十一日

事由

為本季冰庫冷藏蚕種列表呈報備查由

查本場峩山冰庫秋蠶種冷藏入庫事宜業經結束茲遵照蠶種冷藏取締辦法第七條之規定將本季冷藏蠶種場別及數量列表二份理合

呈報

鈞所察核備查

謹呈

四川省農業改進所所長 趙 楊

（四）首次秋季收蚁制种呈函

新生活運動促進總會婦女指導委員會樂山蠶絲實驗區公函

[illegible]字第二〇四號

中華民國卅年九月三日

事由：為函送秋蚕期原蚕種及普通蚕種收蟻声明書各一份請查照由

查本区蘇稽蚕桑場秋蚕飼育業於本月廿七廿九兩日先後收蟻，茲依例填送原蚕種秋蚕期收蟻声明書及普通蚕種秋蚕期收蟻声明書各一份備查，函請

查照！

此致

四川省農改所所長 趙

主任 費達生

中華民國卅年九月六日收

（五）西南蚕丝公司给中国人民银行四川省分行的移交函：移交四川省农业厅蚕桑局接管

西南蚕丝公司

为我属北碚等六个制种场已移交四川蚕管局领导关于信贷关系请即转移由

蚕财（56）字第588号

中国人民银行四川省分行：

我司所属北碚、南充、阆中、三台、仁和（西充县仁和场）苏稽（乐山县苏稽场）等六个蚕种制造场，已奉中共四川省委决定移交四川省农业厅蚕桑管理局接管。关于财务责任，于56年三月底划分。除已遵照与四川省农业厅蚕桑管理局办理移交，并已将交接情况分别报请各有关上级机关备查外，关于各该种场原由我司向你行建立的信贷关系，自应随同领导关系的转移而转移。今后对上列种场有关信贷业务，由四川省农业厅蚕管局向你行联系办理。特此函请查照为荷。

西南蚕司校对之章

李蔚 8.14

西南蚕丝公司

一九五六年八月十四

抄送：北碚、南充、阆中、三台、仁和、苏稽制种场

34

（六）乐山税务局关于蚕桑繁殖场移交国营企（业）后纳税问题的通知：证明由公私合营转为国营

乐山县税务局

关于蚕种繁殖场移交为地方国营企后纳税问题的通知。

56税二字第1335号

主送：新桥税务所

接省税务局通知略以：乐山苏稽蚕种繁殖场，原系公私合营西南蚕丝公司领导，从本年四月一日起已移归省农林厅领导，因此从本年四月一日起应改按国营农场纳税办法办理等语。查有关国营农场纳税规定及问题解答，可查阅省局所编国合工商业税法令解释汇编（续编）第48——49页办理。至于乐山苏稽蚕种繁殖场，既改按国营农场纳税规定办理，对其外出售的蚕种、蚕茧，则不适用饲养业2.5%税率计征营业税，应从四月份起改按国营农场统一税率3%计征营业税，希知照。

与新桥税务所联系办理

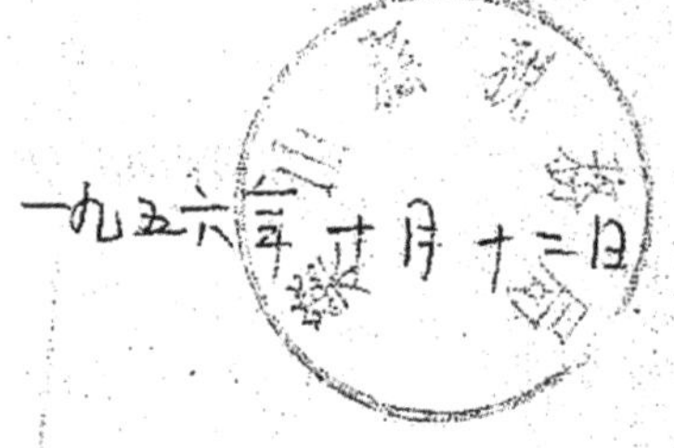

一九五六年十月十二日

抄送：乐山苏稽蚕种繁殖场。

第127页

由公私合营西南蚕丝公司领导，改为国营农场归四川省农林厅蚕桑管理局领导的依据。2007.7.9复印

（七）启用“乐山县蚕种场”新印章

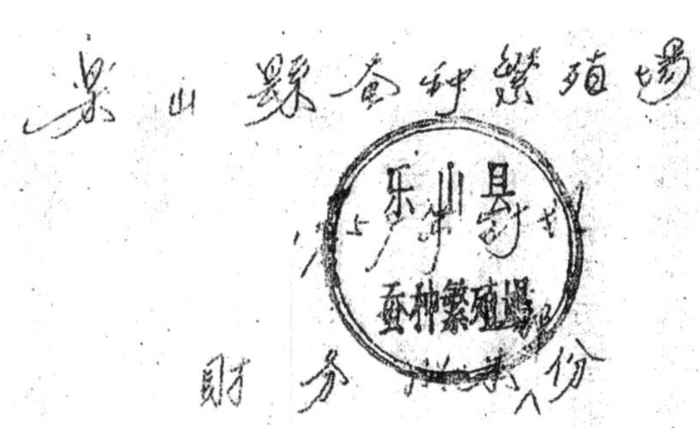
乐山县蚕种繁殖场

乐山县蚕种繁殖场

财务

编制单位：乐山县蚕种场

地址：乐山西区

报送日期：57. 7. 20

编制单位负责人

财务负责人

会计负责人

变更单位名称和使用新印章的依据

2007年7月复印

（八）启用“四川省轻工业厅乐山蚕种场”新印章

轻工厅：

接厅(63)轻劳字第182号，调整工资工作会议的通知、精神，我们对全场职工工资问题，作了模裁研究，其情况是这样：

一、现有职工92人（其中编外人员2人）每月工资总额2892.30元，调整后每月应发工资3334.89元，比现有每月增发币442.59元，增长比率为15.43%。

二、调整人员的职工30人，（其中干部3人另附表）平均升级为是1.13级，占职工总人数33.3%，属于应级的有新职工20人，（其中未纳入级别2人）占职工总人数22.2%，他们大多为五八年后进职工和其他单位调来未正式纳级别职工。

三、我场现有工人工资级别有两种，一种是58年前一般老工人，按五六年农业厅的工人级别执行，另一种是五八年后进工人没有正式评级，故分为21元、17元、19元，多不统一，现在我们的计算是按厅所发此文的表三，行政企业适转工人工资标准表（新拟）与我场尚能结合，分别五级套算，然后一项调整后每月所发数字。

1963.7.11

留二

此件为四川省轻工业厅管理后最早使用“四川省轻工业厅乐山蚕种场”印章的依据。

2007年7月3日复印

（九）启用“四川省农业厅乐山蚕种场”新印章

四川省农业厅乐山蠶种場

為領导关係轉移更換新章由：

苏行办(64)字第70號

乐山專财经委员会

我場因領导关係轉移更換新章、「原四川省輕工业厅乐山蚕种場」更為「四川省农业厅乐山蚕种场」、从本月20日起正式使用新章、原四川省輕工业厅乐山蚕种场舊章从即日起作廢、隨文附上新舊印模，希查照。

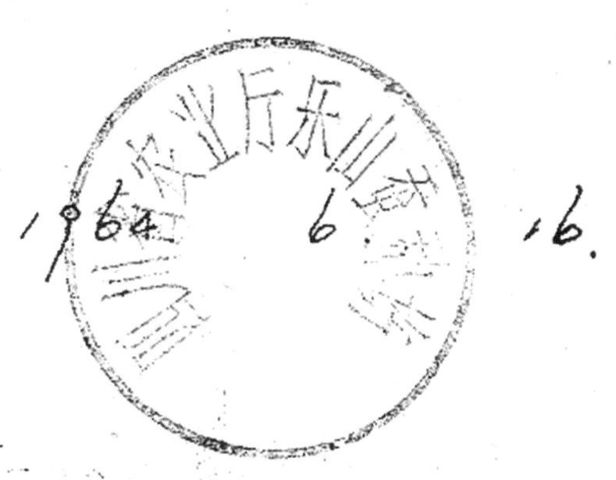

（十）启用“四川省乐山专区蚕种场”新印章

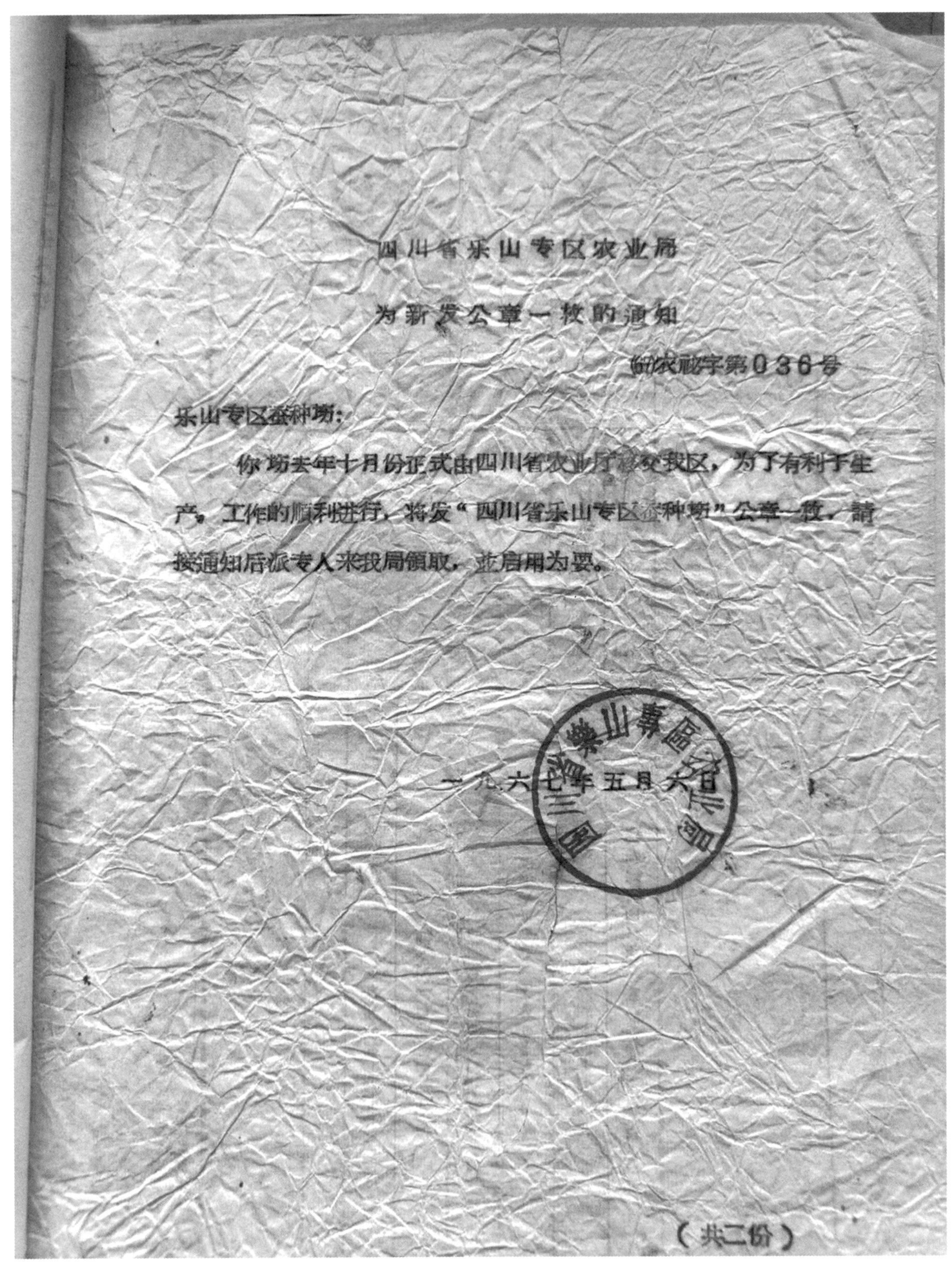

四川省乐山专区农业局

为新发公章一枚的通知

(67)农秘字第036号

乐山专区蚕种场：

你场去年七月份正式由四川省农业厅移交我区，为了有利于生产、工作的顺利进行，将发“四川省乐山专区蚕种场”公章一枚，請接通知后派专人来我局領取，並启用为要。

一九六七年五月六日

（共二份）

（十一）启用“中国共产党乐山地区蚕种场支部”公章

关于啟用中共乐山蚕种场支部公章的函

党委：

我场支部經中共四川省乐山地区党委員会刻发“中国共产党乐山地区蚕种场支部委員会”公章一枚，

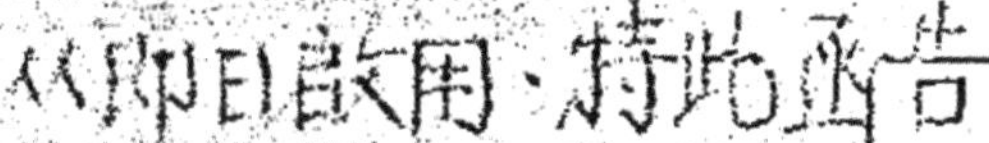

从即日啟用，特此函告

中共乐山地区蚕种场支部

（十二）四川省革命委员会计划委员会等对交接工作有关事项的联合通知

关于北碚等七个国营蚕种场交接工作有关事项的联合通知

川农计（73）字第041号

川计函（73）160号

川财函（1973）156号

重庆市、绵阳、南充、乐山地区农业局、财政局、计委、三台、阆中、乐山蚕种场：

根据四川省革命委员会一九七三年五月四日川革发〔1973〕53号文件批转四川省农业局“关于全省蚕桑生产工作会议的情况报告”同意将北碚、工农。三台、南充、西充、阆中、乐山七个蚕种场收归省农业局直接管理，由省农业局和所在市、地、县实行双重领导。各场即从收文到之日起转移领导关系。为了认真贯彻执行省革委批示，必须从有利于加强领导，有利于抓革命促生产出发，切实做好交接工作，做到工作不脱节，生产不间断，人员不小散，国家财产不短缺，保证完成今年生产、建设计划。经交接双方商定，现将划转一九七三年计划指标和交接工作有关事项通知如下：

（一）划转年度计划：一九七三年度财务成本、劳动工资、基本建设、物资分配等计划，均已按原来隶属关系由省统一安排下达各地，七个蚕种场领导关系改变后，现从各所在市、地、县将有关七个场的上述各项年度计划指标（基本建设计划附后）收回划列省级，由省农业局直接管理。

（二）交接事项：各场职工人数按五月底实有数移交。财产、资金、基本建设均以一九七二年度决算数进行交接。在交接中，各场的人员，土地、桑园、财产、物资设备等，都一律不动，以免影响生产，如何个别人员确需变动，可作为特殊情况，由所在市、地、县农业局与省农业局协商解决。交接工作，要求在七月底以前办完。

（三）清理预算交拨款及各项往来：从一九七三年起，各场财政交拨款划列省级预算，与省农业局发生关系。属于各场移交前应缴当地一九七二年的财政收入，由各场负责缴清，应拨的财政拨款（包括清产核资后应拨足的流动资金定额、弥补亏损等），由当地财政负责拨足；属于各场移交前的债权债务。一律由各场和有关单位负责清理结算，如有个别问题需要处理的，应在移交前迅速研究处理，不留尾巴。

（四）交接手续：由各场造具人员、土地、桑园、库存产品、固定资产、资金等交接清册一式三份（附格式），在当地农业局、财政局领导监督下，自行逐一清点交接，清册。除一份自存外，并报省农业局和当地农业局各一分备案。

（五）注意事项

1. 各场职工福利以及企业管理费用等项开支范围和开支标准。一律按照移交前的规定办理，不得提高。

2. 按照国家物资分配管理体制和经营供应分工，原由当地供应解决的所有物资仍一律按现行办法办理，做到渠道畅通，避免中断。

各市、地、县农业局应根据当地党委的统一安排部署。抓好种场的思想政治工作，监督检查各项计划完成情况，解决有关问题，进一步把场办好。

四川省革命委员会计划委员会（章）

四川省农业局（章）

四川省财政局（章）

一九七三年六月十二日

（十三）办公厅转发省蚕丝公司《关于组建工作中几个问题的报告》的通知

四川省人民政府办公厅
转发省蚕丝公司《关于组建工作中几个问题的报告》的通知

川办发〔1982〕69号

各市、州、县人民政府，各地区行政公署，省府各部门：

经省人民政府领导同志批准，将省蚕丝公司《关于组建工作中几个问题的报告》转发你们，请研究执行。

一九八二年十一月二十四日

省蚕丝公司关于
组建工作中几个问题的报告

省人民政府：

目前，省级有关部门和地、市、州、县在贯彻川府发〔1982〕134号文件（即省政府关于建立四川省蚕丝公司和中国丝绸公司四川省公司的通知）中，提出了一些急需明确和解决的问题。为了促进生产和业务工作的开展，经研究，现将有关问题报告如下：

一、根据川府发〔1982〕134号文件精神，公司对省二轻局和社队企业局所属的丝绸企业实行统一管理、对集体所有制的蚕种场、茧站、丝绸厂实行统一归口管理后，其所有制不变，实行独立核算、自负盈亏，对所需原辅材料、产品调拨，基本建设、技术措施项目等，统一由公司衔接计划，统筹平衡。

公司经营原由丝绸二级站商业经营的批发业务，并在主要产地和旅游区设立丝绸零售商店。

二、根据“通知”精神，将财政在省上的原属纺织局的南充绸厂、阆中绸厂、阆中丝绸供电厂、乐山丝厂、遂宁丝厂、资中纺机（丝绸机件专用厂）和原属省农业厅的蚕药厂（在建）共七个厂划归为公司的直属企业，将原属省农业厅的蚕种公司及省属七个国营蚕种场、省蚕桑学校、省纺织局所属的省丝绸工业研究所（现名省纺织工业研究所）、省重庆丝检组划归为省公司的直属事业单位。

省公司直属的企事业单位的编制员额，由省编委和省公司下达。其主要干部和技术工程人员，由省公司与省有关部门协商任命，思想政治工作由当地党政部门领导，其他各项工作由省公司直接领导。

三、省公司设立董事会，董事会成员由省级有关部门的领导同志、公司的经理和重点产区地区行署的领导同志组成（名单另报）。

董事会根据国家的方针、政策，审定公司的发展规划、经营方案、产供销计划和建设投资等重大问题并报请中国丝绸公司和省政府指定的有关部门审批。

地、市、州、县公司不设董事会。

四、根据生产情况，拟在蚕茧丝绸集中产区的地、市、州设立分公司，在主产县设立县分公司，零星分散产区是设立专门机构，还是指定一个部门管理，由各地、市、州根据实际情况自行决定。

各地、市、州、县的机构，由现在管理蚕柔、蚕种、茧丝绸产供销业务的部门和人员合并组成，各地要抓紧组建工作。人财物和产供销业务的交接工作，争取在今年年底，至迟明年一季度办理完毕，以利生产和业务的开展。

五、公司的财务体制，实行统一管理，分级核算，按现行财务体制暂不改变（待经济管理体制改革时再作变动），盈亏分别归中央财政和地方财政。划归省公司的直属企事业单位，一九八二年缴拨款关系维持原渠道不变。年终各按一九八二年决算由省公司与原主管部门同财政部门办理财务划转手续并从一九八三年起，由省公司与省财政直接发生缴拨款关系。

公司所得利润主要用于发展蚕桑丝绸事业，扩大再生产和科研教育等投资，以及职工福利，奖励基金等，利消的使用受财政部门监督。

为尽快提高我省茧丝绸质量，必须抓紧进行技术改造，改善生产条件，改变设备陈旧和印染落后的面貌，在未修改外汇留成和行业上缴所得税办法以前，公司所需资金由省经委和财政厅给予适当安排。

公司系统的基本建设投资、挖潜革新、改造资金、科技三项费用以及进口原料、染化料和设备的外汇等，仍由国家继续拨给，流动资金的不足部分向银行贷款。

六、公司实行经济责任制，对所属企事业单位有计划地分期分批地进行整顿，加强经济核算，加速资金周转，降低成本，提高产品质量，节约能源及原材料，提高经济效益。

以上报告，如无不当，请批转各市、地、州、县及省级有关部门执行。

四川省蚕丝公司（章）
一九八二年十月十八日

（十四）四川省丝绸公司《关于印发四川省蚕业制种公司等九个单位事业的编制的通知》

四川省丝绸公司文件

川丝绸劳人（86）字第225号

关于印发四川省蚕业制种公司等九个事业单位的编制的通知

各直属事业单位：

现将四川省编制委员会核定的四川省蚕业制种公司等九个事业单位的编制印发给你们，请严格遵照执行。

为使有限的编制更好地为蚕桑事业和丝绸科研事业的发展服务，望各单位在执行编制上，一定要树立"编制就是法规"的观念，严格掌握，严格控制进人，不得突破。今后进人必须征得省公司劳动人事处同意。因特殊原因已经超编的，要采取"多出少进"或"只出不进"等有效措施逐步减少下来。在人员调配上一定要从事业的当前需要与长远发展通盘考虑，要有利于"新老交替"和逐步改变职工队伍（特别是干部队伍）的年龄结构、专业知识结构和智能结构，提高职工队伍的素质。要注意保留一定数量的缺编名额，以便随时能引进本单位急需的业务、技术骨干。

（附各单位核定的编制数于后）

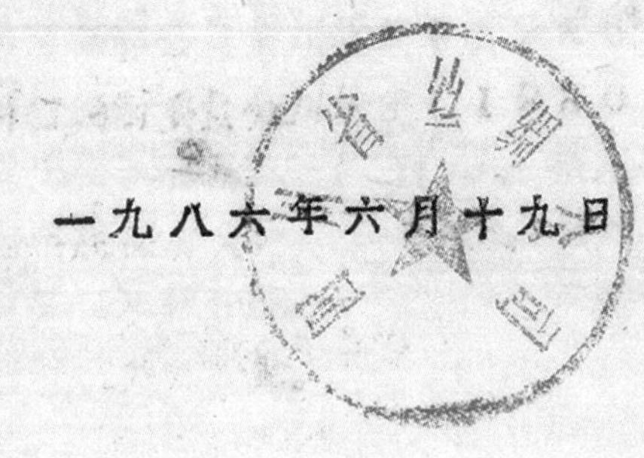

一九八六年六月十九日

抄送：本公司计划财务处、办公室。

附件：

四川省乐山蚕种场：

根据一九八六年六月十日四川省编制委员会川编发（1986）（1）65号文批复，你单位一九八四年底实有人数150人，核定事业编制150名，实行企业管理，定额补贴。

一九八六年六月十九日

（十五）“四川省乐山蚕种场”更名为“四川省苏稽蚕种场”

四川省机构编制委员会文件

川编办(1996)26号

关于省丝绸公司两个蚕种场更名的批复

省丝绸公司：

川丝绸劳人(96)36号“关于要求恢复苏稽蚕种场和西里蚕种场名称的报告”收悉。

为了理顺管理关系，有利于事业单位的自身发展，经研究，同意将“四川省乐山蚕种场”更名为“四川省苏稽蚕种场”，“四川省工农蚕种场”更名为“四川省西里蚕种场”。两个蚕种场更名后，其隶属关系、机构规格、人员编制和经费渠道等均不作变动。

此复

一九九六年四月二十三日

抄送：省政府办公厅、省财政厅、省人事厅、省工商局、省物价局、省地税局、省人民银行，重庆市编委、乐山市编委。

（十六）省委组织部、省编委关于省丝绸公司直属事业单位级别核定的文件

中　共　四　川　省　委　组　织　部
四　川　省　编　制　委　员　会

川编发（1986）093号

省丝绸公司：

根据川办发（85）64号通知精神，经研究，现将你公司直属事业单位级别核定如下：

1. 四川省蚕桑学校，为县级事业单位；
2. 四川省蚕业制种公司，为县级事业单位；
3. 四川省丝绸工业研究所，为县级事业单位；
4. 四川省北碚蚕种场，为县级事业单位；
5. 四川省三台蚕种场，为县级事业单位；
6. 四川省工农蚕种场，为相当县级事业单位；
7. 四川省乐山蚕种场，为相当县级事业单位。

此复。

中国共产党四川省委员会组织部　　四川省编制委员会
一九八六年五月八日

抄送：省委办公厅、省政府办公厅、省财政厅、省人事局、省工办；重庆市人民政府、重庆市编委；乐山市人民政府、乐山市编委；绵阳市人民政府、绵阳市编委。

（十七）由省丝绸公司划归省农业厅管理批文

四川省人民政府办公厅文件

川办发〔2000〕71号

四川省人民政府办公厅
关于印发四川省农业厅职能配置内设机构和人员编制规定的通知

各市、州人民政府，各地区行政公署，省级各部门：

《四川省农业厅职能配置、内设机构和人员编制规定》已经省政府批准，现予印发。

二〇〇〇年七月七日

— 1 —

委办事机构负责人)。

单列管理行政编制3名。

省纪委、省监察厅派驻纪检、监察机构、人员编制和领导职数,另行核定。

离退休人员工作机构、人员编制和领导职数,另行核定。

五、其他事项

(一)原由省丝绸公司承担的蚕桑、蚕种行业管理职能划入省农业厅后,其所属的省蚕丝学校、省蚕种管理总站、阆中、苏稽、西充、南充、三台五个蚕种场等直属事业单位一并划归省农业厅管理。

(二)农药等农业投入品质量工作的宏观指导由省质量技术监督局负责;农药等农业投入品质量的监测、鉴定、检验、登记和执法监督管理工作由省农业厅负责。农产品质量标准由省农业厅拟定,报省质量技术监督局批准后,由省质量技术监督局和省农业厅联合发布。

— 11 —

（十八）建立劳动服务公司报告的批复

四川省蚕业制种公司文件

川蚕种（1984）字059号

关于乐山蚕种场建立劳动服务公司报告的批复

乐山蚕种場：

你場建立劳动服务公司的报告收悉。

经研究，同意你場在保证完成蚕种任务、提高蚕种品质的前提下，为把場经济搞活、增加经济效益，解决本場富余劳动力及待业青年，成立"劳动服务公司"，经营国家政策法令规定允许的各类产品，但应本着原材料有来源，产品有销路，经营有利润的原则，实行独立经营，单独核算，自负盈亏，包干分配。

一九八四年十二月二十六日

抄送：乐山市工商行政管理局、乐山市苏稽工商行政管理所、乐山市苏稽农行。

（十九）设立"四川省家蚕种质资源库（苏稽）"的通知

四川省蚕业管理总站文件

川蚕业【2006】37号

关于设立"四川省家蚕种质资源库（苏稽）"的通知

四川省苏稽蚕种场:

为了进一步加强家蚕种质资源的保护和研究工作，根据你场基本条件和愿意承担家蚕种质资源保存工作的申请，经研究决定，同意在你场设立"四川省家蚕种质资源库（苏稽）"，并将三类共计631份家蚕种质资源（品系名录附后）移交你场。请你场按照要求搞好家蚕种质资源保存工作，现就有关事项通知如下：

一、家蚕种质资源是改良和培育蚕品种的物质基础，一旦丢失将无法恢复，请你们进一步完善设施条件，加强人员培训，建立规章制度，全力保存好这批资源，不得遗失、不得随意淘汰和外传。有关种质资源的淘汰或交流由省总站决定。

二、家蚕种质资源保存经费省总站每年给以适当补助。种质资源的开发研究利用所需经费根据具体情况研究解决，研究开发成果你场可共享。

三、要求每年年底向省总站提供种质资源保存利用情况及相关技术资料。

附：家蚕种质资源品系名录

二〇〇六年七月四日

(二十)成立"家蚕基因组生物学国家重点实验室家蚕种质资源保育中心(四川)"的函

家蚕基因组生物学国家重点实验室
State Key Laboratory of Silkworm Genome Biology

关于成立"家蚕基因组生物学国家重点实验室家蚕种质资源保育中心(四川)"的函

四川省苏稽蚕种场:

为了进一步加强产学研合作,搞好家蚕种质资源的保存、研究与开发,根据家蚕基因组生物学国家重点实验室与四川省蚕业管理总站、四川省苏稽蚕种场协商,决定在四川省苏稽蚕种场成立"家蚕基因组生物学国家重点实验室家蚕种质资源保育中心(四川)"。中心的管理、运作按《关于共建家蚕种质资源保育中心的协议》执行。

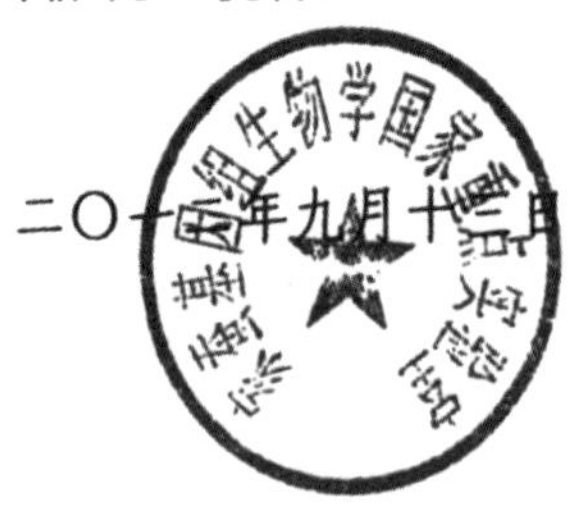

二〇一四年九月十二日

抄送:四川省蚕业管理总站。

中国重庆市北碚区天生路2号　邮编:400715　传真:(023)68251128
网址:http//www.sklsgb.swu.edu.cn　电话:(023)68251683

（二十一）设立“国家蚕桑产业技术研发中心蚕品种育繁推综合试验点”的函

国家蚕桑产业技术体系

国蚕桑体系函〔2021〕1号

关于设立“国家蚕桑产业技术研发中心蚕品种育繁推综合试验点”的函

四川省苏稽蚕种场：

为加强优良家蚕品种的培育和推广，推进蚕桑产业高质量可持续发展，经国家蚕桑产业技术体系专家考察调研后，决定在你场设立“国家蚕桑产业技术研发中心家蚕品种育繁推综合试验点”，承担家蚕新特优良品种的选育、国家蚕桑产业技术研发中心推荐的其他新蚕品种在四川蚕区的繁育推广任务。试验点的管理、运行按照研发中心相关规定执行。希你场加强组织管理、积极工作，努力发挥综合试验点作用。

国家蚕桑产业技术体系首席科学家办公室

2021年12月24日

（二十二）四川省科学技术进步奖（三等）证书

四川省科学技术进步奖

证　书

为表彰四川省科学技术进步奖获得者，特颁发此证书。

奖励类别：科技进步类

项目名称：家蚕特异种质挖掘、创新与利用

奖励等级：三　等

获 奖 者：四川省苏稽蚕种场

2020年2月

证书号：2019-J-3-03-D03

（二十三）乐山市科学技术进步奖（三等）证书

乐山市科学技术奖励
证　书

获 奖 项 目：强健性蚕品种“峨·眉×风·光”的选育及示范应用

获 奖 单 位：四川省苏稽蚕种场

奖 励 等 级：　三　　等

奖 励 日 期：2017年2月

证　书　号：2016313

乐山市人民政府

四川苏稽蚕种场志

SICHUAN SUJI CANZHONGCHANG ZHI

后记

铭记历史，开创未来。为深入贯彻落实中央农垦改革发展文件精神，推进农垦文化建设，农业农村部办公厅发文通知，自2020年起分批次组织开展中国农垦面农场志编纂工作。本场抓住机遇，主动申请，经四川省农业农村厅择优推荐、中国农垦农场志编纂委员会办公室审核并报农业农村部审定，于2021年6月9日成为第二批中国农垦农场志编纂50个农场之一。场党政领导高度重视，于2021年6月17日出台了《四川省苏稽蚕种场关于成立农垦农场志编纂工作领导小组的通知》(苏场〔2021〕32号)，及时组建了由书记、场长李俊为组长、副场长刘守金、王水军为副组长，各科室负责人、各支委委员和办公室有关人员为成员的场志编纂工作领导小组。2021年8月18日召开了场志编纂动员会，出台了《〈四川苏稽蚕种场志〉(1938—2021)编纂工作方案》(苏场〔2021〕59号)和《四川苏稽蚕种场场志编纂资料收集工作方案》(苏场〔2021〕60号)。聘请四川省农业农村厅退休干部王升华先生、本场退休领导牟成碧先生担任顾问，指派李成阶先生承担志书的编写和统稿工作，各科室落实1～2名工作人员负责资料搜集和联络工作，组成了场志编纂工作小组，形成了各方配合，通力合作，众人修志的局面。

同年7月，几易其稿的场志大纲出台，随即全面开展资料搜集工作。场志编纂工作小组在认真阅读2009年出版的《苏稽蚕种场志》的基础之上，广泛查阅历年档案、报刊、四川省志（丝绸志）、区志、市志、年鉴、统计表、报表、报告等，共复印、摘录文字资料20多万字，以大量档案史料为基础，对种场八十多年特别是近二十年的历史做了较为翔实的资料搜集。

在基本了解情况，掌握各类资料的基础上，编写人员一边组稿编撰，一边充实史料，一边调整结构，经过近一年时间辛勤劳动，终于在2022年7月形成志书初稿，由场志领导小组和顾问进行了审议，提出修改意见，编辑人员反复就调整章节、充实内容、考证资料、处理交叉重复等问题做了研究，对场志初稿进一步进行了加工，同年8月底，完成了第二稿。

2022年9月9日，场志编纂领导小组召开志稿评审会。与会人员认为，志稿内容丰富，资料翔实，特色鲜明，忠实地记录了苏稽蚕种场艰苦卓绝的发展历程，是一部较好的以史鉴今、以史育人的教科书，便于全场职工了解过去、认识现在，发扬光荣传统，树立战胜一切困难的信心和决心，再创新的辉煌。同时也提出了许多宝贵的修改意见。会后，场志领导小组决定，由场志主编李成阶进一步修改统稿，然后印成送审稿，分发编纂领导小组成员逐篇审定后，再交出版社付梓。

2022年10月18日，中国农业出版社给出《审稿意见》，2022年11月底完成修改稿。

横不缺项、竖不断线是志书的一般要求。本场志力求从始至终（1938—2021年）进行追溯，特别是体现最近十多年（2009—2021年）来的方方面面，现在呈现的志书基本满足了这一要求。本场志由概述、大事记、专志、附录组成。专志共分六编，各篇由章、节、目等组成，共19章。事业发展编是重点，以蚕种推广繁育为核心，详细记述了全场各项事业的发展历程；管理编着重介绍了改革开放以来的发展历程；党建编着重记述了党在领导事业发展中的核心地位和作用；职工编记述了职工物质和文化生活发生的变化；人物编的编写在不断排除困难中取得进展，事业发展离不开领军人物和先进人物的模范带头作用，因此经过研究讨论，编纂小组决定除保留2009年出版的《苏稽蚕种场志》两名人物传记外，还将建场八十多年来的中层以上领导班子、高级职称以上专业技术人员、部分先进模范及现在在职全体员工以人物简介或列表形式逐一记录，简明扼要，紧扣共建苏场共享繁荣的主题，充分体现出“苏场是苏场人的苏场”理念。

场志工作从2021年7月起，经历一年多，编纂工作小组先后提供了场志大纲、场志初稿、内审稿、送审稿和终稿，经过大家反复讨论和修改，基本得到了肯定和认可。但编纂小组深知，由于编者学识水平有限、时间较紧、又缺乏志书编纂经验，肯定还存在不少遗漏和错误，敬请不吝赐教。

本场志是对2009年出版的《苏稽蚕种场志》的继承与发展。本场志继承、收录了2009年出版的《苏稽蚕种场志》的绝大部分史料，其篇目设置和记述风格亦对本场志给予了很多启迪。

这部场志凝聚了大家的心血，是集体的成果。本场志的扉页列出了编纂领导小组、顾问、工作小组名单，每个成员各司其职，有效地组织、参与了场志工作。在具体讨论、撰写、修改稿件中，参与人数众多。此外，国家农垦局中国农垦经济发展中心副主任陈忠毅、省农业农村厅农场管理局局长吴运杰等领导在场志编写过程中亲自到场进行指导，对场志工作给予了大力帮助和支持。在此，衷心感谢为场志做出贡献的所有人们！

《四川省苏稽蚕种场志》编纂小组

2022年11月